Geographische Namen in ihrer Bedeutung für die landeskundliche Forschung und Darstellung

DL • Berichte und Dokumentationen • 2

Geographische Namen

in ihrer Bedeutung für die

landeskundliche Forschung und Darstellung

Referate des 8. Arbeitstreffens des
Arbeitskreises Landeskundliche Institute und Forschungsstellen
in der Deutschen Akademie für Landeskunde,
Trier, 21.-23. Mai 1998

Herausgegeben von

Heinz Peter Brogiato

Trier 1999

**Dokumentationszentrum für deutsche Landeskunde
Universität Trier**

Die Deutsche Bibliothek - CIP-Einheitsaufnahme

Geographische Namen in ihrer Bedeutung für die landeskundliche
Forschung und Darstellung : Referate des 8. Arbeitstreffens des Arbeitskreises Landeskundliche Institute und Forschungsstellen in der
Deutschen Akademie für Landeskunde, Trier 21.-23. Mai 1998 / Dokumentationszentrum für Deutsche Landeskunde, Universität Trier.
Hrsg. von Heinz Peter Brogiato. – Trier : Dokumentationszentrum für
Dt. Landeskunde, Univ. Trier, 1999
  (DL-Berichte und -Dokumentationen ; 2)
  ISBN 3-9805219-1-5

© Dokumentationszentrum für deutsche Landeskunde
  Universität Trier

Das Werk einschließlich aller seiner Teile ist urheberrechtlich geschützt.

Schriftleitung: Heinz Peter Brogiato, Dirk Hänsgen

✉ Dokumentationszentrum für deutsche Landeskunde
  Universität Trier
  FB VI, Geographie/Geowissenschaften
  Gebäude H
  D-54286 Trier

Fax: 0651/201-3814
e-mail: zedeland@uni-trier.de

ISBN 3-9805219-1-5

Druck: Wissenschaftliche Publikationen Druck & Verlag, Darmstadt
Printed in Germany

Inhalt

Programm der Tagung 7

Tagungsteilnehmer 9

Heinz Peter BROGIATO
Geographische Namen – Einführung in die Thematik 11

Walter SPERLING
Geographische Namen als interdisziplinäres Forschungsfeld.
Disziplinhistorische und methodologische Aspekte 17

Thomas BAUER
Raumeinheiten und Raumbezeichnungen:
Die pagi und Gaue des Mittelalters in landeskundlicher Perspektive 43

Martina PITZ
Toponymie zwischen den Sprachen. Ortsnamen als Instrumente landes- und
siedlungsgeschichtlicher Forschung im lothringischen Sprachgrenzraum 67

Inge BILY
Die natürliche Umwelt als Benennungsmotiv in deappellativischen Ortsnamen
des Mittelelbegebietes 97

Johannes KRAMER
Deutsche und italienische Toponomastik in Südtirol 111

Rainer AURIG
Zur Problematik der Erfassung und Klassifizierung von Namen
mit Verkehrsbezug an Beispielen aus Sachsen 127

Bernd VIELSMEIER
Die Pfade der Eierträger und Stierbuckler.
Zur Rekonstruktion von Transportwegen wandernder Händler und Hausierer
anhand bayerischer und hessischer Flurnamen 145

Uwe FÖRSTER
Landschaftsnamen in Deutschland.
Ein Spiegel von Natur- und Menschengeschichte 155

Wolfgang ASCHAUER
Regionsbezeichnungen im Landesteil Schleswig in ihrer Bedeutungsreichweite
und aktuellen Verwendung 169

Eugen REINHARD
Die neuen Gemeindenamen in Baden-Württemberg 183

Christa JOCHUM-GODGLÜCK
Zum Gebrauch von Gemeinde- und Ortsteilnamen nach der Gebietsverwaltungsreform. Ergebnisse einer Befragung in zwei ehemals
selbständigen saarländischen Gemeinden 201

Dirk HÄNSGEN
Aspekte der Modellierung geographischer Namendatenbanken
im Rahmen kleinerer bis mittlerer Forschungsprojekte 227

Jörn SIEVERS
Der Ständige Ausschuss für geographische Namen (StAGN)
und die Bestrebungen der Vereinten Nationen
zur Standardisierung geographischer Namen 247

Karl August SEEL
Auswirkungen der Rechtschreibreform auf geographisch-topographisches
Namengut 263

Anschriften der Verfasser 271

Kartenbeilage:

Herbert Liedtke: **Bundesrepublik Deutschland Landschaften** (zum Beitrag von U. Förster)

Programm der Tagung

Geographische Namen in ihrer Bedeutung für die landeskundliche Forschung und Darstellung

Trier, 21.-23. Mai 1998

Tagungsleitung: Prof. em. Dr. Walter Sperling, Trier
Prof. Dr. Alois Mayr, Leipzig

Donnerstag, den 21. Mai 1998 (Tagungsort: Stadtbibliothek Trier)

15.00 Uhr:	Rundgang durch die Altstadt Trier, Treffpunkt: Porta Nigra
16.30 Uhr	Begrüßung durch den Dekan des Fachbereiches VI Geographie/ Geowissenschaften, Prof. Dr. Jean-Frank Wagner
16.45 Uhr:	Begrüßung und Steh-Empfang durch den Bürgermeister der Stadt Trier, Dr. Jürgen Grabbe, im Globus-Raum der Stadtbibliothek Trier
17.00 Uhr	Demonstration der Coronelli-Globen und von Zimelien der Stadtbibliothek Trier (Ltd. Bibl.-Dir. Dr. Gunther Franz)
17.30 Uhr:	Begrüßung durch den 1. Vorsitzenden des Arbeitskreises, Prof. Dr. Alois Mayr, Leipzig
17.45 Uhr	Vortrag Prof. Dr. Walter SPERLING (Trier): *Geographische Namen als interdisziplinäres Forschungsfeld: Disziplinhistorische und methodologische Aspekte*
19.00 Uhr:	Arbeitskreis-Sitzung
19.30 Uhr:	Gemütliches Beisammensein im „Warsberger Hof"

Freitag, den 22. Mai 1998
(Tagungsort: Geozentrum der Universität)

08.30 Uhr	Thomas BAUER, Trier *Raumeinheiten und Raumbezeichnungen: Die pagi und Gaue des Mittelalters in landeskundlicher Perspektive*
09.00 Uhr	Inge BILY, Leipzig *Ortsnamen im deutsch-slawischen (altsorbischen) Kontaktgebiet*
09.30 Uhr	Martina PITZ, Saarbrücken *Toponymie zwischen den Sprachen. Ortsnamen als Instrumente landes- und siedlungsgeschichtlicher Forschung im lothringischen Sprachgrenzraum*
10.00 Uhr	Johannes KRAMER, Trier *Deutsche und italienische Toponomastik in Südtirol*
10.30 Uhr	Kaffeepause
11.00 Uhr	Rainer AURIG, Chemnitz *Zur Problematik der Erfassung und Klassifizierung von Namen mit Verkehrsbezug an Beispielen aus Sachsen*

11.30 Uhr	Bernd VIELSMEIER, Augsburg *Die Pfade der Eierträger und Stierbuckler. Zur Rekonstruktion von Transportwegen wandernder Händler und Hausierer anhand bayerischer und hessischer Flurnamen*
12.00 Uhr	Wolfgang ASCHAUER, Flensburg *Regionsbezeichnungen im Landesteil Schleswig in ihrer Bedeutungsreichweite und aktuellen Verwendung*
12.30 Uhr	Uwe FÖRSTER, Wiesbaden *Landschaftsnamen in Deutschland - ein Spiegel von Natur und Menschengeschichte*
13.00 Uhr	Mittagspause
14.30 Uhr	Alois MAYR, Leipzig *Zum Problem der Namengebung bei den Verwaltungsgebietsreformen in Deutschland*
15.00 Uhr	Eugen REINHARD, Stuttgart *Die neuen Gemeindenamen in Baden-Württemberg*
15.30 Uhr	Kaffepause
16.00 Uhr	Dirk HÄNSGEN, Trier *Aspekte der Modellierung geographischer Namendatenbanken im Rahmen kleinerer bis mittlerer Forschungsprojekte*
16.30 Uhr	Jörn SIEVERS, Frankfurt *Der StAGN und die Bestrebungen der Vereinten Nationen zur internationalen Standardisierung der geographischen Namen*
17.00 Uhr	Karl August SEEL, Sinzig *Auswirkungen der Rechtschreibreform auf geographisch-topographisches Namengut*
17.30 Uhr	Abschlußdiskussion
19.30 Uhr	Orgelkonzert in der Konstantinischen Palastaula ("Basilika") von Dr. Ralph Hansen
20.30 Uhr	Weinprobe im Weingut Becker, Trier-Olewig

Samstag, den 23. Mai 1998

08.00 Uhr	Bus-Exkursion in den deutsch-luxemburgisch-belgischen Grenzraum (Leitung: Dr. Heinz Peter Brogiato)

Tagungsteilnehmer

Aschauer, Dr. Wolfgang	Flensburg
Aurig, Dr. Rainer (und Gattin)	Chemnitz
Bauer, Dr. Thomas	Trier
Beinstein, Dipl.-Ing. Bernd	Frankfurt a.M.
Bily, Dr. Inge	Leipzig
Brogiato, Dr. Heinz Peter	Trier
Busch, Dipl.-Geogr. Ursula	Trier
Förster, Dr. Uwe	Wiesbaden
Franz, Dr. Gunther	Trier
Graafen, Prof. Dr. Rainer	Koblenz
Grundmann, Dr. Luise	Leipzig
Hänsgen, M.A., Dirk	Trier
Heller, Prof. Dr. Hartmut	Erlangen
Jochum-Godglück, Dr. Christa	Saarbrücken
Kramer, Prof. Dr. Johannes	Trier
Mayr, Prof. Dr. Alois	Leipzig
Pitz, Dr. Martina	Saarbrücken
Puhl, Dr. Roland W.L.	Saarbrücken
Quasten, Prof. Dr. Heinz	Saarbrücken
Reinhard, Prof. Dr. Eugen	Karlsruhe
Reuling, Dr. Ulrich	Marburg
Schich, Prof. Dr. Wilfried	Berlin
Schindler, Dr. Jörg-Wolfram	Freiburg
Schmid, Dipl.-Geogr. Ulrike	Trier
Schneider, Dipl.-Geogr. Frauke	Trier
Seel, Dr. Karl August	Sinzig-Bad Bodendorf
Sievers, Dr.-Ing. Jörn	Frankfurt a.M.
Sperling, Prof. em. Dr. Walter	Trier
Straßer, Dr. Rudolf	Trier
Vielsmeier, Dr. Bernd	Augsburg
Wagner, Prof. Dr. Jean-Frank	Trier

DL - BERICHTE UND DOKUMENTATIONEN, Heft 2 (1999)
Geographische Namen in ihrer Bedeutung für die
landeskundliche Forschung und Darstellung, S. 11-16

Heinz Peter Brogiato

Geographische Namen - Einführung in die Thematik

In der Vorstandssitzung des Arbeitskreises "Landeskundliche Institute und Forschungsstellen" der Deutschen Akademie für Landeskunde während der Jahrestagung 1997 im oberschwäbischen Weingarten (vgl. REINHARD 1999) wurde das Dokumentationszentrum für deutsche Landeskunde an der Universität Trier mit der Ausrichtung der Tagung des Jahres 1998 beauftragt und das Leitthema "Geographische Namen" gewählt. Dieses Thema bot sich in Trier aus zwei Gründen an:

Zum einen hat sich W. Sperling, der damalige Leiter des Dokumentationszentrums für deutsche Landeskunde, in den letzten Jahren verstärkt mit geographischen Namen, besonders den Landschaftsnamen, beschäftigt. Schwerpunkte seiner Arbeiten bilden dabei die Behandlung der Namen in der Schulkartographie und im geographischen Unterricht sowie die politische Instrumentalisierung geographischer Namen (vgl. SPERLING in diesem Band, mit weiterführender Literatur).

Zum anderen bemühen wir uns seit Jahren - unter schwierigsten Rahmenbedingungen - im Dokumentationszentrum für deutsche Landeskunde das wissenschaftliche Erbe Emil Meynens zu pflegen und weiterzuführen. E. Meynen hat sich um die geographische Namenforschung in vielfältiger Weise verdient gemacht. Erwähnt seien hier nur einige wenige Aspekte seines Schaffens[1]:

- Seine Bemühungen um die internationale Vereinheitlichung der kartographischen und allgemeingeographischen Terminologie. Seit 1964 als Leiter der Kommission II "Erläuterung, Klassifizierung und Normierung kartographischer Begriffe" in der Internationalen

---

[1] Eine Bibliographie seiner Veröffentlichungen (bis 1973) befindet sich in der Festschrift: Im Dienste der Geographie und Kartographie. Symposium Emil Meynen. - (Kölner Geographische Arbeiten; 30), Köln 1973, S. 11-35. Am 30. Juni und 1. Juli 1995 fand im Dokumentationszentrum für deutsche Landeskunde an der Universität Trier ein Gedächtniskolloquium statt. Unter anderem sprachen dabei R. ZEESE über "Emil Meynen und die geographische Terminologie", J. NEUMANN über "Emil Meynen und die Kartographie" und K. A. SEEL über "Emil Meynen und die geographischen Namen". Die Referate des Kolloquiums wurden nicht veröffentlicht.

Kartographischen Vereinigung (vgl. ORMELING 1992) und seit 1972 als Leiter der Kommission "Internationale Geographische Terminologie" in der Internationalen Geographischen Union fanden unter seinem Vorsitz zahlreiche Tagungen statt, mehrere Begriffslisten und Wörterbücher entstanden als Ergebnis seiner koordinierenden Tätigkeit.[2]

- Schon die frühesten Arbeiten Meynens lassen sein Interesse an philologischen Fragen erkennen. Eine besondere, zeittypische Form "sprachgeographischer" Forschung gipfelt in seiner Habilitationsschrift (MEYNEN 1935). Darin untersucht Meynen in der ihm eigenen Akribie die Quellen seit dem Frühen Mittelalter hinsichtlich der mit dem Gebrauch des Wortes "Deutschland" verbundenen Konnotationen. Die Abhandlung diente der wissenschaftlichen Untermauerung der Volks- und Kulturbodengeographie im Kontext der völkischen Forschung, die nach dem Versailler Friedensdiktat ein Leitmotiv innerhalb der „deutschkundlichen" Wissenschaften (Germanistik, Geschichte, Geographie) bildete. Nach 1933 ließen sich die völkischen Wissenschaften nur allzu gerne politisch vereinnahmen. Es bedarf keiner Frage, dass diese Zusammenhänge heute kritisch hinterfragt werden müssen (vgl. hierzu ausführlich WARDENGA 1995). Die wissenschaftshistorische Aufarbeitung dieses Komplexes ist in vollem Gange. Allzu häufig wird dabei allerdings wissenschaftliche Objektivität mit Entlarvungspolemik und persönlicher Diffamierung verwechselt.[3]

- Ein wichtiger Teil in Meynens Lebenswerk bildete die Toponymie, womit wir beim eigentlichen Thema unserer Tagung sind. Bereits in seiner Dissertation über das Bitburger Land band er die Analyse der Ortsnamen ausführlich in seine siedlungsgeschichtlichen Ausführungen ein (vgl. MEYNEN 1928, S. 49ff.). Zu den Aufgaben der Abteilung für Landeskunde (und dessen Nachfolge-Einrichtungen), der er seit 1941 vorstand, gehörte die Dokumentation von Ortsnamen. Als erstes Ergebnis erschien 1942 eine "Bibliographie der Ortsnamenverzeichnisse des Großdeutschen Reiches und der mittel- und osteuropäischen Nachbargebiete". Nach den territorialen Veränderungen in Mitteleuropa als Folge des Zweiten Weltkrieges entstanden dann im Amt für Landeskunde zweisprachige "Gemeinde- und Ortsnamenverzeichnisse der Deutschen Ostgebiete unter fremder Verwaltung" (1953ff.). 1966 schließlich folgte der "Duden. Wörterbuch geographischer Namen. Europa (ohne Sowjetunion)", ein auch heute noch unentbehrliches Hilfsmittel. Den "Duden" gab Meynen in seiner Funktion als Vorsitzender des "Ständigen Ausschusses für geographische Namen (StAGN)" heraus, womit ein letzter Aspekt der Tätigkeit Emil Meynens – seine Mitarbeit in nationalen und internationalen Gremien - Erwähnung finden soll.

- Auf seine Initiative hin wurde 1952 in der Deutschen Gesellschaft für Kartographie ein Arbeitskreis "Namengebung und Namenschreibung" gegründet, aus dem sieben Jahre später der "Ständige Ausschuss für die Rechtschreibung geographischer Namen" hervorging mit dem Vorsitzenden Emil Meynen (bis 1976 Erster, bis 1983 stellvertretender Vorsitzender). Hauptaufgabe des StAGN war und ist es, Empfehlungen und Richtlinien zur Vereinheitlichung des Gebrauchs geographischer Namen im deutschen Sprachraum auszuarbeiten und bei der internationalen Standardisierung geographischer Namen mitzuar-

---

[2] Erwähnt seien: Hundred Technical Terms in Cartography. – Bad Godesberg 1967; International Dictionary of Technical Terms used in Geography. – Wiesbaden 1973.

[3] Vgl. hierzu die Diskussion um den Beitrag von Michael FAHLBUSCH in der "Frankfurter Rundschau" (WARDENGA / BROGIATO 1999)

Geographische Namen – Einführung in die Thematik

beiten. Hierzu wurde von den Vereinten Nationen eine Sachverständigengruppe für Geographische Namen (UNGEGN) gegründet, deren Mitglied Meynen 1967-1979 war.[4] Über die Arbeit des StAGN und der UNGEGN berichtet in diesem Band der heutige Ausschuss-Vorsitzende, J. SIEVERS (vgl. auch SIEVERS 1997). "Emil Meynen war ein Pionier auf dem Gebiet der geographischen Namenkunde. Er hat auf diesem Gebiet über 40 Jahre gearbeitet und das mit Erfolg".[5]

Bei der inhaltlichen Konzeption der Tagung war von Beginn an klar, dass sich das Thema "Geographische Namen" nur in einer möglichst breiten interdisziplinären Zusammenarbeit sinnvoll bearbeiten läßt. Auch wenn es nicht gelang, alle gewünschten Facetten des Themenspektrums durch Referate[6] vorstellen zu lassen, so konnten doch Vertreter aus der Geographie, der Kartographie, den historischen Wissenschaften und aus verschiedenen Sprachwissenschaften gewonnen werden.

Die Erforschung der Geographischen Namen hat zahlreiche Aspekte und verfügt über eine lange Tradition (vgl. den Beitrag von SPERLING in diesem Band). In der zweiten Hälfte des 19. Jahrhunderts wurde das "Namenproblem" in unterschiedlichen Kreisen diskutiert; erste amtliche Koordinierungs-Stellen wurden gegründet, in den Wissenschaften erfuhr das Thema einen Aufschwung, und im schulischen Bereich bildeten Verleger und Geographiedidaktiker gemeinsam eine Kommission, in der Regeln für eine Vereinheitlichung im Gebrauch, der Aussprache und der Schreibung geographischer Namen in Schulbüchern und -atlanten erarbeitet wurden (vgl. BROGIATO 1998, I, S. 222-225). Führender Kopf der damaligen Onomastik war der Zürcher Geograph Johann Jakob EGLI (1825-1896). Seine "Nomina Geographica" (1872, 2. Aufl. 1893), die erste systematische Sammlung und etymologische Deutung des weltweiten Namengutes, und die "Geschichte der geographischen Namenkunde" (1886), eine umfassende kommentierte Bibliographie des Schrifttums über Namen seit 1600, stellen auch heute noch Standardwerke dar. Das Gleiche gilt für die bahnbrechende Arbeit des Marburger Rechtshistorikers Wilhelm ARNOLD (1826-1883), auch wenn dessen ethnische Erklärung der Ortsnamen widerlegt wurde. Auf seinen Forschungen baute Otto Schlüter (1872-1959), der Begründer der genetischen Siedlungsgeographie, auf und erklärte am Beispiel Nordostthüringens die Phasenhaftigkeit des Siedlungsganges (vgl. SCHLÜTER 1903). Seither dienen Ortsnamen - bei aller Vorsicht in der Interpretation - als wichtige Hinweise für die Erklärung siedlungsgeschichtlicher Prozesse; ihre Behandlung fehlt auch heute in keinem Lehrbuch zur Siedlungs- oder zur Historischen Geographie. Bei der Erschließung der Ersterwähnungen muss sich der Geograph dabei historischer Methoden bedienen bzw. auf archivalische Forschungen zurückgreifen, die etymologische Deutung der Namen fällt in das Ressort der Sprachwissenschaften.

---

[4] Als Ergebnis jahrelanger Recherchen in Bibliotheken der Welt konnte Meynen noch 1984 den Mitgliedern der UNGEGN eine umfangreiche Bibliographie „Gazetteers and glossaries of geographical names 1946-1976" vorlegen
[5] K. A. SEEL in seinem Vortrag auf dem erwähnten Emil-Meynen-Gedächtniskolloquium in Trier 1995.
[6] Der Vortrag von Professor Mayr wurde leider nicht zum Druck eingereicht. Zusätzlich zu den Referaten wurde der Beitrag von Frau Dr. Jochum-Godglück in den Tagungsband aufgenommen.

Im vorliegenden Band finden sich mehrere Beiträge, die sich mit der historisch-philologischen Seite der Namen-Thematik beschäftigen. Den historisch-geographischen Quellenwert von Orts- und Flurnamen für die Verkehrsgeschichte stellt R. AURIG an sächsischen Beispielen heraus. B. VIELSMEIER arbeitet an hessischen und bayerischen Flurnamen Bezüge zur Wirtschafts- und Sozialgeschichte heraus. In Gebieten, in denen ein Sprachwechsel erfolgt ist, bilden geographische Namen Relikte, deren etymologische Deutung die Kenntnis der namenbildenden Sprache voraussetzt. I. BILY zeigt an altsorbischen Toponymen aus der Germania Slavica Bezüge zur natürlichen Umwelt. Auch für die Rekonstruktion und Entwicklung historischer Sprachgrenzen bilden Ortsnamen eine wichtige Quelle, wie M. PITZ am Beispiel des lothringischen Kantons Fauquemont/Falkenberg aufzeigt. Besonders in sprachlichen Mischgebieten oder an Sprachgrenzen wurden in der Vergangenheit geographische Ortsnamen häufig politisch instrumentalisiert, Ortsumbenennungen als Mittel nationalistischer Politik angewendet. J. KRAMER zeigt dies am Beispiel der Italienisierung der Namen Südtirols unter Ettore Tolomei.

Neben den Toponymen beschäftigen sich mehrere Beiträge mit Raumnamen (Choronyme), die innerhalb der Onomastik bisher eher unterrepräsentiert sind. Th. BAUERs Untersuchung zeigt die philologischen und historischen Schwierigkeiten, mit Hilfe der pagus-/Gau-Zugehörigkeit von Orten in mittelalterlichen Quellen Aussagen über die Territorialstruktur machen zu können. Die Landschaftsnamen stehen im Mittelpunkt der Beiträge von FÖRSTER und ASCHAUER. Auf der Grundlage der Karte von H. LIEDTKE (als Anlage in diesem Band) analysiert U. FÖRSTER die Namen etymologisch und verweist auf manche Kuriosität. Über die Möglichkeiten, Landschaftsnamen mit Hilfe der EDV heute effizient zu dokumentieren und zu verwalten, berichtet D. HÄNSGEN mit Beispielen aus der Trierer Praxis. Nicht alle Raumnamen besitzen eindeutige Grenzen, sind in der Bevölkerung verwurzelt oder besitzen eine lange Tradition. Behörden, Kartographen und auch Geographen haben solche Namen erfunden, reaktiviert oder popularisiert. Heute sind es oftmals Heimatverbände und Fremdenverkehrseinrichtungen, die normativ wirken und mit Hilfe von Regionalbezeichnungen versuchen, Territorialität zu schaffen und über gezielte Werbung wirtschaftlichen Profit zu erzielen. W. ASCHAUER zeigt das Nebeneinander und die Überlappung verschiedener Begriffsinhalte für die selben Raumnamen in Schleswig-Holstein und deutet damit auf die Frage von Konstruktion räumlicher Identität hin. Seit Jahren beschäftigt sich die geographische Landeskunde mit solchen Fragen der Raumperzeption. Unabhängig, wie man zum Problem einer "regionalen Identität" steht (vgl. WEICHHART 1990), fest steht, dass erst durch die Bezeichnung der Raumausschnitt konkret wird, identifizierbar und dadurch kognitiv erfassbar. Die positive oder negative Konnotation eines Raumes bzw. des Raumnamens, über den erst Kommunikation möglich wird, ist entscheidend für Annahme oder Ablehnung in der autochthonen Bevölkerung. Für solche Zusammenhänge gibt es zahlreiche Belege. So ist das Allgäu als "schöne" Landschaft positiv besetzt und wird von der Bevölkerung angenommen. Eine Umfrage ergab eine weitgehende Identifizierung mit der Landschaft, die Grenzen wurden möglichst weit vom eigenen Wohnort nach außen verschoben (vgl. KLIMA 1989). Diametral anders verhielt es sich in der Eifel, im 19. Jahrhundert als "Armenhaus Preußens" oder als "Preußisch-Sibirien" stigmatisiert. Die Folge war, dass niemand Eifler sein wollte, und heute noch hört man selbst im zentralen Teil der Eifel die abwertende Lagebezeichnung "loa hoannen oan der Eefel" (da hinten in der Eifel). Hieran wird deutlich, wie stark die Fremdwahrnehmung manipulativ auf die eigene Identität wirken kann. Die Erforschung territorialer Bindungen und räumlicher Identifikationsprozesse könnte der Sozialgeographie in Verbindung mit Psychologie und Soziologie ein weites Aufgabenfeld schaffen. In diesen Kontext gehört auch die Akzeptanz der Bevölkerung mit neu geschaffenen Raumeinheiten und deren Bezeichnungen. Im Zuge der Verwaltungsreform der 60er und 70er Jahre - bzw. der 90er Jahre in den Neuen Ländern (vgl. z.B. BAUMANN / KRÜGER 1994) - sind zahlreiche neue Gebietskörperschaften (Gemeinden und Kreise) entstanden. Über das Zustandekommen der neuen Gemeindenamen in Baden-Württemberg, bei dem auch die amtliche Landeskunde beratend tätig war, berichtet E. REINHARD in diesem Band. In einer saarländischen Fallstudie weist Chr. JOCHUM-GODGLÜCK nach, in welchem Maße die alten Ortsnamen auch 25 Jahre nach der Gebietsreform in der Bevölkerung weiterleben und zur lokalen Identität beitragen.

Insgesamt zeigt sich immer wieder, dass geographische Namen keineswegs Schall und Rauch sind, sondern in der Regel über eine hohe Persistenz verfügen. K. A. SEELs Hinweise zu den Auswirkungen der Rechtschreibreform auf die geographischen Namen sind auch als Appell zum sensiblen Umgang mit den Eigennamen zu verstehen.

In Zeiten des "Kalten Krieges" war der Gebrauch der Exonyme häufig ein politisches Bekenntnis und wurde bestimmten Interessengruppen überlassen. Das hat dazu geführt, dass in keinem Bereich unserer Sprache so viele Fehler und Ungenauigkeiten passieren wie in der Onomastik. Besonders die Massenmedien, „äußerst bedacht auf "political correctness", gehen in Aussprache und Schreibweise sorglos mit Eigennamen um, vermeiden tunlichst deutsche Exonyme und verunstalten fremdsprachige Endonyme. Diese über Jahrzehnte hinweg praktizierte sprachliche Verwilderung führt selbst in offiziellen Veröffentlichungen zu bisweilen grotesken Wortschöpfungen. So findet man in den Karten einer Publikation des Bundesministeriums für Raumordnung, Bauwesen und Städtebau durchgehend mehrere Fehler (vgl. BMBau 1995): Die Kleinstadt Züllichau, polnisch Sulęcin, mutiert zu "Saulwitz", die Stadt Międzychód mit dem schönen Namen "Birnbaum" wird aus dem Polnischen "übersetzt" mit "Mitteldorf", keine sehr vorteilhafte Umbenennung für eine frühere Kreisstadt. Und selbst die Stadt Leszno, immerhin bis vor kurzem Hauptstadt einer Wojewodschaft, wird "eingedeutscht" zu "Leschnau". Natürlich handelt es sich hierbei um die für die polnische Geschichte nicht ganz unbedeutende Stadt Lissa, an deren berühmter Schule unter anderem Comenius lehrte. Hinter diesen Namen-Verballhornungen verbirgt sich natürlich kein böser Wille, sondern einfach Unkenntnis.

Daher: Nicht Königsberg oder Kaliningrad? (HUBER 1979), sondern Königsberg und Kaliningrad und Kráľovec und Krolewiec, usw. Aber genauso neben Trier auch Treveri, Trèves, Trevir, Trewír, usw. Köln wird nicht dadurch zu einer italienischen Kolonie, dass die Italiener die

Stadt am Rhein Colonia nennen, und Hirschberg liegt weiterhin in der Republik Polen und heißt offiziell Jelenia Góra. Im unverkrampften Umgang mit den geographischen Namen zeigt sich sprachliche Souveränität und polyglottes Kulturverständnis. Als sprachliche Denkmäler verdienen geographische Namen wie Bau- und Kunstdenkmäler Pflege und Schutz ohne jedwede politische Implikation.

Literatur

ARNOLD, Wilhelm (1875): Ansiedelungen und Wanderungen deutscher Stämme. Zumeist nach hessischen Ortsnamen. - Marburg [Nachdr. Köln, Wien 1983]

BAUMANN, Jens / KRÜGER, Dietlind (1994): Zu Fragen der Namengebung im Rahmen der Gebietsreform im Freistaat Sachsen. (Aus der Arbeit einer Kommission). - Namenkundliche Informationen, Nr. 65/66, S. 9-22

BROGIATO, Heinz Peter (1998): "Wissen ist Macht - Geographisches Wissen ist Weltmacht." Die schulgeographischen Zeitschriften im deutschsprachigen Raum (1880-1945) unter besonderer Berücksichtigung des Geographischen Anzeigers. 2 Bde (Materialien zur Didaktik der Geographie; 18), Trier

Bundesministerium für Raumordnung, Bauwesen und Städtebau (Hrsg.) (1995): Raumordnerische Leitbilder für den Raum entlang der deutsch-polnischen Grenze. Deutschsprachige Zusammenfassung. - Bonn

HUBER, Eduard (1979): Königsberg oder Kaliningrad? Überlegungen zur Synonymie von Ortsnamen. - Geographische Rundschau 31, S. 78-80

KLIMA, Andreas (1989): Das Abbild der Raumvorstellung "Allgäu" als Facette des Regionalbewußtseins einer heimattragenden Elite. - Berichte zur deutschen Landeskunde 63, H. 1, S. 49-78

MEYNEN, Emil (1928): Das Bitburger Land. - (Forschungen zur deutschen Landes- und Volkskunde; XXVI, 3), Stuttgart [Nachdr. Bad Godesberg 1967]

MEYNEN, Emil (1935): Deutschland und Deutsches Reich. Sprachgebrauch und Begriffswesenheit des Wortes Deutschland. - Leipzig

ORMELING, Ferdinand Jan sen. (1992): Emil Meynen und die IKV. - In: Neumann, Joachim / Zögner, Lothar (Hrsg.): Aus Kartographie und Geographie. Festschrift für Emil Meynen. (Karlsruher Geowissenschaftliche Schriften: Reihe A; 9), Karlsruhe, S. 11-14

REINHARD, Eugen (Hrsg.) (1999): Gemeindebeschreibungen und Ortschroniken in ihrer Bedeutung für die Landeskunde. – (Werkhefte der Staatlichen Archivverwaltung in Baden-Württemberg: Serie A; 12), Stuttgart

SCHLÜTER, Otto (1903): Die Siedelungen im nordöstlichen Thüringen. Ein Beispiel für die Behandlung siedlungsgeographischer Fragen. - Berlin

SIEVERS, Jörn (1997): Die Aufgaben und Arbeiten des Ständigen Ausschusses für geographische Namen (StAGN). - In: Kretschmer, Ingrid / Desoye, Helmut / Kriz, Karel (Hrsg.): Kartographie und Namenstandardisierung. Symposium Über geographische Namen. (Wiener Schriften zur Geographie und Kartographie; 10), Wien, S. 13-18

WARDENGA, Ute (1995): Emil Meynen - Annäherung an ein Leben. - Geographisches Taschenbuch 23 (1995/1996), S. 18-41

WARDENGA, Ute / BROGIATO, Heinz Peter (1999): "Das kollektive Vergessen findet nicht statt." Eine Dokumentation. - Rundbrief Geographie 1999, Nr. 157, S. 4-10

WEICHHART, Peter (1990): Raumbezogene Identität. Bausteine zu einer Theorie räumlich-sozialer Kognition und Identifikation. - (Erdkundliches Wissen; 102), Stuttgart

DL – BERICHTE UND DOKUMENTATIONEN, Heft 2 (1999)
Geographische Namen in ihrer Bedeutung für die
landeskundliche Forschung und Darstellung, S. 17-41

Walter Sperling

Geographische Namen als interdisziplinäres Forschungsfeld
Disziplinhistorische und methodologische Aspekte

Die Mitarbeit im Ständigen Ausschuss für geographische Namen (StAGN) bietet vielerlei Gelegenheiten, sich mit der Problematik geographischer Namen zu beschäftigen (vgl. SIEVERS in diesem Band und SIEVERS 1998). Bei dessen Sitzungen treffen sich Experten aus verschiedenen Behörden und Institutionen, aber auch aus unterschiedlichen wissenschaftlichen Disziplinen, wobei sich neben der Gelegenheit des persönlichen Kennenlernens auch die Möglichkeit eröffnet, anregende Fachgespräche zu führen und über einschlägige Publikationen zu diskutieren. Der langjährige Vorsitzende des StAGN, der Geograph Herbert Liedtke, der zugleich o. Mitglied der Deutschen Akademie für Landeskunde ist, erarbeitete eine Karte über Namen und Abgrenzungen von Landschaften in der Bundesrepublik Deutschland, zunächst für das alte Bundesgebiet und nach der Wiedervereinigung für das gesamte, wiedervereinigte Deutschland (vgl. LIEDTKE 1984, 2. Aufl. 1994). Dieses Hilfsmittel ist inzwischen zu einem Standardwerk der deutschen Landeskunde geworden und hat wesentlich dazu beigetragen, dass sich der Verfasser zunehmend mit der Problematik geographischer Namen beschäftigt hat.

Wie noch zu zeigen sein wird, gibt es verschiedene Arten und Typen geographischer Namen, die sich durch ihre inhaltliche Zentrierung und ihre Funktion unterscheiden (vgl. DEBUS 1980; JÄGER 1971; SCHMIDT-WIEGAND 1984). Unser besonderes Interesse gilt dabei den Namen geographischer Flächenobjekte, namentlich den Bezeichnungen für Landschaften und Gebiete an Sprachgrenzen und in Minderheitengebieten. Ein weiteres Forschungsinteresse gilt der politischen Instrumentalisierung geographischer Namen (vgl. SPERLING 1995; SPERLING 1997b; SPERLING 1997c). Zu wenig Aufmerksamkeit gilt derzeit noch den Problemen der

Namenentstehung, des Namenwechsels und der Doppelnamigkeit im politischen Kontext. Dabei sind nicht zuletzt auch semantische und wahrnehmungspsychologische Aspekte zu beachten.

Namen und Begriffe haben viel miteinander zu tun. Namen gibt es für Personen und Sachen, für Individuen und Einzeldinge, für Gruppen und Gattungen, um sie voneinander unterscheiden zu können, aber auch um sie nach bestimmten Eigenschaften zu gruppieren oder zu gliedern. In Begriffen wie "Bergland", "Heide" oder "Gemüseanbaugebiet" sind eher allgemeine und übertragbare Eigenschaften enthalten als in den Namen individueller Objekte. Der Inhalt eines Begriffes, der sich in einem Namen niederschlägt, besteht aus Merkmalen, die generalisierbar und übertragbar sind, die also dazu dienen können, gleichartige Gruppen und Gattungen zu beschreiben und von anderen Gruppen und Gattungen zu unterscheiden. Begriffe, die Gattungsmerkmale enthalten, dienen nicht zuletzt der Gliederung von Gegenstandsfeldern und damit der Typisierung.

In diesem Zusammenhang können auch disziplinhistorische Aspekte beachtet werden, gemeint ist damit nicht nur die Geschichte der Namenkunde (Onomastik), besonders der Eigennamen, im deutschen Sprachraum. Dazu müsste man nicht nur die gesamte Wissenschaftsgeschichte der Geographie befragen, sondern auch die Geschichte der Kartographie und die Entdeckungsgeschichte, also der Entschleierung des Weltbildes. Gefragt ist nicht nur die Siedlungsgeographie einschließlich der genetischen Siedlungsforschung, die seit dem 19. Jahrhundert geographische Namen für die Deutung von Siedlungsprozessen bemüht hat. (vgl. ARNOLD 1875).

Es geht in erster Linie darum, wie Namen entstehen, wie sie sich verändern, wie sie sich in den Sprachgebieten und Kulturkreisen unterscheiden, welche Persistenz sie haben, und wie unterschiedlich sie aus verschiedenen räumlichen und zeitlichen Perspektiven wahrgenommen werden. Geographische Namenkunde ist in der Theorie eine Grundlagenwissenschaft und in der Praxis eine Aufgabe einer Angewandten Geographie. Im Inhalt hängt sie eng mit der Geomorphologie, also der Lehre von den Landformen, und mit der Historischen Geographie zusammen, in der Aufgabenstellung aber dürfen wir sie der Wahrnehmungsgeographie, der "geography of perception", zuordnen.

Was ist ein Name? Ein Name ist eine gesprochene oder geschriebene sprachliche Einheit, die herkömmlicherweise zur Bezeichnung eines einzelnen Bezugsobjekts verwendet wird. Das kann sich auf Personen und Sachen - beispielsweise geographische Namen - beziehen. Die Handhabung geographischer Namen gehört nicht nur zu den alltäglichen Fertigkeiten eines jeden halbwegs gebildeten Menschen, sondern sie ist auch eng mit dem Kommunikationswesen und dem Lehr- und Wissenschaftsbetrieb verbunden. Im geographischen Unterricht (dazu SPERLING 1997a) und auch im Unterricht in anderen Fächern, in der Literatur und in den Medien werden permanent Informationen verbreitet, die mit den Namen geographischer Objekte verbunden sind. Auch in der Verwaltung, im Gerichtswesen, in der Wirtschaft, beim Militär und bei zahlreichen Kultureinrichtungen benötigt man geographische Grundinformationen, die an Namen gebunden sind. Kurzum, eine Geographie ohne geographische Namen könnte keine geographischen Wahrnehmungen vermitteln oder Vorstellungen erzeugen.

Die Namenkunde oder Onomastik (vgl. KOSS 1990) gehört zu den Sprachwissenschaften und kann als Grundlagenwissenschaft oder als "angewandte" Disziplin betrieben werden. Angesichts der Lebenserfahrung darf die mündliche Kommunikation als die primäre Vermittlung bezeichnet werden. Der gesprochene Name, auch wenn er in einem Dialekt artikuliert wird, ist die Urform. Ein falsch ausgesprochener Name befremdet oder verletzt mehr oder löst fatalere Folgen aus als ein falsch geschriebener Name. Das gilt nicht nur für Politiker und Beamte des Auswärtigen Dienstes, sondern auch genauso für Geschäftsleute oder Urlaubsreisende (vgl. BACK 1977). Dass die Buchgelehrten oft mehr an der schriftlichen Form und an der Orthographie interessiert sind als an der mündlichen Kommunikation, liegt auf der Hand, sollte aber keineswegs vom Hauptproblem ablenken.

Die Wissenschaft, die zum Studium der geographischen Namen entwickelt worden ist, wird gewöhnlich und auch in verschiedenen Sprachen Toponymie genannt (DGTT 1995, S. 33, Nr. 341). Die Toponymie untersucht demnach die geographischen Namen im einzelnen wie in der Gesamtheit der Namen in einem Areal oder einem Gebiet.

In mehreren Wissenschaften ist das Wissen über geographische Namen von grundsätzlicher Bedeutung und nicht zuletzt sogar Gegenstand spezieller Forschungen. Wir nennen hier die Sprachwissenschaften verschiedener Provenienz, vor allem die Vergleichende Linguistik, die Geschichtswissenschaft und deren Hilfswissenschaften wie auch die Historische Landeskunde, die Völkerkunde und die Volkskunde, die Rechts- und Verwaltungswissenschaft, besonders im Hinblick auf das Liegenschaftswesen, und nicht zuletzt die Geographie zusammen mit der Kartographie. In den geographischen Studiengängen kommt die geographische Namenkunde unter den Pflichtveranstaltungen aber leider nicht zum Zuge, ganz im Unterschied zu einigen europäischen Nachbarstaaten, wo diese Lehrangebote mit Interesse und Anteilnahme wahrgenommen werden und zu einer insgesamt größeren Sensibilität im Umgang mit geographischen Namen führen. Im Zuge einer gesamteuropäischen Landeskunde entsteht hier eine nicht zu unterschätzende Erziehungs- und Bildungsaufgabe, der eine wohlbedachte und emotionslose Aufklärung vorangehen muss.

1971 stellte Josef Breu lapidar fest:

"Die Kartographische Ortsnamenkunde sammelt und vermittelt alles Wissen, das zu einer sprachlich richtigen Beschriftung von Karten notwendig ist, während die Ortsnamenkunde selbst in erster Linie mit dem Ursprung der Ortsnamen, d.h. mit ihrer Etymologie, befasst ist, darüber hinaus auch mit den Gesetzen der Bildung von Ortsnamen, mit ihrer historischen und regionalen Verbreitung und ähnlichem mehr" (BREU 1971, S. 291).

Geographische Namen als Individualbegriffe bezeichnen im geographischen Kontinuum angeordnete Objekte, Objektgruppen, Merkmalskombinationen, Gestalten, Figuren oder sonstige

Erscheinungen unterschiedlicher Größenordnung, Verbreitung, Erstreckung, Herkunft oder Funktion im geographischen Raum einschließlich seiner wechselnden Maßstabsdimensionen (vgl. SPERLING 1985, S. 26; SPERLING 1997a, S. 124).
Geographische Namen dienen der Identifizierung geographischer Örtlichkeiten und Räume, der Verortung ihrer Lage auf der Erdoberfläche, der Bestimmung der Nachbarschaft zu anderen Örtlichkeiten und Räumen und schließlich auch der Kenntlichmachung und Einprägung gewisser Eigenschaften des jeweiligen geographischen Objektes (vgl. SPERLING 1997a, S. 113). Geographische Namen sind Eigennamen für bestimmte Örtlichkeiten und Gebiete der Erdoberfläche zu Lande als auch im oder unter dem Wasser, in bestimmten Fällen auch in der Luft und selbst im extraterrestrischen Bereich. Geographische Eigennamen (Individualnamen) sind zu unterscheiden von geographischen Gattungsnamen (Begriffen).
Geographische Namen besitzen eine eigentümliche Ausstrahlungskraft und wecken emotionale Empfindungen. Sie sind damit auch Gegenstand der räumlichen Wahrnehmungspsychologie. Namen können vertraute Gefühle wecken oder auch Aggressionen hervorrufen, beispielsweise wenn sie in einer Nationalhymne aufscheinen (" ... von der Maas bis an die Memel ...").
Man möchte fragen, wie viele geographische Namen - englisch: place names - es auf der Welt gibt. Es war einmal von 10^9 (10 Milliarden) place names die Rede (vgl. HAGGETT 1983, S. 64), doch diese Zahl scheint eher untertrieben zu sein. Solche Namen reichen von der Bezeichnung der Kontinente bis hinunter zu den Namen von Straßen, Plätzen oder Fluren.
Geographische Namen sind unterschiedlich persistent, d.h. die Dauer des Geltungsbereichs schwankt je nach der Größenordnung oder Bedeutung. Je größer der Maßstab des zu betrachtenden Erdraums ist, desto unsteter und verwirrender wird das geographische Namengut. Namen von Straßen und Plätzen wechseln häufiger als die Namen von Städten und Gebirgen. Die Persistenz steigt mit der Größenordnung. In Mitteleuropa scheinen die Namen der großen Flüsse und Ströme die größte Persistenz zu besitzen, denn sie reichen zum Teil bis in die vorgermanische Zeit zurück (vgl. KRAHE 1964).
Nicht alle Namen werden für die Ewigkeit gegeben. An Baustellen, im Manövergelände, beim Geländespiel und bei vielen anderen Gelegenheiten werden spontan Namen erfunden, die nach Tagen oder Wochen schon wieder vergessen oder durch neue Namen ersetzt sind. Über die naive Erfindung von Namen wurde anläßlich der kindlichen Phantasielandkarten berichtet, auch die Utopien-Forschung behandelt die Namen nicht existierender Orte und Länder.
Geographische Namen können spontan oder gelenkt entstehen, ebenso wie der Namengeber im Lichte der Öffentlichkeit stehen oder anonym bleiben kann. Historische Kolonisationsvorgänge sind oft mit gelenkter Namenvergabe verbunden gewesen. Auch für das Zeitalter des Absolutismus gibt es typische Gewohnheiten und regelhafte Muster. In der historisch gewachsenen Kulturlandschaft kann man Räume und Schichten ganzer Namen-Familien unterscheiden. In Nordamerika sind Namen, die auf indianischen Ursprung zurückgehen, von großem

Interesse, aber auch solche, die als Doubletten von den Auswanderungsländern importiert worden sind.

Bei meinen weiteren Ausführungen folge ich dem "*Deutschen Glossar zur toponymischen Terminologie*" (DGTT 1995), einem Wörterbuch zur Terminologie der geographischen Namenkunde, das nach längeren Diskussionen vom "Ständigen Ausschuss für geographische Namen" (StAGN) bearbeitet wurde (vgl. dazu auch SIEVERS in diesem Band). Geographische Namen lassen sich unter verschiedenen Gesichtspunkten gruppieren und nach sehr vielseitigen Fragestellungen untersuchen. Das bezieht sich auf die Größenordnung und damit auch auf den Geltungsbereich, auf die Art und Weise des Zustandekommens sowie auf die sachlichen und begrifflichen Inhalte. Topographische, chorographische und geographische Namen unterscheiden sich nicht nur durch die Größe und Ausdehnung des Objektes, sondern auch durch ihre Bedeutung und Ausstrahlung im Sinne des Bekanntheitsgrades.

Der Begriff Toponym (DGTT 1995, S. 33, Nr. 339) ist immer noch nicht eindeutig definiert, deshalb spricht man manchmal auch von Geotoponym. Er darf (nach griech. τοποσ = der Ort, die Örtlichkeit) eigentlich nur für mehr oder weniger punkthaft erscheinende Objekte verwendet werden, zum Beispiel für Siedlungen oder für Berge.

Dagegen empfiehlt sich für geographische Flächenobjekte der Terminus Choronym (nach griech. χηοροσ = der Raum) (vgl. DGTT 1995, S. 16, Nr. 031). Die Wahrnehmung der Flächigkeit eines geographischen Gegenstandes hängt vom Abstand der Betrachtung oder von der Wahl des Maßstabes ab. Peter v. Polenz schreibt von Gaunamen und Landschaftsnamen, später auch von Raumnamen (V. POLENZ 1956, S. 77; 1961, S. 24), Helmut Jäger unterscheidet zwischen Raum- und Geländenamen (JÄGER 1971, S. 119f.), und Ruth Schmidt-Wiegand schreibt im gleichen Zusammenhang von Landschafts- und Bezirksnamen (SCHMIDT-WIEGAND 1984, S. 1320). Letzteres ist korrekt, wenn man Landschaften als naturgegebene Räume und Bezirke als anthropogen umgrenzte Territorien versteht. Choronyme sind somit Namen für Naturräume, Areale, Landschaften, Bezirke, Gebiete, Regionen (Gaue), Territorien, Länder, Erdteile, Kontinente, also auch für administrative Bezirke wie Staaten, Staatengemeinschaften, Mandate, Protektorate, Provinzen, Kreise, Gemarkungen, historische Territorien, kirchliche Sprengel, Gerichtsbezirke, Naturparke, Landschaftsschutzgebiete, Wehrkreisbezirke, Wahlkreise u.a.m.

Neben den Landschaftsnamen, die sowohl Natur- als auch Kulturlandschaften betreffen können, gibt es die Benennung der Naturräumlichen oder Physisch-Geographischen Einheiten auf den verschiedenen Hierarchieebenen, die in einigen Ländern wie etwa in Polen amtlichen Charakter besitzen, bei uns aber unverbindlich sind und sogar in den topographischen Karten nicht aufscheinen. Diese Namen sind, wie noch gezeigt wird, Konstrukte, die sich zwar in vielen Fällen an überkommene Landschaftsnamen anlehnen, aber auf dem grünen Tisch von Wissenschaftlern entstanden sind. Viele dieser Namen wie etwa "Süderbergland" oder "Glan-Alsenz-Berg- und Hügelland" konnten sich im Volk und in den Medien nicht einbürgern.

Auch die Namen von Naturschutzgebieten, Landschaftsschutzgebieten, Nationalparks u.a. gehören in diesen Zusammenhang. Sie sind ebenfalls nicht deckungsgleich mit den Landschaften, deren Namen sie tragen. Allerdings haben sie amtlichen Charakter, weil sie in den statistischen Jahrbüchern und auf topographischen Karten und nicht zuletzt auch auf Wandkarten aufscheinen.

Sämtliche Staatennamen sind Choronyme (dazu BACK 1974). Ihre Formulierung und ihr Gebrauch bedürfen besonderer Sorgfalt, namentlich im internationalen Verkehr. Regelmäßig legt der Ständige Ausschuss für die Geographischen Namen (StAGN) eine aktualisierte Liste der Namen der Staaten und der abhängigen Gebiete vor, die nicht nur die korrekte Vollform und die Kurzform enthält, sondern auch weitere Hinweise auf die Ableitung, auf die entsprechenden Adjektive und auf die Benennung der Bewohner.

In der heutigen Bundesrepublik Deutschland besteht zunehmend die Tendenz, die Namen der Landkreise, die traditionell nach den Namen der Kreisstädte benannt worden waren, nunmehr mit Landschaftsnamen zu konnotieren. Einer der ersten war der Landkreis Bergstraße, der 1937 durch die Zusammenlegung der Kreise Bensheim und Heppenheim entstand. Die Landschaftseinheit "Bergstraße" bildet allerdings nur einen sehr kleinen Teil dieses Territoriums, das sich hauptsächlich im Vorderen Odenwald und im Hessischen Ried ausbreitet. Durch die kommunalen Gebietsreformen der Länder sind im Bundesgebiet zahlreiche neue Kreisnamen entstanden, die an Landschaftsnamen angelehnt sind, wobei oft der Hintergedanke waltet, die touristische Attraktivität zu stimulieren: Odenwaldkreis, Vogelsbergkreis, Hochtaunuskreis. Bei uns im Land Rheinland-Pfalz kennen wir den Rhein-Hunsrück-Kreis, den Rhein-Lahn-Kreis, den Westerwaldkreis, den Donnersbergkreis und den Kreis Südliche Weinstraße. In der Eifel und im Trierer Raum sorgte 1997/98 ein Vorschlag für einen heftigen Disput. Im Kreistag des Landkreises Daun wurde der Vorschlag vorgetragen, dem Kreis den Namen "Vulkaneifelkreis" zu verleihen. Dahinter standen wohl auch Interessen der Tourismus-Branche, durch einen attraktiven Namen mehr Besucher anzulocken. Mit dem Argument, dass nur ein Teil der Fläche durch vulkanische Erscheinungen geprägt ist und dass auch in den benachbarten Kreisen Vulkanismus zu beobachten ist, wurde der Vorschlag sang- und klanglos zu den Akten gelegt. Es gibt derzeit etwa 85 Landkreise in Deutschland, die in dieser Weise benannt worden sind (vgl. Statistisches Jahrbuch der Bundesrepublik Deutschland, jährl.).

Für linienhaft angeordnete geographische Objekte wie etwa Flüsse oder benannte Verkehrslinien und Kommunikationsstränge gibt es noch keinen allgemein anerkannten Ordnungsbegriff. Es wurde hier "Grammonym" vorgeschlagen; dieser ist aber nicht auf Gegenliebe gestoßen (vgl. SPERLING 1985, S. 27). Dies trifft beispielsweise auf anthropogene linienhafte Objekte zu wie "Mittellandkanal", "Vogelfluglinie" oder die Erdölpipeline "Freundschaft".

Grundsätzlich unterscheidet man zwischen Naturnamen (Anoikonyme) und Namen der von Menschen geschaffenen oder gestalteten geographischen Objekte (Oikonyme) (vgl. DEMEK

1978, S. 126); diese beiden Begriffe fehlen leider noch im DGTT (1995). Damit wird auch der Unterschied zwischen Naturlandschaft und Kulturlandschaft angesprochen, wenngleich ein solcher Unterschied in den meisten Gegenden Mitteleuropas nur theoretisch-spekulativ gemeint sein kann.

Bei den Naturnamen, die jeweils Erscheinungen der Landesnatur betreffen, kann man verschiedene Gattungen unterscheiden, zum Beispiel die Oronyme (vgl. DGTT 1995, S. 28, Nr. 252) und die Hydronyme (vgl. DGTT 1995, S. 22, Nr. 141). Oronyme (nach griech. oροσ = der Berg) sind Geländenamen, die sich auf die Eigenarten des Reliefs beziehen. Es sind dies die Namen von Bergen, Gipfeln, Kuppen, Kämmen, Rücken, Buckeln, Hügeln und sonstigen Erhebungen, von Hohlformen wie Tälern, Senken, Gräben, Schluchten, Kesseln, Niederungen, Sätteln oder Pässen, aber auch von Ebenheiten, Platten, Terrassen, Abhängen, Stufen, Lehnen oder Leiten. Völker, die in tischebenen Gebieten leben, entwickeln in ihrer Sprache keine Terminologie für die Vielfalt der Geländeformen. Küstenbewohner besitzen eine ausgefeilte Terminologie für alle Erscheinungen an der Küste, Urwaldvölker haben für die Wiedergabe der Farbe "grün" eine ganze Palette von Eigenschaftswörtern.

Namen für fließende und stehende Gewässer oder Feuchtgebiete sind (nach griech. ηψδορ = Wasser) Hydronyme (DGTT 1995, S. 22, Nr.141), ganz gleich, ob es sich um von der Natur oder durch die Menschen geschaffene Tatbestände handelt. Das sind zum Beispiel Flüsse, Ströme, Bäche, Quellen, Flussarme, Rinnsale, Sümpfe, Seen, Meere oder Ozeane, aber auch von Menschenhand geschaffene Gebilde wie Kanäle, Gräben, Teiche (besonders Mühlen- oder Fischteiche), Weiher, Stauseen, Rückhaltepolder u.a.m. Nichts hat die Kulturlandschaft mehr verändert als der Eingriff in den Wasserhaushalt. Auf topographischen Landkarten werden die Namen von Gewässern in blauer Beschriftung und nach vorne fallend eingesetzt.

Man könnte sich auch vorstellen, dass es Klassifikationsbezeichnungen gibt für die Namen von Arealen, die von der Vegetation oder durch das Klima und vielleicht auch durch die Eigenschaften der Böden charakterisiert sind. Das könnte beispielsweise bei bestimmten Flurnamen der Fall sein. Besondere terminologische Begriffsbildungen dafür sind nicht bekannt.

Die Namen von Siedlungen, sonstigen Niederlassungen und Kulturlandschaften im weitesten Sinne werden (nach griech. οικοσ = das Haus) als Oikonyme bezeichnet. Es handelt sich um die Namen von Städten, Stadtteilen, Dörfern, Weilern, Einzelhöfen, gewerblichen oder militärischen Standorten, Grab- und Kultstätten, von Schlössern, Burgen, Burgruinen, Wüstungen, vor- und frühgeschichtlichen Denkmälern u.a.m. Dies sind alles Objekte, die von der menschlichen Gesellschaft geschaffen oder maßgeblich mitgestaltet worden sind. Wenn man von Ortsnamen spricht, sind in der Regel die Siedlungsnamen gemeint (vgl. ETZ 1973, S. 26).

In der Kartographie wird auf die Beschriftung der Siedlungen besonderer Wert gelegt (vgl. GARTNER 1997). Das bezieht sich nicht nur auf die Wahl des Namens, wenn mehrere im Gebrauch oder möglich sind, sondern auch auf die Größe und Fettigkeit der Schrift, auf die Auswahl der Schrifttypen, Sperrungen, Unterstreichungen, Duktus usw., um etwas über die Größe und die administrative Bedeutung der Siedlung auszusagen. Für die amtliche topographische Kartographie haben sich ganz feste Regeln eingespielt, z.B. Kursivschrift für alle nicht-selbständigen Siedlungen, für Gemeinde- und Ortsteile.

Mit den Siedlungsnamen setzen sich verschiedene Disziplinen wie die Sprachwissenschaft (Dialektologie), die Geschichtswissenschaft, die Geographie, die Volkskunde und weitere Disziplinen auseinandergesetzt, meist mit der Absicht, etwas über die Herkunft der Namen auszusagen, um auf diese Weise Einsichten über Besiedlungsprozesse zu gewinnen. Es erfolgt so die Zuordnung zu bestimmten Perioden oder Ethnien. Keine Landeskunde wird ohne diese Erkenntnisse auskommen wollen.

Das Gebiet der Mikrotoponymie - also Flurnamen, Straßennamen und die Namen weiterer geographischer Kleinobjekte - kann hier nicht näher behandelt werden. Wie der von Hans Ramge bearbeitete "Hessische Flurnamenatlas" (RAMGE 1987) zeigt, erwachsen aus solchen Forschungen immer neue Erkenntnisse, zumal wenn man die Möglichkeiten der EDV nutzt (vgl. RAMGE 1985).

Nicht selten haben geographische Objekte zwei oder mehrere Namen, vor allem, wenn sie von Sprachgrenzen oder Staatsgrenzen geschnitten werden (vgl. SPÁL 1967). Der Große Schneeberg im Glatzer Schneegebirge hieß aus der Sicht der Grafschaft Glatz Glatzer Schneeberg, aus der Sicht Böhmens Grulicher Schneeberg (Králický Sněžník), aus der Sicht Mährens Spieglitzer Schneeberg und heute auf polnisch Śnieżna Góra, Śnieznik Wielki, Śnieznik Kłodzki und schließlich endgültig amtlich Śnieżnik, tschechisch aber weiterhin Králický Sněžník. Der Böhmerwald wird auf der böhmischen Seite Šumava genannt, dieser Name scheint älter zu sein, denn die deutschsprechenden Wäldler sagten schlicht "der Wald" (dazu WILD 1961; ZIPPEL 1977; SPERLING 1977; KAPFHAMMER 1981 u.a.m.). Die Donau hat auf jeder Strecke ihres Laufes einen anderen Namen. Auch der Rhein, zurückzuführen auf das urgermanische Reinos, das keltische Rénos und das lateinische Rhenus, heißt in der rätoromanischen Sprache Rein Anterieur und Rein Posterieur, dann in Österreich, Liechtenstein und Deutschland Rhein, in Frankreich Rhin und in den Niederlanden Rijn (vgl. BERGER 1993, S. 222).

Manchmal gibt es Abweichungen von der mundartlichen oder lokalen/regionalen Namenform zur hochsprachlichen oder amtlichen Form. In Minderheitengebieten und in Staaten mit mehreren Amtssprachen können durch den Namengebrauch hochexplosive politische Probleme entstehen (vgl. JAWORSKI 1980). Für die Lösung solcher Konflikte gibt es keine Patentrezepte, d.h. jede befriedigende Lösung sieht da und dort anders aus und lässt sich nicht auf einen anderen Fall übertragen. Noch schwieriger wird es, wenn Gebiete durch Eroberung, Okkupation, Abtretung, Gebietstausch oder Mandatisierung ihren Besitzer wechseln und somit Umbenennungen in die Wege leiten, die von der angestammten Bevölkerung nicht akzeptiert werden (dazu CHOROŚ / JARCZAK 1995; SPERLING 1997b). Jedenfalls ist jede Namensform Teil einer Sprachkultur sowie einer politischen Kultur und kann nicht ausgewechselt werden, besonders in der mündlichen Rede, denn "das Ohr ist leichter beleidigt als das Auge" (J. BREU). Das Verhältnis von geographischen Namen und Politik ist bisher noch von wenigen Autoren angemessen behandelt worden (z.b. ORMELING 1983; JAWORSKI 1980; NICOLAISON 1990). Die Kodifizierung eines geographischen Namens hat stets auch rechtliche und wahrnehmungspsychologische Konsequenzen. In den Medien wird der Name des nahe der Grenze liegenden lothringischen Kernkraftwerkes bei dem Ort Kettenhofen stets als Cattenom bezeichnet, um so das Gefühl zu vermitteln, dass es sich um eine französische Angelegenheit handelt. Bemerkenswert ist die zweisprachige Wiedergabe von Straßennamen im Elsass und in Luxemburg: Neben der amtlichen (französischen) Form gibt es noch die regionale (nicht hochdeutsche) Entsprechung (dazu JÄTZOLD / MÜLLER 1994, S. 6). Im Gebiet der Sorben in der Oberlausitz erscheinen alle Ortstafeln zweisprachig, wobei der deutsche Ortsname in größeren Buchstaben an erster Stelle steht, auch Straßennamen erscheinen auf deutsch und sorbisch. Auch in Oberschlesien hat sich eine Diskussion um zweisprachige Ortstafeln erhoben, wobei die Betreiber der Aktion allerdings die in den dreißiger Jahren eingeführten "neudeutschen" Namen bevorzugen, wodurch sich die polnische Bevölkerung provoziert fühlt (vgl. HORN 1999).

Damit sind wir bei der Frage der onomastischen Endonyme und Exonyme angekommen, die immer wieder die Gemüter erregt und sogar zu drastischen Maßregelungen Anlass gegeben hat (z.B. HUBER 1979). Es handelt sich um ein Problem der Sprachenpolitik und der geographischen Sprachdidaktik, das auch durch formelle Verträge oder übernationale Empfehlungen nur teilweise angemessen geregelt werden kann.

Ein Endonym (vgl. DGTT 1995, S. 19, Nr. 86) ist der Name für ein geographisches Objekt, das in der Sprache verwendet wird, in deren Verbreitungsgebiet dieses Objekt sich befindet. Primär ist zwar der umgangssprachliche Gebrauch, auch im regionalen oder lokalen Dialekt, justitiabel ist aber die Hochsprache qua Amtssprache. Namen, die von Minderheiten vor Ort gebraucht werden, sind demnach auch Endonyme, auch wenn sie mit den amtssprachlichen Bezeichnungen kollidieren.

Ein Exonym (vgl. DGTT 1995, S. 20, Nr. 91) ist demnach der Name für ein topographisches oder geographisches Objekt, das außerhalb eines Gebietes liegt, wo die betreffende Sprache als Umgangssprache verbreitet ist oder offiziellen Status hat. Es ist gewissermaßen der "Fremdlingsname", der vor Ort auch als befremdlich empfunden wird oder gar nicht verstanden wird. Trier heißt als Endonym Trier, als französisches Exonym Trèves, aber es gibt auch eine italienische, eine polnische und eine tschechische Version. Breslau war 1937 aus deutscher Sicht ein Endonym, heute ist es ein Exonym; Wrocław war 1937 aus polnischer Sicht ein Exonym, und heute ist es ein Endonym.

Mit einem Gebietswechsel, besonders wenn dabei Bevölkerungsteile ausgetauscht werden ("ethnische Bereinigungen" oder "nationale Entmischungen" [LEMBERG 1989]), kommt es zwangsläufig zu Endonymisierungen. Nach dem Grundsatz *"Cuius regio, eius nomina"* eignet sich der neue Besitzer das gewonnene Gebiet auch onomastisch an. Die Tendenz der Empfehlungen der Vereinten Nationen geht dahin, Exonyme weitmöglichst zu vermeiden und sie nur noch im historischen Zusammenhang zu tolerieren (vgl. BÖHME 1987). Beispielsweise möchten die jungen Nationalstaaten erreichen, dass man sich von dem eurokolonialen Namengut der Kolonialzeit deutlich distanziert. Auf die Bemühungen der polnischen Administration, unmittelbar nach der Beendigung des Zweiten Weltkrieges die deutschen Namen in den historischen deutschen Ostgebieten durch polnische zu ersetzen, wurde an anderer Stelle berichtet (siehe CHOROŚ / JARCZAK 1995; SPERLING 1995).

Das Thema, das hier vorgegeben ist, lässt sich ohne einige disziplinhistorische Hinweise nicht erschöpfend behandeln. Gemeint ist dabei nicht nur die Frage, wie die Geographie, die erdbeschreibende Wissenschaft, und hier besonders die geographische Länder- und Landeskunde, seit ihren Anfängen mit dem Phänomen der Namen umgegangen sind. Sind Namen gleich da oder werden sie gemacht? Der spontane Wille, individuelle Erscheinungen und Objekte durch Namen zu unterscheiden, ist schon bei Kindern angelegt. Wie werden Namen identifiziert, gespeichert und im täglichen Leben und bei der wissenschaftlichen Arbeit angewendet? Was ist eindringlicher - die schriftliche oder die mündliche Weitergabe? Seit wann werden Namen registriert, wer legte wohl die erste Datenbank an? Peter H. MEURER (1998) hat darauf hingewiesen, dass Abraham Ortelius (1527-1598) der erste Kartograph war, der Verzeichnisse antiker Namen angelegt hat.

Zuerst kommt uns die Bibel in den Sinn, das Alte und auch das Neue Testament, wo viele landeskundliche Erscheinungen den Schauplatz und den Rahmen bilden. Die Landeskunde des Heiligen Landes (vgl. DONNER 1976), wo sich das Leben Jesu Christi vollendete, war nicht nur ein wichtiger Bestandteil des Studiums der Theologie, sondern gehörte auch zum volkstümlichen Wissen (vgl. SPERLING 1989). In keiner Schule durfte eine Wandkarte Palästinas fehlen, nach wie vor werden diese in den einschlägigen Lehrmittelhandlungen angeboten. In einigen Volksschulatlanten aus dem 19. Jahrhundert wird sogar die *"Einführung in das Kartenlesen"* am Beispiel Palästinas exemplifiziert (siehe MOSKOPP 1985, S. 246).

Wir dürfen davon ausgehen, dass sich die moderne israelische Onomastik sehr ausführlich mit den Problemen der Toponymie beschäftigt. Professor Kadmon, Jerusalem, gab entscheidende Anregungen für die Arbeit der Sachverständigengruppe der Vereinten Nationen für geographische Namen (UNGEGN). Auf seinen Vorarbeiten fußt letzten Endes das schon erwähnte *"Deutsche Glossar zur toponymischen Terminologie"* (vgl. DGTT 1995).

Man kann im Territorium des heutigen Staates Israel grob gesagt mindestens drei geographische Namenschichten (dazu KEEL u.a. 1984) unterscheiden: die althebräischen, die semitischen und römischen Namen, dann die mittelalterlichen und neuzeitlichen arabischen Namen und schließlich die modernen neu-hebräischen Namen des Staates Israel. Auch das gesamte Umfeld des Staates Israel wurde bei der Re-Hebraisierung mit entsprechenden Namen abgedeckt, insgesamt das Gebiet des Zweiten Tempels, das auch als Groß-Israel bezeichnet wird.

Dabei stützt man sich auf die Vorbilder des Alten Testaments, ebenso wie die polnischen Namengeber sich in den historischen deutschen Ostgebieten auf altslawische Formen stützten. Die Namen der Erdteile Europa und Asien scheinen schon bei Hekataios von Milet (um 500 v. Chr.) auf. Sie sollen auf phönikische Seefahrer zurückgehen. Wenn diese das Ägäische Meer durchsegelten, sahen sie im Osten, am heutigen kleinasiatischen Ufer, den Sonnen-aufgang "*azu*", und im Westen, etwa im heutigen Makedonien, den Sonnenuntergang "*ereb*". Daraus entstanden die Namen Asien und Europa, also Morgenland und Abendland. Libyen, aus dem später Afrika erwuchs, wurde zunächst noch unter Asien geführt.

Claudius Ptolemaios (~100 - ~180), der Bibliothekar von Alexandria, vollendete das antike Weltbild. Seine "*Geographika*" enthält im 2. bis 7. Buch die Namen von 8000 Orten der damals bekannten Welt mit Koordinaten. Die Ökumene wird in drei Erdteile eingeteilt: Europa, Asien und Afrika. Die Originale der Karten sind verloren gegangen, doch erschienen in der beginnenden Neuzeit mehrere Ausgaben mit Rekonstruktionen der kartographischen Quellen, beispielsweise in Ulm 1482 und 1686, dann in Straßburg 1513 und 1530. Viele spätere Karten bauen auf diesen Fundamenten auf. Am meisten interessiert uns die Karte "*Magna Germania*" wegen der darauf erscheinenden Namen, zum Beispiel der "*Rhenus*" (vgl. Imago Germaniae 1996, S. 11 u. Taf. I), der die Westgrenze markiert, denn westlich davon beginnt Gallien. Die Beschriftung MAGNA GERMANIA bezieht sich auf Mitteldeutschland zwischen Elbe und Oder. Eine nachfolgende Germania-Karte von Hieronymus Münzer (ebd, Taf. III), die auf das Jahr 1493 datiert ist, bringt die Benennung MAGNA GERMANIA gleich zweimal, zuerst im Gebiet westlich von Magdeburg, dann noch einmal östlich der Oder, wo allerdings eine Verwechselung mit Wielkopolska (Polonia Magna) vorliegen könnte. Über Namen wie "*Montes Sudetes*", "*Herzynisches Gebirge*" (dazu HOFFMANN 1994) oder auch "*Melibocus*" (dazu FINGER 1884; SCHICK 1968) ist häufig spekuliert worden.

Das geographische Wissen der Antike ging im Mittelalter bekanntlich verloren, weil man sich nicht mehr dafür interessierte. Die Radkarten nach dem Muster der Londoner Psalterkarte waren im Hinblick auf die Wiedergabe geographischer Namen sehr dürftig ausgestattet. In den T-O-Karten finden wir zwar die Namen der drei Erdteile und manchmal auch die Namen der Winde, erst später versuchte man, die Namen von Ländern zuzufügen.

Mit den Fortschritten der geographischen Wissenschaft im Zeitalter des Humanismus und der Renaissance vergrößert sich das Weltbild, und die Lage der Länder und Orte wird präziser erkannt. Die Neue Welt wird entdeckt und erschlossen. Peter H. MEURER (1991) konnte in seiner Arbeit über Abraham Ortelius (1527-1598) und dessen "*Theatrum Orbis Terrarum*" zeigen, wie sehr der Fundus an geographischen Namen angewachsen war und noch immer anwuchs. Ortelius stellte 1578 ein Verzeichnis sinnverwandter geographischer Namen zusammen, es trug den Titel "SYNONYMIA GEOGRAPHICA SIVE POPVLORVM, REGIONVM, MONTIVM APPELATIONES & NOMINA", 1796 in revidierter Form als "*Thesaurus geographicus*". Noch heute sind die Register der großen Weltatlanten weltweit unsere wichtigsten Referenzmittel (vgl. MEURER 1998).

Auch die vieldiskutierten Gau-Namen beanspruchen unsere Aufmerksamkeit (vgl. den Beitrag von Thomas BAUER in diesem Band). An diesem Problem arbeiten Sprachwissenschaftler und Historiker gemeinsam, und man ist bemüht, möglichst frühe Nachweise zu finden, um auf diese Weise etymologische und genetische Folgerungen zu ziehen. Schon 1956 betrachtete Peter von Polenz die Pagus-Frage aus sprachlicher Sicht und kam zu bemerkenswerten Folgerungen, auch im Blick auf die geschichtliche Landeskunde. In seiner Monographie über Landschafts- und Bezirksnamen im frühmittelalterlichen Deutschland berichtet der gleiche Autor, dass bis etwa 1100 ungefähr 500 Gaunamen überliefert sind, davon sind allerdings bis heute nur noch 100 im Gebrauch geblieben (vgl. V. POLENZ 1961, S. 2).

In eben dieser Zeit des Humanismus entstanden zahlreiche Landkarten: Weltkarten, Länderkarten (beispielsweise vom Germania-Typ) und Regionalkarten. Schon bei den Karten des Cusanus-Typus bemerken wir eine ganze Reihe von Raum- und Bezirksnamen, also Choronyme, die dann in den nachfolgenden kartographischen Produkten weiterverfolgt werden können. In der Regionalkartographie stoßen wir auf einige typische Gaunamen, die heute noch bekannt sind.

Sehr bekannt ist die Karte der Umgebung von Heidelberg aus dem Jahr 1528 von Sebastian Münster (1489-1552), der zu jener Zeit als Professor an der Universität Heidelberg lehrte. Das Werk trägt den Titel *"Heidelberger Becirck auff sechss meilen beschriben"* (s. Abb. 10) ein Holzschnitt im Maßstab 1: ~650.000 aus einem Instrumentenbuch und verbunden mit einer "Vermahnung", einem Aufruf "an alle Liebhaber der heutigen Kunst Geographia, ihm Hilfe zu thun zu wahrer und rechter Beschreibung deutscher Nation" - also eine Aufforderung, an der Schaffung einer deutschen Landeskunde mitzuwirken. Wir erkennen den Rheinlauf, den Neckar, den Gebirgsrand, einige Wälder, dazu zahlreiche Städte und Dörfer. Vier Landschaftsnamen lassen sich identifizieren: *"die berg straß"*, *"Der Oten wald"*, *"der Brurein"* und *"das Kreich gew"*. Wir sehen schon den Zusammenhang von Gau und Gäu, wobei Münster in beiden Fällen den sächlichen Genus bevorzugt.

Von Martin Waldseemüller (1470 - ca. 1518/21), der als einer der Vorbilder Münsters gelten darf, stammen zwei Karten des Oberrheingebietes, die 1513 und 1522 datiert sind (abgebildet in HELLWIG u.a. 1984, S. 55 und S. 57). Der Titel lautet *"Tabula nova particularis provincie Rheni superioris"*. Da finden wir eine Reihe von Landschafts- und Gaunamen wie *"Vasti regni pars"* [Westrich], *"Vosagus mons"* [Vogesen], *"HundsRuck"* [Hunsrück], *"Gov"* [Rheinhessen], *"Houenstett"* [?], *"Suntgou"* [Sundgau], *"Alsatia"* [Elsass], *"Brisag"* [Breisgau], *"Nigra silva"* [Schwarzwald], *"Svevie pars"* [Schwaben], *"Albe pars"* [Alb], *"Hagenschies"* [Hagenschieß], *"Bynwald"* [Bienwald], *"Otten wald"* [Odenwald] und *"Vasgov"*. Auffallend ist auf diesen beiden Karten ein größeres gebirgiges Gebiet ganz ohne Namen. In der Naturräumlichen Gliederung nennt man es "Saar-Nahe-Bergland", im Heimatkundeunterricht aber sagt man "die Bucklige Welt"! Dieser Sachverhalt wird durch die Art und Weise der Bergdarstellung trefflich vor Augen geführt.

Noch einmal zu dem aus Ingelheim gebürtigen Sebastian Münster. 1544 entstand eine dreiteilige Rheinlauf-Karte als Holzschnitt, wir wollen nur die mittlere Tafel mit dem Titel "*Die ander tafel des Rheinstroms begreiffend die Pfaltz, Westrich, Eyfel etc.*" (abgebildet in HELLWIG u.a. 1984, S. 63) betrachten, auf der u.a. das Mittelrheingebiet erscheint. Wir erkennen leicht, durch die Art der Beschriftung hervorgehoben, zahlreiche Gebietsnamen, sowohl Landschaften als auch Territorien: *"Lotringñ"* [Lothringen],*"Westrich"*, *"Eyfel"* [Eifel], *"Veldentz"* [Veldenz], *"Wirtñberg"* [Württemberg], *"Die Marck"* [Mark], *"Kreichgoew"* [Kraichgau], *" Pfaltz"*, *"Donnersberg"*, *"Ottñwald"* [Odenwald], *"Rhingow"* [Rheingau], *"Sain wald"* [Soonwald], *"Húnesruck"* [Hunsrück], *"Meinfeld"* [Maifeld], *"Der Hainich"* und *"Westerwald"*.

Eine vier Jahre vorher, 1540, entstandene Karte Münsters *"Tertia Rheni nova tabula"* (ebenfalls abgebildet in HELLWIG u.a. 1984, S. 61), die das nördliche Oberrheingebiet zeigt, enthält einige Details mehr. Die Landschaftsnamen sind in Typen gesetzt, davor befinden sich Bestimmte Artikel als Versalien, so dass das Genus leicht erkannt werden kann: *"DAS Westrich"*, *"DER Hunes Ruck"* [Hunsrück], *"DAS wasgew"* [Wasgau], *"Donersberg"*, *"DAS Ringew"* [Rheingau], *"DAS Altzheimer gew"*, *"DIE Pfalz"*, *"DAS Gerawer Landt"*, *"Nigra Silua"* [Schwarzwald], *"Hagenschies"*, *"DAS Zabergew"*, *"DAS Kreichgew"*, *"DER Oten wald"* [Odenwald], *"Spessart"*. Die Gaue, besser die Gäue, werden sächlich generiert. Bei dem hier genannten "*Altzheimer Gau*", der auch auf anderen Karten aufscheint und sich in Innerrheinhessen, und zwar in der Umgebung von Alzey, befindet, handelt es sich um den Gau schlechthin (vgl. SPERLING 1998). Wahrscheinlich beruhen diese Eintragungen auf einem Fehler Waldseemüllers, der Alzey mit Alsheim verwechselte und so die Verwirrung verursachte. Nicht weit davon stoßen wir auf den Landschaftsnamen "*Die Braech*", der einige Rätsel aufgibt. Es deutet sich an, dass es sich um einen Flurnamen handelt, der mit dem damals weit verbreiteten Flachsanbau zu tun hat (vgl. SPERLING 1998, S. 108).

Ein anderer, bemerkenswerter Landschaftsname ist der des Taunus (vgl. MANGEL 1996). Ursprünglich war es ein keltischer Name, aber für ein anderes Gebirge oder einen Berg. Der moderne Name entstand erst im 19. Jahrhundert; wie beim Pfälzerwald und auch beim Riesengebirge war es ein Wanderverein, also der Taunus-Club, der für die Popularisierung sorgte. Der Name "Taunusbahn" für die Strecke von Frankfurt nach Wiesbaden sorgte endgültig für Verbreitung. Bis dahin, also noch zu Goethes Zeiten, hieß es schlicht und einfach *"Die Höhe"*, so wie auch der Bayerische Wald einfach *"Der Wald"* genannt wurde. Auch über die Geschichte des Namens Westerwald gibt es einen bemerkenswerten Beitrag eines Landeshistorikers (siehe GENSICKE 1957).

Im 18. Jahrhundert entstanden die ersten exakt vermessenen topographischen Karten, fast ausschließlich für militärische Bedürfnisse. Ihre Vorläufer waren die sogenannten Kriegstheater, meist in einem etwas kleineren Maßstab gehalten. Ein bekanntes und oft kopiertes Kriegstheater, das von Bonn bis in die Schweiz und von Trier bis Hanau reicht, stammt von Henri Sengre und trägt den Titel "*Partie des Estats des Cercles des quatre Electeur et du Haut Rhin*

... *Trèves* ... *Mayence* ... *Cologne* ... *Wetteravie, Hesse/Darmstatt* ..." (HELLWIG u.a. 1984, S. 186-187, s. Abb. 9). Das Werk erschien 1692 in vier Blättern und hat einen Maßstab von etwa 1:200.000. Dieses Kartenwerk enthält eine ganze Reihe von Gebietsnamen, so etwa *"Uff dem Westerwalt dit Sylva Hesperia"*, *"Das Rheingawer Landt"*, *"Uff der Höhe"* (für den Taunus), *"Im Riedt"* und *"Das Gerawer Landt"*.

Es liegt nahe, dass wir zum Schluss die Frage stellen, wie heute in Weltatlanten, Hausatlanten, Schulatlanten, Autoatlanten und in anderen Gebrauchsatlanten mit mit Landschafts- und Gebietsnamen umgegangen wird. Für die österreichischen Schulatlanten gibt es dazu ein entsprechendes Referenzwerk (MAYER u.a. 1994); bei den in Deutschland erscheinenden Schul- und Weltatlanten bemerken wir einige Abweichungen. Die Staatennamen, auch auf den Politischen Karten, erscheinen meist in der abgekürzten Form, also "Frankreich" und nicht "Französische Republik" – allerdings mit Ausnahme der Tschechischen Republik, weil die Kurzform "Tschechien" bei uns noch gewöhnungsbedürftig ist. Hinsichtlich der Eintragung von Landschaftsnamen scheint in den Verlagsredaktionen neuerdings größere Aufmerksamkeit zu walten. Ein positives Beispiel ist die Karte "Deutschland - physisch" im Maßstab 1: 2.250.000 auf S. 16/17 in einer der letzten Ausgaben des *"Diercke Weltatlas"* (1996).

Zur Geschichte der Onomastik oder Namenkunde wäre gewiss noch mehr zu sagen. Soweit es die deutschen Namen anbetrifft, so dürften im 19. Jahrhundert die entscheidenden Anstöße von der Germanistik ausgegangen sein. Ein Meilenstein auf diesem Wege war das *"Altdeutsche Namenbuch"* von Ernst Wilhelm FÖRSTEMANN, das erstmals 1856 und 1859 erschienen war und trotz seiner Unzulänglichkeiten mehrfach nachgedruckt wurde. Wilhelm ARNOLD *"Ansiedelungen und Wanderungen deutscher Stämme, zumeist nach hessischen Ortsnamen"* erschien 1875 und eröffnete die historisch-geographische Fragestellung. Adolf BACH *"Deutsche Namenkunde"* in drei Bänden, Heidelberg 1953-1956, ist immer noch das Standardwerk. Namen wie Ernst Schwarz oder Wolfgang Jungandreas sollten nicht vergessen werden. Seitdem erschien unter Ausschöpfung vieler Urkundenbücher und weiterer Quellen eine Menge von Städte- und Ortsbüchern, von Flurnamenbüchern und weiteren Referenzwerken.

In der Regel recherchiert man die erste Erwähnung und die Schreibform eines jeden Namens und stellt Untersuchungen über die Herkunft und die Bedeutung an. Breite Forschungsfelder tun sich in den Sprachgrenzgebieten Mitteleuropas auf, wenn wir etwa an die Germania Romana und an die Germania Slavica denken. Gerade in Grenz- und Überschneidungsgebieten, wie beispielsweise in Schlesien (siehe SPERLING 1995; SPERLING 1997b) und in Lothringen (SPERLING 1997c) kann man, auch im Blick auf die wechselhafte Territorialgeschichte, viele Beobachtungen machen, die zum Nachdenken über den Umgang mit Namen Anlass geben. Was die Völker in Zeiten nationalistische Selbstbehauptungskämpfe trennte, darf sie in Zeiten friedlicher Zusammenarbeit wieder versöhnen. Es ist ein Akt gegenseitiger Achtung, wenn man die Namengebung der Nachbarn respektiert, so wie man die Namen im eigenen Land ebenfalls geachtet haben möchte. Im Studium der Geographie gibt es, insbesondere im Hinblick auf eine vertiefte Beschäftigung mit der deutschen Landeskunde, beträchtliche Defizite zur Namenkunde in den einführenden Veranstaltungen. Zwar sollte keineswegs gefordert werden, dass Studierende der Geographie ein komplettes Repertoire an deutschen geographischen Namen und ihrer Ableitungen im Gedächtnis parat haben, aber in der Praxis zeigen sich beschämende Lücken, beispielsweise bei westdeutschen Studierenden in ihrem Orientierungswissen über das neue Bundesgebiet. Hier ist es notwendig, auf die amtlichen geographischen Namenbücher, die Gemeinde- und Ortsverzeichnisse der Länder, das Verzeichnis der Postleitzahlen, die Namenregister in Atlanten, Kursbücher und Gesamtdarstellungen der Landeskunde sowie weitere einschlägige Quellen und Hilfsmittel hinzuweisen. In den Bibliographien von Emil MEYNEN (1984) und Rudolf SCHÜTZEICHEL (1983) findet man eine Fülle von Hinweisen auf die gängigen Hilfsmittel. Dass solche Hilfen auch auf CD-Rom angeboten werden können, steht außer Frage. Der regelmäßige Umgang mit solchen Referenzwerken, neuerdings auch über elektronische Datenträger, zieht einen sensibleren Umgang mit Namen nach sich. Es zeigt sich bald, dass - beispielsweise bei Zusätzen zu Ortsnamen - Widersprüchlichkeiten auftauchen, die nur durch einwandfreie Instruktionen im Sinne einer Standardisierung aufgelöst werden können.

Aus der Sicht der Landeskunde, nicht nur der Landeskunde Deutschlands und des deutschen Sprachraums sollte der Angewandten Onomastik verstärkt Aufmerksamkeit geschenkt werden. Dabei geht es nicht nur um die Wiedergabe von topographischen oder chorographischen Karten, sondern auch um einwandfreie Instruktionen für die Verwaltung, das Gerichtswesen und die Medien, nicht nur die Print-Medien, sondern auch Funk und Fernsehen, was die korrekte Aussprache fremder Namen anbelangt. Auch das Volksbildungswesen und die Schulen sind hier gefordert, vor allem angesichts der vielen Rücksiedler und Aussiedler, die in unserem Lande leben.

Ein weiteres, bisher noch vernachlässigtes Arbeitsfeld der Angewandten Namenkunde wäre die Pflege der angemessenen Aussprache geographischer Namen, bisher eine Geheimwissenschaft der Linguisten. Hier bietet sich nicht nur die im *"Duden Aussprachewörterbuch"* (1962) benutzte internationale Lautschrift an, auch hier ist es möglich, sachdienliche phonetische Datenbanken aufzulegen, die in der Lage sind, akustische Informationen auf Abruf zu vermitteln. Noch viel zu wenig bekannt ist die Möglichkeit, sich der internationalen Telecom-Auskunftsdienste zu bedienen.

Literatur

ANSCHÜTZ, R. u.a. (1979, 1982, 1983): Die unfügsamen Pfälzer Landschaftsnamen. – Pfälzer Heimat 30, S. 44-51; 33, S. 20-28; 34, S. 115-121

ARNOLD, Wilhelm (1875): Ansiedelungen und Wanderungen deutscher Stämme, zumeist nach hessischen Ortsnamen. – Marburg (2. Aufl. 1881)

BACH, Adolf (1953): Deutsche Namenkunde. 2 Bde in 4 Teilen. – Heidelberg

BACK, Otto (1974): Staatsnamen: Syntaktisch-semantische und übersetzerische Probleme. – Österreichische Namenforschung 2, S. 5-16

BACK, Otto (1977): Zur Frage der Aussprache fremder Namen. – Österreichische Namenforschung 5, H. 1, S. 3-14

BECKER, Kurt (1993): Und nochmals Hunsrück. Ein Beitrag zur Namendeutung. – Rhein-Hunsrück-Kalender 1993, S. 54-55

BERGER, Dieter (1993): Geographische Namen in Deutschland. Herkunft und Bedeutung der Namen von Ländern, Städten, Bergen und Gewässern. – (Duden-Taschenbücher; 25), Mannheim

BÖHME, Rolf (1987): Von Černobyl bis Peiraićfs. Die Vereinten Nationen und die Vereinheitlichung der Namen. – Vereinte Nationen 35, H. 6, S. 188-194

BREU, Josef (1971): Kartographie und Ortsnamenkunde. – Internationales Jahrbuch für Kartographie 11, S. 291-302

BREU, Josef (1986a): Die amtliche Schreibung geographischer Namen aus der Sicht der Vereinten Nationen. – In: Kühebacher, Egon (Hrsg.): Amtlicher Gebrauch des geographischen Namengutes. Bozen, S. 33-41

BREU, Josef (1986b): Exonyms. – World Cartography 18, S. 30-32

BUFE, Wolfgang (1991): Bilingualismus an der Grenze oder die Lothringer und ihre Sprache. – Zeitschrift für Literaturwissenschaft und Linguistik 83, S. 89-107

CHOROŚ, Monika / JARCZAK, Łucja (1995): Veränderungen von Orts- und Personennamen in Schlesien vor und nach dem Zweiten Weltkrieg. – In: "Wach auf, mein Herz und denke". Zur Geschichte der Beziehungen zwischen Schlesien und Berlin-Brandenburg. Berlin, Opole, S. 458-469

DALLMEIER, Martin (1979): Gemeindenamen und Gebietsreform in Bayern. – Blätter für Oberdeutsche Namenforschung 16, S. 2-22

DEBUS, Friedhelm (1980): Art. "Onomastik". – In: Lexikon der germanistischen Linguistik. 2. Aufl. Tübingen, S. 187-198

DEMEK, Jaromír (1978): Teorie a metodologie současné geografie. – (Studia Geographica; 65), Brno

DGTT (1995): Deutsches Glossar zur toponymischen Terminologie. Deutsches Wörterverzeichnis zur Terminologie der geographischen Namenkunde. –. (Nachrichten aus dem Karten- und Vermessungswesen. Sonderheft), Frankfurt a.M

DONNER, Herbert (1976): Einführung in die biblische Landes- und Altertumskunde. – (Einführungen), Darmstadt

DÜWELL, Kurt (1990): "Rheinisch-westfälisch" und verwandte Bezeichnungen im 19. Jahrhundert. Eine Betrachtung über regionales Raumbewußtsein und sprachliche Ausdrucksformen. – In: Petzina, Dietmar u.a. (Hrsg.): Bevölkerung, Wirtschaft, Gesellschaft seit der Industrialisierung. Festschrift für Wolfgang Köllmann zum 65. Geburtstag. (Untersuchungen zur Wirtschafts-, Sozial- und Technikgeschichte; 8), Hagen, S. 311-319

ETZ, Albrecht (1973): Grundsätzliches zur Namenforschung. – Österreichische Namenforschung 1, S. 23-28

FEHN, Hans (1966): Historische Landschaftsnamen und ihr wechselnder Geltungsbereich. Eine vergleichende Betrachtung. – Erdkunde 20, S. 149-153

FINGER, Friedrich August (1884): Melibokus, Berg an der Bergstraße, richtiger Malchen. – Globus 46, S. 14-15

FÖRSTER, Uwe (1998): Landschaftsnamen in Deutschland. Ein Spiegel von Natur- und Menschheitsgeschichte. – Der Sprachdienst 42, S. 165-178

FRANK, Irmgard (1977): Namengebung und Namenschwund im Zuge der Gebietsreform. – Onoma 21, S. 323-337

GANSWELEIT, Klaus-Dieter / SCHMIDT, Werner / ZÜHLKE, Dietrich (1982): Zur namenkundlichen Problematik in der Buchreihe Werte unserer Heimat. – Geschichte und Gegenwart des Bezirkes Cottbus 16, S. 184-190

GARTNER, Georg (1997): Namengut und Schriftgestaltung in der Kartographie. – In: Kretschmer, Ingrid u.a. (Hrsg.): Kartographie und Namenstandardisierung. Symposium über geographische Namen (Wiener Schriften zur Geographie und Kartographie; 10). Wien, S. 119-130

GENSICKE, Helmut (1957): Der Name Westerwald. – Nassauische Annalen 68, S. 262-270

GNBR (1981): Geographisches Namenbuch Bundesrepublik Deutschland — Gazetteer Federal Republic of Germany. – Frankfurt a.M.

GSCHNITZER, Franz (1959): Mißhandelte Ortsnamen in Südtirol. – (Muttersprache; 6), Wien

HAGGETT, Peter (1983): Geographie. Eine moderne Synthese. – (UTB. Große Reihe), New York

HAMMÄCHER, K. (1981): Straßburg oder Strasbourg? Die Ortsnamen des ehemaligen Elsaß-Lothringen im Spiegel der wechselnden Zugehörigkeit zu Deutschland oder Frankreich. – Beiträge zur Namenforschung N.F. 16, S. 204-212

HARD, Gerhard (1992): "Sprachliche Raumerschließung". Die Sprache der Geographen als sprachkundlicher Gegenstand. – Der Deutschunterricht 34, S. 5-16

HELLWIG, Fritz / REINIGER, Wolfgang / STOPP, Klaus (1984): Landkarten der Pfalz am Rhein 1513-1803. Katalog. – Bad Kreuznach

HOFFMANN, Roland J. (1994): Zur Rezeption des Begriffs Sudeti montes im Zeitalter des Humanismus. – Jahrbuch für sudetendeutsche Museen und Archive 1993-1994, S. 73-184

HORN, J. (1999): Wann kommen die zweisprachigen Ortstafeln in Oberschlesien? – Kulturpolitische Korrespondenz, Nr. 1066, S. 8-9

HUBER, Eduard (1979): Königsberg oder Kaliningrad? Überlegungen zur Synonymie von Ortsnamen. – Geographische Rundschau 31, S. 78-80

Imago Germaniae (1996): Imago Germaniae. Das Deutschlandbild der Kartenmacher in fünf Jahrhunderten. Aus der Kartenabteilung der Staatsbibliothek zu Berlin – Preußischer Kulturbesitz und die Collection Niewodniczański, Bitburg. – Weissenhorn

JÄGER, Helmut (1971): Raumnamen und Geländenamen als landschaftsgeschichtliche Zeugnisse. –In: Siedlungs- und agrargeographische Forschungen in Europa und Afrika. Wiesbaden, S. 119-133 (Braunschweiger Geographische Schriften; 3)

JÄTZOLD, Ralph / MÜLLER, Beate (1994): Lothringen – Grenzraum und europäischer Kulturraum. – Europa Regional 2, H. 2, S. 1-9

JAWORSKI, Rudolf (1980): Kartographische Ortsbezeichnungen und nationale Emotionen. Ein deutsch-tschechischer Streitfall aus der Jahren 1924/25. – In: Quarthal, Franz / Setzer, W. (Hrsg.): Stadtverfassung, Verfassungsrecht, Pressepolitik. Festschrift für Eberhard Naujoks zum 65. Geburtstag. Sigmaringen, S. 250-261

KANNENBERG, Ernst-Günther (1986): Neue Gemeindenamen im Rahmen der Gemeindereform in Baden-Württemberg. – Die Gemeinde 109, S. 518-526

KANNENBERG, Ernst-Günther (1987): Neue Gemeindenamen im Rahmen der Gemeindereform. –Beiträge zur Volkskunde in Baden-Württemberg 2, S. 17-52

KANNENBERG, Ernst-Günther (1990): Neue Gemeindenamen im südlichen Oberrheingebiet und angrenzenden Schwarzwald. – Alemannisches Jahrbuch 1989/90, S. 261-276

KAPFHAMMER, Günther (1981): Bayerischer Wald. Zur Geschichte des Landschaftsnamens im 18. und 19. Jahrhundert. – Blätter für oberdeutsche Namenforschung 18, S. 44-49

KAPFHAMMER, Günther (1989): Choronym – die zukünftige wissenschaftliche Bezeichnung für Landschaftsname? Ein Beitrag zur Begriffsklärung. – Blätter für oberdeutsche Ortsnamenforschung 26, S. 32-34

KEEL, Othmar u.a. (1984): Orte und Landschaften der Bibel. Ein Handbuch und Studienreiseführer zum Heiligen Land. 2 Bde. – Zürich u.a.

KOSS, Gerhard (1990): Namenforschung. Eine Einführung in die Onomastik. – (Germanistische Arbeitshefte; 34), Tübingen

KRAHE, Hans (1964): Unsere ältesten Flußnamen. – Wiesbaden

KRAMER, Johannes (1996): Die Italianisierung der südtiroler Ortsnamen und die Polonisierung der ostdeutschen Toponomastik. – Romanistik in Geschichte und Gegenwart 2, S. 45-62

KRONSTEINER, Otto (1975): Mehrnamigkeit in Österreich. – Österreichische Namenforschung 3, H. 2, S. 5-17

KÜHEBACHER, Egon (Hrsg. 1986): Amtlicher Gebrauch der geographischen Namengutes. Beiträge zur Toponomastiktagung in Bozen. – Bozen

LAUFER, Wolfgang (1995): Der Weg zum Saarland. Beobachten zur Benennung einer Region. – In: Haubrichs, Wolfgang u.a. (Hrsg.): Zwischen Saar und Mosel. Festschrift für Hans-Walter Herrmann zum 65. Geburtstag. – (Veröffentlichungen der Kommission für Saarländische Landesgeschichte und Volksforschung; 24), Saarbrücken, S. 367-379

LEMBERG, Hans (1989): Nationale "Entmischung" und Zwangswanderungen in Mittel- und Osteuropa 1938-1948. – Westfälische Forschungen 39, S. 383-392

LIEDTKE, Herbert (1984): Der Ständige Ausschuß für geographische Namen. – Berichte zur deutschen Landeskunde 58, S. 183-187

LIEDTKE, Herbert (1994): Namen und Abgrenzungen von Landschaften in der Bundesrepublik Deutschland. – (Forschungen zur deutschen Landeskunde; 239), Trier [1. Ausg. 1984]

LIEDTKE, Herbert (1997): Landschaften in Deutschland und ihre Namen. – In: Institut für Länderkunde (Hrsg.): Atlas der Bundesrepublik Deutschland. Pilotband. Leipzig, S. 34-35

MANG, Reinhard (1984): Zur Terminologie geografischer Raumbezeichnungen in Österreich. – Österreich in Geschichte und Literatur mit Geographie 28, S. 264-278

MANG, Reinhard (1995): Kartographische Bezeichnung und Abgrenzung geographischer Räume. – In: Fasching Gerhard L. (Hrsg.): Festschrift Ortsnamenforschung. 20 Jahre Salzburger Ortsnamenkommission. (SIR-Schriftenreihe; 14), Salzburg S. 23-26

MANGEL, A. (1996): "Die Höhe vel Taunus mons". Alte Beziehungen des Taunusgebirges im Spiegel von Literatur und Kartographie. – Jahrbuch Hochtaunuskreis, S. 21-44

MAYER, Ferdinand u.a. (1994): Vorschläge zur Schreibung geographischer Namen in österreichischen Schulatlanten. – (Wiener Schriften zur Geographie und Kartographie; 7), Wien

MEURER, Peter H. (1991): Fontes Cartographici Orteliani. Das "Theatrum Orbis Terrarum" von Abraham Ortelius und seine Kartenquellen. – Weinheim

MEURER, Peter H. (1998): Synonyma - Thesaurus - Nomenclatur. Ortelius' dictionaries of ancient geographical names. – In: Van den Broecke, Marcel, P.R. u.a. (Hrsg.): Abraham Ortelius and his first Atlas. t'Goy-Houten, S. 331-345

MEYER, J. (1986): Die Flur-, Straßen- und Ortsnamen in ihrer Anpassungsfähigkeit im Elsaß. – In: Kühebacher, Egon (Hrsg.): Amtlicher Gebrauch des geographischen Namengutes. Bozen, S. 209-223

MEYNEN, Emil (1984): Gazeteers and Glossaries of Geographical Names of the Member-Countries of the United Nations and the Agencies in Relationship with the United Nations. Bibliography 1946-1976. – Wiesbaden

MEYNEN, Emil u.a. (1966): Duden. Wörterbuch geographischer Namen. Europa (ohne Sowjetunion). –. (Duden-Wörterbücher), Mannheim

MORGENSTERN, Dietrich (1985): Aspekte einer Neukonzeption der Schrift in topographischen Karten. – In: Betrachtungen zur Kartographie. Eine Festschrift für Aloys Heupel zum 60. Geburtstag. (Institut für Kartographie und Topographie <Bonn>: Schriftenreihe; 15), Bonn, S. 97-120

MOSKOPP, Jakob (1985): Die landeskundliche Behandlung Palästinas im geographischen Unterricht. – Internationale Schulbuchforschung 7, S. 239-277

NICOLAISEN, Wilhelm F. H. (1990): Placenames and Politics. – Names 38, S. 193-207

OGRIS, Alfred (1986): Der amtliche Gebrauch zweisprachiger Ortsnamen in Kärnten aus historischer und gegenwärtiger Sicht. – In: Kühebacher, Egon (Hrsg.): Amtlicher Gebrauch des geographischen Namengutes. Bozen, S. 157-172

ORMELING, Ferdinand Jan (1983): Minority Toponyms on Maps. The rendering of linguistic minority toponyms on topographic maps of Western Europe. –. (Utrechtse Geographische Studies; 30), Utrecht

POLENZ, Peter von (1956): Gaunamen oder Landschaftsnamen? Die *pagus*-Frage sprachlich betrachtet. – Rheinische Vierteljahresblätter 21, S. 77-96

POLENZ, Peter von (1961): Landschafts- und Bezirksnamen im frühmittelalterlichen Deutschland. Untersuchungen zur sprachlichen Raumerschließung, Bd 1. – Marburg a.d.L.

RAMGE, Hans (1985): Hessische Flurnamengeographie. Methodische und praktische Probleme am Beispiel der Bezeichnung für Sonderland. – In: Schützeichel, Rudolf (Hrsg.): Gießener Flurnamen-Kolloquium 1984. (Beiträge zur Namenforschung, N. F.: Beihefte; 23), Heidelberg, S. 600-693

RAMGE, Hans (Hrsg.) (1987): Hessischer Flurnamenatlas. – (Arbeiten der Hessischen Historischen Kommission: N.F.; 3), Darmstadt

SCHICK, Manfred (1968): Malchen und Melibokus. – Mainzer Naturwissenschaftliches Archiv 7, S. 168-181

SCHMIDT-Wiegand, Ruth (1984): Art. "Ortsnamen (Toponyme)". – In: Handwörterbuch der deutschen Rechtsgeschichte. Bd III. Heidelberg, S. 1312-1324

SCHÜTZEICHEL, Rudolf (Hrsg.) (1988): Bibliographie der Ortsnamenbücher des deutschen Sprachgebietes in Mitteleuropa. – (Beiträge zur Namenforschung N.F.: Beihefte; 26), Heidelberg

SIEVERS, Jörn (1998): Geographische Namen – schwieriger Weg zur nationalen Standardisierung. – In: Glatthaar, Dieter / Herget, Jürgen (Hrsg.): Physische Geographie und Landeskunde – Festschrift für Herbert Liedtke. (Bochumer Geographische Arbeiten: Sonderreihe; 13), Bochum. S. 96-101

SPAL, Jaromír (1967): Die Doppelnamigkeit der Toponyme in Böhmen. – Onomastica Slavogermanica 11, S. 105-110

SPERLING, Walter (1977): Der Böhmerwald - kein Gebirge außerhalb Deutschlands. – Kartographische Nachrichten 27, S. 218-222

SPERLING, Walter (1980): Die internationale Standardisierung von Landschaftsnamen. – Berichte zur deutschen Landeskunde 54, S. 103-123

SPERLING, Walter (1985): Dimensionen räumlicher Erfahrung. Gedanken zum Seydlitz Weltatlas. – In: Cloß, Hans-Martin (Hrsg.): Seydlitz Weltatlas Handbuch. Berlin, S. 11-34

SPERLING, Walter (1989): Heinrich Kieperts Wandkarte von Palästina (1857). – In: Asche, Hartmut / Topel, Theo (Hrsg.): Beiträge zur Geographie und Kartographie. Festschrift für Ferdinand Mayer zum 60. Geburtstag. (Wiener Schriften zur Geographie und Kartographie; 3), Wien, S. 194-207

SPERLING, Walter (1995): Geographische Namen, politisch instrumentalisiert. Das Beispiel Schlesien. – In: Neumann, Joachim (Hrsg.): Karten hüten und bewahren. Festgabe für Lothar Zögner. (Kartensammlung und Kartendokumentation; 11), Gotha, S. 185-203

SPERLING, Walter (1997a): Namen und Begriffe. Ein Beitrag über geographische Namen im Leben und in der Schule. – In: Frank, Friedhelm u.a. (Hrsg.): Die Geographiedidaktik ist tot, es lebe die Geographiedidaktik. Festschrift zur Emeritierung von Josef Birkenhauer. – München, S. 111-140 (Münchener Studien zur Didaktik der Geographie; 8)

SPERLING, Walter (1997b): Schlesische Landschaftsnamen. Bemerkungen zu einem Forschungsvorhaben. – Jahrbuch der Schlesischen Friedrich-Wilhelms-Universität zu Breslau 36/37 für 1995/96, S. 385-421

SPERLING, Walter (1997c): Geographische Namen politisch instrumentalisiert: Das Beispiel Lothringen. – In: Graafen, Rainer / Tietze, Wolf (Hrsg.): Raumwirksame Staatstätigkeit. Festschrift für Klaus-Achim Boesler zum 65.Geburtstag. – (Colloquium Geographicum; 23), Bonn, S. 233-247

SPERLING, W. (1998): Der "Altzheimer Gau". Ein älterer Name für Rheinhessen? – In: Glatthaar, Dieter / Herget, Jürgen (Hrsg.): Physische Geographie und Landeskunde – Festschrift für Herbert Liedtke. (Bochumer Geographische Arbeiten: Sonderreihe; 13), Bochum. S. 102-137

StJb = Statistisches Jahrbuch der Bundesrepublik Deutschland. – Stuttgart 1997

WENTSCHER, E. (1973): Namenpolitik im Dritten Reich unter besonderer Berücksichtigung Ostdeutschlands und Polens. – Nordost-Archiv 6, H. 28/29, S. 27-37

WILD, K. (1961): Der Böhmerwald als Name in Geschichte und Gegenwart. – Passauer Jahrbuch für Geschichte, Kunst und Volkskunde, S. 207-225

ZIPPEL, Martin (1977): Der Böhmerwald – ein Gebirge außerhalb Deutschlands? Bemerkungen zum gegenwärtigen Sachstand. – Kartographische Nachrichten 27, S. 17-25

ZÜHLKE, Dietrich (1967): Werte unserer Heimat. Ein Beitrag der Namenkunde zur heimatkundlichen Bestandsaufnahme. – Namenkundliche Informationen 28, S. 31-35

Abbildungen

1 Straßenschild aus Meran (Merano), Südtirol
2 Straßenschild aus Echternach, Luxemburg
3 Straßenschild aus Freiburg im Uechtland (Fribourg), Schweiz
4 Ortsschild aus der Oberlausitz, Freistaat Sachsen
5 Ortsschild von Föhr, Schleswig-Holstein
6 Ortsschild aus Lothringen, Frankreich
7/8 Breslau (Wrocław) und Umgebung: Kartenausschnitte aus einem deutschen und einem polnischen Schulatlas
9 Ausschnitt aus der Karte von Henry Sengre: Partie des Estats des Cercles des quatre Electeur et et Du Haut Rhin ... 1692 (Ausg. um 1700 von Ch. H. A. Jaillot)
10 Sebastian Münster: Heydelberger Becirck auff sechss meilen beschriben (1528)
11 Ausschnitt aus der Karte von Cyriakus Blödner: Theatrum Bellum Rhenani, um 1700

Geographische Namen als interdisziplinäres Forschungsfeld

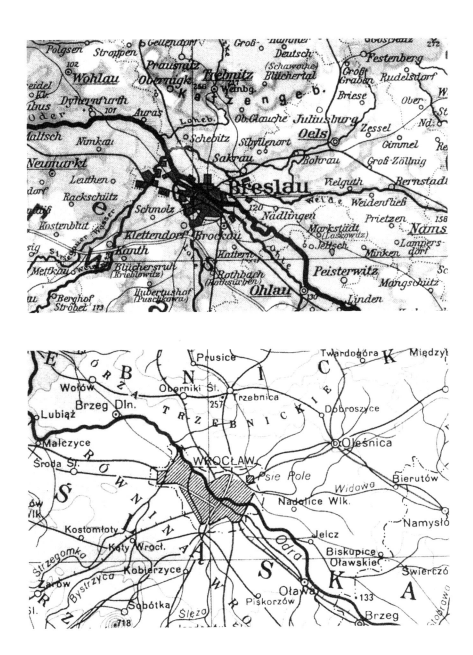

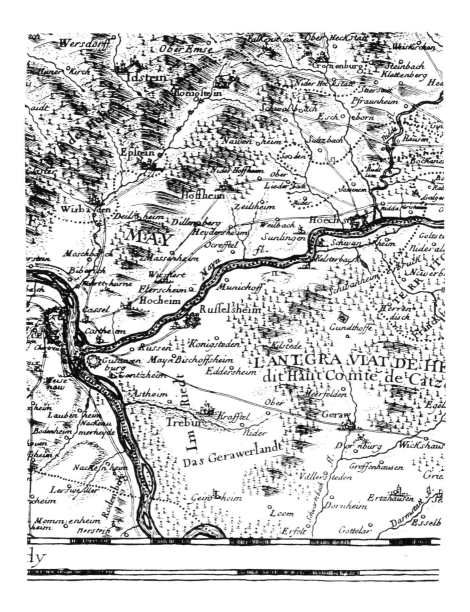

Geographische Namen als interdisziplinäres Forschungsfeld

DL – BERICHTE UND DOKUMENTATIONEN, Heft 2 (1999)
Geographische Namen in ihrer Bedeutung für die
landeskundliche Forschung und Darstellung, S. 43-65

Thomas Bauer

**Raumeinheiten und Raumbezeichnungen:
Die pagi und Gaue des Mittelalters in landeskundlicher Perspektive**[1]

Als sich bedeutende humanistische Gelehrte in jenem epochalen 16. Jahrhundert wissenschaftlich mit der Materie pagus/Gau zu beschäftigen begannen - zu erwähnen sind etwa Heinrich Bebel 1506 für Schwaben[2], Jacob Meyer 1531 für Flandern[3] und dann Marquard Freher, einer der "Ahnherren der Germanistik" (FUCHS 1963, S. 25), 1599 hauptsächlich für den Mittel- und Oberrhein[4] -, so ahnten diese Gelehrten wohl nicht, dass sie damit eines der zugleich ertragreichsten wie umstrittensten Kapitel der mit dem Mittelalter befassten Forschungszweige eröffnen sollten. Sie konnten insbesondere nicht ahnen, dass sich ihre bewusst einfache, schematisierende Methode, in deren Ausführung sich zunächst noch ganze Generationen in mehr oder minder "liebenswertem Perfektionismus" (von POLENZ 1996, S. 827). teilten, im Laufe der Jahrhunderte und besonders ab dem ausgehenden 19. zu einem derart breiten Spektrum verschiedener methodischer Zugriffe und Instrumentarien wandeln sollte, dass die Forschung heute vor noch größeren Problemen und offenen Fragen zu stehen scheint als jemals zuvor. 'Pagus' und 'Gau' des Mittelalters, zunächst so einprägsam erscheinende Raumbegriffe, geben an der Schwelle zum dritten Jahrtausend noch immer, und vielleicht dauerhaft, nicht lösbare Rätsel auf. Sie enthalten nach wie vor die Brisanz, in der Forschung

---
[1] Leicht überarbeitete sowie um den Anmerkungsapparat ergänzte Fassung des im Rahmen der Arbeitstagung am 22. Mai 1998 gehaltenen Vortrages.
[2] Qui sint pagi Suevorum et de aspiratione Necharii fluminis, Tübingen 1506.
[3] In seinen Flandricarum rerum tomi X, Brügge 1531.
[4] In seinem erstmals 1599 in Heidelberg erschienenen Originum Palatinarum Commentarius: De gentis et dignitatis eius primordiis, tum Heidelbergae et vicini tractus antiquitate.

zu (nicht immer vorurteilsfreien!) Auseinandersetzungen selbst in Grundsatzfragen anstiften zu können.

Was aber sind das für Raumbegriffe, die, um nur das Extrembeispiel aus der Geschichtswissenschaft herauszugreifen, zu so diametral entgegengesetzten Auffassungen führen können wie "Träger der Reichsverfassung" (SOHM 1871, S. 37) einerseits und absolut "ahistorisches Phantom" (PRINZ 1967, S. 968) andererseits? Es ist hier freilich nicht die Zeit und der Ort, diese sicherlich nicht unbekannte Problematik auch nur ansatzweise vorstellen zu können. Ich will hier 'neutral' bleiben und die Konzentration in diesem hinführenden Teil auf wenige Bemerkungen beschränken, die speziell schon auf den eher anwendungsorientierten Hauptteil zugeschnitten sind.

Zunächst einmal zur zeitlichen Bestimmung dieser - ich belasse es vorerst bei diesem Terminus - Raumbegriffe, die schon einiges klarer machen kann: Diese Raumbegriffe haben, auch wenn es in Einzelfällen an "Verbindungslinien nicht ganz fehlt"[5], keinen direkten Bezug[6] zur Antike[7], auch nicht zu den insbesondere im keltischen Gallien verbreiteten, in der Spätantike aber auch in rechtsrheinisch angrenzenden Gebieten[8] fassbaren pagi. Und sie haben andererseits noch nicht jenen grundsätzlich anderen Bedeutungsgehalt, den das hohe und späte Mittelalter - also deutlich nach dem Niedergang ihrer raumbestimmenden Funktion - ihnen bisweilen gab, nämlich im Sinne von 'Umgebung', 'engster Umkreis' oder einfach 'Gemarkung': Exemplarisch hierzu sei hingewiesen auf die ab der ersten Hälfte des 12. Jahrhunderts und dann vor allem im 13. und 14. Jahrhundert in Mitteleuropa weit verbreiteten Dorf-pagi.[9] Pa-

---

[5] SCHULZE (1971, Sp. 1396). Weitere Präzisierungen nun bei NONN (1998, bes. S. 472).
[6] Dies ist insbesondere anzumerken gegen ältere, weitgehende Sichtweisen und Interpretationen wie beispielsweise diejenige eines Zusammenhanges von heidnischen (keltischen und germanischen) Kult- und Opferstätten mit pagus-Grenzen, die dann in das Frühmittelalter hinein fortgewirkt hätten (HEBER 1860, passim), oder diejenige einer weitgehenden räumlichen Identität antiker pagi mit frühmittelalterlichen (vgl. PIOT 1876, bes. S. V/VI).
[7] Zu den Verhältnissen und zur Entwicklung in der Antike allgemein sei hier nur auf den noch immer grundlegenden RE-Artikel von Kornemann, Pagus verwiesen. Wichtige Ergänzungen finden sich in einschlägigen Artikeln übergreifender neuerer Lexika: SCHULZE (1971) im Handwörterbuch zur deutschen Rechtsgeschichte; NONN (1998) im Reallexikon der Germanischen Altertumskunde.
[8] Man denke hauptsächlich an die nach ethnischen Kleineinheiten, z.T. aber auch nach deren Anführern (alemannische Teilkönige) benannten pagi des 4. Jh.s am Rheinknie, z.B.: pagus der *Brisigavii* [Breisgau] = *pagus Vadomarii*, nach dem dortigen Teilkönig; pagus der *Lentienses*: Linzgau. Zur Sache siehe zuletzt knapp GEUENICH (1997, S. 29-31) und FINGERLIN (1997, S. 103-106).
[9] Exemplarisch seien hier einige frühe Belege aus verschiedenen Gebieten herausgegriffen: Niederlande: 1114/1127 pagus *Pahindrecht* (Pendrecht) (Oorkondenboek van het sticht Utrecht tot 1301, Bd 1, edd. S. MULLER Fzn. / A.C. BOUMAN, Utrecht 1920, Nr. 283), 1172 pagus *Balgoye* (Balgooi) (ebd. Nr. 334); Hessen: 1120 pagus *Fliezdorp* (Flechtdorf bei Korbach) (Regesta Historiae Westfaliae accedit Codex Diplomaticus. Die Quellen zur Geschichte Westfalens in chronologisch geordneten Nachweisungen und Auszügen, begleitet von einem Urkundenbuche, Bd 1. Heinrich August ERHARD, Münster 1847 [Ndr. 1972], Nr. 41); Rheinlande: 1112 pagus *Monasteriensis* (Münstereifel), für die engere Umgebung der ausdrücklich als in der größeren Einheit *Eiflia* (Eifel) gelegen bezeichneten Abtei (Urkundenbuch für die Geschichte des Niederrheins ..., ed. Theodor Joseph LACOMBLET, Bd 4, Düsseldorf 1858 [Ndr. 1966], Nachlese Nr. 614 S. 767), 1148 pagus *Moncecha* (Monzingen bei Sobernheim) (Urkundenbuch zur Geschichte der jetzt die Preussischen Regierungsbezirke Coblenz und Trier bildenden mittelrheinischen Territorien [= MrhUB], Bd 1, ed. Heinrich BEYER, Koblenz 1860 [Ndr. 1974], Nr. 553 S. 613), 1192 pagus *Connesdorp* (Koisdorf 1 km südlich von Sinzig), der ausdrücklich als *infra terminos* [!] von Sinzig gelegen bezeichnet ist (Aachener Urkunden 1101-1250, ed. Erich MEUTHEN [Publikationen der Gesellschaft für Rheinische Geschichtskunde 58], Bonn 1972, Nr. 45 S. 229f.); Lothringen: 1195 pagus *Bourmont* (wüst Bourmont, bei Vic-sur-

Raumeinheiten und Raumbezeichnungen: Die pagi und Gaue des Mittelalters

gus und Gau sind also Raumbegriffe des beginnenden 6. Jahrhunderts bis in das 12. Jahrhundert hinein. Ihr Anfang liegt in der Konsolidierung germanischer Reiche, vor allem des fränkischen; ihr Niedergang steht im Zusammenhang mit der fortschreitenden Territorialisierung in etwa ab der zweiten Hälfte des 11. Jahrhunderts, die m.E. pagus und Gau nicht zuletzt auch aufgrund deren starker personeller, teils noch ethnischer Komponente überflüssig machte. Gleich anzumerken ist, dass der heutige Begriff Gau ohnehin kein Quellen-, sondern ein Wissenschaftsterminus ab dem 17. Jahrhundert ist. Er ist nicht immer und vor allem nicht zwangsläufig kongruent mit den aus germanisch *gawja* gebildeten Quellenbezeichnungen, die aber jedenfalls stets geographisch-räumlichen Bezug haben. Am Rande sei erwähnt, dass in neuesten Arbeiten die traditionelle (vgl. v.a. BERGER 1993, S. 109) etymologische Herleitung von *aw-jo* = 'Aue, Land am Wasser' erneut ins Wanken gerät und grundsätzlich abweichende Herleitungen[10] wieder stärker in den Vordergrund treten.

Schwieriger ist allerdings die Bestimmung und Deutung des Verhältnisses von pagus und Gau. Außer Frage steht, dass es sich bei beiden um Raumbezeichnungen[11] handelt. Heftig umstritten ist aber die in der älteren Forschung grundsätzlich angenommene[12] und bis in das beginnende 20. Jahrhundert unwidersprochen gebliebene Gleichsetzung pagus = Gau, die heute nicht zuletzt infolge der Neubewertung übergeordneter verfassungsgeschichtlicher Fragestellungen (auf die hier nicht näher eingegangen werden kann) weitgehend auf Ablehnung trifft[13]. Nicht unerwähnt bleiben darf aber, dass diese Gleichsetzung expressis verbis immerhin schon im 9. Jahrhundert, hier bereits auch in althochdeutschen Glossen, begegnet[14]. Der

---

Seille) (Beleg aus Calmets 'Histoire de la Lorraine', verzeichnet im Dictionnaire topographique du Département de la Meurthe, bearb. von Henri LEPAGE [Dictionnaire topographique de la France 18], Paris 1862, S. 21). Die Reihe ließe sich mit weiteren Beispielen aus dieser Vorphase des 12. Jahrhunderts fortführen und für Südwest- und Südfrankreich sogar um solche des ausgehenden 11. Jahrhunderts ergänzen.

[10] Vor allem von griech. *chora* (zuletzt wieder TIEFENBACH 1998, S. 468-471) über die gotische Übersetzung *gawi*, oder aber von einem homonymen german. Wort im Sinne von 'Zusammenschluss von Siedlungen', das dann verlorengegangen sei. In Anbetracht der Diffusität des Begriffes *chora* bei seiner hauptsächlichen Verwendung in der antiken Philosophie und Physik (siehe hierzu insbesondere BOLLNOW 1976, S. 26-80) sind die Möglichkeiten der Kongruenz von etymologischer und inhaltlicher Deutung m.E. aber nochmals zu überdenken, ohne dass damit das stringente Argument der got. *gawi*-Übersetzung in Frage gestellt sein soll.

[11] Der nach längeren terminologischen Verwicklungen mittlerweile feste, aber anders festgelegte Begriff Raumname (siehe KAPFHAMMER 1989/1996) trifft den Inhalt hier nur bedingt und ist deshalb von mir bewusst vermieden.

[12] Um aus der Masse nur ein Beispiel herauszugreifen, in dem die Fragestellung eigentlich nur von nachrangiger Bedeutung ist: GRANDIDIER (1776, Bd 1), in den Kommentaren zu den 'pièces justificatives' betreffend pagus-Belege im Elsaß.

[13] Im Hinblick auf die hier relevanten frühmittelalterlichen Verhältnisse ist wohl die 1914 erschienene Arbeit von WIRTZ (1914, passim; bes. S. 97-98 und S. 112-114) als erstes Zeugnis systematischer Kritik an der Gleichsetzung pagus = Gau zu sehen. Den Höhepunkt erbrachte die Germanistik um Peter von POLENZ (anknüpfend an Karl Bohnenberger, mit dem pagus-/Gauforschung und Sprachwissenschaft erstmals 1943 ff.] in engeren Kontakt getreten waren); siehe insbesondere POLENZ (1956/1998, 1958, 1961); schon früh übernommen, etwa von STETTLER (1964, bes. S. 84 u. S. 130-133). Siehe aber auch, um weitere Hauptvertreter aus verschiedenen Bereichen zu nennen, METZ (1955 und 1956); SCHULZE (1973) (in nicht vollständiger Ablehnung; in manchen Fällen sei Gau vielmehr als ein 'Teilnenner' u.a. des pagus zu verstehen); Lexika: bes. BORGOLTE (1989).

[14] Siehe z.B. die um 895 von Wolfhard niedergeschriebenen Herriedener Miracula S. Walburgis (ed. [in Auszügen] Oswald HOLDER-EGGER MGH SS 15,1, Hannover 1887 [Ndr. 1963], S. 538-555), hier II,7: *Vir quidam de pago Necheriensi, qui lingua diutisca Nechargowe ab incolis nuncupatur* (S. 547). - Glossen: Glossierung des *pagus* -» *gouue* im Althochdeutschen Glossar II, 563 und 573 sowie in den Fragmenten einer

Dissens in der Forschung geht wohl hauptsächlich darauf zurück, dass man jenen pagus des Frühmittelalters vom westfränkischen Bereich her in seiner primären Funktion als politisch-administrative Raumeinheit kennt, während der Gau in der gleichen Zeit im ostfränkischen Bereich, d.h. größtenteils im rechtsrheinischen Ausbaubereich zunächst als Bezeichnung des Siedlungsbereiches, dann vor allem als historisch-geographische und schließlich als landschaftliche Raumbezeichnung hauptsächlich entgegentritt. Dass in einem Raum aber, wo beides sich begegnet, der Befund alles andere als ein schwarz-weißes, stereotypes Entweder-Oder-Bild ergibt, wird in den näheren Ausführungen unten ebenso deutlich werden wie die zunehmende Aufweichung des Bedeutungsgehaltes der beiden Raumbegriffe, ohne dass hierbei freilich eine generelle Identität im Inhalt oder gar in der Räumlichkeit erreicht worden wäre. Weiterführen, sofern man auf das Bestreben nach einer allumfassenden und allgemeingültigen Antwort verzichtet[15], kann nur die Prüfung und Aufarbeitung des Einzelfalles, die räumliche, zeitliche und strukturelle Unterschiede nicht nur von vorneherein anerkennt, sondern diese auch gezielt herausarbeitet - Stück für Stück entsteht so, wenn dieser Vergleich gestattet ist, ein buntes und facettenreiches Mosaik aus Teilchen verschiedener Konsistenz und Größe, und eben kein plakatives Wandgemälde. An der Terminologie 'pagus/Gau' bleibt also festzuhalten[16].

Wie aber kann diese tiefenscharfe, detailgerechte Wiedergabe unter Einbezug der Einzelfälle konkret gewonnen werden ? Mittlerweile geradezu als 'klassisch'[17] zu bezeichnen, aber nach wie vor als einzige Methode adäquat und korrekt ist die Erfassung der für den jeweiligen pagus/Gau in den Quellen genannten Orte. Mit den Begriffen 'Quelle' und 'Ort' ist freilich schon wieder Spielraum gegeben. Ich bin in meinen Arbeiten bemüht, alle, zumindest alle schriftlichen Quellen heranzuziehen (nebenbei bemerkt: gemessen an frühmittelalterlichen Verhältnissen offenbaren sich die Quellen zur Thematik in geradezu paradiesischer Fülle), auch wenn die Urkunden, auf die sich die Forschung bisher denn auch weitgehend beschränkt hat, unbestreitbar die quantitativ ergiebigste Quellengattung bilden. Doch liefern insbesondere historiographische und hagiographische Quellen, aber auch vermeintlich fernstehende wie etwa solche der Heortologie, in beträchtlichem Umfang Ergänzungen und Verdichtungen, sowohl in

---

althochdeutschen Lex Salica-Übersetzung aus dem 9. Jh., hier zu Pactus LS I (*De manire*) § 5: *Si uero infra pago in sua ratione fuerit*, [...] *manire potest* = *ibu er innan des gewes in sinemo arunte ist, danne mag er ini menen* (MGH LL nat. Germ. 4,1, ed. Karl August ECKHARDT, Hannover 1962, S. 20). Auf die Bedeutung der Lex Salica-Stelle hat jüngst nochmals NONN (1998, S. 473) hingewiesen.

[15] Dies forderten insbesondere schon NIEMEYER (1968, passim) und NONN (1983, bes. S. 38f.), die ohnehin eine vermittelnde Position in der Frage einnehmen; siehe jetzt auch HUSCHNER (1993) und NONN (1998, bes. S. 473).

[16] Zur Verdeutlichung mag ein Blick auf den beiliegenden Legendenausschnitt (siehe Anhang 1 S. 63) zu meiner für den Druck vorbereiteten 'Gaukarte' (Näheres siehe unten) dienen: Nach dem Quellenbefund (Qualität und Quantität der jeweiligen Namenbelege) ist für die Bezeichnung der einzelnen Raumeinheiten pagus/Gau das Suffix -gau entweder hinzugefügt (z.B. Deutzgau) oder eben wegzulassen (z.B. Zülpich).

[17] Zur Grundlegung und Berechtigung siehe v.a. schon PIOT (1876, passim, bes. Einführung S. XII-XV), der selbst diese Methode allerdings noch nicht konsequent, lediglich für einen begrenzten Raum und auf nach heutigem Stand überholter (und zu schmaler) Quellenbasis durchführen konnte.

quantitativer als auch in qualitativer[18] Hinsicht. Was 'Ort' angeht, so nehme ich den Begriff gewissermaßen in einer Zwischenposition zwischen der engeren und der weiteren Definition[19] der toponomastischen Forschung, d.h. unter 'Ort' sind Siedlungen von größeren Ortschaften bis zu Einzelhöfen, sodann beispielsweise Forsthäuser, schließlich Fluren, Bergspitzen, Flussquellen, Flussmündungen gefasst - nicht aber etwa umfassendere Geländenamen selbst. Grob gesprochen also: erfasst ist damit all das, was kartographisch unter Berücksichtigung des Maßstabes noch mit einem Punkt verortet werden kann. Solche 'Orte', um den Begriff aus Vereinfachungsgründen beizubehalten, sind also in ihrer ausdrücklichen Benennung als in einem pagus/Gau gelegen zu erfassen; sie ergeben die Belegorte.

Die Vielfalt und Verschiedenheit dieser Belege und der damit erfassten Belegorte kann, wie eingangs angedeutet wurde, nach dem heutigen Stand nur mit einem breiten methodischen Instrumentarium sinnvoll angegangen und bewältigt werden - auch wenn dies, wie ebenso deutlich wurde, immer weiter in Verstrickungen führt. Ohne den Einbezug der Methoden und Erkenntnisse von Archäologie und Siedlungsforschung, Demographie, Geographie, Vor- und Frühgeschichte, Toponymie und Onomastik, Sprachgeschichte, Volkskunde, Rechts-, Verfassungs-, Kirchen-, Wirtschafts- und Sozialgeschichte, um das Spektrum nur grob zu umreißen, kommt die einschlägige Forschung heute nicht mehr aus. Die Geographie rechnet mit der Geschichte und den Sprachwissenschaften traditionell und aktuell zu denjenigen Wissenschaften, die sich in ihren einschlägigen Teildisziplinen[20] am intensivsten - und längst interdisziplinär - mit der Thematik pagus/Gau beschäftigen. Will man als Historiker die Thematik konkret hier festmachen, so würde man an die Historische Geographie als Teildisziplin der Geographie denken, freilich nicht mehr im 'totalen' Sinne ihres Lehrvaters Carl Ritter. Steckt man den Rahmen etwas weiter, so bleibt noch breiterer Raum für eine Verzahnung, in der geschichtlichen Landeskunde nämlich. Pagi und Gaue geben natürlich nicht nur hier, aber auch hier hinreichend Platz für wissenschaftliche Betätigung: sowohl dem Geographen als Landeskundler historischer Prägung in seiner Beschäftigung vor allem mit dem vom Menschen geprägten Raum als auch dem Historiker als Landesgeschichtlicher in seiner Beschäftigung vor allem mit der raumbezogenen menschlichen Gesellschaft, jeweils in deren zeitlichen Veränderungen (vgl. hierzu JÄGER 1969, S. 89-95). Von hier aus schließt sich mit Einbezug der namenkundlichen Betrachtung, in die selbstverständlich nicht nur die Namen der pagi und Gaue selbst gehören, von denen viele sprachlich und inhaltlich überaus spannend sind[21] und zahlreiche bis in

---

[18] Für die Thematik pagus/Gau generell aussagekräftig, freilich kaum für die konkreten Einzelfälle und die folgende Kartierung, ist des weiteren vor allem noch die Gruppe der normativen Quellen: man denke an Leges, Kapitularien und Konstitutionen, bedingt auch an Formulae.
[19] Auf den Punkt gebracht ist diese von SCHMIDT-WIEGAND (1993, bes. Sp. 1486).
[20] Bei allem Respekt vor seiner methodisch und inhaltlich als ein wichtiger Markstein in der Forschung zu würdigenden Arbeit ist dies anzumerken gegen NIEMEYER (1968, S. 15-20), der die "Gauforschung" als einen Zweig allein der Geschichtlichen Landeskunde beanspruchen wollte.
[21] Auch hier können nur einige wenige markante Beispiele, bewusst aus sehr verschiedenen Bereichen, zur Illustration herausgegriffen werden: Die Abkehr vom alten, freilich noch bis in das ausgehende 11. Jh. für den pagus parallel belegten Namen Famars (abgeleitet vom spätantiken Ortsnamen *Fanum Martis*, südlich von Valenciennes) hin zu der noch heute gängigen Bezeichnung Hennegau (abgeleitet vom Flussnamen Haine) erklärte um 980 Folkuin von Lobbes in tief religiösem Kontext, nämlich mit der Überwindung des im

die heutige Zeit in Landschaftsbezeichnungen fortleben[22], sondern auch und vor allem die Namen der Belegorte in den pagi und Gauen, der Kreis wieder zum Thema dieser Tagung. Der Historiker Otto Curs, Schüler Karl Brandis, hat mit seiner 1908 vorgelegten Göttinger Dissertation 'Deutschlands Gaue' den entscheidenden methodischen Fortschritt erbracht (vgl. CURS 1908, passim). Erstmals, wenn auch noch für einen zweifellos zu engen zeitlichen Rahmen (nur 10. und Anfang 11. Jahrhundert), auf zu schmaler Quellenbasis (ausschließlich Königs- und Kaiserurkunden) und mit großen Schwächen in der Ausführung vor allem betref-

---

fanum Martis (Heiligtum des Mars !) präsenten Heidentums: *Est locus* [Lobbes], *ubi intra terminos pagi, quem veteres a loco, ubi superstitiosa gentilitas fanum Marti sacraverat, Fanum-martinse dixerunt, iuniores a nomine praefluentis fluvii Haynau vocaverunt* (Folkuin, Gesta abbatum Lobiensium, ed. Georg Heinrich PERTZ MGH SS 4, Hannover 1841 [Ndr. 1968], S. 54-74, hier c.1 S. 55). Am Rande sei angemerkt, dass das Verhältnis Famars - Hennegau der Forschung lange Zeit Schwierigkeiten bereitete; siehe nun aber zutreffend NONN (1983, S. 125). - Noch immer umstritten ist die Deutung des legendenumrankten (u.a.: angeblicher Geburtsort des römischen Kaisers Caligula) antiken Namens *Ambitivum*, unter dem der pagus Mayenfeld an der Untermosel im Frühmittelalter noch vereinzelt begegnet (siehe z.B. die Ende des 10. Jh.s auf König Pippin gefertigte Fälschung DPdJ 36 [760] [MGH DD Karol. 1, ed. Engelbert MÜHLBACHER, Hannover 1906 {Ndr. 1956}, S. 51]). - Der schon im ausgehenden 6. Jh. bei Gregor von Tours bezeugte pagus *Trasaliensis* (De virtutibus Martini libri IV [MGH SS rer. Mer. 1,2, ed. Bruno KRUSCH, Hannover 1885 {Ndr. 1969}, S. 134-211, hier II,10 S. 162]) an der Allier kann zwar von einem als Trézelius (30 km nordöstlich von Vichy) zu identifizierenden Ortsnamen her interpretiert werden, ist aber wohl auch beeinflusst von der Bezeichnung *Transaliterani*, unter der die rechts der Allier siedelnden Bewohner des Bourbonnais zur Unterscheidung von den *Borbonenses* (siehe MOREAU 1972, S. 272) gefasst wurden. - Der rätselhafte, 1093 in einem Diplom Heinrichs IV. (DH IV 431 [MGH DD reg. et imp. Germ. 6,2, ed. Dietrich von GLADISS, Weimar ²1959, S. 577]) belegte pagus-Name *Wfunalbun* im Schwäbischen ist ohne Zweifel (siehe überzeugend zuletzt REICHARDT (1989, S. 132-136) zu verstehen als *uffun Albun*, 'auf der (Schwäbischen) Alb' also. - Bei der Beschreibung des Herrschaftsgebietes König Ludwigs des Jüngeren im ostfränkischen Reich wollte der Xantener Annalist mit der Nennung des pagus *Namnetis* keineswegs eine Zugehörigkeit des unteren Loiregebietes (!) (*Namnetis* = Nantes) behaupten (Annales Xantenses, ed. Bernhard von SIMSON MGH SRG in us. schol. [12], Hannover, Leipzig 1909, S. 1-39, hier ad 869 S. 27]), sondern ihm unterlief hier eine Verwechslung zwischen *Namnetis* und *Nemetis*, dem alten Namen von Speyer, unter dem der pagus Speyer auch im Frühmittelalter gelegentlich noch begegnet. - Ein pagus Hattuarien, für den der antike Gentilverband der *Chattuarii* namengebend wirkte, findet sich nicht nur im deutsch-niederländischen Grenzgebiet am Niederrhein, sondern auch weit entfernt im Burgundischen, östlich und nördlich um Dijon (frz. Bezeichnung: Atuyer). - Ebenfalls im unteren Loiregebiet, um die Sèvre Nantaise zwischen Nantes und Poitiers, begegnet man im pagus *Theifalia* (Tiffauges) (siehe z.B. Gregor von Tours, Liber vitae patrum, hier De S. Senoch abbate c.1 [MGH SS rer. Mer. 1,2 {wie oben}, S. 271]) einem wohl den Skythen zuzurechnenden Gentilverband, der im 3. Jh. jedenfalls noch in Dakien nachweisbar ist; die Taifalen schlossen sich dann wohl dem Zug der Westgoten an und wurden schließlich von der weströmischen Verwaltung im genannten Gebiet angesiedelt. - Ein ganzer, von der Mitte des 9. Jh.s bis in das 11. Jh. belegter pagus wurde vor kurzem überhaupt erst (wieder)entdeckt an der deutschen Nied südwestlich von Saint-Avold, nämlich der pagus Iton (*Hidonensis*; Iton = alter Name der Deutschen Nied) von HAUBRICHS (1983, bes. S. 16-23, S. 36 mit Karte S. 37 und Verzeichnis der Siedlungen S. 37-39). - Sämtliche, immerhin gut 30 Orte für den seit dem ausgehenden 8. Jh. belegten pagus Lüttich liegen rechts der Maas, im Gebiet Spa/Verviers/Aachen; Lüttich selbst ist für diesen pagus nicht genannt und lag im frühen Mittelalter hauptsächlich auf den Maasinseln und links der Maas. Dennoch muss nicht mit NONN (1983, S. 98-104) gänzlich von der Bezeichnung pagus Lüttich Abstand genommen und zu den frühen Quellenbezeichnungen *Leuhius*, *Leukra* oder *Leuga* zurückgekehrt werden, die schon Zeitgenossen des 9. Jh.s dann sogar als 'Lüttich'schen pagus', die ottonisch-salische Reichskanzlei dann sogar als 'Lüttichgau'. - Noch immer nicht zweifelsfrei geklärt ist die Frage, ob sich hinter den beiden Namen *Entergowe* und *Derve* zwei verschiedene Gaue verbergen oder ob nicht doch ein und derselbe Gau (*Entergowe* dann als Schreibfehler für *en Ter<ve>gowe*, siehe so v.a. MÖLLER 1979, S. 45) um Sulingen (Kreis Diepholz) bezeichnet ist.

[22] Man denke etwa an den Kraichgau, den Breisgau, den Düffel usw. oder an die zahlreichen französischen *pays*! - Anderseits konnten pagus- und Gaunamen durchaus auch in Vergessenheit geraten, wie schon ein hochmittelalterlicher Zeitzeuge mit Bedauern festzustellen weiß: *Pagus in vicinia Metensium civitatis* [Metz] *habetur, cuius nomen, quia a memoria excessit, siletur* (Hecelinus, Translatio et Miracula S. Clementis, ed. I.R. DIETRICH MGH SS 30,2, Hannover 1934 [Ndr. 1964], S. 896-908, hier c.3 S. 904).

fend die linksrheinischen Gebiete, behandelte Curs die pagi/Gaue in ihrer Geschichte und Entwicklung und löste sich von den rein statisch-statistischen Erfassungen seiner Vorgänger - ein überaus wichtiger Schritt, denn die pagi/Gaue waren, wie oben angedeutet wurde, eben alles andere als unveränderbare und einheitliche Größen. Ohne die Anerkenntnis und die Berücksichtigung des der Materie innewohnenden "dynamisch-kinematischen Charakters" (NIEMEYER 1968, S. 64), der sich dann insbesondere auch in der kartographischen Gestaltung widerspiegeln muss, wird heute jede Arbeit von vorneherein scheitern.

Ein wesentliches Medium landeskundlicher Forschung und Darstellung ist, um mit dem letztgenannten Stichwort zum folgenden größeren Abschnitt überzuleiten, die Karte, hier konkret die kartographische Darstellung von Forschungsergebnissen. Im Hinblick auf unsere Thematik hat wiederum Otto Curs den Weg von der statischen zur dynamischen, also sachgerechten Karte geebnet. Er hat ihn ansatzweise auch selbst schon beschreiten, jedenfalls für die weitere Forschung dringend einfordern können. Dies soll freilich nicht heißen, dass sich die Erkenntnis der Unmöglichkeit statischer Pagus-/Gaukarten bis heute schon gänzlich durchgesetzt hätte[23].

Ich bereite aktuell eine Karte zur Thematik vor, in der ich für einen begrenzten Raum erste Teile meiner Forschungsergebnisse vorlegen kann. Von der Gesellschaft für Rheinische Geschichtskunde wurde mir die Erstellung der 'Gaukarte' (mit Beiheft) im Rahmen des Geschichtlichen Atlas der Rheinlande anvertraut (vgl. BAUER 2000). Die Arbeiten sind mittlerweile so weit vorangeschritten, dass bei der Tagung im Mai 1998, aus der dieser Sammelband hervorgeht, ein erster Druckentwurf[24] präsentiert und im Vortrag näher vorgestellt werden konnte[25]. Die erwähnte Raumbegrenzung ist vorgegeben durch den Darstellungsraum des Geschichtlichen Atlas der Rheinlande, der von der deutsch-niederländischen Grenze am Rhein im Nordwesten bis Neustadt an der Weinstraße im Südosten reicht. Vorgegeben ist ein Abbildungsmaßstab von 1:500.000, zugrundeliegt weiterhin eine Gitternetzeinteilung (A 1 - M 7) zur Orientierung und Strukturierung. Für diese Karte ergab die Quellenauswertung in dem für

---

[23] Statische pagus- bzw. Gaukarten erzeugten, obwohl sie ausdrücklich das Material für einen längeren Zeitraum (siehe im Titel Formulierungen wie z.B. 'bis 1100', '800-1100', 'im Mittelalter') widerspiegeln, wieder beispielsweise mit 'Geschichtliche Handatlas der Rheinprovinz' (bearb. von Josef NIEßEN 1926), der 'Geschichtliche Handatlas von Westfalen' (bearb. von Albert K. HÖMBERG [† 1963], hrsg. von Karl-Heinz KIRCHNER, 1977) oder, um auch Beispiele außerhalb von Atlaswerken sowie außerhalb unseres Kartenausschnittes (siehe unten) zu geben, BONENFANT (1935) und MOREAU (1972), Karte 2, die allerdings als Punktverbreitungskarte darstellt, sondern unter Voraussetzung linearer und fester pagus-Grenzen [!] in Westfranken/Frankreich sogar eine nahezu ungebrochene Kontinuität der Grenzen [spät]antiker civitates -» frühmittelalterliche pagi -» moderne départements erweisen möchte). - Zur Unmöglichkeit statischer Karten in Konzeption und Ausführung siehe jüngst nochmals NONN (1998, bes. S. 477f.).

[24] An größeren noch vorzunehmenden Maßnahmen vor der Veröffentlichung der Karte ist von mir im Vortrag auf die Grundlegung auch der orographischen Gestalt sowie auf die Hintergundlegung des römischen Straßennetzes, aus der sich wichtige Aufschlüsse in der Frage nach Kontinuität bzw. Diskontinuität zwischen Antike und Mittelalter ergeben werden, hingewiesen worden.

[25] Mein Dank gilt nochmals der Redaktion des Geschichtlichen Atlas der Rheinlande, namentlich Herrn Dr. Rudolf Straßer und seinem Mitarbeiter Herrn Michael Grün, ohne deren unermüdlichen Einsatz - der Entwurf konnte am Vortag der Tagung abgeschlossen werden - mein Vortrag ein rein theoretischer hätte bleiben müssen. - Ein Abdruck der noch unveröffentlichen Karte oder von Teilen daraus in diesem Beitrag ist (mit Ausnahme des Legendenausschnittes) aus rechtlichen Gründen nicht möglich.

die Materie relevanten Zeitraum, d.h. (vgl. oben) vom Anfang des 6. Jahrhunderts - in diesem Raum allerdings setzen die frühesten Belege erst im zweiten Drittel des 7. Jahrhunderts ein - bis in das beginnende 12. Jahrhundert, insgesamt 959 Belegorte nach oben ausgeführter Definition, die sich auf 66 pagi/Gaue verteilen. Nicht kartierbar waren 52 weitere Belegorte. Maßgebend für die Kartierung ist jeweils der Erstbeleg für den entsprechenden Ort im entsprechenden pagus/Gau. Dieser muss, dies sei insbesondere im Hinblick auf die Sprachgeschichte und auf die historische Regional- und Lokalforschung erwähnt, nicht zwangsläufig mit dem Erstbeleg für den jeweiligen Ort überhaupt koinzidieren.

Zur konzeptionellen und technischen Gestaltung der Karte: Die Legende[26] besteht aus einer kombinierten Symbol- und Farbleiste, der die pagi/Gaue nach dem geographischen Prinzip zugeordnet sind. Die Leiste beginnt also im Kartensektor A 1 mit dem pagus Betuwe und endet in M 7 mit dem 66. und letzten in den Kartenausschnitt hineinreichenden pagus, dem pagus Blies(gau). Anzumerken ist an dieser Stelle noch, dass aus konzeptionellen und aus Platzgründen in der Karte prinzipiell nur der Begriff 'Gau' gesetzt wurde, jedoch, wie oben hinreichend betont wurde, 'pagus' hier gleichberechtigt mit zu verstehen ist.

Keineswegs schon etabliert in neueren pagus-/Gaukarten, aber auch keine Ausnahme mehr ist die Einteilung in zwei Zeitstufen. Eine weitere Feingliederung wäre zur Veranschaulichung dynamischer Gaugeschichte fraglos wünschenswert, ist aber unter den gegebenen Bedingungen hier nicht machbar. Eine solche feinere chronologische Schichtung wäre nämlich, wie modellhafte Versuche ergeben haben, nur durch die Anfertigung mehrerer aufeinanderfolgender Karten im Darstellungsraum durchführbar, was aber unter der Vorgabe nur einer Karte im Geschichtlichen Atlas der Rheinlande nicht möglich ist. Häufig, und so auch hier, wird als Zeitschnitt bei chronologisch zweistufigen pagus-/Gaukarten '900' gewählt. Diese Wahl, die wie jede andere bei einer nur zweistufigen Schichtung in gewissem Maß willkürlich erscheinen muss, erhält Berechtigung vor allem dadurch, dass mit dem Ausgang des 9. Jahrhunderts die Institutionalisierung des comitatus als der politischen Raumeinheit im Kartenausschnitt weitestgehend abgeschlossen war beziehungsweise, mit Blick auf die rechtsrheinischen Verhältnisse, der comitatus zumindest schon alle Gebiete erfasst hatte. Dies hatte natürlich einen weiteren Rückgang der politisch-administrativen Funktion des pagus zur Folge - Ausmaß und Geschwindigkeit dieses Verfalls stehen übrigens in dem nach wie vor zentralen verfassungsgeschichtlichen Problem der Forschung zur Debatte, nämlich in der Frage nach dem Verhältnis von pagus und comitatus zueinander[27]. Festzuhalten als ein weiteres wichtiges Argument

---

[26] Zur Veranschaulichung der folgenden Ausführungen siehe Anhang 1 S. 63, der einen Ausschnitt (knapp die obere Hälfte) der Legende zur Karte enthält.

[27] M.E., um einen möglicherweise aus diesem Problemfeld herausführenden und weiterführenden Weg hier wenigstens anzudeuten, sollten beide Erscheinungen in ihrer ganzen Bandbreite und Vielfalt nach dem aktuellen Forschungsstand und auf möglichst breiter Quellengrundlage zunächst einmal jeweils für sich vollständig aufgearbeitet werden, wobei sämtliche Einzelfälle erfasst sein müssten. Mit einzubeziehen wäre, um einen Eindruck von der Vielfalt auch in Randphänomenen zu vermitteln, des weiteren beispielsweise auch eine schlüssige inhaltliche Klärung des in den Quellen zwar nicht zahlreich belegten, aber weit verbreiteten Begriffes pagellus (in Westfranken/Frankreich z.B. für *Otlinga Saxonia* bei Bayeux, im lotharingischen Raum z.B. auch für Lüttich, im ostfränkisch-frühdeutschen Reich etwa für *Affa* um Riedlingen/Donau), der

für den gewählten Zeitschnitt bleibt, dass nach 900 im Kartenausschnitt im wesentlichen[28] keine neuen pagi mehr als politisch-administrative Bezirke entstanden. Eine kleine methodische Bemerkung am Rande: Die Belegorte aus dem Urbar der Abtei Werden von 'um 900' wurden der ersten Zeitstufe zugeordnet, zum einen, weil die Quelle nach neueren Forschungen wohl doch eher noch in das ausgehende 9. Jahrhundert gehört und zum anderen, weil Urbare und sonstige Einkünfteverzeichnisse (und noch mehr Güterverzeichnisse) auf Vorlagen, meist Urkunden, zurückgreifen und aus ihnen heraus entstanden sind, d.h. durchaus einen älteren Stand vor ihrer Entstehung wiedergeben[29].

Bei der Karte handelt es sich um eine Punktverbreitungskarte nach Vorgabe der Belegorte. Das Bild linearer, fester pagus- und Gaugrenzen, in dem die gesamte Forschung bis ins ausgehende 19. Jahrhundert gleichsam dogmatisch erstarrt geblieben war, entsprach weit mehr einem Wunschbild der Forschung[30] als dem Realbild nach dem Quellenbefund. In weiten Teilen des Kartenausschnittes ist, im Unterschied etwa zu großen Teilen des westfränkischen Bereiches, darüber hinaus und ohnehin vielmehr von ursprünglichen Grenzsäumen auszugehen. Diese konnten sich, vor allem im Zuge des Landesausbaues, zu Grenzlinien, die dann häufig von 'nassen' Grenzen gebildet wurden, verfestigen - wohl gemerkt: konnten, nicht mussten. Die Karte zeigt nämlich gerade: Es blieben einerseits 'weiße Flecken', ebenso wie es andererseits zu zum Teil weitreichenden und durchdringenden Überlappungen kam, die nicht nur aus den unten skizzierten Erscheinungsformen wechselnder Zuweisung, sondern in vermutlich kaum geringerem Ausmaß auch aus tatsächlich wechselnder Zugehörigkeit resultieren.

---

weder als bloßes Diminutiv von pagus (selbst größere pagi wie etwa der Breisgau sind mitunter als pagellus bezeichnet: 861: *id est situm in pagellis his nominatis: Prisigaugense, Aragaugense, Morinauginse, Sasonia* [Urkundenbuch der Abtei Sanct Gallen, Bd 2: 840-920, ed. Hermann WARTMANN, Zürich 1866, Nr. 487 S. 103f.) noch mit der ohnehin generell nicht mehr haltbaren Untergau-Theorie (im Sinne eines hierarchischen Verhältnisses von pagi bzw. Gauen) gänzlich erklärt wäre. Auch dies wird nur auf der Grundlage einer Aufarbeitung sämtlicher Einzelfälle möglich sein. - Nur und erst von dieser allumfassenden Basis her sind schließlich durch Vergleiche in struktureller, räumlicher und zeitlicher Perspektive verlässliche und stringente Antworten auf die Frage nach dem Verhältnis von pagus und comitatus möglich.

[28] Unter den wenigen Ausnahmen ist hauptsächlich der pagus Rezcensis, der Rizzi(gau) zu erwähnen, der nach dem antiken vicus *Ricciaco* (an dessen Stelle wohl in der Karolingerzeit das heutige Dalheim [4 km nördlich von Bad Mondorf, Lux.] trat; Fortleben im Flurnamen Ritzig) benannt ist. Er ist erstmals 938 (Urkunden- und Quellenbuch zur Geschichte der altluxemburgischen Territorien bis zur burgundischen Zeit, ed. Camille WAMPACH, Bd 1: Bis zum Friedensvertrag von Dinant [1199], Luxemburg 1935, Nr. 154) und in der Folgezeit nur sehr spärlich belegt. - Noch keine schlüssige Erklärung liegt über die Stellung des 1041 erstmals belegten pagus *Saxonia* (mit dem Ortsnamen Bochum) vor, der entgegen der gängigen Forschungsmeinung mehrfach belegt ist und mit Sicherheit nicht als eine Ableitung aus der *provincia* Sachsen, aus einer Großlandschaft also (vgl. unten S. 54), zu verstehen ist.

[29] Zusammenfassung der neueren Urbarforschung bei HÄGERMANN (1997).

[30] Ich nenne exemplarisch die 1875 von Heinrich Böttger zum Höhepunkt gebrachte ältere Methode, frühmittelalterliche Gaugrenzen prinzipiell, jedenfalls ohne eindringende Prüfung mit spätmittelalterlichen kirchlichen Grenzen 'ablesen' zu wollen (siehe BÖTTGER 1875, passim; ähnlich massiv in dieser Zeit etwa SCHRICKER 1884). Gegen dieses - übrigens z.T. heute noch befolgte – „Dogma" wandte sich insbes. schon WIRTZ (1914, Zitat S. 112), nachdem sich die Kritik vor ihm kaum über leise Bedenken im Rahmen von Einzelfällen (siehe z.B. die Arbeiten von ARNOLD 1884; HELDMANN 1900) hinausgewagt hatte. Prinzipiell soll die Möglichkeit einer Konizidenz weltlicher und kirchlicher Grenzen im Fall von pagus/Gau damit freilich nicht in Frage gestellt werden. Nur ist eine kleinräumige, am Einzelfall vorzunehmende Prüfung (möglicherweise modellgebend könnte die auf Grundlage seiner Bonner Dissertation zu den 'Lütticher Gauen Condroz und Ardennen' für die Diözese Lüttich vorgenommene Spezialuntersuchung von van REY 1981, cienen) einzufordern, die dann zweifellos zu einem tatsächlich diffusen Bild führen wird.

Zur räumlichen Orientierung in der Karte ist zunächst das Gitternetz hilfreich, wobei die Belegorte im jeweiligen Gittersektor nach geographischem Prinzip durchnumeriert sind. Über die Nummer ist der einzelne Belegort dann im Register des Beiheftes zu erschließen und mit seinen Belegen als pagus-/Gauort vom Erstbeleg bis in das 12. Jahrhundert verzeichnet, so dass auf diesem Wege auch differierende Schreibweisen oder gegebenenfalls abweichende Namenbelege des Ortsnamens zugänglich sind. Kurze Charakterisierungen zum Einzelbeleg, betreffend die Herkunft, die Angabe der zu benutzenden Edition, die Datierung des Beleges, und gegebenenfalls die Klassifizierung als Fälschung oder Verfälschung schließen sich an. Darüber hinaus finden sich hier weitere Ausführungen, besonders im Fall wechselnder Zugehörigkeit beziehungsweise Zuweisung (s. unten) sowie gegebenenfalls, nämlich im Fall umstrittener beziehungsweise unsicherer Identifizierungen und Lokalisierungen, Anmerkungen mit Diskussion und Abwägung der einschlägigen Literatur; oder hier finden sich auch einfach nur weitere erwähnenswerte Nota zu den einzelnen Belegen oder Belegorten.

Die große Zahl sowohl der pagi/Gaue als auch der dafür bezeugten Belegorte erfordert vor allem aber eine feingliedrige inhaltliche Unterscheidung. Diese wird durch die Kombination von acht geographischen Symbolen mit neun unterschiedlichen Farben erreicht[31]. Die erwähnte Differenzierung in zwei Zeitstufen ist mittels Vollton der Farbe (Erstbeleg bis 900) und Halbton der Farbe (Erstbeleg nach 900) vorgenommen. Bei der Kartendarstellung der Belegorte musste jedoch weiter in die beiden Kategorien 'sicher identifiziert' und 'unsicher' unterschieden werden. Die Qualität 'sicher' bezieht sich gleichermaßen auf die Identifizierung des Quellenbelegs für den entsprechenden Ort und auf die Lokalisierung des Ortes. In der Kategorie 'unsicher' stehen zum einen diejenigen Orte in oben ausgeführtem weiteren Sinn, für die die Zuweisung des Quellenbeleges (meist aus sprachlichen Gründen) umstritten beziehungsweise unklar ist, sodann diejenigen, die nicht oder nicht mehr genau[32] lokalisierbar sind. Die Kategorie 'unsicher' ist in der Karte durch die Wahl eines offenen Symbols für den Belegort dargestellt, nämlich als Kontur (0,4 mm) in der entsprechenden Farbe der pagus-/Gau-Zuweisung. Aus Gründen der Darstellbarkeit werden diese offenen Symbole ausschließlich im Vollton der Farbe wiedergegeben, d.h. die Zeitstufeneinteilung musste in diesem Sonderfall aufgehoben werden.

Neben der Kategorisierung sicher - unsicher wurde, und hier liegt der wesentliche methodische Neuansatz dieser 'Gaukarte', noch eine weitere Differenzierung vorgenommen: In der kartographischen Darstellung ist nämlich unterschieden zwischen solchen Belegorten einerseits, die in ihren Belegen kontinuierlich demselben pagus/Gau zugewiesen sind, und solchen Belegorten andererseits, die durch die zeitliche Abfolge ihrer pagus-/Gau-Belege hindurch

---

[31] Im Anhang 1 S. 63 kann diese Perspektive nur eingeschränkt vermittelt werden, da in diesem Band leider keine Farbabbildungen möglich sind und so auch der Legendenausschnitt in s/w-Abbildung wiedergegeben werden muss.

[32] Dies gilt beispielsweise, aber keineswegs prinzipiell oder auch nur in einer nennenswerten Anzahl, für Flussmündungen in ihrer mittelalterlichen Lage, für einige Wüstungen oder für Kleinfluren. Doch ist, wie schon angedeutet wurde, in der Kategorie 'unsicher' die Anzahl der nicht sicher identifizierbaren Belege um ein Vielfaches höher als die der nicht sicher bzw. nur ungefähr lokalisierbaren Belegorte.

einen einmaligen oder mehrfachen Wechsel der Zuweisung durchlaufen, also zu zwei oder mehr verschiedenen pagi/Gauen belegt sind. Umgesetzt im Kartenbild[33] ist diese Unterscheidung dadurch, dass bei Belegorten mit kontinuierlicher Zuweisung (siehe Legende Spalten 1 [bis 900] und 2 [nach 900]) das Symbol stärker (0,4 mm Strichstärke) konturiert ist, bei Belegorten mit wechselnder Zuweisung (entsprechend in den Spalten 3 und 4) dagegen eine schwache Strichstärke (0,15 mm) gewählt wurde[34]. Zu welchem pagus/Gau hin der Wechsel vorliegt, kann kartographisch leider nicht dargestellt werden, wohl aber, von welchem pagus/ Gau weg.

Mit der wechselnden Zuweisung von Belegorten kann so einer der Hauptinhalte dynamischer Gaugeschichte und Gauentwicklung dargestellt und veranschaulicht werden. Im Kartenausschnitt mit seinen 66 pagi/Gauen sind immerhin 28, also annähernd die Hälfte, von solchen Wechselzuweisungen betroffen. Dem Leser ist vielleicht aufgefallen, dass ich gerade im Fall des Wechsels nicht von pagus-/Gau-Zugehörigkeit, sondern vorsichtiger beziehungsweise umfassender formuliert und von pagus-/Gau-Zuweisung gesprochen habe. Dies ist keine terminologische Spitzfindigkeit, sondern die Wortwahl hat ihren guten und ganz besonderen Grund: In der Karte kommen nicht nur die Einzelfälle, sondern auch die gegebenen Motive, Spielarten und Erscheinungsformen des Wechsels zur Veranschaulichung. Diese gehen über die im Begriff 'Zugehörigkeit' mitschwingende Vorstellung von Planmäßigkeit und Schematisierung, über Momente gezielten und regulierenden administrativ-politischen Eingreifens und Vorgehens weit hinaus. Der Begriff 'Zuweisung' gibt auch Raum für historisch-geographische Momente des Wechsels - es sind dies Momente, die in den nachweisbaren Einzelfällen denjenigen politisch-administrativen Eingreifens von der Reichsspitze her zahlenmäßig zumindest ebenbürtig zu sein scheinen. Einer der spannendsten Aspekte ist sicherlich der Fall des Ineinanderwirkens beider Momente, wie sie im Kartenausschnitt zum Beispiel beim Moselgau/pagus Moslensis gegeben sind: Als administrativ-politische Einheit umfasste er einen engeren Flussabschnitt etwa von Metz bis zur heutigen luxemburgisch-deutschen Grenze, als historisch-geographische Raumbezeichnung, als umfassender Landschaftsname gleichsam, dagegen erstreckte er sich bis an die Untermosel (Cochem), mit Streubelegen sogar bis vor die Tore von Koblenz und zum Teil sogar weit in die umliegenden Höhenzüge hinein. Gerade das diffuse Bild, das die kartographische Darstellung ergibt, zeigt doch auch die ganz besondere Ambivalenz, die pagus und Gau in einem germanisch-romanischen Begegnungsraum wie demjenigen des Kartenausschnittes erhalten: nämlich eine Kann-Bestimmung mit einem Spektrum von einer administrativ-politischen Raumeinheit über eine historisch-geographische hin zu einer rein landschaftlichen Raumbezeichnung. Das diffuse Kartenbild ist ein anderes als das vergleichsweise klar konturierte, das sowohl im westfränkischen Bereich für die administrativ-politische Einheit pagus als auch im östlich an unsere 'Gaukarte' anschließenden Be-

---

[33] Aus technischen Gründen kann die Differenzierung hier aber nur für die Kategorie 'sicher identifiziert' dargestellt werden.

[34] Im beigefügten Legendenausschnitt (Anhang 1 S.63) kommt dies recht deutlich zum Ausdruck: Man vergleiche die Konturstärken der Symbole in den Spalten 2 und 4 etwa bei Veluwe, Hattuarien oder Borachtra.

reich für die Siedlungseinheit Gau und ihre Ausbreitung und Verfestigung[35] gewonnen werden würde. Für den hier dargestellten Mischraum greifen weder die ohnehin zu monolithischen und heute schon stark zurückgenommenen Erklärungsmodelle der älteren Verfassungsgeschichte noch die der älteren germanistischen Forschung andererseits[36]. Pagus und Gau wirken hier vielmehr ineinander und verbreitern wechselseitig ihr Bedeutungsspektrum.

Des weiteren, um nach dieser knappen Andeutung möglicher verfassungsgeschichtlicher Folgerungen zu dem Aspekt Wechsel selbst zurückzukommen, gibt der Begriff 'Zuweisung' anstelle 'Zugehörigkeit' den nötigen Raum, um der Fehlerhaftigkeit, den Irrtümern, den Versehen und auch der Unwissenheit Rechnung zu tragen. Solche Phänomene sind in den Quellen durchaus nicht selten zu beobachten, und in den Einzelfällen wie prinzipiell ist gerade deren Eruierung und Aufarbeitung interessant. Man darf mit Recht festhalten: Auch der mittelalterliche Mensch als Quellenautor war eben nur ein Mensch!

Nichts kann die angedeutete ganze Bandbreite verschiedener Erscheinungsformen zu dem zentralen Aspekt Wechsel besser verdeutlichen als Beispiele. Die wechselhafte Gaugeschichte im Ruhrgebiet im 9. Jahrhundert steht ohne Zweifel im Kontext administrativ-politischer Integration des soeben dem fränkischen Großreich hinzugefügten Sachsen. Fehlzuweisungen finden sich natürlich vorwiegend in fernstehenden Quellen mit mangelnder Kenntnis von Region und Örtlichkeiten, wie dies häufig für die Kanzlei der Reichsspitze zu beobachten ist, also in Kaiser- und Königsurkunden. Hier begegnen etwa Fälle, in der bei Neuausfertigungen auf der Grundlage von Vorurkunden neue Ortsnamen eingefügt, die Berechtigung der stehengebliebenen Gauangabe für diese Orte aber nicht mehr geprüft wurde[37], abgesehen einmal

---

[35] Verwiesen sei hier auf die für beträchtliche Teile dieser ostfränkischen Gebiete trotz einschränkender Modifizierungen (siehe nach weitreichender Zustimmung in seinen früheren Beiträgen v.a. METZ 1974, der in seiner Kritik m.E. aber aus begrenzten Einzelfällen zu weitreichende generelle Schlüsse zog) und stets notwendiger Prüfung im Einzelfall durchaus haltbare (siehe beispielsweise für große Teile des heutigen Hessen NIEMEYER 1968, passim; siehe auch NONN 1983, S. 35-40) 'Urgau-Theorie'. Diese besagt unter anderem: Entstehung der Gaue aus kleinen Siedlungskammern, meist von königlichen Höfen bzw. ggf. Villenbezirken her; Benennung dieser Urgaue oft (m.E. Ausmaß der Benennung nach Hydronymen aber überschätzt) nach Flussläufen, z.T. sogar nach sehr unbedeutenden Bächen; Ausbreitung dann im Zusammenhang mit dem Landesausbau, d.h. Entwicklung von Urgauen zu größeren Gauen gleichsam als 'Siedlungsraum'; weiterer Schub im Zuge der Einführung von Grafschaften. Zum Terminus 'Siedlungskammer' siehe v.a. die Arbeiten von Wolfgang Haubrichs (z.B. HAUBRICHS 1981, passim).

[36] Vgl. oben S. 45f. im Kontext der Frage nach dem Verhältnis von pagus und Gau.

[37] Im Ausschnitt der 'Gaukarte' siehe beispielsweise das Diplom Ottos I. DO I 31 von 940 (MGH DD reg. et imp. Germ. 1, ed. Theodor SICKEL, Berlin 1879-1884 [Ndr. 1956], S. 117), in dem Gondershausen 16 km westlich von St. Goar (pagus Trechir) und Rübenach 5 km westlich von Koblenz (pagus Mayenfeld) versehentlich für die weiter westlich gelegenen pagus Bid(gau) stehengeblieben sind; Gondershausen ist in einem Diplom Heinrichs V. von 1107 (MrhUB Bd 1 [wie A. 9], Nr. 412) dann für den südlich an den Trechir angrenzenden pagus Nahegau. Dass diese Art von Versehen durchaus ein allgemein verbreitetes Phänomen darstellen, soll ein Beispiel aus dem Süden Frankreichs zeigen: Das Kloster Goudet (*Godit monasteriolum* bzw. *cella*) ist in der großen Menge der karolingischen und westfränkisch-französischen Diplomen seit dem 9. Jh. zutreffend im pagus Velay lokalisiert, mit Ausnahme der Bestätigungsurkunde König Ludwigs IV. 'des Überseeischen' (siehe DLu IV 16 von 941 [Recueil des actes de Louis IV, roi de France {936-954}, ed. Philippe LAUER, Paris 1914]) und der danach gefertigten erneuten Bestätigung durch dessen Sohn und Nachfolger König Lothar (siehe DLo von F 10 von 956 [Recueil des actes de Lothaire et de Louis V, rois de France {954-987}, edd. Louis HALPHEN / Ferdinand LOT, Paris 1908]): Hier ist Goudet versehentlich noch der vorangehenden Ortsreihe für den pagus Mâcon zugewiesen. In folgenden Bestätigungsurkunden wurde dieser Fehler übrigens erkannt und korrigiert (siehe König Philipp I.: DPh I von F 14 von 1060/1061 [Recueil des actes de Philippe Ier, roi de France {1059-1108}, ed. Maurice PROU, Paris 1903]).

(weil nicht kartierbar) von der weitaus bekannteren Fallgruppe, dass die pagus-Angabe von der Kanzlei im Diplom offengelassen wurde, um sie vor Ort nachtragen zu lassen - unterblieb dies, so sind solche Stücke mit einer entsprechenden Lücke ohne pagus-/Gaunamen überliefert[38]. Finden sich in regionalen und lokalen Sammlungen, die den reichen Fundus der Privaturkunden enthalten, vereinzelt durchaus ebenfalls solche Vorgänge[39], so bietet dieser Bestand aber hauptsächlich weitere Facetten in dem breiten Spektrum von Irrtümern und Fehlern, das in einem begrenzten Beitrag wie diesem nur ausschnitthaft angedeutet werden kann. Spannend und ergiebig genug für eine eigene Behandlung sind, um einen weiteren Ausschnitt zu exemplifizieren, Verwechslungen von pagi/Gauen, wie etwa diejenigen zwischen dem pagus Ardennen und dem Erdagau (nördlich von Gießen und Wetzlar), die den Lorscher Kopisten bei ihrer Abschrift beziehungsweise Regestenanfertigung des reichen Lorscher Urkundenbestandes 1183/1195 unterliefen[40]. Zu dem Spektrum gehören auch diejenigen Fälle, in denen ein

---

[38] An Gegenbeispielen, in denen in der Kanzlei auch bei Übernahme aus Vorurkunden geradezu peinlich genau auf korrekte pagus-/Gauangaben geachtet wurde, mangelt es freilich auch nicht. So ergänzte, als König Lothar II. 868 eine zwei Jahre zuvor ausgestellte umfassende Schenkung an Theutberga (DLo II 27 [MGH DD Karol. 3, ed. Theodor SCHIEFFER, Berlin, Zürich 1966, S. 429]) an 21 Orten in Savoyen, verteilt auf acht verschiedene pagi, wiederholte und um Besitzungen in *Hiubacum* (wohl Übach[-Palenberg] nördlich von Aachen) erweiterte (DLo II 32 [ebd. S. 437f.]), die Kanzlei nach der Wiederholung der Orts- und pagi-Reihe exakt den pagus Ribuarien als Angabe für *Hiubacum*.
Ohne systematische Suche führe ich hier einige beliebige Beispiele aus Diplomata an: Arnulf bereits in seiner ersten Königsurkunde 887: *donavimus ei aliam villam in Alamannia in pago <...> dicto sitam, Ellenuuanga* [Ellwangen] *nominatam* (DArn 1 [MGH DD reg. Germ. ex stirpe Karol. 3, ed. Paul KEHR, Berlin 1939 {Ndr. 1955}, S. 2]), Otto III. 1000 mit einem 'Doppelbeleg' für unsere Aussage: *curtem Cagenberg dictam in comitatu <...> in pago <...> sitam atque aliam curtem Custem nominatam in comitatu <...> in pago <...> positam* (DO III 348 [MGH DD reg. et imp. Germ. 2,2, ed. Theodor SICKEL, Hannover 1893 {Ndr. 1980}, S. 777f.]) oder aber Heinrich IV. 1086: *tale predium, quale in Weibelingon habuimus, situm in pago <...> in comitatu <...> cum omnibus appendiciis* (DH IV 380 [MGH DD reg. et imp. Germ. 6,2 {wie A. 21}, S. 506]), wobei der letztgenannte Fall zusätzlich Einblick gewährt in die besseren Kenntnis regionaler und lokaler Institutionen: Der Speyerer Kopist wusste in seiner Abschrift (Ende 13. Jh.) die fehlenden Lokalisierungs- und Zugehörigkeitsangaben für Waiblingen zu ergänzen (*pagus Ramestat* und *comitatus Bobonis*).

[39] Siehe z.B. den Güterverkauf des Nitdterius und des Subelicius an die Abtei Gorze bei Metz 775: *et ita vendidimus prata iuris nostri in pago <...> in Hununega fine vel in ipsa villa que vocatur Hunone villa* (Cartulaire de l'abbaye de Gorze [Mettensia 2], ed. Armand D'HERBOMEZ, Paris 1898, Nr. 23 S. 48f.) oder die verlorene Urkunde des westfriesischen Grafen Arnulf 982/986 für die Abtei Blandigny (St. Peter) in Gent: *Wavarant dictam, sitam in pago <...> cum omni integritate*, die in Regestform im Güterverzeichnis der Abtei von ca. 1035 verzeichnet ist (Oorkondenboek van Holland en Zeeland tot 1299, ed. Anton Carl Frederik KOCH, Bd 1: Eind van de 7e eeuw tot 1222, 's-Gravenhage 1970, Nr. 57 S. 108).

[40] Betroffen sind hiervon die im pagus Ardennen gelegenen Orte Aldringen, Bierendorf, Dürler, Obers- und Niedersgegen und Sonlez (siehe Codex Laureshamensis [Arbeiten der Historischen Kommission für den Volksstaat Hessen], ed. Karl GLÖCKNER, Bd 3: Kopialbuch, II. Teil: Die übrigen fränkischen und die schwäbischen Gaue. Güterlisten. Späte Schenkungen und Zinslisten. Gesamtregister, Darmstadt 1936, Nr. 3032), Hamiville (Heisdorf) (ebd. Nr. 3033), sowie Fauvillers und Gouvy (ebd. Nr. 3176). - Bei den beiden letztgenannten Orten ersetzten die Kopisten die pagus-Angabe Ardennen durch diejenige *in pago Erdehe* sogar ohne sich überhaupt um die Einreihung der enthaltenen Ortsnamen in die Systematik des Kopialbuches zu bemühen. Bemerkenswert ist andererseits auch, dass einige dieser Verwechslungen der Kopisten schon wenig später den nächsten Lorscher Bearbeitern auffielen und von diesen korrigiert wurden: Der zu Beginn des 13. Jh.s tätige Regestenautor zur Urkunde Nr. 3033 wies Hamiville (12 km nördlich von Wiltz) zutreffend wieder dem pagus Ardennen zu, wobei er diese Korrektur durch nähere Lokalisierungsangaben noch zu untermauern wusste (ebd. Nr. 3710a). Noch beachtlicher ist das Bemühen der Regestautoren des 13. Jh.s um korrekte Angaben im Fall von Bollendorf und Warken: Hier konnten sie nämlich sowohl die nicht zutreffende ursprüngliche Zuweisung von 776 (zum pagus Ardennen) als auch die vermeintliche 'Berichtigung' (siehe ebd. Nr. 3035) der Kopisten von 1183/1995 (in pagus Erda) korrigieren und die beiden Orte zutref-

Ort eigentlich durchgängig und zahlreich für einen pagus/Gau belegt ist, plötzlich aber im letzten Beleg dann einer anderen Einheit - wie schmal diese Grundlage dabei sein kann, zeigt etwa konkret für Aspisheim und Mommenheim ('Wechsel' vom pagus Worms zum pagus Nahegau) die Tatsache, dass diese Wechselbelege erst späten Fälschungen (18. Jahrhundert) angehören[41]. Kaum besser sieht es übrigens bei den zahlreichen interpolierenden Eingriffen jener Zeit in das Quellenmaterial aus, unter denen stellvertretend diejenigen des Christian Franz Paullini (1643-1712) in die Corveyer Überlieferung genannt seien: In das 1056/1071 angelegte Güterverzeichnis der Abtei, das sog. *Registrum Sarachonis*[42], glaubte Paullini um 1698 die (seiner Ansicht nach großenteils fehlenden) pagus-/Gauzuweisungen systematisch und mit großer Akribie 'nachtragen' zu müssen, wobei er jeweils die von ihm vermutete Zugehörigkeit angab - offensichtliche Fehlzuweisungen und Irrtümer nicht ausgeschlossen[43]. Um an das eben gegebene Schlagwort gleich anzuknüpfen: Fälschungen geben sich trotz ihrer häufig überaus geschickten Bemühungen um sachgerechten Inhalt, Form und Terminologie oft gerade dadurch zu erkennen, dass sie über die historisch-geographischen und insbesondere die administrativen Zustände des Frühmittelalters nicht mehr hinreichend Kenntnis hatten und deshalb zu teils recht abwegigen pagus-/Gauzuweisungen gelangten, oder pagi/Gaue manchmal auch nur verwechselten, wie beispielsweise der in der ersten Hälfte des 12. Jahrhunderts tätige Fälscher von Urkunden für Groß St. Martin Köln bei der Zuweisung der Sackenheimer Höfe (südöstlich von Mayen) den Moselgau (*Moselensis*) mit dem Maasgau (*Mosalensis*) verwechselte[44] oder das umfassende Fälschungswerk der Abtei St. Maximin vor Trier zu Beginn des

---

fend dem pagus Bid(gau) zuweisen (siehe ebd. Nr. 3694), wo sie zweifelsfrei als Lorscher Besitzungen nachweisbar sind.

[41] Siehe die auf 1032 (betr. Aspisheim) und auf 1091 (betr. Mommenheim) gefälschten Bischofsurkunden im Mainzer Urkundenbuch, ed. Manfred STIMMING, Bd 1: Die Urkunden bis zum Tode Erzbischof Adalberts I. (1137) (Arbeiten der Historischen Kommission für den Volksstaat Hessen), Darmstadt 1932, Nr. 279 bzw. Nr. 379.

[42] Zu benutzen in der Edition von Karl August ECKHARDT in dessen Studia Corbeiensia, 2 Bde. (Bibliotheca rerum historicarum, Studia 1 und 2), Aalen 1970.

[43] Um nur eines der besonders krassen Beispiele anzuführen: Die Schenkung an die Abtei in *Lunni* steht im Güterverzeichnis (Traditiones Corbeienses, ed. ECKHARDT, Nr. S 626) im Umfeld von Orten u.a. des Emslandes und des Oldenburgischen Münsterlandes, der Ortsname ist als Haselünne 15 km östlich von Meppen zu identifizieren; dort ist ein nach dem rechten Emszufluss Hase benannter Hasegau belegt. Demzufolge wollte Paullini, so steht zu vermuten, wohl eine Zuweisung *in pago Hasao* bzw. *Hasago* interpolierte aber versehentlich *in pago Masao*, was den pagus Maas(gau) um den mittleren Flusslauf der Maas mit dem Schwerpunkt im heutigen belgisch-niederländischen Grenzgebiet bezeichnet.
Nur um die Tragweite solcher Eingriffe zu veranschaulichen, soll nicht unerwähnt bleiben, dass in diesem konkreten Beispiel (und keineswegs nur hier) die ältere Forschung durchaus von der Berechtigung und Korrektheit der Paullinischen Interpolation 'pagus Maas' ausging und folgerichtig den ON *Lunni* als Leunen 2 km südlich von Venray identifizieren wollte (siehe z.B. noch die Edition des Stückes im Oorkondenboek der graafschappen Gelre en Zutfen tot den slag van Woeringen, 5 juni 1288, ed. L.A.J.W. Baron SLOET, Teil 1: Tot den dood van graaf Gerard, 22 October 1229, 's Gravenhage 1872, Nr. 167; von Seiten der Germanistik etwa FÖRSTEMANN [1967, Bd 2,2, Sp. 147], von Seiten der pagus-Forschung z.B. PIOT [1876, S. 126]). Ausgehend von Eckhardts Bemerkungen konnte erst SCHRIJNEMAKERS (1972, S. 125-128) den Irrtum Paullinis endgültig nachweisen.

[44] *Sakkinheim* bzw. *Sakkenheim* in den beiden Fälschungen auf 1022 bzw. 1032 (Rheinisches Urkundenbuch. Ältere Urkunden bis 1100 [Publikationen der Gesellschaft für Rheinische Geschichtskunde 57], Bd 2: Elten - Köln, St. Ursula, ed. Erich WISPLINGHOFF, Düsseldorf 1994, Nr. 290 bzw. Nr. 291). Ein ähnlicher Lapsus ist offensichtlich auch den Prümer Kopisten unterlaufen, als sie nämlich bei der Abschrift einer Urkunde von 776/777, die Besitzungen in Piesport an der Mosel und *Superior villa* an der Salm in der Wittlicher Gegend

12. Jahrhunderts in einem Stück versehentlich die Ortsreihe durchbrach und Rübenach (bei Koblenz) anstelle dem Mayenfeld dem Moselgau zuwies[45]. Hör- beziehungsweise Schreibfehlern begegnet man auch in nicht gefälschten Stücken, wie etwa *Reinidi* anstelle von *Dreini* und *Gifaron* anstelle von *Stifaron* in einem Diplom König Arnulfs von Ostfranken[46]. Großlandschaften, zum Teil schon antiker (im Kartenausschnitt des Geschichtlichen Atlas der Rheinlande freilich eher völkerwanderungszeitlicher und frühmittelalterlicher) Provenienz, hatten nicht selten und zumindest zeitweise einen höheren verfassungsgeschichtlichen Rang. Sind sie, wie beispielsweise Ribuarien oder Westfalen, dann auch als pagus belegt[47], so führte dies schon die Zeitgenossen zu manchen Verwirrungen. Mag im Fall von Westfalen im Hinblick auf das Verhältnis von ducatus und pagus noch Einiges im Unklaren liegen - eine immense Ausdehnung ist für die pagus-Belege jedenfalls schon festzuhalten -, so war der pagus Ribuarien mit Sicherheit allenfalls das Substrat des ducatus Ribuarien. Dennoch zeigt das Kartenbild unserer 'Gaukarte' für ihn eine Ausdehnung, die über die des ducatus eher noch hinausgeht. Und schließlich gibt es nicht nur im Kartenausschnitt[48], aber auch hier ganze pagi/Gaue, deren Existenz nur eine vermeintliche ist oder auf einen Irrtum zurückgeht: Der pagus *Regomagus* (Remagen) ist eine sicherlich gut gemeinte, durch die Quellenvorlage aber selbst widerlegte Erfindung der Lorscher Kopisten von 1183/1195[49], der pagus *Langelon* (das

---

zum Gegenstand hat, versehentlich den Maasgau (*Mosalinsis*) im Sinn hatten (siehe MrhUB Bd 1 [wie A. 9], Nr. 30).

[45] Siehe das um 1116 gefälschte Diplom Heinrichs II. für die Abtei DH II 500 (MGH DD reg. et imp. Germ. 3, edd. Harry BRESSLAU u.a., Berlin 1900-1903 [Ndr. 1957], S. .637-639, hier S. 638). Unreflektiert wurde der Passus übernommen im Bestätigungsdiplom Friedrichs I. Barbarossas DFr I 829 von 1182.

[46] Siehe DArn 54 von 889: *in pagis qui vocantur Gifaron et Reinidi* (MGH DD reg. Germ. ex stirpe Karol. 3 [wie A. 38], S. 78). Es handelt sich bei *Gifaron* und um den Gau Steverfeld (um Lüdinghausen/Dülmen) und bei *Reinidi* um den Gau Dreini (um Münster i.W./Beckum/Ahlen).

[47] Ein pagus Ribuarien ist in Diplomata recht gut bezeugt, findet sich aber auch in Privaturkunden (so neben zahlreichen Belegen in Urkunden der Abtei Werden bei Essen aus dem 9. Jh. beispielsweise in dem 1170/1175 entstandenen Chroniktei des Lorscher Codex zu 770 [Codex Laureshamensis {Arbeiten der Historischen Kommission für den Volksstaat Hessen}, ed. Karl GLÖCKNER, Bd 1: Einleitung, Regesten, Chronik, Darmstadt 1929, Nr. 11]) und in Güterverzeichnissen (sogar im Polyptychon der fernen Abtei Lobbes [Le polyptyque et les listes de biens de l'abbaye Saint-Pierre de Lobbes {IX[e]-XIe siècles}, ed. Jean-Pierre DEVROEY {Commission royale d'histoire}, Brüssel 1986, Teile II {vor 889} und III {Ende 10. Jh./1038}]) oder in historiographischen Zeugnissen (z.B. in cap. 42 der Continuatio III Fredegarii Chronici, verfasst 761 [MGH SS rer. Mer. 2, ed. Bruno KRUSCH, Hannover 1888 {Ndr. 1956}, hier S. 186] und in den Annalen des westfränkischen Historiographen Flodoard von Reims zu 923 [Les Annales de Flodoard, publiés d'après les manuscrits, avec une introduction et des notes, ed. Philippe LAUER {Collection de textes pour servir à l'étude et à l'enseignement de l'histoire 39}, Paris 1905]); einige Streubelege darüber hinaus in hagiographischen Quellen des 9. Jh.s (Vita Remigii Hinkmars von Reims; Vita Liudgeri Altfrieds von Münster). - Von ähnlicher Streubreite in verschiedenen Quellengattungen ist das Belegmaterial für einen pagus Westfalen, das hier nicht näher belegt werden muss.

[48] Ein Verständnisfehler, der vielleicht sogar auf die Monotonie von Routinearbeit zurückzuführen sein könnte (so von POLENZ 1996, S. 823), veranlasste zur vermeintlichen Existenz eines pagus *Amphinga* (Empfingen zwischen Horb am Neckar und Haigerloch) in der Lorscher Kopialüberlieferung von 1183/1195 (Codex Laureshamensis Bd 3 [wie A. 40], Nr. 3802).

[49] Der mit dem einschlägigen Stück, einer Schenkungsurkunde Waltgers für die Abtei Lorsch von 772 (Codex Laureshamensis Bd 3 [wie A. 40], Nr. 3805), befasste Lorscher Kopist glaubte, die Zuweisung des Ortes *Pedrelli mons* für den Rheingau, die für das Original zu erschließen ist, *in pago Regomago* emendieren zu können und suggeriert damit einen pagus, der weder vor noch nach ihm bezeugt ist und nie existiert hat.

linksrheinische Langel nördlich von Köln) eine weniger gutwillige Erfindung von O. Legipont (1698-1758)[50].

Dynamik und Entwicklung, wie sie in unserer 'Gaukarte' zumindest in wichtigen Aspekten - dies ist aus den nur Ausschnitte und einige Beispiele gebenden Ausführungen zum Phänomen wechselnder Zuweisung[51] hoffentlich deutlich geworden - verbildlicht werden können, gründen ganz wesentlich und entscheidend in der ausschließlichen Befolgung der Quellenaussage, auch in den (freilich nicht unkommentiert bleibenden) Fällen bewusst oder unbewusst irrtümlicher und fehlerhafter Angaben. Gerade angesichts der zahlreichen, selbst in der neueren Forschung keineswegs schon gänzlich verpönten Eingriffe bleibt in diesem Kontext mit Thukydides als Bürgen nur lapidar festzuhalten: *Nicht so, wie es gewesen sein sollte, sondern so, wie es gewesen ist* - so ist das Bild in einer solchen diffizilen Materie zu rekonstruieren. Neben den erwähnten Vorteilen und Fortschritten, zu denen dann auch die Einbeziehung aller, wenigstens aller schriftlichen Quellen gehört, führt diese bedingungslose Quellentreue allerdings auch zu einem recht erheblichen Nachteil: Nicht kartiert werden können Belege oder gegebenenfalls ganze Belegorte aus Ortsreihen mit zwei oder mehr vorangestellten pagi/Gauen, wie dies vor allem in Diplomata und in recht beträchtlichem Umfang vorkommt. Die Verbindung lautet hierbei auf *et, seu* oder auf *vel* - allesamt Konjunktionen, bei denen der Versuch des Auseinanderdividierens zwangsläufig als Spekulation erscheinen muss[52]. Dies gilt um so mehr, als eine geographische Anordnung solcher Ortsreihen in der Quelle in der Regel nicht gegeben ist und von daher Anhaltspunkte für dieses Vorgehen fehlen[53]. Mit Blick auf den

---

[50] Es handelt sich hier um eine angebliche Bischofsurkunde von 959 (Quellen zur Geschichte der Stadt Köln, Bd 1, edd. Leonard ENNEN / Gottfried ECKERTZ, Köln 1860 [Ndr. 1970], Nr. 12), deren Inhalt von Legipont gefälscht wurde. Bei dieser Gelegenheit erfand der neuzeitliche Autor einen pagus Langel einfach mit.

[51] Weiterhin ist ja an die ähnlich umfangreiche Masse tatsächlich wechselnder Zugehörigkeiten zu denken, auf die im Vortrag aus Zeitgründen und in diesem Beitrag aus Platzgründen lediglich hingewiesen werden konnte. Nähere Ausführungen generell und speziell dann für den Kartenausschnitt bald bei BAUER (2000).

[52] Aus der kaum zu überschauenden Masse solcher Eingriffe führe ich exemplarisch an HELDMANN (1900, S. 57f.) zum Diplom Zwentibolds DZw 22 von 898 mit den Ortsreihen *in pago vero Muolla et Iulihgeuue* [...] *nec non et in pago Cuzzihgeuue et in Coloniensi*. Mit größter Sorgfalt und geradezu mathematischer Logik versuchte H. die Ortsreihen auseinanderzunehmen und die einzelnen Orte jeweils dem - aus moderner Sicht ! - 'korrekten' der vier genannten pagi (Mühlgau, Jülichgau, Kützgau, Köln) zuzuweisen. In seinem Bemühen, moderne Ordnung auch dort zu schaffen und in die frühmittelalterliche Quelle hineinzuprojizieren, wo diese (es handelt sich immerhin um ein Original) keinen Anhaltspunkt gibt, schreckte H. nicht einmal vor Spekulationen wie folgender zurück: "Bei Selstena und Guntherisdorp sind die Gaunamen (Maasgau und Zülpichgau) nur aus Bequemlichkeit weggelassen worden" (HELDMANN 1900, S. 106).

[53] Ausnahmen genießen Seltenheitswert und liegen weniger in der Sache selbst begründet, sondern sie können nur anhand von Abweichungen gegenüber Vorurkunden bzw. Nachurkunden selben Inhalts eruiert werden. Um ein Beispiel zur Veranschaulichung zu geben: In ottonischen Bestätigungsdiplomen Ottos III. und Heinrichs II. ist das genannte Schenkungsgut an drei Orten im Vechte-Ems-Gebiet vage *in pagis Bursibant et Scopingon* [Schöppingen] lokalisiert (DO III 168 von 995 [MGH DD reg. et imp. Germ. 2,2 {wie A. 38}, S. 580] und DH II 10 von 1002 [MGH DD reg. et imp. Germ. 3 {wie A. 45}, S. 12]), während im Diplom Ludwigs des Frommen von 834 die Ortsreihe aufgelöst und expressis verbis zwei Orte (Stockum, Wettringen) dem pagus Schöppingen, der dritte (Rheine i.W.) dagegen dem pagus Bursibant zugewiesen worden waren (Die Kaiserurkunden der Provinz Westfalen 777-1313. Kritisch, topographisch und historisch, nebst anderweitigen Documenten und Excursen, Bd1: 777-900, ed. Roger WILMANS, Münster i.W. 1867, Nr. 17). Doch auch in solchen Fällen ist Vorsicht vor zu weitreichenden Schlüssen geboten: Die klare Zuordnung, wie sie das Stück von 834 widerspiegelt, muss nicht zwangsläufig an der Jahrtausendwende noch bestanden haben.

Kartenausschnitt heißt dies konkret: Der pagus Duisburg, dessen Existenz - m.E. allerdings zu Unrecht - umstritten ist[54], konnte aus eben diesem Grund im Kartenbild keine Berücksichtigung finden, da er ausschließlich in einem solchen Kontext (und ohnehin nur ein einziges Mal) belegt ist, nämlich in der Form *in pagis Diuspurch et Keldaggouue*[55]. Dies gilt ebenso für die pagus-Belege für Hunsrück[56] und für den Kützgau[57] im Kölnischen. Das Diktum 'nicht kartieren' soll aber keinesfalls dahingehend verstanden werden, dass diese Fallgruppe nicht berücksichtigt würde - im Gegenteil, und dies sogar um so mehr, als Problemstellungen wie diese noch zu weiterführenden Fragestellungen in der Forschung führen können. Das kurz vor dem Abschluss stehende Beiheft zu der in diesem Beitrag anhand des Druckentwurfes in groben Zügen charakterisierten Karte gibt, neben näheren Ausführungen zu Gestalt, Inhalt, Auswertung und Interpretation der Karte selbst, auch Raum für die Formulierung und Vorstellung solcher weiterführender Fragestellungen.

Die 'Gaukarte' und das zugehörige Beiheft im Geschichtlichen Atlas der Rheinlande entstanden beziehungsweise entstehen in dem größeren Kontext meiner laufenden, übergreifenden Arbeiten zur Thematik pagus/Gau. Zum Abschluss dieses Beitrages seien stichwortartig einige Bemerkungen und Hinweise hierzu gestattet.

Die Möglichkeiten wie die Aufgaben sind in diesem größeren Kontext meiner Qualifikationsarbeit, die zunächst allgemein unter dem Rahmentitel 'Politisch-administrative und historischgeographische Raumerfassung und Raumgliederung im frühen und hohen Mittelalter' gefasst ist und dann spezieller eben zur genannten Thematik hinführt, natürlich größer. Der Untersuchungsraum reicht von Garonne und Rhône bis zu einer Linie in etwa Hamburg - Kassel - Ulm, von Friesland bis zum Mittelmeer, umfasst also weite Teile Frankreichs und Deutschlands, sowie die Schweiz, Belgien, die Niederlande und Luxemburg. Der Zeitraum der Untersuchung muss, während die Belege im Ausschnitt der Geschichtlichen Atlas der Rheinlande erst gut ein Jahrhundert später einsetzen, aufgrund der Quellenbelege bereits in der ersten Hälfte des 6. Jahrhunderts ansetzen und reicht ebenfalls bis an den Ausgang des 12. Jahrhunderts. Die kartographische Darstellung ist, zumindest in Verdichtungsgebieten, mit dem geeigneteren Maßstab einer Topographischen Übersichtskarte (1: 200.000) vorgesehen. Sie wird außerdem mit einer weiter differenzierten Zeitstufeneinteilung vorgenommen, was, wie schon angedeutet wurde (siehe oben S. 50ff.), zwangsläufig die Anlage mehrerer Karten pro Ausschnitt zur Folge hat. Darüber hinaus ist beabsichtigt, auch die einschlägigen siedlungsge-

---

[54] Gegen die Existenz eines pagus Duisburg äußerten sich v.a. von POLENZ (1961, S. 235-237; nach seiner Definition lediglich "Bezirksbezeichnung mit Ortsnamen"), ROTTHOFF (1977, bes. S. 7-9; starre *in pago*-Formel), NONN (1983, bes S. 80f.; pagus Duisburg lediglich eine andere Bezeichnung für den Ruhrgau).

[55] Diplom Ludwigs IV. des Kindes für das Stift Kaiserswerth DLdK 35 von 904 (MGH DD reg. Germ. ex stirpe Karol. 4, ed. Theodor SCHIEFFER, Berlin 1960 [Ndr. 1963], S. 150f., hier S. 150).

[56] In der Auflistung zu *predia sua, que in tribus pagis habuerunt, in Nachgouue* [Nahegau], *in Trachari* [Trechir], *in Hundesruche* [Hunsrück], *quorum quedam in comitatu eiusdem Bertoldi comitis, quedam in comitatu Emichonis comitis sita erant* in einer Urkunde von 1074 (Mainzer Urkundenbuch Bd 1 [wie A. 41], Nr. 341).

[57] In der zweiten Ortsreihe mit der Bestimmung *nec non et in pago Cuzzihgeuue et in Coloniensi* in dem schon erwähnten (siehe oben A. 52) Diplom Zwentibolds DZw 22 von 898.

schichtlichen Befunde, so weit dies möglich sein wird, in die Karten mit einzubeziehen. Die Textgrundlage zur Kartendarstellung bildet eine für jeden pagus/Gau geführte Ortsliste, in der im Vergleich zum erwähnten Register im Atlas-Beiheft noch weitere Informationen zum Einzelbeleg enthalten sind: etwa zu der nicht nur in sprachgeschichtlicher Hinsicht bedeutsamen Art der Überlieferung oder aber in Form einer gesonderten Aufnahme von quellenbedingten Problemstellungen wie der oben angedeuteten. Zur Veranschaulichung ist ein zufällig ausgewähltes Beispiel einer solchen Ortsliste beigefügt[58]: Es handelt sich um einen Auszug (nur die ersten beiden Seiten) aus der, wie alle anderen noch nicht abgeschlossenen, Ortsliste für den übrigens sehr dicht belegten pagus Worms. Nach aktuellem Stand (August 1999) werden 565 Ortslisten geführt. Der Umfang der einzelnen Ortslisten ist natürlich sehr unterschiedlich: die Wormser Liste etwa, um bei dem Beispiel zu bleiben, hat bislang 53 Seiten im beiligenden Format, die Ortsliste Mâcon gut 80, dagegen etwa Blies(gau) nur zwei, Odan(gau) nur eine. Ist das Quellenmaterial weitestgehend erfasst und bereits in die Ortslisten nach vorliegendem Schema aufgenommen, so ist der Abschluss der Ortslisten noch in stärkstem Maße abhängig von der Identifizierung (und Lokalisierung) derjenigen, leider sehr zahlreichen Ortsnamen aus den Quellen, die bislang offengeblieben sind beziehungsweise einer nochmaligen Prüfung unterzogen werden müssen. Der Weg zu diesem Ziel führt hauptsächlich über die Durchsicht regionaler und lokaler Ortsnamenbücher[59]. Sobald auch dies erreicht ist, kann mit der Kartierung begonnen werden - zu wünschen wäre, dass in diese dann schon Reaktionen und Erfahrungen betreffend die 'Gaukarte' im Geschichtlichen Atlas der Rheinlande vorlägen und einfließen könnten!

Literatur

ARNOLD, Wilhelm (1884): Die deutsche Gauverfassung in der karolingischen Zeit. Mit besonderer Rücksichtnahme auf Hessen geschildert. - Zeitschrift für allgemeine Geschichte, Cultur-, Literatur- und Kunstgeschichte 1, S. 755-775

BAUER, Thomas (2000): Die mittelalterlichen Gaue. - Bonn (Geschichtlicher Atlas der Rheinlande, Karte IV,2 und Beiheft) (erscheint Mai 2000)

BERGER, Dieter (1993): Duden Geographische Namen in Deutschland. Herkunft und Bedeutung der Namen von Ländern, Städten, Bergen und Gewässern. - (Duden-Taschenbücher; 25), Mannheim (u.a.)

BÖTTGER, Heinrich (1875): Diöcesan- und Gau-Grenzen Norddeutschlands zwischen Oder, Main, jenseit des Rheins, der Nord- und Ostsee, 1. Abtheilung: Von Ort zu Ort schreitende Begrenzung von 31 Gauen und 10 Untergauen in 7 Bisthümern und 108 geistlichen Bezirken in Franken, nebst einer Gau- und einer dieselbe begründenden Diöcesankarte. - Halle/S.

---

[58] Siehe Anhang 2 S. 64.
[59] Bei aller Spannung ist dies ein zeitweise doch mühsames Unterfangen, denn abgesehen von der sich bietenden Masse (Umfang der Ortsnamendateien Stand August 1999, stetig steigend: über 40.000 Ortsnameneinträge in bis zum ausgehenden 12. Jh. belegten Formen) sind diese Verzeichnisse fast ausnahmslos nach den modernen Ortsnamen und nicht nach den lateinischen bzw. volkssprachigen Ortsnamenformen der Quellen angelegt. Die Eingabe in die Ortsnamendateien impliziert dann freilich auch die Konvertierung der Verzeichnisse.

BOLLNOW, Otto Friedrich (1976): Mensch und Raum. - 3. Aufl., Stuttgart (u.a.)
BONENFANT, Paul (1935): Le Pagus de Brabant. - Tijdschrift van de Belgische Vereniging voor Aardrijkskundige Studies 5, S. 25-78 (mit 3 Karten im Anhang)
BORGOLTE, Michael (1989): Artikel 'Gau'. - In: Lexikon des Mittelalters, Bd 4. München, Sp. 1142
CURS, Otto (1908): Deutschlands Gaue im zehnten Jahrhundert. Nach den Königurkunden. Nachweisungen und Erörterungen zu einer historischen Karte "Deutschlands Gaue um das Jahr 1000 nach den Königsurkunden". - Diss. phil. Göttingen
FINGERLIN, Gerhard (1997): Grenzland in der Völkerwanderungszeit. Frühe Alemannen im Breisgau. - In: Die Alemannen. Begleitband zur Ausstellung Juni 1997 bis Juni 1998 in Stuttgart, Zürich und Augsburg. Hrsg. vom Archäologischen Landesmuseum Baden-Württemberg. Stuttgart, S. 103-110
FÖRSTEMANN, Ernst (1967): Altdeutsches Namenbuch, Bd2: Orts- und sonstige geographische Namen (Völker-, Länder-, Siedlungs-, Gewässer-, Gebirgs-, Berg-, Wald-, Flurnamen und dgl.). Neubearb., erw. und hrsg. von Hermann Jellinghaus, 2 Teilbde., 3. Aufl. (Ndr.), Hildesheim, München
FUCHS, Peter (1963): Palatinus illustratus. Die historische Forschung an der Kurpfälzischen Akademie der Wissenschaften. - (Forschungen zur Geschichte Mannheims und der Pfalz: N.F.; 1), Mannheim
GEUENICH, Dieter (1997): Geschichte der Alemannen. - (Urban-Taschenbücher; 575), Stuttgart (u.a.)
GRANDIDIER, Philippe A. (1776/1778): Histoire de l'église et des évêques-princes de Strasbourg, depuis la fondation de l'évêché jusqu'à nos jours. - 2 Bde., Strasbourg (mit Editionen in den 'Pièces justificatives')
HÄGERMANN, Dieter (1997): Artikel 'Urbar'. - In: Lexikon des Mittelalters, Bd 8. München, Sp. 1286-1289
HAUBRICHS, Wolfgang (1981): Drei Miszellen zu Siedlungsnamen und Geschichte der frühmittelalterlichen Saarlande. - Zeitschrift für die Geschichte der Saargegend 29, S. 7-64
HAUBRICHS, Wolfgang (1983): Ortsnamenprobleme in Urkunden des Metzer Klosters St. Arnulf. - Jahrbuch für westdeutsche Landesgeschichte 9, S. 1-49
HEBER, Philipp (1860): Ueber die Kennzeichen der alten Gaugränzen. Eine Abhandlung zur 25jährigen Jubelfeier des historischen Vereins für das Großherzogthum Hessen. - Darmstadt
HELDMANN, Karl (1900): Der Kölngau und die Civitas Köln. Historisch-geographische Untersuchungen über den Ursprung des deutschen Städtewesens. Mit geographischem Index und einer Karte. - Halle/S.
HUSCHNER, Wolfgang (1993): Artikel 'pagus'. - In: Lexikon des Mittelalters, Bd 6. München, Sp. 1625-1627
JÄGER, Helmut (1969): Historische Geographie. - (Das Geographische Seminar), Braunschweig
KAPFHAMMER, Günther (1989) Choronym - Die zukünftige wissenschaftliche Bezeichnung für Landschaftsname ? Ein Beitrag zur Begriffsklärung. - Blätter für oberdeutsche Namenforschung 26, S. 32-34 [Ndr. in: Debus, Friedhelm / Seibicke, Wilfried (Hrsg.): Reader zur Namenkunde, Bd 3,2: Toponymie, Hildesheim (u.a.) 1996, S. 949-952]
KORNEMANN, Ernst (1942): Artikel 'Pagus'. - In: Pauly's Realencyclopädie der Classischen Altertumswissenschaft, Bd 36,1. Stuttgart, Sp. 2318-2339
METZ, Wolfgang (1955): "Gau" und "pagus" im karolingischen Hessen. - Hessisches Jahrbuch für Landesgeschichte 5, S. 1-23
METZ, Wolfgang (1956): Bemerkungen über Provinz und Gau in der karolingischen Verfassungs- und Geistesgeschichte. - Zeitschrift für Rechtsgeschichte. Germanische Abteilung 73, S. 361-372
METZ, Wolfgang (1974): Adelsforst, Martinskirche des Adels und Urgautheorie. Bemerkungen zur fränkischen Verfassungsgeschichte des 7. und 8. Jahrhunderts. – In: Beumann, Helmut (Hrsg.): Historische Forschungen für Walter Schlesinger. Köln, Wien, S. 75-85
MÖLLER, Reinhold (1979): Niedersächsische Siedlungsnamen und Flurnamen in Zeugnissen vor dem Jahre 1200. Eingliedrige Namen. - (Beiträge zur Namenforschung: N.F.; 16), Heidelberg

MOREAU, Jacques (1972): Dictionnaire de géographie historique de la Gaule et de la France. - Paris; Suppl.-Bd 1983.

NIEMEYER, Wilhelm Justus (†) (1968): Der Pagus des frühen Mittelalters in Hessen. - (Schriften des Hessischen Landesamtes für Geschichtliche Landeskunde 30), Marburg

NONN, Ulrich (1983): Pagus und Comitatus in Niederlothringen. Untersuchungen zur politischen Raumgliederung im früheren Mittelalter. - (Bonner Historische Forschungen; 49), Bonn

NONN, Ulrich (1998): Artikel 'Gau (Historisches)'. - In: Reallexikon der Germanischen Altertumskunde ('Hoops'), Bd 10. 2. Aufl., Berlin, S. 471-479

PIOT, Charles (1876): Les pagi de la Belgique et leurs subdivisions pendant le moyen âge. - (Académie Royale des Sciences, des Lettres et des Beaux-Arts de Belgique: Mémoires couronnés et Mémoires des savants étrangers; 39), Bruxelles

POLENZ, Peter von (1956): Gaunamen oder Landschaftsnamen ? Die *pagus*-Frage sprachlich betrachtet. - Rheinische Vierteljahresblätter 21 (= Festschrift Adolf Bach, 2.Teil), S. 77-96 [überarbeiteter und ergänzter Ndr. in: Debus, Friedhelm / Seibicke, Wilfried (Hrsg.): Reader zur Namenkunde, Bd 3,2: Toponymie. Hildesheim (u.a.) 1996, S.817-838]

POLENZ, Peter von (1958): *Einrichi* = 'Einöde'. Deutung eines frühmittelalterlichen Landschaftsnamens. - Hessische Blätter für Volkskunde 49/50 (= Festschrift Hugo Hepding), S. 220-229

POLENZ, Peter von (1961): Landschafts- und Bezirksnamen im frühmittelalterlichen Deutschland. Untersuchungen zur sprachlichen Raumerschließung, Bd 1: Namentypen und Grundwortschatz. - Marburg

PRINZ, Friedrich (1967): Rezension zu Uwe Uffelmann, Das Regnum Baiern von 788 bis 911. Studien zur ostfränkischen Staatsstruktur, Diss. phil. Heidelberg 1965. - Zeitschrift für Bayerische Landesgeschichte 30, S. 967-969

REICHARDT, Lutz (1989): Ortsnamenbuch des Kreises Göppingen. - (Veröffentlichungen der Kommission für Geschichtliche Landeskunde in Baden-Württemberg, Reihe B: Forschungen; 112), Stuttgart

REY, Manfred van (1981): Les divisions politiques et ecclésiastiques de l'ancien diocèse de Liège au Haut Moyen Age. - Le Moyen Age 87, S. 165-206

ROTTHOFF, Guido (1977): Studien zur mittelalterlichen Geschichte im Raum Krefeld. - Rheinische Vierteljahrsblätter 41, S. 1-39

SCHMIDT-WIEGAND, Ruth (1993): Artikel 'Ortsnamen(-forschung)'. – In: Lexikon des Mittelalters, Bd 6. München, Sp. 1486-1488

SCHRICKER, August (1884): Aelteste Grenzen und Gaue im Elsass. Ein Beitrag zur Urgeschichte des Landes. - Straßburger Studien. Zeitschrift für Geschichte, Sprache und Literatur des Elsasses 2, S. 305-402

SCHRIJNEMAKERS, Arthur (1972): Ortografie en localisatie van plaatsnamen. - Naamkunde 4, S. 102-133

SCHULZE, Hans K. (1971): Artikel 'Gau'. - In: Handwörterbuch zur deutschen Rechtsgeschichte, Bd 1. Gießen, Sp. 1393-1403

SCHULZE, Hans K. (1973): Die Grafschaftsverfassung der Karolingerzeit in den Gebieten östlich des Rheins. - (Schriften zur Verfassungsgeschichte; 19), Berlin

SOHM, Rudolph (1871): Die Altdeutsche Reichs- und Gerichtsverfassung, Bd 1: Die Fränkische Reichs- und Gerichtsverfassung. - Weimar

STETTLER, Bernhard (1964): Studien zur Geschichte des obern Aareraums im Früh- und Hochmittelalter. - (Beiträge zur Thuner Geschichte; 2), Thun

TIEFENBACH, Heinrich (1998): Art. 'Gau (Sprachliches)'. - In: Reallexikon der Germanischen Altertumskunde ('Hoops'), Bd 10. 2. Aufl., Berlin, S. 468-471

WIRTZ, Ludwig (1914): Studien zur Geschichte rheinischer Gaue. - Düsseldorfer Jahrbuch 26 (1913/14), S. 65-238

Raumeinheiten und Raumbezeichnungen: Die pagi und Gaue des Mittelalters

Anhang 1:
Ausschnitt aus der Legende zur Karte 'Die mittelalterlichen Gaue' (BAUER 2000)

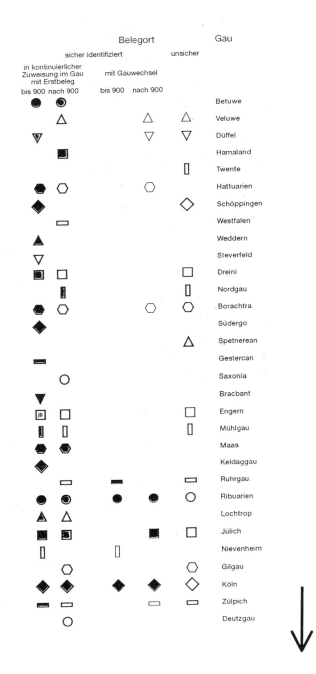

Anhang 2:
Auszug (Seiten 1 und 2) aus der Ortsliste für den pagus Worms (noch nicht abgeschlossen)

pagus **WORMS** (Wormatiensis; Wormacensis; Wormacinsis; Vormacensis[1]; Warmacensis; Warmancinsis[2]; Warmocensis[3]; Wormoncinsis[4]; Warmacinsa[5]; Warmazgowe[6]; Wormazfeld[e][7]; Wormazfeldun[8]; Wormesveld[9]; Wormazfelda[10]; Wormizfeld[11]; Wormezfeld[e][12]; Warmacia[13]; Warmatia[14]; Guormacensis[15]; Guormatiensis[16]; [Gormatiensis[17]]; [Vormalensis[18]]; - Vangium[19]; Vangionensium[20] [!])

lfd. Nr.	Ort	ON im Beleg	Lage	Beleg-datum	Beleg-art	ÜL	Edition(en)
	Abenheim	Abenheim	7 nw. Worms	774	PU	kopial, 1183/1195	Glöckner, CL 1903
		Abunheim		932	Dipl+	interpol. Mitte 12. Jh.	DH I 34
	Albig	Albucha	3 n. Alzey	767/768	PU	kopial, 1183/1195	Glöckner, CL 1842
		Albucha		768	PU	kopial, 1183/1195	Glöckner, CL 1845
		Albucha		770/771	PU	kopial, 1183/1195	Glöckner, CL 1848
		Albuch		770/771	PU	kopial, 1183/1195	Glöckner, CL 1843
		Albucha		772/773	PU	kopial, 1183/1195	Glöckner, CL 1849
		Albuch		772/773	PU	kopial, 1183/1195	Glöckner, CL 1839
		Albucha		778	PU	kopial, 1183/1195	Glöckner, CL 1844
		Albech		778	PU	kopial, 1183/1195	Glöckner, CL 1841
		Albuch		778/784	PU	kopial, 1183/1195	Glöckner, CL 1838
		Albucha		781/782	PU	kopial, 1183/1195	Glöckner, CL 1850
		Albuch		781/782	PU	kopial, 1183/1195	Glöckner, CL 1840
		Albucha		788	PU	kopial, 1183/1195	Glöckner, CL 1846
		Albuch		798/799	PU	kopial, 1183/1195	Glöckner, CL 1847
		Albach		ca. 800	Hubenliste	kopial, 1183/1195	Glöckner, CL 3660
		Albaha		815	PU	Or[21]	Stimming, UB MZ 120
	Albisheim an der Pfrimm	Albulfiuilla	8 w. Monsheim	835	Dipl	kopial, 10. Jh.	Beyer, MrhUB 61 (LdF)
	Albsheim	Aolfesheim	1 nö. Grünstadt	779/780	PU	kopial, 1183/1195	Glöckner, CL 1288
	Alsenz	Alusenza	15 s. Bad Kreuznach	vor 829	GV	Or	Guérard, Pol. Irminon, Brev. Witunburg S. 300
	Alsheim	Alaisheim	15 n. Worms	765/767	PU	kopial, 1183/1195	Glöckner, CL 1165
		Alasheim		781/782	PU	kopial, 1183/1195	Glöckner, CL 1009
		Alasheim		782	PU	kopial, 1183/1195	Glöckner, CL 1860
		Alahesheim		831	Dipl	kopial, um 1160	Dronke, CD Fuld. 484

(pagus Worms)

Altleiningen		Alahesheim	881	Dipl	kopial, 1170/1175	DLdJ 20
Appenheim		Alcsheim	991	Dipl	Or	DO III 77
	7 s. Eisenberg (Pfalz)	Linunga22	780	PU	kopial, 1183/1195	Glöckner, CL 1287
der Armberg (Berg)	4 sw. Ingelheim	Appenheim	886	PU/BU	kopial, 12. Jh.	Beyer, MrhUB 120
Armsheim	5 w. Alzey	mons Maronoberge	771	PU	kopial, 1183/1195	Glöckner, CL 986
Aspisheim	9 nw. Alzey	Aribimesheim	775	PU	kopial, 1183/1195	Glöckner, CL 1322
	8 sö. Bingen	Ascmundesheim	767	PU	kopial, 1183/1195	Glöckner, CL 1229
		Ascmundesheim	767/783	KU	kopial, 1183/1195	Glöckner, CL 1226
		Ascmundesheim	768	PU	kopial, 1183/1195	Glöckner, CL 1228
		Ascmundesheim	ca. 800	Hubenliste		Glöckner, CL 3660
		Ascmundesheim	802/(vor) 815	GV	kopial, 12. Jh.	Weirich, UB Hersfeld 38
Asselheim	1 n. Grünstadt	Azzvlunheim	767	PU	kopial, 1183/1195	Glöckner, CL 955
		Azzulunheim	772	PU	kopial, 1183/1195	Glöckner, CL 954
		Azalunheim	773	PU	kopial, 1183/1195	Glöckner, CL 953
		Azzulenheim	774	PU	kopial, 1183/1195	Glöckner, CL 1184
		Azulenhem	799	PU	kopial, 1183/1195	Glöckner, CL 952
	20 w. Ludwigshafen	Turincheim	784/804	PU	kopial, 1183/1195	Glöckner, CL 421
Bad Dürkheim	15 s. Bingen	Truciniacus	822	Dipl	Or	WürttUB I 87
Bad Kreuznach		Cruciniacum	835	PU/BU	kopial, 10. Jh.	Beyer, MrhUB 62
		Crucinacha	845	Dipl	Or	DLdD 41
		Crucinaha	889	Dipl	Or	DArn 67
Bechtolsheim	9 nö. Alzey	Bertolfesheim	767	PU	kopial, 1183/1195	Glöckner, CL 1877
		Bertolfesheim	770	PU	kopial, 1183/1195	Glöckner, CL 1873
		Bertolfesheim	774/775	PU	kopial, 1183/1195	Glöckner, CL 1874
		Bertolfesheim	778/779	PU	kopial, 1183/1195	Glöckner, CL 1876
		Berahttolfesheim	798	PU	kopial, 828	Stengel, UB FD 257
		Bertolfesheim	ca. 800	Hubenliste		Glöckner, CL 3660
Beindersheim	3 nw. Frankenthal	Bentritesheim	855	KU/BU	kopial, 1183/1195	Glöckner, CL 1170
Bermersheim (Worms)	3 sw. Westhofen	Bermersheim	781	PU/BU	kopial, 1183/1195	Glöckner, CL 1044
		Bermarsheim	782	PU/BU	kopial, 1183/1195	Glöckner, CL 1047
		Bermodesheim	782	PU	kopial, 1183/1195	Glöckner, CL 1860
		Bermersheim	784	PU/BU	kopial, 1183/1195	Glöckner, CL 1048
		Bermotesheim	792	PU	kopial, 1183/1195	Glöckner, CL 3450
		Bermersheim	nach 800	Hubenliste23	kopial, 1183/1195	Glöckner, CL 3662
		Bermersheim	801	PU	kopial, 1183/1195	Glöckner, CL 1061
		Bermutesheim	802	PU	kopial, 1183/1195	Glöckner, CL 1064
		Bernotesheim	825	PU	kopial, 1183/1195	Glöckner, CL 1031
		Bermersheim	825	KU	kopial, 1183/1195	Glöckner, CL 1042

DL - BERICHTE UND DOKUMENTATIONEN, Heft 2 (1999)
Geographische Namen in ihrer Bedeutung für die
landeskundliche Forschung und Darstellung, S. 67-95

Martina Pitz

Toponymie zwischen den Sprachen

Ortsnamen als Instrumente landes- und siedlungsgeschichtlicher Forschung im lothringischen Sprachgrenzraum

Ortsnamen, vor allem solche, die als primäre Siedlungsnamen[1] anzusprechen sind - die also gerade aus Anlass der Neuentstehung einer bewohnten Siedlung vergeben wurden -, sind immer Träger von Informationen, die in irgendeiner Form auf die Gründungszusammenhänge der durch sie benannten Objekte zurückverweisen: sei es nun, dass für eine im Entstehen begriffene Siedlung eine Benennung nach dem Namen ihres Gründers, Stifters oder Erstbesitzers üblich wird - was vor allem für frühmittelalterliche Siedlungsgründungen typisch ist -[2]; sei es, dass sie im Rahmen eines regelrechten Namengebungsakts zur Ehrung einer bestimmten Person deren Namen erhält - das ist ein Prinzip, das vor allem für jüngere, respektive neuzeitliche Gründungen gilt.[3] Auch nach einer Personengruppe, die in oder bei ihr wohnt, kann eine Lokalität benannt werden - man denke etwa an Frankfurt aus *Frankono-furt* ‚Furt der Franken'[4] oder an den Altnamen der Stadt Münster in Westfalen, der wohl als *Mimigerno-furt* ‚Furt der Leute des Mimigern' zu deuten ist (so TIEFENBACH 1984, S. 14).

---

[1] Sekundäre Siedlungsnamen bezeichnen im Prinzip unbewohnte Objekte (Fluren, Gewässer, etc.); zu eigentlichen Siedlungsnamen werden sie erst dann, wenn an der betreffenden Stelle dauerhaft gesiedelt wird.
[2] Zur Komposition frühmittelalterlicher Siedlungsnamen vgl. z.B. LAUR (1995, S. 1370-1375); zur Kompositon von Ortsnamen mit Personennamen im Bestimmungswort, vgl. demnächst PITZ (1999).
[3] Ein besonders gut dokumentierter Fall einer solchen Verknüpfung von Siedlungsgründung und Namengebungsakt liegt für den Saar-Mosel-Raum etwa in Ernestviller (Dép. Moselle, Ct. Sarralbe) vor: Im Jahr 1603 weist der Graf Peter-Ernst von Mansfeld auf den Bann des seit Jahrhunderten unbewohnten Ortes Reinholdsborn "den Erbaren vnseren Lieben getreuen Hanß Matthiasen vnd Dionisius Rogé ... einen Ort Landes [zu] in ... vnser Graffschafft bey dem Städlein Püttlingen gelegen ... zu eim Dorff zu bebawen ... so Ernstweiler soll gennenet werden" (vgl. PITZ 1997, S. 188, Nr. 183).
[4] Vgl. MENKE (1980, S. 209): 794 Or. *super fluuium Moin in loco nuncupante Francono furd*, 823 Or. *Franconofurd palatio regio*, usw.

Dieser außerordentlich häufige ‚personale' Siedlungsnamentyp mit patronymischem Erstglied in possessivischer Bedeutung, bei dem die kommunikative Differenzierung durch die Nennung des Siedlungsgründers erfolgt, entspricht der frühmittelalterlichen Sozialordnung des Personenverbandsstaates; nur in sehr speziellen Fällen wich man zur Bildung primärer Siedlungsnamen offenbar von diesem Benennungsprinzip ab. So erwies sich das Bildungsmuster ‚Personenname + Grundwort' etwa auf größeren Komplexen einheitlichen Grundbesitzes als nicht mehr ausreichend differenzierend,[5] weshalb in Fällen, in denen ein einzelner Grundherr über umfangreichere neu zu besiedelnde Flächen verfügte, auf deskriptive Siedlungsnamentypen mit appellativischem oder adjektivischem Erstelement zurückgegriffen wurde.[6] Auch zur Benennung derjenigen Teile der Gemarkungen älterer *villae*, welche im Zuge des Binnenausbaus (vgl. GEUENICH 1990, S. 208) weiter parzelliert und zu Keimzellen neuer Siedlungen geworden waren,[7] reichte eine Benennung mit Hilfe von nur gelegentlich durch Adjektive[8] spezifizierten Simplicia (*Hausen, Hofen, Weiler*, usw.) häufig aus.

Angesichts der schon von Jacob Grimm, dem ‚Ahnherrn' der germanistischen Sprachgeschichte, immer wieder betonten herausragenden Bedeutung, die Eigennamen aller Art für die Rekonstruktion der siedlungsgenetischen Struktur einzelner Landschaften haben können (vgl. z.B. GRIMM 1840), nimmt es nicht wunder, dass sie auch von Historikern und Geographen schon früh für landes- und siedlungsgeschichtliche Forschungen instrumentalisiert worden sind: "Für die Siedlungsgeschichtsforschung gibt es verschiedenartige Annäherungs- und Einstiegsmöglichkeiten. Einen ersten Aufschluss vermittelt die Ortsnamenforschung", heißt es etwa bei Alois GERLICH (1986, S. 140) ausdrücklich; dabei seien die überlieferten Namenzeugnisse nach typologischen Gesichtspunkten zu sortieren und unterschiedlichen Siedlungsperioden zuzuordnen. Insbesondere für die Epochen der Spätantike und des frühen Mittelalters, für die kaum schriftliche Quellen zur Verfügung stehen, sind die mit den Instrumenten der Toponomastik relativ exakt datierbaren und meist auch genau lokalisierbaren geographischen Namen neben archäologischen Funden in der Tat oft die wichtigsten Zeugnisse, durch die eine Rekonstruktion der Sprach- und Siedlungsgeschichte einzelner Landschaften überhaupt erst möglich wird.[9] Denn auch wenn sie infolge ihrer frühen Einbindung in lateinische

---

[5] Vgl. JOCHUM-GODGLÜCK (1995, S. 11); JOCHUM-GODGLÜCK (1998, S. 186). Daß zwischen der geographischen Lagerung solcher Namen und den Besitzungen des größten Grundherrn des frühen Mittelalters, des fränkischen Königs nämlich, häufig signifikante Zusammenhänge bestehen, hat schon BETHGE (1914/15) erkannt.

[6] Solche Namen nehmen z.B. Bezug auf bestimmte Eigentümlichkeiten der Ortslage, etwa auf das Relief der Gegend (*Berg-, Tal-*), auf die naturräumliche Gestaltung (*Au-, Bruch-, Sand-, Grund-*, usw.), auf den Bewuchs des Geländes (*Esch-, Lind-, Nuß-, Flachs-*, usw.), oder auch auf eine bestimmte Funktion der Siedlung (*Mühl-, Kirch-*, usw.), vgl. JOCHUM-GODGLÜCK (1995, S. 11).

[7] Am Beispiel der Weilernamen, des Schibbolethtypus des frühmittelalterlichen Landesausbaus, wird dieser Vorgang exemparisch dargestellt bei LANGENBECK (1954, S. 50ff.).

[8] Diese können sich ebenfalls auf die Lage der Siedlung (*Ober-, Nieder-*), auf die Größe und Bedeutung des Objekts im Verhältnis zu den umliegenden Siedlungen (*Michel-, Lützel-*) bzw. auf das Alter des Objekts (*Neu-*) beziehen.

[9] So z.B. auch WIESINGER (1995, S. 981): "Angesichts oftmals fehlender historischer Zeugnisse" ist die Namenkunde "von nicht zu unterschätzender Bedeutung als sprachwissenschaftlicher Beitrag zu Kontinuitätsfragen und zur historischen Landeskunde". Zur Bedeutung toponomastischen Materials für die Sprach- und

Überlieferungszusammenhänge mit einer ganzen Reihe von nicht zu unterschätzenden Interpretationsproblemen behaftet sind,[10] reichen diese Namen doch in vielen Fällen bis ins Frühmittelalter, bisweilen sogar bis in die Spätantike zurück und können einen manchmal sogar mehrfachen Sprachwechsel überdauern. Peter von Polenz hat die Toponomastik deshalb einmal treffend als ‚Spracharchäologie' bezeichnet; "sie hilft geschichtliche Zustände, über die uns durch direkte Überlieferung wenig oder nichts berichtet ist, und Vorgänge aufhellen, und sie arbeitet mit einer Unzahl zufällig erhaltener Überlieferungssplitter, die es zusammenzusetzen und, wo Lücken bleiben, zu ergänzen gilt" (v. POLENZ 1961, Vorwort).

Durch eine vertiefte Kenntnis des Namenbestandes einzelner Landschaften lassen sich also Siedlungsprozesse in ihrer kleinräumigen Differenzierung präzise fassen. In einer Region wie dem Saar-Mosel-Raum, die seit mindestens 2000 Jahren ‚zwischen den Sprachen' steht,[11] bildet sich darüber hinaus in der Toponymie auch die Genese der deutsch-französischen Sprachgrenze ab, die sich als Ergebnis eines allmählichen Absetzungsprozesses von romanischer und germanischer Welt im frühen Mittelalter zu konstituieren begann.[12] Heute wird dieser Raum durch Staatsgrenzen geteilt; historisch aber stellt er eine in sich geschlossene Einheit dar, die angesichts der herausragenden Bedeutung der spätantiken Kaiserresidenz Trier und des merowingischen Königssitzes Metz geradezu als eine der Kernlandschaften des Frühmittelalters gelten darf.[13] Hier trafen Gallisch und Latein, Galloromanisch und Germanisch, Altfranzösisch und Althochdeutsch aufeinander, und gerade das östliche Lothringen ist bis heute ein aktiver Interferenzraum geblieben, der von einem lebendigen Nebeneinander zweier Sprachen und Kulturen geprägt wird (vgl. z.B. BUFE 1991, S. 99ff.).

Aus der sprachlichen Analyse der Namen lassen sich Ansätze zur Beschreibung der bilingualen Situation der Region bis zum Sprachwechsel gewinnen. Es wird heute kaum mehr bezwei-

---

[10] Siedlungsgeschichte einzelner Landschaften jetzt auch HAUBRICHS (1996, S. 559f.); aus romanistischer Sicht zusammenfassend PFISTER (1982); MONJOUR (1989, S. 26f.).

Zu den zahlreichen lautlichen und graphischen Besonderheiten in der Namentradition vor allem der westlichen Teile des merowingischen Reiches, die aus einer lateinisch-romanischen Schreibtradition bzw. durch Kollisionen zwischen germanischen und romanischen Lauterscheinungen erklärbar sind, vgl. z.B. MENKE (1980, S. 359-364); MATZEL (1970, S. 389-393); HAUBRICHS / PFISTER (1989).

[11] Dazu ausführlich BUCHMÜLLER / HAUBRICHS / SPANG (1986/87); BUCHMÜLLER / PFAFF (1991, S. 173f.); PITZ (1997, S. 26-43). Die besondere Eignung solcher sprachgrenznaher Räume für eine sprachwissenschaftlich akzentuierte Kontinuitätsforschung unterstreicht GERLICH (1986, S. 147): "Die Namenkunde kann als ein Wissenschaftszweig gesehen werden, mit dessen Hilfe ‚horizontale' Bewegungen von Region zu Region erschlossen und ‚vertikale' Erschließungsprozesse in ein und derselben Region verdeutlicht werden können. Für ersteres bieten sich Räume an, in denen infolge Eroberung oder auch friedlicher Durchdringung mehr oder minder lange Zeit eine Zweisprachigkeit herrschte. In Frage kommen mithin alle Landstriche, die heute von einer Sprachgrenze durchzogen werden, aber auch solche innerhalb eines Großsprachraumes, in denen von der Quantität der Einwohnerschaft wie von der Länge einer historischen Zweisprachenzeitspanne her Substrate und Superstrate in stärkerem Maße erfaßt werden können".

[12] Die eigentliche Herausbildung der deutsch-französischen Sprachgrenze als einer vom Schweizer Mittelland zum Ärmelkanal ziehenden Linie ist das Ergebnis Jahrhunderte währender Ausgleichserscheinungen, auf die politische Grenzen des frühen und hohen Mittelalters vermutlich wenig Einfluß hatten; dazu ausführlich FETRI (1977, S. 60ff., 167ff.).

[13] Daß die Regionen an Mosel und Saar als zusammenhängender historischer Raum mit Zentrum an der mittleren Mosel zwischen Metz und Trier betrachtet werden müssen, betont u.a. HERRMANN (1972); vgl. auch HERRMANN / HOPPSTÄDTER / KLEIN (1977, S. 524ff.). Zu diesem Raum für die Karolingerzeit zuletzt BAUER (1997).

felt, dass in starker regionaler Differenzierung auch östlich der heutigen deutsch-französischen Sprachgrenze galloromanische Bevölkerungsteile die Auflösung des Römischen Reiches überlebt haben müssen.[14] Es gab größere und kleinere romanische Sprachinseln, in denen sprachlebendiges Romanentum sich über längere Zeiträume erhalten konnte; sie lösten sich erst im Laufe des Frühmittelalters allmählich auf.[15] Insbesondere im Trierer Land zwischen unterer Saar und unterer Mosel hat ein romanisches Bevölkerungselement die germanische Zusiedlung wohl über Jahrhunderte überdauert[16] und dabei seinen eigentümlichen, den ostfranzösischen Mundarten sehr nahestehenden Dialekt[17] als Zweitsprache neben dem auch hier immer mehr an Bedeutung gewinnenden Moselfränkischen mindestens bis zur Jahrtausendwende bewahrt. Zu beiden Seiten der heutigen Sprachgrenze muss also für das 6. und 7. Jahrhundert noch mit breiten bilingualen Zonen und einer mehr oder weniger intensiven Kohabitation von Franken und Romanen gerechnet werden; eine kleinräumige Ausdifferenzierung von romanischen und althochdeutschen Sprach- und Siedlungslandschaften vollzog sich erst allmählich. Etwa im 8. Jahrhundert erfolgte schließlich in den lothringischen Grenzlandschaften ein definitiver Übergang von der Zweisprachigkeit zur Einsprachigkeit und damit eine Verfestigung des althochdeutschen Idioms dies- und des romanischen Idioms jenseits der sich ausbildenden Sprachgrenzlinie, so dass die Zonen der eigentlichen, bis heute andauernden Bilingualität auf einen schmalen, unmittelbar an deren Verlauf sich anlagernden Streifen reduziert worden sind. Vor allem die Distribution der vorgermanischen Relikte und die Verteilung einzelner lautchronologischer Kriterien im Raum dokumentiert das allmähliche Fortschreiten der Germanisierung.[18] Weil die betreffenden Landschaften kleinräumig zum Teil auf natur- und kulturräumlich sehr unterschiedlichen Grundlagen aufruhen (vgl. PITZ 1997, S. 48ff.), heben sich dabei durchaus unterschiedlich strukturierte Siedlungsräume ab, für die sich sehr differenzierte Siedlungsabläufe rekonstruieren lassen. Es gibt Gegenden mit ausgesprochen dünner Kontinuität bzw. eventuell sogar Diskontinuität, in denen trotz archäologisch nachgewiesener römerzeitlicher Besiedlung die vorgermanischen Namen fast völlig ausgeräumt sind, und es gibt regelrechte Kontinuitätszonen, in denen sich solche Relikte häufen und die eigentliche fränkische Besiedlung sicher nicht vor dem 8. Jahrhundert beginnt. Daneben stehen ‚gemischt-ethnische' Landschaften, für die ein Nebeneinander von vorgermanischen und germanischen Namen typisch ist.[19]

---

[14] Die sogenannte Katastrophentheorie, die mit einem völligen Neubeginn der Besiedlung durch die fränkische Landnahme rechnete, kann in ihrer extremen Form nicht aufrechterhalten werden. Auch auf Grund neuerer archäologischer und historischer Forschungen muß mit einem starken fränkischen Einsickern in den gallorömischen Raum bereits seit der Mitte des 4. Jahrhunderts gerechnet werden, das wohl schon vor der eigentlichen Reichsbildung durch Chlodwig im Nordosten der Galloromania zu einer frühen galloromanisch-germanischen Mischkultur führte (vgl. dazu GERLICH 1986, S. 150f.; SCHNEIDER 1982, S. 6).
[15] Grundlegend dazu PFISTER (1978, S. 128-140).
[16] Die Ergebnisse jüngerer germanistischer und romanistischer Forschungen zusammenfassend dazu jetzt KLEIBER / PFISTER (1992).
[17] Ausführliche Darstellung dazu jetzt bei WOLF (1992).
[18] Dazu für den Saar-Mosel-Raum exemplarisch BUCHMÜLLER-PFAFF (1991, S. 174-187).
[19] Vgl. die entsprechenden Kartierungen bei KLEIBER / PFISTER (1992, S. 93, 95, 96) sowie die Kartierung der merowingerzeitlichen Grabfunde des Raumes bei STEIN (1989, S. 139); dazu HAUBRICHS (1993, S. 36 mit Anm. 8): "Man erkennt, wie sich die frühen fränkischen Siedlungen ... in den fruchtbaren Gaulandschaften

So ist sprachwissenschaftlich-namenkundlich akzentuierte Siedlungsforschung an der westlichen Sprachgrenze immer auch ein Plädoyer für eine integrierte Siedlungsgeschichte kleiner Räume, die die Perspektiven unterschiedlicher Disziplinen[20] auf das Erkenntnisziel frühmittelalterlicher Raumbildung und Raumorganisation[21] hin zu koordinieren versucht. Dabei empfiehlt sich zum einen eine Orientierung an der historischen, fränkischen Raumorganisation, also an den *pagi*[22] oder Gauen,[23] wie die Siedlungskammern des fränkischen Reiches bezeichnet wurden. Zum anderen ist von Untersuchungsfeldern auszugehen, die die heutige Sprachgrenze bewusst überschreiten und dadurch Vergleichsmöglichkeiten mit den ehemals bilingualen westfränkischen Nachbargebieten eröffnen.[24] Es läßt sich zeigen, dass ein solcher Untersuchungsgang, der das Prinzip des kleinräumigen Vergleichs zur methodischen Achse erhebt, das siedlungsgeschichtliche Gesamtbild einer Landschaft ganz erheblich präzisieren kann. Dies gilt vor allem dann, wenn durch Mitberücksichtigung siedlungsindizierender Flurnamen auch die wüstgefallenen Siedlungen in die Betrachtungen einbezogen werden.[25]

Freilich können die all diesen Namen innewohnenden Informationen über die siedlungsgenetische Struktur einer Landschaft für historische Forschungen nur dann wirklich gewinnbringend herangezogen werden, wenn deren etymologische Grundlage hinreichend geklärt ist.[26] Voraussetzung jeder landes- und siedlungsgeschichtlichen Beschäftigung mit Namen - wie im übrigen auch jeder Weiterverwendung dieses Materials im Rahmen einer sprachhistorischen und lautchronologischen Argumentation - ist also die umfassende Sammlung und die eingehende quellenkritische und philologische Bearbeitung des für einen bestimmten Raum bezeugten Namenbestands. Hier ist die Ausgangsposition für die lothringischen Sprachgrenzregionen inzwischen ausgesprochen günstig, denn seit fast 20 Jahren werden an der Universität des Saarlandes die Siedlungs- und Flurnamen des Saarlandes, des östlichen Lothringen und des zur alten Diözese Metz gehörigen „Krummen Elsaß' direkt aus den in den Archiven lagernden Primärquellen gezielt gesammelt und in einer relationalen Datenbank elektronisch gespeichert[27] - ein schier unausschöpflicher Fundus, der inzwischen über eine halbe Million

---

drängen: ... zwischen Mosel und unterer Saar, ... nördlich und südlich von Metz, um Nancy und Toul und auch im Osten an mittlerer Saar und Blies ... Aber auch sonst finden sich im Saar-Mosel-Raum nahezu überall, wenn auch dünner, fränkische Siedlungsinseln. Völlig fundleer ist jedoch das Wald- und Bergland ... der Vogesen, der Pfälzer Haardt und des Pfälzer Waldes, sowie des Hunsrückvorlands an oberer Blies, Nahe, Glan und der eigentliche Hunsrück".

[20] Zu nennen wären hier neben den Sprachwissenschaften vor allem Siedlungsgeschichte und -geographie, Agrargeschichts- und Wüstungsforschung, Pfarrgeschichte und Patrozinienkunde und nicht zuletzt auch die frühmittelalterliche Archäologie.

[21] Methodische Vorgaben dazu bei HAUBRICHS (1983b, S. 223ff.); ausführlich demnächst auch PUHL (1999 [im Druck]), vorläufig auch PITZ (1997, S. 44-50).

[22] Zum Begriff SCHULZE (1971, S. 1392-1403).

[23] Zum Begriff KLUGE / SEEBOLD (1995, S. 301); demnächst ausführlich PUHL (1998 [im Druck]). Vgl. auch den Beitrag von BAUER im vorliegenden Band.

[24] Eine solche "wirkliche intensive Durchforstung von Einzelräumen, von der Sprachgrenze aus vorstastend, ... aber auch weit in das Innere der alten Francia hineingreifend", hat schon Franz PETRI immer wieder eingefordert, vgl. z.B. seinen Diskussionsbeitrag in: Rheinische Vierteljahrsblätter 35 (1971) S. 103.

[25] Exemplarisch dazu für den Saar-Mosel-Raum HAUBRICHS (1985).

[26] Hierzu methodisch wegweisend SONDEREGGER (1977).

[27] Vgl. hierzu den ausführlichen Bericht bei BUCHMÜLLER-PFAFF (1991, S. 165-169, 187f.).

Namenbelege umfasst und als Quellen- und Arbeitsgrundlage für eine Vielzahl unterschiedlichster, auch landes- und siedlungsgeschichtlicher Auswertungsaspekte zur Verfügung steht.

Wie sich mit Hilfe dieses Materials die frühmittelalterliche Aufsiedlung Ostlothringens rekonstruieren läßt, soll nun am Beispiel eines kleinen, nur etwa 12 km langen Sprachgrenzabschnitts um den heutigen Kantonshauptort Faulquemont/Falkenberg[28] (Département Moselle) demonstriert werden. Der eigentliche Sprachgrenzverlauf wird in dieser Gegend weitgehend durch naturräumliche Gegebenheiten bestimmt, nämlich durch von Wald bedeckte Höhen, hinter denen die Siedlungen in Talsenken verborgen liegen. Diese Höhen, über die bis zum Beginn unseres Jahrhunderts nur wenige praktikable Straßen führten, haben an der breitesten Stelle eine Ausdehnung von rund 7 km und bilden die Wasserscheide für eine Reihe von kleineren Bächen, die der Französischen Nied nach der französisch sprechenden Seite, der Deutschen Nied nach der deutsch sprechenden Seite zufließen (vgl. THIS 1887b, S. 6). In der frühmittelalterlichen Raumorganisation war die Region an der Deutschen Nied Teil eines *pagus*, der sich entlang des Flusslaufs erstreckte und nach dem alten gallischen Namen der Deutschen Nied[29] als *pagus Itonensis* benannt war.[30]

Constant This, der die Sprachsituation der frankophonen Orte dieser Gegend in den 1880er Jahren eingehend beschrieben hat, stellt zwar durchaus eine Adstratwirkung der deutschen Dialekte auf die benachbarten romanischen Mundarten fest,[31] nicht aber eine eigentliche Sprachmischung[32] bzw. eine individuelle Zweisprachigkeit der eingesessenen Bevölkerung. Mit einem Nebeneinandersiedeln zweier Sprachgemeinschaften am gleichen Ort ist also für das 19. und sicher auch für das 18. Jahrhundert[33] nur in geringem Umfang zu rechnen,[34] und

---

[28] Zur Geschichte des Ortes, der im Mittelalter befestigt und Sitz einer eigenen Herrschaft war, vgl. Statistisches Bureau ..., Bd III, 1903, S. 279ff. Zur Sprachsituation vgl. THIS (1887a, 16): "In diesem Orte, welcher vollständig deutsch ist, wird abwechselnd französisch und deutsch gepredigt. In der Kirche wird nur in französischer Sprache gebetet".

[29] Der vorgermanische Gewässername, der 1018 als *fluvius Iton* explizit bezeugt ist (AD Mos G 176), wird von BUCHMÜLLER / HAUBRICHS / SPANG (1986/87, S. 84, Nr. 132), als gall. **Idonā/*Itonā* rekonstruiert. "Die weitere Entwicklung mit ahd. End- und Nebensilbenabschwächung" und "agglutinierten Fügungen wie **an Iten(e)* mit falscher Abtrennung > 1184 *Nithen* etc." führt zur Verdrängung durch den Namen des Hauptflusses, den BUCHMÜLLER / HAUBRICHS / SPANG (1986/87, S. 91, Nr. 145) als idg. **Nidā* ansetzen.

[30] Der Kleingau ist nur durch eine Doppelurkunde des Jahres 848 für das Metzer Kloster St. Arnulf bezeugt, vgl. HAUBRICHS (1983a, S. 20ff.) sowie demnächst PUHL (1999 [im Druck], Kap. 2.7).

[31] THIS (1887b, S. 6): "Anderseits haben unsere an der Sprachgrenze gelegenen Orte eine geringe Bereicherung durch die deutschen Wörter erfahren; dahin gehören: *gr?dbīr* ‚pomme de terre', *hak* ‚pioche', *hēt* ‚troupeau', *geys* ‚chèvre', *šlagei* ‚frapper', *trœplei* ‚piétiner'...".

[32] Nur romanisches *patois* spricht man nach THIS (1887b, S. 6) in den Gemeinden Thonville, Thicourt, Chémery, Many, Arraincourt, Holacourt, Herny, Arriance, Vatimont, Han, Adaincourt, Vittoncourt und Voimhaut. "Auf der anderen Seite sind ganz deutsche Ortschaften ohne sprachliche Mischung" (THIS 1887a, S. 16): Zondrange, Fouligny, Guinglange, Elvange, Créhange, Mainvillers, Faulquemont, Adelange (ebd. S. 23). Eine statistische Erhebung des französischen Unterrichtsministeriums vom Jahr 1869 klassifiziert die folgenden Orte als *communes allemandes*: Adelange, Bambiderstroff, Créhange, Elvange, Fletrange mit Dorviller, Fouligny, Guinglange, Hallering, Laudrefang, Longeville mit Kleindhal, Mainvillers, Marange-Zondrange, Pontpierre, Teting, Tritteling mit Redlach, Vahl, Vigneulles-Haute mit Vigneulles-Basse (AD Mos 2 T 279-280).

[33] Für Adelange lassen etwa die *cahiers de doléances* des Jahres 1789 erkennen, daß in den 87 am Ort ansässigen Familien nur höchstens acht bis zehn Personen lebten, die des Französischen mächtig waren (LEVY 1929, S. 343). Freilich muß ein Sprecher des romanischen *patois* der Gegend nicht zwangsläufig auch die

es gibt eine ganze Reihe von Zeugnissen dafür, dass dies wohl auch in der frühen Neuzeit nicht viel anders war.[35] Belegt ist indessen ein in seinen Ursachen nicht immer völlig erklärbarer Sprachwechsel einzelner Orte im 15. bzw. 16. Jahrhundert, teils vom Deutschen zum Französischen, teils umgekehrt vom Französischen zum Deutschen hin: so werden etwa in Arriance im Jahr 1468 von den Grundherren Heinrich von Varsberg und Werner von Esch eine Reihe von frankophonen Leuten bewusst angesiedelt, nachdem das Dorf über einen gewissen Zeitraum wüst gelegen hatte (vgl. AD Mos 6 F 75). Die Neusiedler stammen aus dem nur wenige Kilometer westlich gelegenen Chanville; ihre Ankunft hat zur Folge, dass 1470 in der Gemeindeversammlung *in welscher spraichen erzalet* werden muss (vgl. WITTE 1894, S. 38). Letztere setzt sich - offenbar auch durch Zuwanderung weiterer frankophoner Siedler - binnen weniger Jahre durch.[36] Dagegen ist Thicourt ausweislich seiner Flurnamen im 15. und beginnenden 16. Jahrhundert offenbar ganz frankophon, während ein Güterverzeichnis des Jahres 1580 "überreich an deutschen Flurnamen ist" (WITTE 1894, S. 87), was einen Sprachwechsel zu Gunsten des Deutschen wahrscheinlich erscheinen läßt.

Charakteristisch für eine solche ‚zwischen den Sprachen' liegende Region ist die zum Teil bis heute andauernde Doppelbenennung ihrer Siedlungsobjekte mit einem romanischen und einem fränkisch-althochdeutschen Namen, die in die Zeit vor der endgültigen Etablierung der Sprachgrenze verweist.[37] Bei der sprachgeschichtlichen und siedlungsgeschichtlichen Interpretation dieser Doubletten gelten methodisch folgende Prämissen:

Erstens ist damit zu rechnen, dass beim Übergang der Bevölkerung eines Ortes von der Zweisprachigkeit zur Einsprachigkeit, der sich über längere Zeiträume hinziehen kann, im innerörtlichen Gebrauch der ‚fremde' Name mit der ‚fremden' Sprache allmählich untergeht.[38] Sein Gebrauch kann allerdings im überörtlichen Verkehr und in der Verwaltungssprache beliebig lange fortgeführt werden. Dies gilt vor allem für größere Objekte[39] und wenn an einem Ort ein

---

französische Hochsprache beherrschen, wie dies für die Niederschrift der *cahiers de doléances* erforderlich war). Ein durch den Umstand, daß zum Teil Frankophone und Germanophone nach einem Ort eingepfarrt waren - so etwa die Einwohner von Hemilly nach Guinglange (vgl. Statistisches Bureau ..., Bd III, 1903, S. 321), die von Chemery nach Faulquemont (vgl. Statistisches Bureau ..., Bd III, 1903, S. 168) -, verkompliziertes Bild vermitteln Lévys Angaben über die im Jahr 1783 in den einzelnen Pfarrgemeinden verwendete Predigtsprache (LEVY 1929, S. 392ff.): Créhange dt., Dorviller dt., Faulquemont dt. + frz., Fletrange dt. + frz., Guinglange dt. + frz., Haute-Vigneulles dt., Herny frz., Holacourt frz., Longeville frz., Mainvillers dt. + frz., Many frz., Pontpierre dt., Teting dt., Thicourt frz., Vahl dt. + frz., Vatimont frz., Vittoncourt frz.

[34] So auch WITTE (1894, S. 80): "Von einem sprachlichen Mischgebiete kann gar keine Rede sein".
[35] Ein charakteristisches Beispiel nennt WITTE (1894, S. 41): Als im Jahr 1578 der Gerichtsschöffe Johannes Motz aus Lesse einer Sitzung des Gemeindevorstandes im benachbarten Arraincourt beiwohnt, kann er den Verhandlungen nicht folgen, *quia idioma germanicum, quo officiati in Arraincourt utuntur, non intelligat*.
[36] Für das Jahr 1484 verzeichnet WITTE (1894, S. 38) zahlreiche weitere Einwohner von Arriance, welche französische Namen tragen und aus nahegelegenen Orten jenseits der Sprachgrenze stammen: Johann von Sottry (d.i. Seutry, Gde. Herny), Ansellion von Beschers (d.i. Bechy, Ct. Pange), Jeckemyn der duppener von Thomofille (d.i. Thimonville, Ct. Pange), usw.
[37] Anhand ausgewählter Teilräume, freilich unter weitgehender Aussparung der Lande zwischen Mosel und Saar, hat BESSE (1997) solche Fälle kürzlich monographisch untersucht.
[38] Vgl. HAUBRICHS (1994); HAUBRICHS (1992, S. 637) mit Kritik des von der ‚Rheinischen Schule' in die Namenforschung eingeführten Begriffs des Ortsnamenausgleichs; PITZ (1997, S. 721-730).
[39] Beispiele für solche genuinen Doppelformen für einen sprachgrenznahen Ort von überörtlicher Bedeutung sind etwa Rambervillers (Dép. Vosges, Ct. Rambervillers), 1318 Or. und öfter *Rambrehtswilre* (PITZ 1997,

‚exogener' Grundherr aus dem anderen Sprachbereich begütert ist, in dessen Schriftgut eine solche nun exogene Doublette weitertradiert wird[40]. Solange ihre beständige Weiterbenutzung in dieser Weise garantiert ist, entwickeln sich exogene Doubletten geographischer Namen völlig lautgerecht fort, d.h. sie machen auch solche Lautveränderungen ihrer Ausgangssprache mit, die erst lange nach der Etablierung der Sprachgrenze anzusetzen sind (vgl. PITZ 1997, S. 727f.).

Im anderen Fall - wenn der tatsächliche Gebrauch des Namens nicht gewährleistet ist, weil der Sprachkontakt immer wieder abreißt - entstehen charakteristische Brüche in der Überlieferungstradition,[41] die die in der Sprachwissenschaft so häufig bemühten analogischen Angleichungen und kreuzenden Interferenzen zwischen deutschen und französischen Formen erst eigentlich möglich machen. Genuine Namenpaare mit zwei in sich konsistenten Überlieferungssträngen sprechen also für eine weitgehende Konstanz der Sprach- und Siedlungsverhältnisse, Inkongruenzen für einen wie auch immer gearteten Wechsel. Dabei lassen sich im kleinräumigen Vergleich durch sprachliche Analyse der betroffenen Namen solche Umbruchperioden, in denen Regelabweichungen gehäuft auftreten, meist relativ genau bestimmen. Zweitens ist das Verhältnis der konstatierten Namenpaare zueinander von siedlungsgeschichtlichem Interesse. Grundsätzlich ist zu unterscheiden zwischen Entlehnungspaaren[42], bei denen der eine Partner durch sprachliche Adaptation aus dem anderen entsteht, und Übersetzungspaaren (vgl. BESSE 1997, S. 27), bei denen die beiden Partner zueinander in einem Übersetzungsverhältnis stehen. Eine Entlehnung - und das ist wichtig für die siedlungsgeschichtliche Interpretation - setzt immer voraus, dass ein Name im eigenen Sprachsystem bereits gefestigt ist, bevor eine anderssprachige Bevölkerung in Kontakt mit ihm tritt und ihn - eben weil er ‚funktioniert' und keine Notwendigkeit zu seiner Ersetzung besteht - für sich übernimmt.[43]

407f., Nr. 530), oder Badonviller (Dép. Meurthe-et-Moselle, Ct. Blâmont), ±1290 Or. *Baldeswilre*, 1394 Or. *Balczwiler*, usw. (vgl. PITZ 1997, S. 91, Nr. 45).

[40] Beispiele hierfür sind etwa Tincry (Dép. Moselle, Ct. Delme), wo das saarländische Kloster Mettlach begütert war und in seinem Verwaltungsschriftgut eine deutsche Doppelform *Tinkaracha* (±950 K.), *Tinkirchin* (1421 K.), usw., über Jahrhunderte konservierte (vgl. BUCHMÜLLER-PFAFF 1990, S. 467, Nr. 770); ebenso Lockweiler (Saarland, Kr. Merzig-Wadern), wo das Verduner Kloster St. Paul seinen Besitz mit einer romanischen Doppelform **Lokko-villare* benannte, 971 K. und öfter als *Locvillare* belegt (PITZ 1997, S. 331, Nr. 391). Ähnlich die für den Besitz des Klosters St. Denis bei Paris in Farschviller (Dép. Moselle, Ct. Forbach) belegte romanische Doppelform **Fardulfo-villare* (±1124 K. *Farduviler*, vgl. PITZ 1997, S. 200f., Nr. 201).

[41] Im Unterschied zu den umliegenden Orten, etwa Arriance/Argenchen (Nr. 22) oder Thicourt/Diedersdorf (Nr. 30), die in ihren deutschen und romanischen Doppelformen jeweils zwei in sich konsistente Überlieferungsstränge aufweisen, sind solche kreuzenden Interferenzen in der Überlieferungstradition im Untersuchungsraum etwa bei Mainvillers/Maiweiler (Nr. 47) nachweisbar, und zwar in der deutschen Doppelform, die auf eine Grundform **Magen-wilâri* zurückgeht und eigentlich auf ein heutiges **Manweiler*, **Maweiler* führen müßte. Die seit dem 14. Jahrhundert aufscheinenden <ei> bzw. <e>-Formen, die sich bis in die heutige mundartliche Lautung fortsetzen, sind ganz offensichtlich von den romanischen Formen beeinflußt (vgl. PITZ 1997, S. 341, Nr. 408).

[42] Zum Begriff vgl. BESSE (1997, S. 28) mit Hinweisen auf weitere Literatur.

[43] Vgl. HAUBRICHS (1992, S. 637): "Es ist nicht einzusehen, warum ein existierender ... Name ersetzt werden soll - außer in Fällen eines massiven Siedlerwechsels, wobei zumeist auch nur die Mikrotoponymie ... betroffen ist". Tatsächlich hat schon die grundlegende Arbeit von DRAYE (1943), für Belgien keinen eigentlichen Ortsnamenwechsel beschrieben, sondern das für Sprachgrenzlandschaften allenthalben zu konstatierende Phänomen, daß von einem mutmaßlichen alten Namenpaar, das die doppelte Benennung eines Ortes in mehrsprachigen Regionen zum Ausdruck bringt, nach dem Übergang der betreffenden Gegenden zur Einsprachigkeit in der Regel nur einer der beiden Partner sprachlebendig bleibt - derjenige nämlich, der mit den

Das Vorhandensein von Entlehnungspaaren setzt also immer eine ursprünglich einsprachige Bevölkerung voraus, zu der sich - zu einem Zeitpunkt, der sich mit lautchronologischen Methoden näher bestimmen läßt - Angehörige der anderen Sprachgemeinschaft hinzugesellen. Demgegenüber scheinen echte Übersetzungspaare eine gleichzeitige Entstehung vorauszusetzen, d. h. sie indizieren eine Situation, bei der schon zum Zeitpunkt der Siedlungsgründung romanische und germanische Siedler nebeneinander existieren. Beide Sprachgemeinschaften bilden unter Verwendung zeittypischer Grundwörter einen jeweils eigenen ‚personalen' Siedlungsnamen, für den der Grundherr als Namenspender fungiert.

Mit den Grundwörtern von Ortsnamen (-*heim*, -*dorf*, -*weiler*, usw.) befasst sich die Siedlungsgeschichte von ihren Anfängen an, denn es waren Historiker und Geographen, denen der Nachweis gelang, dass solche Grundwörter Typen bilden, die bestimmten Moden folgen und deshalb auch chronologisch recht gut einzuordnen sind.[44] Auch hier wirkt sich die Sprachgrenzsituation positiv aus, denn das chronologische Argument läßt sich mit Hilfe von Übersetzungspaaren gleichsam potenzieren, wenn man die aus beiden Überlieferungssträngen gewonnenen Indizien miteinander kombiniert.[45]

Die Erstelemente primärer Siedlungsnamen - vor allem wenn es sich dabei um Personennamen handelt - werden für siedlungsgeschichtliche Forschungen insgesamt sehr viel weniger genutzt. Dies ist umso bedauerlicher, als man an günstig gelagerten Einzelfällen immer wieder demonstrieren kann, dass in den Eponymen von Ortsnamen die Herrschaftsträger des fränkischen Reiches zu fassen sind.[46] Ortsnamen können also einen Zugang zu den Trägerfamilien des fränkischen Landesausbaus eröffnen; der siedlungsgeschichtliche Gewinn dieser Methode

---

sprachlichen Mitteln der überlebenden Sprache komponiert oder durch Entlehnung in sie integriert worden ist.

[44] Dieses Konzept reicht schon in die Anfänge der wissenschaftlichen Beschäftigung mit geographischen Namen zurück und wurde insbesondere von Wilhelm Arnold vorgegeben, dazu GERLICH (1986, S. 143f.). Allerdings dachte Arnold vor allem an eine chronologische Abfolge bestimmter siedelnder Völkerschaften; erst die methodischen Neuansätze der ‚Kulturraumforschung' der 20er und 30er Jahre mit der für sie charakteristischen "Zusammenschau von historischer Quellenauswertung im herkömmlichen Sinn mit den Ergebnissen der Ortsnamenforschung und der mittelalterlichen Archäologie" (GERLICH 1986, S. 149) haben erbracht, daß sich vor allem Altsiedelland und Zonen des Landesausbaus in den geographischen Lagerungen bstimmter Namentypen abbilden. Lange Zeit zu wenig berücksichtigt wurde jedoch, was neuere Einzelstudien zur Toponomastik kleinerer Räume, welche sich der aufwendigen Detailarbeit der Materialerhebung und Quellensicherung, der namenkundlichen Analyse und deren Integration von Archäologie und historischgeographischer Landesaufnahme unterziehen, immer wieder belegen: Namenmoden können wandern und haben in unterschiedlichen Regionen unterschiedliche Produktivitätshöhepunkte - ein Handikap, das jede schematische Anwendung vorgegebener chronologischer Ansätze von vorherein fragwürdig erscheinen lassen muß. Die Frage, ob "es zeitgreifende Wanderungen von Ortsnamentypen [gibt] und wie ... es dann mit der Chronologie der Ortsnamentypen in einzelnen Räumen [steht]" bzw. "welche Kriterien ... für eine Ortsnamenchronologie überhaupt maßgebend werden [können]" (HAUBRICHS 1989, S. 69) wird sich erst nach einer intensiven Aufarbeitung zahlreicher Einzelräume annähernd beantworten lassen.

[45] Wichtige methodische Vorgaben dazu bei HAUBRICHS 1989, S. 76f.: "Den Methoden einer absoluten Chronologie schließen sich vielfältige Möglichkeiten einer relativen Chronologie ... an. ... Eine vielversprechende, wenn auch noch kaum angewandte Methode der indirekten Datierung ist die Korrelation von Ortsnamentypen mit archäologischen Funden, etwa merowingerzeitlichen Reihengräbern, die einer Siedlung sicher zuzuweisen sind."

[46] Einleuchtende Beispiele für das garnicht so seltene Phänomen, daß die durch sprachliche Analyse von Siedlungsnamen erschließbaren Eponyme frühmittelalterlicher Siedlungen mit den Namen urkundlich belegter Grundherren der gleichen Räume übereinstimmen, finden sich bei HAUBRICHS (1983b, S. 257-275); vgl. auch HAUBRICHS (1989, S. 72ff.).

scheint evident. Auch hier halten gerade die Doppelformen wichtige Erkenntnisse bereit, denn nicht immer sind die im Erstelement anzusetzenden Personennamen vollkommen gleich. Sie treten vielmehr in signifikanten und von den zeitgenössischen Sprechern sicherlich als zusammengehörig empfundenen Varianten auf und werfen damit ein erhellendes Licht auf den frühmittelalterlichen Personennamengebrauch insgesamt, der eine Varianz zwischen Voll- und Kurz-, Kurz- und Kosenamen offenbar immer mit einschloss: Der -ingen-Name Guinglange (Nr. 8) stellt sich zum Kosenamen *Gangilo*, die alte -acum-Doublette aber zur Kurzform *Gango*; die Avricourt-Bildung[47] Holacourt (Nr. 27) gehört zum Vollnamen *Odalwald*, die zugehörige -ingen-Doublette aber zur Koseform *Odaliko*; in heutigem Thonville (Nr. 37) verbirgt sich ein Eponym *Audo* oder *Otto*, in der untergegangenen Doublette Odersdorf aber der Vollname *Audhari*.[48] Auch der Name des Hauptortes Faulquemont/Falkenberg (Nr. 50) läßt sich so erklären: im Erstelement der deutschen Form steckt der schwach flektierende Kurzname *Falko*, während die französische Form als *Falko-monte* anzusetzen ist und die stark flektierende Variante *Falk* enthält.[49] All diese Übersetzungspaare erweisen sich als genuin gebildet, reichen also noch in frühmittelalterliche Zeit zurück. Von der Forschung in Rechnung gestellte lautliche Probleme lösen sich zumeist auf, wenn man der Möglichkeit von Personennamenvarianten im etymologischen Ansatz Rechnung trägt.[50]

Nutzt man nun diese methodischen Instrumente für eine Gesamtbetrachtung des um Faulquemont bezeugten Namenmaterials, so fällt zunächst auf, wie hoch hier der Wüstungsquotient anzusetzen ist: sechs existenten Siedlungen, die mit dem romanischen -iacum-Suffix (vgl. BUCHMÜLLER-PFAFF 1990, S. 3f.) gebildet sind, entsprechen zehn Wüstungen gleichen Typs; davon sind sieben bisher nur durch Flurnamen bekannt. Von 53 fränkischen -ingen-Namen - zweifellos der dominierende Namentyp in der betreffenden Region - bezeichnen lediglich elf noch heute eine größere Siedlung.

Geradezu verblüffend ist der hohe Anteil mutmaßlicher germanischer Personennamen[51] in den Erstelementen romanischer -iacum-Namen: von 16 Personennamen sind nur vier eindeutig romanischen Ursprungs,[52] und auch bei diesen handelt es sich häufig um Personennamen, die bis in die frühmittelalterliche Zeit hinein getragen werden konnten.[53] Interessanterweise

---

[47] Zum Begriff ausführlich PITZ (1997, S. 662ff.).
[48] Zum Gesamtproblem vgl. demnächst ausführlich PITZ (1999 [im Druck]).
[49] Beide belegt bei MORLET (I, 1971, S. 87).
[50] So lassen sich entgegen HAUBRICHS (1986, S. 281) für Nr. 37 Thonville deutsche und romanische Formen sehr wohl als genuines Übersetzungspaar erklären, wenn man in Rechung stellt, daß dt. *Ôdhers-dorf* mit Hilfe des Vollnamens *Aud-hari* > *Ôdher*, rom. *Ottône-villa* aber mit Hilfe des aus *Aud-hari* verkürzten einstämmigen PN *Audo* > *Otto* (mit Deglutination der Vortonsilbe) komponiert ist.
[51] Ein einigen Fällen ist die germanische Herkunft des Personennamens nicht eindeutig erwiesen, aber doch sehr wahrscheinlich zu machen, vgl. Nr. 1 †Batilly, Nr. 3 †Cottigny, Nr. 5 Fouligny, Nr. 12 †Mommerich.
[52] Nr. 6 †Gretigny zum rom. PN *Christinus*; Nr. 11 Many/Merchen zum rom. PN *Marin(i)us*, Nr. 13 †Muderchen zum lat.-rom. PN *Muttinius*, Nr. 15 Seutry zum lat.-rom. PN *Sottarius*.
[53] Eine Auflistung der in Quellen des Rheinlandes und Lothringens bis zum ausgehenden 9. Jahrhundert belegten romanischen Personennamen gibt HAUBRICHS (1998, S. 385-396). Ihr wären die 113 romanischen Personennamen aus dem spätmerowingischen Trier zur Seite zu stellen, die BERGMANN (1965) publiziert hat. Nur für den PN *Muttinius* lassen sich danach für den frühmittelalterlichen Raum zwischen Maas und Rhein keine frühmittelalterlichen Belege beibringen.

kommen gerade diese romanischen Personennamen in den wenigen belegbaren Entlehnungspaaren des Gebietes (Nr. 11 Many/Merchen, Nr. 13 †Mutinei/Muderchen) vor, die ja - wenn die oben evozierten Prämissen stimmen - ein zunächst einsprachig romanisches Toponym voraussetzen, das erst später in fränkischen Mund gelangt. Zwei ins Fränkisch-Althochdeutsche entlehnte -*iacum*-Namen ohne erhaltenen romanischen Partner, †Mommerich bei Créhange (Nr. 12) und †Wallerchen bei Many (Nr. 16), sind wohl mit einem germanischen Personennamen komponiert. All diese Ortsnamen finden sich in Bereichen, für die eine kompaktere romanische Siedlung auch durch andere Indizien bezeugt wird: in Many liegt die Wüstung Messeren (Nr. 19), deren Name sich von lat. *maceria* ‚Mauer' ableitet (vgl. HAUBRICHS 1986, S. 272), in Créhange die Wüstung Plenter (Nr. 21) aus lat. *plantariu* ‚Pflanzung'(HAUBRICHS 1983a, S. 35). Unweit von †Muderchen liegt Vahl-lès-Faulquemont (Nr. 49), dessen Name sich als ahd. *bî den walahôn ‚bei den Romanen' rekonstruieren läßt (vgl. SCHÜTZEICHEL 1995, S. 307). Weitere onomastische Relikte, die auf eine wohl recht kleinräumige, aber kompakte und lang andauernde romanische Siedlung in diesem Bereich hindeuten, sind Longeville (Nr. 36) aus lat. *longam villam* ‚großer Hof'(vgl. BUCHMÜLLER / HAUBRICHS / SPANG 1986/87, S. 59, Nr. 53), Haute- und Basse-Vigneulles (Nrr. 32 und 35) aus lat. *villula* ‚kleiner Hof'[54], †Menter (Nr. 18) aus lat. *mentariu* ‚Ort, wo Minze wächst'(BUCHMÜLLER / HAUBRICHS / SPANG 1986/87, S. 70, Nr. 87) und †Mitschen, wohl aus lat. *mûscu* ‚Moos'(BUCHMÜLLER / HAUBRICHS / SPANG 1986/87, S. 70, Nr. 88). In allen diesen Fällen indizieren lautchronologische Kriterien eine relativ späte Übernahme des Ortsnamens in deutschen Mund, die nicht vor dem Jahr 800 erfolgt sein kann (vgl. HAUBRICHS 1983a, S. 34ff.). Etwas früher dürfte die Integration von *Mariniacu*/Many (Nr. 11) ins Althochdeutsche erfolgt sein, denn die zugehörige Doppelform zeigt den althochdeutschen Primärumlaut von [a] > [e] vor folgendem [i], der etwa in der zweiten Hälfte des 8. Jahrhunderts zum Tragen kam (BRAUNE / EGGERS 1975, §§ 26ff.).

Auch genuine Übersetzungspaare sind belegt, bei denen dem romanischen *-iacum* ein ahd. *-ingas* entspricht (Nr. 5 Fouligny/Füllingen, Nr. 8 Gangoniago/Guinglange, Nr. 9 Hémilly/ Hemmeringen, Nr. 10 Herny/Herlingen). Da in allen diesen Fällen die deutschen Partner den althochdeutschen Umlaut zeigen, dürften sie vor dem ausgehenden 8. Jahrhundert entstanden sein.[55] Bezeichnenderweise sind dies jeweils Siedlungen, denen im kleinräumigen Vergleich eine gewisse Bedeutung zukommt; für zahlreiche andere in unmittelbarer Nähe liegende, aber wohl schon immer sehr kleine Objekte haben sich solche anderssprachigen Doubletten - falls es sie denn gab - nicht lange halten können.

---

[54] Von BUCHMÜLLER / HAUBRICHS / SPANG (1986/87, S. 59, Nr. 52), zu einfachem lat. *villa* gestellt, meines Erachtens erklärt jedoch ein Ansatz mit der Ableitung *villula* die volksetymologische Angleichung der romanischen Formen an lat. *vineola* ‚Weinberg' einfacher.

[55] Interessanterweise ist für die heute nicht mehr gebräuchliche Doppelform Hemmering für Hémilly (Nr. 9) auch eine romanische Entlehnung *Hommelange* belegt, die sehr alt sein muß, da sie keinen Umlaut und keinen Liquidentausch [l] > [r] zeigt. Wir hätten damit zwei parallele romanische Formen für diesen Siedlungsnamen: eine durch Übersetzung aus frk. *Hamilingas* gebildete -(*i*)*acum*-Doublette *Hamiliacu* und eine aus frk. *Hamilingas* entlehnte Form *(H)amelange, Homelange*.

Außerordentlich interessant und eigentlich einer monographischen Untersuchung würdig ist die Bildungsweise der mit germanischen Personennamen komponierten -*iacum*-Namen, die von den aus der Spätantike überkommenen Bildungsprinzipien abweicht. Es erfolgt nämlich kein direkter Anschluss des Personennamenstammes an das Siedlungsnamen-Suffix, sondern die Personennamen werden flektiert; sie erscheinen im romanischen obliquen Kasus und nehmen damit die Bildungsweise der für die Merowingerzeit so typischen romanischen Namen auf -*villa*, -*curtis*, -*villare*, usw., gleichsam vorweg: *Bôlôniacu > †Bouligny (Nr. 2), *Cuttôniacu > †Cottigny (Nr. 3), *Ardôniacu > †Erdigny (Nr. 4), *Fullôniacu > Fouligny (Nr. 5), usw. (vgl. PITZ 1997, S. 676f.).

Für die sogenannten *Avricourt*-Typen (vgl. PITZ 1997, S. 662-678) scheint -*curtis* im Untersuchungsraum wie auch im südlich anschließenden Seillegau das Grundwort par excellence zu sein; -*villa* und das wohl etwas jüngere -*villare* spielen keine große Rolle: nur zwei Siedlungsnamen auf -*villa* (Nr. 34 †Gondreville und Nr. 37 Thonville) und drei Siedlungsnamen auf -*villare* (Nr. 38 †Boltzviller, Nr. 41 †Gingwiller, Nr. 43 Mainvillers) sind nach dem ‚klassischen' Avricourt-Muster mit Personennamen im Erstelement gebildet. Auffällig ist die mit nur drei Wüstungen gegenüber sechs weiterexistierenden Siedlungen relativ geringe Wüstungsdichte bei den mit dem Grundwort -*curtis* benannten Siedlungen. Dieses Grundwort benannte also wohl durchweg frühmittelalterliche Neugründungen von einer gewissen Größe und Bedeutung. Dafür spricht neben extralinguistischen Kriterien wie der Stellung der Siedlungen innerhalb der Pfarreistruktur auch die große Zahl belegter, oft nur historischer Doppelformen; diese stellen allesamt genuine Übersetzungspaare dar, deren deutsche Partner teils auf -*ingen*, teils auf -*dorf* lauten können: Adaincourt/Ollenanges (Nr. 23), Arraincourt/Armsdorf (Nr. 24), Hernicourt/Hermstorff (Nr. 26), Holacourt/Olechingen (Nr. 27), Thicourt/Diedersdorf (Nr. 30), usw.

Bemerkenswert ist insgesamt, vor allem bei den zahlreich vertretenen -*ingen*-Namen, die große Zahl von germanischen Personennamen, bei denen sprachliche Kriterien auf eine westfränkische Herkunft der Namenträger deuten. Fast die Hälfte der rekonstruierten Personennamen zeigt bei den -*ingen*-Namen morphologische Eigentümlichkeiten und lautliche Romanisierungsspuren verschiedenster Art, die eine Provenienz der mit ihnen benannten Personen aus dem westlichen, heute romanophonen Teil des fränkischen Reiches wahrscheinlich erscheinen lassen.[56] Lautersatz [hr] > [kr] im PN *Kreuko (Nr. 59) (vgl. PITZ 1997, S. 795ff.), Synkope der Pänultimavokale bei Proparoxytona und anschließende Assimilation [dl] > [l] in den Namenstämmen **apal-a-*, **mapal-a-*, *ôpil-a-*, usw. (vgl. Nr. 2 Baudilo > Bôlo, Nr. 27 **Odalik(o)* > **Olik(o)*, Nr. 60 *Didiko* > *Dikko* (vgl. PITZ 1997, S. 803ff.), Wandel des Zweitgliedes **walð-a-* zu -*oald* (Nr. 25 *Haroald*, Nr. 76 *Helpoald*) und **win-i-* zu -*oin* (Nr. 23 *Aldoin*), s-Erweiterung bei dentalem Stammauslaut (vgl. PITZ 1997, S. 783ff.) (Nr. 69 **Fendsil(o)*, Nr. 87 *Mundso) Zahlreiche Personennamen sind überhaupt nur westfränkisch belegt bzw. im Westen des Merowingerreiches besonders beliebt: *Sualdus* (Nr. 58), *Haldarus (Nr. 75),

---

[56] Zu solchen Romanismen ausführlich PITZ (1997, S. 783ff., 788-807).

*Hibîn (Nr. 79), *Sôlo (Nr. 94), Wânulf (Nr. 100), u.v.m. Ihr Nachweis in den Ortsnamen läßt wohl kaum eine andere Erklärung zu, als dass die Träger der frühmittelalterlichen Aufsiedlung des lothringischen Sprachgrenzgebietes offenbar aus dem Westen kamen. Hierfür sprechen auch eine Reihe von bei einem so klassisch germanischen Namentypus wie den -ingen- Namen eigentlich gar nicht zu erwartenden romanischen Personennamen in den Erstelementen: Nr. 64 Elvange wohl zu rom. *Alivius[57], Nr. 74 †Girsing vielleicht zu rom. Grosso (belegt z.B. bei JARNUT 1972, S. 136), Nr. 90 †Obersing vielleicht zu rom. Orbasius (SALON / SALOMIES 1988, S. 133), Nr. 91 †Petsing zu rom. Petius (SALON / SALOMIES 1988, S. 142), Nr. 92 †Schiblin zu rom. *Scûbilo (MORLET II, 1971, S. 104), Nr. 93 †Silving zu rom. Silvius (MORLET II, 1971, S. 106), Nr. 95 Teting zu rom. Tattus (SALON / SALOMIES 1988, S. 182). Die Zeitstellung dieser zahlreichen -ingen-Namen ist nicht ganz einfach zu beurteilen. Da sie überhaupt nur in ganz wenigen Fällen mit merowingerzeitlichen Reihengräberfunden korrelieren, die sich allesamt nicht vor die Mitte des 7. Jahrhunderts datieren lassen[58], ist ihre Gründung in den meisten Fällen wohl nicht vor dem 8. Jahrhundert anzusetzen (so auch HAUBRICHS 1983a, S. 41). Für eine Reihe von einsprachig deutschen Namen, in denen der Umlaut des 8. Jahrhunderts fehlt (etwa Nr. 58 Chevaling, Nr. 94 Solingen), mag man eventuell sogar an eine noch spätere Entstehung denken - falls diese Namen nicht überhaupt aus alten romanischen Bildungen analogisch an die -ingen-Namen angeglichen wurden. Für letzteres spricht, dass diese umlautlosen Formen jeweils fränkische Kurznamen auf -o enthalten, für die bei einem romanischen Ansatz mit einem Obliquus auf –ône (vgl. PITZ 1997, S. 695ff.) und damit mit einer -igny-Endung zu rechnen wäre (vgl. BUCHMÜLLER-PFAFF 1990, S. 17ff.). In anderen Fällen bilden sich romanische Entlehnungen schon früh, jedenfalls vor Durchführung des Umlauts aus, vollziehen aber charakteristische Lautentwicklungen des Lothringischfranzösischen später nicht mehr mit (so z.B. Nr. 53 Adelange ohne romanischen Schwund von intervokalischem [d] (vgl. PITZ 1997, S. 803), Nr. 76 Helferdange ohne Vokalisierung bzw. Schwund von vorkonsonantischem [l] (vgl. PITZ 1997, S. 847ff.)).

Gerade dies zeigt, wie diffizil die frühmittelalterliche Sprachsituation dieser Gegend zu beurteilen ist. Wir haben es wohl mit einem Raum zu tun, in dem sich eine kompaktere romanische Siedlung noch sehr lange hält, während mit einer fränkischen Zusiedlung vor der zweiten Hälfte des 7. Jahrhunderts kaum zu rechnen ist. Dabei wird der Beginn der frühmittelalterlichen Aufsiedlung durch romanische -iacum-Namen markiert, wobei freilich die rekonstruierten Eponymen in vielen Fällen germanische Namen tragen. Auch die Protagonisten einer späteren, durch -ingen-Namen charakterisierten und im wesentlichen frühkarolingischen Siedlungswelle[59] scheinen aus dem Westen gekommen zu sein.[60] Die siedlungsgeschichtliche For-

---

[57] Zu ähnlichen Bildungen vgl. SOLIN / SALOMIES (1988, S. 12), vgl. auch weibliches Alifiae für eine Nonne aus Remiremont (HAUBRICHS 1998, S. 386). Eine Deutung des Siedlungsnamens Elvange mit Hilfe des häufigen germanischen Personennamens Albo o. ä. verbietet sich wohl, da in diesem Fall eine romanische Doublette *Aubange mit Vokalisierung von vorkonsonantischem [l] zu erwarten wäre.
[58] Freundliche Mitteilung von Frau Prof. Dr. F. Stein (Saarbrücken).
[59] Mit guten Gründen wird diese bereits von HAUBRICHS (1983a, S. 41) postuliert: "Das Nebeneinander von romanischen Doppelformen, welche die althochdeutsche Sprachentwicklung des 8. Jahrhunderts mitgemacht

schung wird sich mit diesem Bild auseinanderzusetzen haben, das durchaus zu Zweifeln daran Anlass gibt, dass "die fränkische Besiedlung" dieser Landschaften "die römischen Siedlungsräume frühzeitig und in großer Dichte auffüllte, wie dies bisher immer angenommen worden ist. Statt dessen scheint sich anzudeuten, dass im 5. und 6. Jahrhundert die Anzahl der fränkischen Siedlungen recht begrenzt war und dass erst spätere Siedlerschübe des 7. und 8. Jahrhunderts eine dichtere Aufsiedlung bewirkten" (JANSSEN I, 1975, S. 25). "Wir erfassen hier vielmehr eine offenbar durch Angehörige der fränkischen Oberschicht initiierte Besiedlung in einem Raum, der von einer beträchtlichen romanischen Bevölkerung besiedelt ist" (STEIN 1974, S. 587), und der damit in besonders ausgeprägtem Maße die kulturelle Symbiose reflektiert, die für das frühmittelalterliche Lothringen offenbar so typisch war.

---

haben, und solchen, welche diese nicht mitgemacht haben, auf engstem Raum im Tal der deutschen Nied kann wohl nur als Indiz dafür verstanden werden, daß der durch die -ingen-Orte gekennzeichnete Siedlungsprozeß sich noch über das ganze 8. Jahrhundert erstreckte. Ihm folgte auf dieser Basis seit dem 8. Jahrhundert, aber sicher in das 9. Jahrhundert hineinreichend, der Landesausbau in die Seitentäler und umgebenden Wälder hinein".

[60] So auch das Ergebnis der sprachwissenschaftlich-namenkundlichen Analyse der Erstelemente der Weiler-Namen, des für die Phase des Landesausbaus charakteristischen Typus im Saar-Mosel-Raum (vgl. PITZ 1997, S. 924f.).

Anhang: Verzeichnis der Siedlungsnamen des Cantons Faulquemont (Moselle)
(existierende und abgegangene Siedlungen, ohne nachweislich neuzeitliche Gründungen)[61]

A. Siedlungsnamen auf *-iacum*:

1. †Batilly, Gde. Herny: *Sur la corvée de Batilly, pointes de Batilly, Batilly sur Niederum*, usw. (Nap. Kat.).; < **Battiliacu*, lat.-rom. PN **Battilius* (zu *Battius*, SOLIN / SALOMIES 1988, S. 32) bzw. germ. PN *Battilo* (FÖRSTEMANN 1900, S. 225ff.; BUCHMÜLLER-PFAFF 1990, S. 83, Nr. 063).
2. †Bouligny, Gden. Thicourt, Arraincourt, Many, Holacourt: 1375 Or. *Bouligney* (AM Metz II, S. 29); 1551 K. *lestaing de Bolligny* (AD Mos 1 E, S. 198); 1629 Or. *dans la petite fin sur lestang de Boulleny* (AD Mos H 1158-2); 1685 Or. *moulin de Bouligny* (AD Mos 4 E 348); *sur le chemin de Boulligny* (Nap. Kat. Arraincourt); *sur l'étang de Bouligny* (Nap. Kat. Many); *fond de Bouligny* (Nap. Kat. Holacourt); mda. [buliɲi]; < **Bôlôniacu*, wfrk. PN *Bôlo*, Kontraktionsform aus germ. PN *Baudilo* (MORLET I, 1971, S. 60, zum Bildungstyp vgl. PITZ 1997, S. 803f.). Historische Belege für die zur Reichsland-Zeit übliche deutsche Doppelform Bulingen sind bisher nicht nachweisbar.
3. †Cottigny, Gde. Vittoncourt: *Cottigny, au-dessus de Cottigny* (Nap. Kat.). < **Cuttôniacu*, PN **Cutto* (FÖRSTEMANN 1900, S. 384) wahrscheinlich germanisch, vgl. KAUFMANN (1968, S. 88); BUCHMÜLLER-PFAFF (1990, S. 170-171, Nr. 234).
4. †Erdigny, Gde. Holacourt: *sur le fond d'Erdigny* (Nap. Kat.); < **Ardôniacu*, wfrk. PN *Ardo* (MORLET I, 1971, S. 124).
5. Fouligny/Füllingen: 1121 Fä. K. 14. Jh. *Fullinga* (BN Pa ms. lat. 10030 f° 3v°), 1180 K. 14. Jh. *Fullinga* (BN Pa ms.lat. 10030 f° 64v°); 1205 Or. *Fulignei* (AD Mos H 622-1); 1241 K. 14. Jh. *Fullignei* (BN Pa ms. lat. 10030 f° 11v°); 1293 Or. *Fuligney* (WICHMANN 1908/16, 1293, 317); 1302 Or. *Vllingam* (AD Mos H 1109-1); 1335 Or. *Fouligney* (AM Metz II 20); 1365 Or. *Fullingen* (AN Lux A 52-547); 1397 Or. *Fullingen* (AD Mos 3 J 12) 1405 Or. *Foulligney* (AM Metz II 314); 1420 Or. *Fullanges* (AD Mos 10 F 94); 1448 Or. *Fullingen* (AD MM B 690-104); 1542 Or. *Fillingen* (AD Mos 10 F 301); 1570 *Fullingen* (StA Trier G 13]; mda. [folni] (ZELIQZON 1924, S. 279) / [feliŋən]; < **Fullôniacu / *Fullingas*, germ. PN *Fullo* (FÖRSTEMANN 1900, S. 560, vgl. BUCHMÜLLER-PFAFF 1990, 208, Nr. S. 306). Lat.-rom. Parallelen bei SOLIN / SALOMIES (1988, S. 83).
6. †Gretigny, Gde. Many: *Sur le pré de Gretigny ... la haute grange* (Nap. Kat.); < **Christiniacu*, rom. PN *Christinus* (MORLET II, 1971, S. 33-34).
7. †Grigy, Gde. Vittoncourt: *pré Grigy* (Nap. Kat.); < **Gribiacum*, wfrk. PN *Gribus, Grivus* (MORLET I, 1971, S. 115, vgl. BUCHMÜLLER-PFAFF 1990, S. 230, Nr. 350).
8. Guinglange: 848 K. 9. Jh. *in fine Gangoniago in pago Hidoninse* (BN Pa Coll. Lorr. 980-2) ; 1241 Or. *Guinguelanges* (WICHMANN 1908/16, 1241, Nr. 17); 1257 Or. *Guienguenanges* (AD Meuse 4 H 106-1); 1291 Or. *Guinguelenges* (AD Meuse 4 H 102-17); 1347 Or. *Guingulanges* (AM Metz II, Nr. 25); 1387 Or. *Gengelingen* (AD Mos 10 F 198); 1471 Or. *Geingelingen* (AD Mos 10 F 206); 1633 Or. *Guienguelange* (AD Meuse 4 H 105-4); mda. [gɛŋliŋən]; < **Gangoniacu/*Gangilingas*, PN *Gango* bzw. **Gangil(o)* (FÖRSTEMANN 1900, S. 596f., vgl. BUCHMÜLLER-PFAFF 1990, S. 235, Nr. 358).
9. Hémilly/Hemmering: 1594 K. 17. Jh. *Omanges dit Hemilly* (BUCHMÜLLER-PFAFF 1990, S. 245); 1688 Or. *im Hemeringer weg* (AD Mos 10 F 96); 1756 K. *Homlange* (RL III); mda. frz. [hɛmli] (ZELIQZON 1924, S. 331); < **Hamiliacum/*Hamilingas*, germ. PN **Hamilo* (vgl. FÖRSTEMANN 1900, S. 743ff.; BUCHMÜLLER-PFAFF 1990, 245, Nr. S. 378).
10. Herny/Herlingen: ±1240 K. 14. Jh. *Erney* (AD MM B 693-1); 1267 Or. *Harney* (WICHMANN 1908/16, 1267, S. 223); 1281 Or. *Herney* (WICHMANN 1908/16, 1281, S. 586); 1293 Or. *Hernei* (WICHMANN 1908/16, 1293, S. 349); 1324 Or. *Herney* (AN Lux A 52-175); 1385 Or. *Herlingen* (AD MM B 689-65); 1453 Or. *Harney* (AN Lux A 52-1648); 1570 Or. *en Helling* (AD Mos 1 E 198); mda. [hɛr'ni]; <**Hariniacu/ *Hariningas*, germ. PN *Harin* (FÖRSTEMANN 1900, S. 764; MORLET I, 1971, S. 128; vgl. BUCHMÜLLER-PFAFF 1990, S. 247, Nr. 381).

---

[61] Abkürzungen: AD = Archives départementales; AM = Archives municipales; AN = Archives Nationales; ASHAL = Annuaire de la société d'histoire et d'archéologie de Lorraine; BN = Bibliothèque nationale; Gde. = Gemeinde; HStA = Hauptstaatsarchiv; LA = Landesarchiv; Lux = Luxemburg; mda. = mundartlich; Mos = Moselle; MM = Meurthe-et-Moselle; Nap. Kat. = Napoleonisches Kataster; Pa = Paris; PN(N) = Personenname(n); RL = Das Reichsland Elsaß-Lothringen; Sb = Saarbrücken; SN(N) = Siedlungsname(n); Sp = Speyer; StA = Stadtarchiv; StB = Stadtbibliothek. Alle Belege sind den Datenbanken HISTSIG und NASALO des Saarbrücker Forschungsprojekts ‚Archiv für Siedlungs- und Flurnamen des Saarlandes und des östlichen Lothringen' (Leitung: Prof. Dr. W. Haubrichs, Universität des Saarlandes, FR 8.1. Germanistik) entnommen.

11. Many/Merchen: 991 K. *in villa Mernicha dicta* (AD Mos H 1167-1); 1121 Fä. K. 14. Jh. *Mernica* (BUCHMÜLLER-PFAFF 1990, S. 322); 1160 Or. *Marni* (ASHAL 15, S. 284); 1162 Or. *Marnei* (MEINERT 1932/33, Nr. 194) ; 1163 Or. *Mernichacum* (MEINERT 1932/33, Nr. 195); 1179 Or. *Marnei* (ASHAL 15, S. 303); 1180 Or. *Merincha* (ASHAL 15, 307); 1210 K. 14. Jh. *Merrecha* (BN Pa ms. lat. 10030 f° 4r°); 1217 Or. *Marnei* (AD Mos H 1168); 1269 Or. *Mernei* (AD Mos H 1157-1); 1280 Or. *Merniche* (AD Mos H 1032-6); 1286 Or. *Marney* (AD Mos H 3880-6); 1490/91 Or. *Mergen zenden* (AD MM B 3538); mda. [maːni]; < *Mariniacu, PN *Marîn(i)us* (Morlet II, 1971, S. 75; SOLIN / SALOMIES 1988, S. 113; BERGMANN 1965, S. 40; BUCHMÜLLER-PFAFF 1990, S. 322, Nr. 503) wohl romanisch, in der Galloromania des Frühmittelalters außerordentlich häufig.

12. †Mommerich, Gde. Créhange: 1604/05 Or. *uff Mumrich* (AD Mos 10 F 380); 1663 Or. *sur Momering, sur Momerich* (AD Mos 10 F 379); 1754 Or. *auff Muhmrich, bey Moumriger Bronnen* (AD Mos 10 F 379); *Chemin de Mourich, haut de Mourich, sur Mourich* (Nap. Kat.); mda. [momərıʃ]; < *Mummuliacu. Zum PN *Mummulus* vgl. FÖRSTEMANN 1900, S. 1132f. („vielleicht undeutsch"); MORLET I, 1971, S. 170; REICHERT 1987, S. 510ff.; BERGH 1941, S. 47 („probablement, mais pas nécessairement d'origine germanique").

13. †Muderchen, Gde. Pontpierre: ?1096 K. 17. Jh. *Altrep Mutinei Alnecha* (PFLUGK-HARTUNG II, 1881/86, Nr. 195); *Muderchen* (Nap. Kat.); mda. [miːdaʃən]. < *Muttiniacum ?, lat.-rom. PN *Muttinius* (SOLIN / SALOMIES 1988, S. 124).

14. †Redigny, Gde. Vatimont: 1231 K. *Radeneio* (RL III) ; 1594 K. *Redigny* (HIEGEL 1986, S. 280); 1616 *Redigny lès Wauthiemont* (HIEGEL 1986, S. 280); < *Raddôniacu, germ. PN *Raddo* (FÖRSTEMANN 1900, S. 1206, zur expressiven Gemination des Inlautkonsonanten: KAUFMANN 1965, S. 14f., vgl. BUCHMÜLLER-PFAFF 1990, S. 403, Nr. 644).

15. Seutry, Gde. Herny: 1128 Or. *Soitru* (PFLUGK-HARTUNG II, 1881/86, Nr. 299); 1136 Or. *Sottru* (PFLUGK-HARTUNG II, 1881/86, Nr. 323); 1179 Or. *Soitriei* (ASHAL 15, 302); ±1370 Or. *Soitru* (ASHAL 23, 7); 1453 Or. *Sutry* (AN Lux A 52-1648); 1481 K. *Sutry* (AD Mos 4 E 253); 1484 Or. *Sottry* (AD Mos 6 F 75); < *Sottariacum, zum lat.-rom. PN *Sot(t)arius* (SOLIN / SALOMIES 1988, S. 174, vgl. BUCHMÜLLER-PFAFF 1990, S. 437, Nr. 711 zum PN *Sottirus).

16. †Wallerchen, Gde. Many: 1629 Or. *en Wallerchen* (AD Mos H 1158-2); *Valles Echen* (Nap. Kat.); mda. [valrəʃən]; < *Waldhariacum, germ. PN *Waldhari* (FÖRSTEMANN 1900, S. 1506, MORLET I, 1971, S. 213, vgl. BUCHMÜLLER-PFAFF 1990, S. 485, Nr. 802).

B. Siedlungsnamen aus nichtgermanischen Flur- und Stellennamen

17. Faux-en-Forêt, Gde. Vittoncourt: 1126 K. 1598 *locum nomine Falt qui est situs in foreste nostra* (AD Mos 10 F 754); 1139 K. 18. Jh. *in foresta qui dicitur Falt* (PFLUGK-HARTUNG II, 1881/86, Nr. 340); 1200/11 Or. *ad curtim de Fais* (ERPELDING 1979, Nr. 20); 1335 Or. *Faulz* (LA Sb Helmstatt Urk., Nr. 21); 1379 K. 18. Jh. *de Faulx en Forest* (AD Mos G 446-11); 1413 Or. *Faul* (AD Mos 4 E 361); 1421 K. 15. Jh. *de Faulx en Fourest* (AD Mos G 5 f° 175v°); 1478 K. 15. Jh. *de Faulx en Forest* (AD Mos G 10 f° 148v°); mda. [foː]; < lat.*valles ‚Täler' bzw. rom. *vallêtum ‚Talschaft' ? So HAUBRICHS (1983a, S. 35), bzw. BUCHMÜLLER / HAUBRICHS / SPANG (1986/87, S. 66, Nr. 76). Eine genuin entwickelte romanische Form *Vaux bzw. *Vallei, **Valloi(s)* für den zwar in der Nähe der Sprachgrenze, aber doch in romanischem Sprachgebiet liegenden SN wäre in diesem Fall nicht mehr nachweisbar; anlautendes [f] ließe sich nur als Kontamination mit einer deutschen Doppelform 1126 K. *Falt* erklären. Deshalb vielleicht eher als germanischer Reliktname mit der Bedeutung ‚Knick' zu germ. **falþ-a-* ‚falten' zu deuten (vgl. FEW III 405) ? Der Ort liegt in der Tat an der Krümmung eines Baches.

18. †Menter, Gde. Bambiderstroff: 848 K. 9. Jh. *Menturis* (BN Pa Coll. Lorr. 980-2); 848 K. 9. Jh. *Menterum* (BN Pa Coll. Lorr. 980-2); *Mentguerten, Mentebach* (Nap. Kat.); mda. [mɛntəˈgɛɐtn], [mɛntəbax]; < *mentâriu ‚Ort, an dem Minze wächst' (HAUBRICHS 1983a, S. 35; BUCHMÜLLER / HAUBRICHS / SPANG 1986/87, S. 70, Nr. 87).

19. †Messeren, Gde. Many: 1121 Fä. K. 17. Jh. *Meccera* (AD Mos H 1132-1); 1163 K. 14. Jh. *Meccera* (BN Pa ms. lat. 10030 f° 2r°); 1180 K. 14. Jh. *Mecera* (BN Pa ms. lat. 10030 f° 64v°); 1210 K. 14. Jh. *Mecera* (BN Pa ms. lat. 10030 f° 4v°); 1267 K. 14. Jh. *Meccera* (BN Pa ms. lat. 10030 f° 1r°); 1327 K. 15. Jh. *coram de Messere* (AD Mos H 1027 S. 15); 1346 K. 15. Jh. *Messeren* (AD Mos H 1025 f° 15v°); < lat. *mâceria* ‚Mauerwerk, Einfriedung' (HAUBRICHS 1986, S. 272).

20. †Mitschen, Gde. Longeville-lès-St. Avold: 1304 *Moucha* (RL III 687); 1321 *Moucka* (RL III 687); 1328 *Moucha* (RL III 687); 1607 *Mitchen* (HIEGEL 1986, S. 235); < lat. *mùscu* ‚Moos' (BUCHMÜLLER / HAUBRICHS / SPANG 1986/87, S. 70, Nr. 88)?

21. †Plenter, Gden. Créhange und Elvange: 1246 Or. *prope curiam suam dictam Plentre* (AD Mos H 1101-1); 1258 K. 14. Jh. *Plentre* (BN Pa ms. lat. 10030 f° 22v°); 1304 K. 17. Jh. *Plentre* (AD Mos H 1032-6); 1327 Or. *ad curiam dictam Plenteyre* (AD Mos H 1102); 1333 K. 14. Jh. *court de Plaintres* (BN Pa ms. lat. 10030 f° 96v°); 1341 K. 15. Jh. *Plenter* (AD Mos H 1026 S. 85); 1371 K. 17. Jh. *Plenter* (AD

Mos H 1025 S. 14); 1548 K. *Pletteren* (AD Mos H 1029 S. 16); 1580 K. *Plentterhoff* (ASHAL 20, 437); 17. Jh. A. Or. *vor der Plentter Achten* (AD Mos 10 F 380); 1663 Or. *la Plenteracht* (AD Mos 10 F 379); 1697 Or. *Pleintern* (AD Mos 4 E 138); 1697 Or. *Plänter gärtten* (AD Mos E suppl. 308-3); 1580 K. *an Plentterhoff* (ASHAL 20, 437); *in dem Plänter Gärten, Plinter Capelle, langst Plinter Weg, Plinter Ath* (Nap. Kat.); mda. [plɛntɐ kɔpl], etc.; < lat. *plantâriu* ‚(Wein)-Pflanzung' (HAUBRICHS 1983a, S. 35).

C. Siedlungsnamen aus nichtgermanischen Gewässernamen

22. Arriance/Argenchen: 1121 Fä. K. 14. Jh. *Argencha* (BN Pa ms. lat. 10030 f° 3v°); 1180 K. 14. Jh. *Argenza* (BN Pa ms. lat. 10030 f° 64v°); 1210 K. 14. Jh. *Argenta* (BN Pa ms. lat. 10030 f° 4v°); 1267 K. 14. Jh. *Argenca* (BN Pa ms. lat. 10030 f° 1r°); 1275 Or. *Ariance* (WICHMANN 1908, S. 253); 1286 Or. *Airiance* (ASHAL 33, 598); 1287 Or. *Airiance* (AM Metz II 304); 1337 Or. *Airiance* (AM Metz II 22); 1352 Or. *Argentze* (AD MM B 692-10); 1457 Or. *Argentzen* (AD Mos 10 F 392); 1468 Or. *zu Argentz* (AD Mos 6 F 75); mda. [arʒãs]; < *Argantia* (HAUBRICHS 1986, S. 271).

D. Siedlungsnamen auf -*curtis*:

23. Adaincourt: 1316 K. 17. Jh. *Ollenanges on ban Saint Pire* (AD Mos H 1194-1); 1317 K. 14. Jh. *Adencurth* (BN Pa ms. lat. 10030 f° 17r°); 1333 Or. *Audaincort* (AM Metz II 306); 1336 Or. *Adaincourt* (AM Metz II 21); 1344 Or. *Adaincourt* (AM Metz II 24); 1347 Or. *Adaincourt* (AM Metz II 25); 1353 Or. *Audaincourt* (AM Metz II 308); 1457 K. 16. Jh. *Sant Peters ban ... Adencort* (AD Mos 10 F 3 f° 149v°); mda. [odĩko] (ZELIQZON 1924, S. 33); < *Aldoino-curte / *Aldoiningas, PN wfrk. *Aldoin* (FÖRSTEMANN 1900, S. 64; MORLET I, 1971, S. 31).

24. Arraincourt/Armsdorf: 977 On. *Harenicurte* (MG DD Otto II, Nr. 159); 993 Or. *Harenicurte* (MG DD Otto III, Nr. 117); 1240 Or. *Aireincourt* (ASHAL 33, 586); 1241 Or. *Airencort* (WICHMANN I, 1908, S. 11); 1250/75 Or. *Araincort* (BN Pa Coll. Lorr. 971/10); 1275 Or. *Arencort* (WICHMANN I, 108, S. 253); 1284 Or. *Airencort* (AM Metz II 303); 1292 Or. *Airaincourt* (WAILLY 1878, Nr. 314); 1455 K. *Ormestroff*; 1485 Or. *Araincourt* (AD Mos 4 F 42); 1594 K. 17. Jh. *Armstorff* (AD Mos 4 F 17); mda. [ɛrɛko] (ZELIQZON 1924, S. 245), < *Aroino-curte / *Aroines-dorf*, PN wfrk. *Aroin* (FÖRSTEMANN 1900, S. 138; MORLET I, 1971, S. 127; HAUBRICHS 1986, S. 277).

25. †Haraucourt, Gde. Faulquemont: 1725 Or. *Haraucourt* (AD Mos 4 E 158); *Erocks* (Nap. Kat.); mda. [e'roko]; < *Haroaldo-curte*, wfrk. PN *Haroald* (MORLET I, 1971, S. 127).

26. Hernicourt, Gde. Herny: 1210 K. 14. Jh. *Hermerstorf* (BN Pa ms. lat. 10030 f° 4v°); 1281 K. 14. Jh. (BN Pa ms. lat. 10030 f° 19v°; 1310 Or. *Hermerstorf* (AD MM B 689-5) 1383 Or. *Hermerstorff* (AD Mos 6 F 88); 1385 Or. *Hermerstorfe* (AD MM B 689-65); 1453 Or. *Herniecourt* (AN Lux A 52-1648); 1471 Or. *Hermerstorf* (AD Mos H F 206); 1594 K. *Hermstorff* (AD Mos 4 F 17); *sentier de Hernicourt, devant Hernicourt, Hernicourt, patural de Hernicourt, chenevières de Hernicourt* (Nap. Kat.); mda. [arniko] (ZELIQZON 1924, S. 30); < *Harinriko-curte/*Harinrikes-dorf*, wfrk. PN *Harin-rik*. Zur Entwicklung des Zweitglieds in der deutschen Form vgl. PITZ 1997, S. 56, Nr. 1 (*Albrîches-wîlâri* > Elbersweiler).

27. Holacourt: 1298 Or. *Ollacourt* (WICHMANN 1908/16, 1298, 216); 1346 K. 15. Jh. *Olechingen* (AD Mos H 1026 S. 83); 1551 K. *Ollaucourt* (AD Mos 1 E 198), mda. [holako] (ZELIQZON 1924, S. 340); < *Odalwaldo-curte / *Olikingas*, germ. PN *Odalwald* bzw. Kurzform *Odalik(o) > wfrk. *Olik(o)*.

28. †Machecourt/Mecking, Gde. Guinglange: *Mecking, pré Mequin, tailles de mekin, derrière Machecourt, ruisseau de Machecourt* (Nap. Kat.); < *Makko-curte / *Makkingas*, PN Makki (FÖRSTEMANN 1900, S. 1067; HAUBRICHS 1985, S. 489).

29. †Marcourt, Gde. Many: 1346 K. 17. Jh. *Merecourt* (AD Mos H 1167-4); 1629 Or. *sur le guet de Marcourt* (AD Mos H 1158-2); 1661 K. 1676 *deuant Merecourt* (AD Mos H 1158-3); 1665 Or. *Marcourt* (AD Mos H 1167-5); 1685 Or. *Marcourt* (AD Mos 4 E 348); 1760 Or. *Haut de Marcourt* (AD Mos 1 E 198); 1738 Or. *Marcour* (AD Mos 1 E 198); *sentiers de Marcourt, sur le gué de Marcourt, enclos de Marcourt, les jardins de Marcourt* (Nap.Kat.); mda. [mar'ko]; < *Marco-curte*, rom. PN *Marcus* (MORLET II, 1971, S. 74).

30. Thicourt/Didersdorf: 1018 Or. *Tiedresdorf* (MG DD Heinr. II, Nr. 379); ca. 1050 Or. *Tiheicurt* (AD Mos G 29-5); 1093 K. 18. Jh. *Thehericurte* (AD Mos J 841); 1142 K. 14. Jh. *Thiederesdorf* (BN Pa mr lat. 10030 f° 6v°); ca. 1170 Or. *Tehecort* (LEPAGE 1855, S. 154); 1197 K. 17. Jh. *Thiecur* (PRUD'HOMME 1972/73, Nr. 54); 1206 Or. *Tyecort* (DIETERLEN 1913, S. 47); 1225 Or. *Thihecort* (AD MM B 590-5); 1225 Or. *Tihecort* (AD Mos G 152); 1230 Or. *Tyecort* (AD Mos H 3567-3); 1346 Or. *Theheicourt* (AD MM E 50); 1349 Or. *Dyderstorf* (AN Lux A 52-384); 1387 Or. *Diederstorf* (AD Mos 6 F 77); 1393 Or. *Diederstorff* (AD Mos 10 F 198); 1424 Or. *Diederstorff* (AD MM B 689-20); 1496 Or. *Diederstorff* (AD Mos 6 F 57); 1509 Or. *Duderstorff* (AD MM B 483-51); 1586 Or. *Dieters-*

dorff (AD Mos 10 F 361); mda. [ti'ku:r]; < *Têdhero-curte* / *Diedheres-dorf*, PN *Theud-hari* > wfrk. *Tédher*, ahd. *Diedher* (MORLET I, 1971, S. 68).

31. Vittoncourt: 1278 Or. *Witoncort* (WICHMANN 1908/16, 1278, 68); 1281 Or. *Witoncourt* (WICHMANN 1908/16, 1281, 18); 1288 Or. *Wittoncort* (WICHMANN 1908/16, 1288, 480); 1290 Or. *Wittoncort* (WICHMANN 1908/16, 1290, 64); 1299 Or. *Witencort* (AD Mos H 1196); 1333 Or. *Wetoncort* (AM Metz II 306); 1335 Or. *Wytoncort* (AM Metz II 20); 1336 Or. *Vitoncourt* (AM Metz II 21); 1350 Or. *Witoncourt* (AD Mos J 5740); 1405 Or. *Witoncort* (AN Lux A 52-1105); 1462 Or. *Wyttonkort* (LA Sb 22/3035 S. 10); mda. [vitŏko]; < *Wittône-curte*, germ. PN *Witto* (MORLET I, 1971, S. 222).

E. Siedlungsnamen auf -*villa*, -*villula*

32. [Basse]-Vigneulles, Gde. Hautes-Vigneulles: 1309 K. *Nyderwile* (AD Mos H 1027 S. 11); 1344 Or. *la baixe Vignuelle* (AM Metz II 24); 1344 K. 18. Jh. *la Petitte Vigneulle* (AD Mos H 1714 f° 249v°); 1361 Or. *Nidervilen* (LHA Ko 218/220); 1420 Or. *Nyederville* (AD Mos 10 F 94); 1441 Or. *Nyderfylen* (AD MM B 743-17); 1459 Or. *Nydervyllen* (AD Mos 6 F 75); 1542 *Nyderfillenn* (AD Mos 10 F 301); mda. [filən]; < *villula*, kleiner Hof', romanische Formen mit volksetymologischer Angleichung an lat. *vineola* ‚Weinberg'.

33. †Bonneville, Gden. Adaincourt und Voimhaut: 1744 Or. *en haut Bonville, les grands Bonneville, le haut de Bonneville* (AD Mos J 136); < *ad bonnam villam* (Siechenhäuser?).

34. †Gondreville, Gde. Guinglange: *piece de Gondreville* (Nap. Kat.); mda. [gŏdrə'vil]; < *Gundhero-villa*, PN *Gundhari* (MORLET I, 1971, S. 117).

35. [Haute]-Vigneulles: 1272 Or. *Vignuelles* (AN Lux A 52-15); 1276 Or. *Wylen* (LHA Ko 218/67); 1299 Or. *Wila* (AD Mos H 1196); 1325 K. 14. Jh. *Oberuilen* (BN Pa ms. lat. 10030 f° 49r°); 1356 Or. *Haulte Vignielle* (BN Pa Coll. Lorr. 984-25); 1420 Or. *Orvil* (BN Pa Coll. Lorr. 84-11); mda. [ho:tvipnœl] / [o:bɛfilən]; < *villula* ‚kleiner Hof', romanische Formen mit volksetymologischer Angleichung an lat. *vineola* ‚Weinberg'.

36. Longeville-lès-St. Avold: 1005 K. 14. Jh. *Longauilla* (MG DD Heinr. II, Nr. 104); 1121 Fä. K. 14. Jh. *Longam villam* (BN Pa ms. lat. 10030 f° 3r°); 1186 Or. *Longaville* (AD MM G 132); 1210 K. 14. Jh. *Longa uillam* (BN Pa ms. lat. 10030 f° 4v°); 1223 Or. *Longa uilla* (AD Mos H 1213-1); 1279 Or. *Longavilla* (AD Mos H 1727); 1285 Or. *Longeuille* (WICHMANN 1908/16, 1285, 536); ±1300 Or. dt. *Lungevil* (LA Sb 22/71); ±1400 Or. dt. *Longevillen* (AD Mos 3 J 31); 1462 Or. dt. *Longauillen* (AD Mos 10 F 81); 1466 Or. *Longvill* (LHA Ko. 218/291); 1471 Or. *Longevil* (AD Mos 10 F 206); 1497 Or. *Longenfelt* (LA Sb 22/2305 S. 22); 1570 Or. *Lungefelden* (StA Trier G 13); mda. [lŏʒəvil] / [lu:bəln]; < *ad longam villam*, deutsche Formen als Entlehnung aus den romanischen (HAUBRICHS 1986, S. 280).

37. Thonville: 1324 Or. *Oderstorph* (AN Lux A 52-173); 1365 Or. *Oderstorf* (AN Lux A 52-534); 1368 Or. *Otthonville* (AN Lux A 52-579); 1387 Or. *Oderstorff* (AD Mos 6 F 77); 1450 Or. *Oderstorff* (AN Lux A 52-1618); 1456 Or. *Oderßdorff* (AN Lux A 52-1699); 1621 Or. *Thonuille* (AD MM B 4149); 1630 K. *Tonuille* (AD Mos 1 E 198); mda. [tŏ'vil]; < *Ottône-villa* / *Ódheres-dorf*, PN *Aud-hari* > *Ódher* bzw. *Audo* > *Otto* (MORLET I, 1971, S. 44; FÖRSTEMANN 1900, S. 195).

F. Siedlungsnamen auf -*villare*

38. †Boltzviller, Gde. Créhange: 1401 K. 16. Jh. *Boltzwiler* (AD Mos 10 F 3 S. 61); 1604 Or. *Boltzweiller* (AD Mos 10 F 379); 1663 Or. *Boltzveiller* (AD Mos 10 F 380); FlN *Boltzviller* (TOUSSAINT 1955, S. 157); mda.[bɔlʃvilɐ]. < *Balzen-wîlâri*, wfrk. PN *Baldso* (FÖRSTEMANN 1900, S. 237; MORLET I, 1971, S. 5) bzw. *Baldes-wîlâri* zum stark flektierten Kurznamen *Baldus* (FÖRSTEMANN 1900, S. 235). Auf Grund der neu ermittelten mundartlichen Lautung scheint die Deutung mit Hilfe des stark flektierenden Kurznamens wahrscheinlicher (vgl. PITZ 1997, S. 122f., S. 714ff.).

39. †Buch/Buchwilre, Gde. Créhange: 1121 Fä. K. 14. Jh. *conductum ecclesie de Crichinga et dimidiam partem decimae de Gunderinga et de Ilbinga et de Buchwilre* (BN Pa ms. lat. 10030 f° 4r°; 1180 K. 14. Jh. *Buch* (BN Pa ms. lat. 10030 f° 6v°); 1210 K. 14. Jh. *Buchwilre* (BN Pa ms. lat. 10030 f° 1r°); 1267 K. 14. Jh. *Buch* (BN Pa ms. lat.10030 f° 4v°); zu ahd. *buohha* ‚Buche' (vgl. PITZ 1997, S. 134, Nr. 114).

40. Dorviller, Gde. Flétrange: 1147 K. 18. Jh. *Villerium* (MEINERT I, 1932/33, Nr. 50); 1276 Or. *Wilre* (BURG 1980, Nr. 190); 1291 Or. *Wilre* (BURG 1980, Nr. 252); 1289 K. 14. Jh. *Villeirs deleis Hacheldanges* (AD Mos H 681 bis S. 61); 1420 Or. *Villers sur le hault* (AD Mos 10 F 94); 1457 Or. *zu Argenzen vnd zu Wilre* (AD Mos 10 F 75); 1532 Or. *Doirwyler* (BURG 1980, Nr. 1203); mda. [dœrvilei] (ZELIQZON 1924, S. 211) / [dɔrvilɐ]; < *Villâre* / *Wîlâri*. Bestimmungswort vom Namen des bei Flétrange in die Nied mündenden Dorbachs (vgl. PITZ 1997, S. 161, Nr. 150).

41. †Gingwiller, Gde. Adelange: 1385 Or. *Gindewilre* (AD MM B 689-64; 1499 Or. *Gingwiller* (AD MM B 946-15); < *Ginden-wîlâri*, wfrk. PN *Gindo* (vgl. PITZ 1997, S. 230, Nr. 239).

42. †Loveller, Gde. Bambiderstroff: 1492 K. *en Louwellere* (WITTE 1894, S. 133); 1580 K. *bis an den Lowiller weg* (ASHAL 20, 437); < **Lôh-wilâri*, zu ahd. *lôh* ‚niederes Holz, bewachsene Lichtung' (vgl. PITZ 1997, S. 334, Nr. 394).
43. Mainvillers/Maiweiler: 991 K. 14. Jh. *Maha uuilre* (BN Pa ms. lat. 10030 f° 3v°); 1121 Fä. K. 14. Jh. *Maiwilre* (BN Pa ms. lat. 10030 f° 4v°); 1180 K. 14. Jh. *Maiuill[er]* (BN Pa ms. lat. 10030 f° 6r°); 1210 K. 14. Jh. *Maiwilre* (BN Pa ms. lat. 10030 f° 64v°); 1281 Or. *Malvileirs* (WICHMANN 1908/16, 1281, 72); 1310 Or. *Mawilre* (BN Pa Coll. Lorr. 971-88); 1312 K. 14. Jh. *Meywilre* (BN Pa ms. lat. 10030 f° 16r°); 1335 Or. *Mainvilleirs* (AM Metz II 20); 1349 Or. *Mainvilleirs* (LA Sbr. Helmstatt Urk., Nr. 42); 1424 Or. *Mewyler* (AD MM B 689-20); 1367 Or. *Maruiller* (LA Sbr. Helmstatt Urk., Nr. 55); 1401 K. 16. Jh. *Mewiler* (AD Mos 10 F 3 S. 61); 1476 Or. *Mewiller* (LA Sbr. Helmstatt Urk., Nr. 162); 1604 Or. *Maviller* (AD Mos J 5964); mda. [maivilə]; < **Magino-vîllâre* / **Magen-wilâri*, germ. PN *Magin* bzw. *Mago* (vgl. PITZ 1997, S. 341, Nr. 408).
44. †Viller, Gde. Han-sur-Nied: 1288 Or. *ou ban de Hans et ou ban de Villeirs deleis Hans ke muet dou ban dAbecourt an tous us* (WICHMANN 1908/16, 1288, 158); 1454 Or. *ban de Viller qui muet du ban de Harney* (AD Mos G 620); 1519 K. *Viller dépendance de Herny* (AD Mos G 613); 1605 K. *ban de Viller a Han sur Nied* (AD Mos G 614); 1672 Or. *prey de Viller* (AD Mos G 614); *Pré de Villers* (Nap. Kat.); < **Vîllâre* (vgl. PITZ 1997, S. 504, Nr. 684).

G. Siedlungsnamen auf -*mansionile*, -*castellum*

45. †Kastel, Gde. Longeville-lès-St. Avold: 1310 K. 14. Jh. *de Castel .. In bano sancti martini* (BN Pa ms. lat. 10030 f° 70r°); *chemin de Castel berg, bois royal et communal dit castel berg* (Nap. Kat.); < **castellu*.
46. †Ménil, Gde. Many: 1281 Or. *Mainin* (WICHMANN 1908/16, 1281, 204); 1336 Or. *az Mennis* (AM Metz II 21); 1551 K. *Nyderheim alias le mesnil* (AD Mos 1 E 198); < **mansionîle*.

H. Ekklesiogene Siedlungsnamen

47. St. Martin, Gde. Longeville-lès-St. Avold: 1066 K. *ad monasterium sancti Martini quod situm est in pago Nidensi* (AD Mos H 1027 S. 29); 1162 Or. *Sancto Martino Glanderiaco* (MEINERT I, 1932/33, Nr. 194); 1194 Or. *Sancti Martini Glandariensis* (BN Pa Coll. Lorr. 976-7); 1197 Or. *Sancti Martini Glandariense* (LHA Ko 218/10); 1217 Or. *Sancti Martini Glandariense* (AD Mos H 1168-1); 1220 Or. *Sancti Martini Glandariense* (BN Pa Coll. Lorr. 1123-1); 1225 Or. *Sancti Martini Glandariensis* (AD Mos G 467-2); 1256 Or. *Saint Martin a la glandiere* (AD Mos H 1087-2); 1260 Or. *Seint Martin de la glandiere* (AD Mos H 1178-1); 1275 Or. *Sent Martin a la glandeire* (AD Mos H 1178-2); 1282 Or. *S. Martin a la glandeire* (AM Metz II 303); *S. Mertin lai glandeire* (AD Mos H 1120-1); 1317 Or. dt. *Ste. Martin in Glanders* (HStA München Rheinpf. Urk., Nr. 2119); 1360 Or. *Ste. Mertins Gotzhuses in Glandiers* (AN Lux A 52-498).
48. St. Vincent, Gde. Faulquemont: 1286 Or. *de Saint Vincent deleiz Fakemont* (AD Mos H 3880-6); 1315 Or. *de Saint Vincent deleis Faconmont* (AN Lux A 52-136); 1424 Or. *Sant Vincentius* (AD MM B 689-20); 1446 Or. *an sant Vyncenciger Berge* (AD MM B 690-103); 1725 Or. *derrier St. Vincent* (AD Mos 4 E 158); *section dite vers Saint-Vincent et Bonhousse* (Nap. Kat.), mda. [sẽveˈsã].

I. Walen-Siedlungsnamen

49. Vahl-lès-Faulquemont: 1315 Or. *Wales* (AN Lux A 52-136); 1377 Or. *Walen* (AD MM B 690-200); 1383 Or. *Walen* (AD Mos 6 F 88); 1385 Or. *Wallen* (AD MM B 689-65); 1418 Or. *Vaille* (AN Lux A 52-1269); 1440 Or. *Waillen* (AD MM B 689-97); 1499 Or. *Wallen* (AD MM B 946-15); 1574 Or. *Walenn* (AD Mos 10 F 361); 1586 Or. *Wahlenn* (AD Mos 10 F 361); mda. [valən]; < ahd. *bî den Walahôn* ‚bei den Romanen'.

J. Siedlungsnamen auf -*mons*, -*vallis*

50. Faulquemont/Falkenberg: 1227 Or. *Faukemont* (WICHMANN 1908/16, 1227, 5); 1231 Or. *Faukemont* (BN Pa Coll. Lorr. 322-27); 1238 Or. *Faukemont* (AD MM B 566-2); 1259 Or. *Faulquemont* (AD Mos B 2341); 1260 Or. *Fakemont* (AN Lux A 52-4); 1295 Or. *Valkemberg* (AD MM B 692-1); 1299 Or. *Fakemont* (AD MM B 585-136); 1327 Or. *Fakunpir* (AD MM B 689-11); 1335 Or. *Fakemont* (AD MM B 586-1); 1348 Or. *Falquemont* (BN Pa Coll. Lorr. 976-63); 1351 Or. *Valkenberg* (AN Lux A 52-419); 1362 Or. *de Falcomonte* (AD MM B 689-16); 1367 Or. *Faulquemont* (LA Sbr. Helmstatt Urk., Nr. 56); 1368 Or. *Fakimonte* (LA Sbr. Helmstatt Urk., Nr. 57); 1385 Or. *Fauquemont* (AN Lux A 52-1129); 1408 Or. *le chastel et la ville ferme de Faulquemont deleis Crehenges*; 1414 Or. *Falkenberg*; mda. [fōkmõ]

(ZELIQZON 1924, S. 259) / [fɔlkəbɛrʃ]. < *Falko-monte/*Falken-berc, germ. PN *Falk* (rom. SN) bzw. *Falko* (ahd. SN) (MORLET I, 1971, S. 87).

51. Vatimont/Wallersberg: ±1240 K. 14. Jh. *vff Wattermunt* (AD MM B 693-1); 1294 Or. *Watiermont* (LA Sbr. Helmstatt Urk., Nr. 7); 1315 Or. *Vuatiemon* (ASHAL 13, 243); 1338 Or. *Wautiermont* (AM Metz II 23); 1387 Or. *Waulthiemont* (AD MM B 580-68); 1390 Or. *Watiemont* (AD Mos B 2342); 1392 Or. *Walthiemont* (AN Lux A 52/896); 1425 K. *Walthersberg* (AD Mos 1 E 27); 1441 Or. *Weltersperch* (AN Lux A 52-1510); 1451 Or. *Weltersperg* (AN Lux A 52-1629); 1507 Or. *Weltersperg* (AD Bas-Rhin 24 J 112), < *Waldhero-monte/ *Waldheres-berc,* germ. PN *Waldhari* (MORLET I, 1971, S. 213; HAUBRICHS 1986, S. 280).

52. Voimhaut: 1281 Or. *Wainvas* (WICHMANN 1908/16, 1281, 474); 1284 Or. *Wenhalz* (WICHMANN II, 1908/16, 303); 1285 Or. *Wenualz* (WICHMANN 1908/16, 1285, 247); 1285 Or. *Weinval* (AN Lux A 52-29); 1297 Or. *Wainvalz* (BN Pa Coll. Lorr. 971-42); 1299 Or. *Veynua* (AD Mos H 1196); 1344 Or. *Wainvalz* (AM Metz II 24); 1477 Or. *Waimual* (BN Pa Coll. Lorr. 975-23); < *Wine-valle,* germ. PN *Wini* (Morlet I, 1971, S. 227) + lat. *vallis* ‚Tal' ? Bei HAUBRICHS (1986, S. 289) gedeutet als ahd. *Waden-wald* ‚Wald des Wado'. Der Ort liegt freilich im französischen Sprachgebiet.

K. Siedlungsnamen auf -*ingen*

53. Adelange/Edlingen: 1018 Or. *villa Adelingam* (MG DD Heinr. II, Nr. 379); 1281 K. 15. Jh. *Adelanges*; 1359 K. *Eydelingen*; 1377 Or. *Adelingen* (AD MM B 690-200); 1383 Or. *Adelingen* (AD Mos 10 F 88); 1471 Or. *Edelingen* (AD Mos 10 F 206); 1477 Or. *Adellingen*; 1498 Or. *Adlingen* (LA Sbr. Helmstatt Urk., Nr. 205); 1499 Or. *Edelingen* (AD MM B 946-15); 1574 Or. *Etlingen* (AD Mos 10 F 361); 1586 Or. *Edtlingen* (AD Mos 10 F 361); mda. [ɛdəliŋ], < *Adil-ingas,* germ. PN *Adil(o* (vgl. FÖRSTEMANN 1900, S. 159 *Adila*).

54. Belling, Hof Gde. Créhange: ±1630 Or. *vff Bellingen* (AD Mos 10 F 380); 1754 Or. *auff Belling* (AD Mos 10 F 379); *Belling* (Nap. Kat.); mda. [bɛliŋe hoːf]; < *Ballingas* bzw. *Baldingas,* germ. PN *Baldo, Ballo* (FÖRSTEMANN 1900, S. 235, 243; HAUBRICHS 1985, S. 486).

55. †Beving, Gde. Many: 1163 K.14. Jh. *Bubinga* (BN Pa ms. lat. 10030 fº 2vº); 1180 K. 14. Jh. *Bubinga* (BN Pa ms. lat. 10030 fº64vº); 1267 K. 14. Jh. *Bubinga* (BN Pa ms. lat. 10030 fº 1rº); 1332 K. 14. Jh. *Biebinga* (BN Pa ms. lat. 10030 fº 94vº); 1685 Or. *derrier Beuing* (AD Mos 4 E 348); *derrier Bevin* (Nap. Kat.); mda. [dɛriɛr beˈvɛ] < *Buobingas,* germ. PN *Buobo* (FÖRSTEMANN 1900, S. 317; MORLET I, 1971, S. 59).

56. †Bittingen, Gde. Haute-Vigneulles: 1371 K. 15. Jh. *Butinga* (AD Mos H 1025 fº 14rº); 1692 Or. *Biding* (AD Mos E suppl. 308-5); 1697 K. *in Bettinger fusspfadt, zu Bidingen* (AD Mos E suppl. 308-19); *Bittinger gerith* (Nap. Kat.); mda. [biːdiŋ]; < *Buodingas,* germ. PN *Buodo* (MORLET I, 1971, S. 60).

57. †Boussing, Gde. Marange-Zondrange: 1713 Or. *Boussinguer etzel* (AD Mos H 1162-4); < *Bôsingas,* germ. PN *Bôso, Buoso* (FÖRSTEMANN 1900, S. 331; MORLET I, 1971, S. 60; REICHERT 1987, S. 147).

58. Chevaling, Hof Gde. Guinglange: 1270 Or. *Xowaldenges* (AN Lux A 52-8); 1272 Or. *Swaldenges* (AN Lux A 52-15); 1290 Or. *Xualdinga* (AD Mos J 6641); 1299 K. *Xualdanges* (AD Mos H 1110-1); 1302 K. *Sualdingam* (AD Mos H 1043); 1327 K. 18. Jh. *Svvelenges* (AD Mos H suppl. 3/1, B 1); 1471 Or. *Zwallingen* (AD Mos 10 F 206); 1542 Or. *Schwallingen* (AD Mos 10 F 301); 1547 Or. *Schwalingen* (AD Mos 10 F 206); 1654 K. *zu Schwallingen* (AD Mos 24 J 89); 1685 Or. *au ban de Cheuallin* (AD Meuse 4 H 103-10); mda. [ʃvoliŋe hof]; < *Swaldingas,* wfrk. PN *Sualdus* bzw. *Sualdo* (MORLET I, 1971, S. 203).

59. Créhange: 1121 Fä K. 14. Jh. *Criehinga* (BN Pa ms. lat. 10030 fº 3vº); 1147 K. 18. Jh. *Cricin[n]ga* (AD Mos H 1714 fº 140rº); ±1162 Or. *Cruhenges* (AD Mos H 3853-1); 1182 Or. *Cruenges* (AD Mos H 3852-2); ±1201 Or. *Crehenges* (AD MM H 578); 1203 Or. *Crehanges* (AD MM H 578); 1267 Or. *Crikhingen* (AD MM B 742-4); 1299 Or. *Crienges* (AD MM B 585-136); 1301 Or. *Crikanges* (AD MM B 689-2); 1326 Or. *Crehanges* (BN Pa Coll. Lorr. 594-27); 1340 Or. *Crichingen* (AD Mos 10 F 110); 1364 Or. *Kreichingen* (AD Mos B 11139);1412 Or. *Crichin* (AD Mos 6 F 2); 1426 Or. *Kriechen* (AN Lux A 52-1369); mda. [kreiʃiŋən] / [kreˈã3] < *Kreuchingas,* wfrk. PN *Kreuko* (HAUBRICHS 1983a, S. 40).

60. †Dicking, Gde. Fletrange: *Dicking* (Nap. Kat.); < *Dikkingas,* PN *Didiko* > wfrk. *Dikko* bzw. *Didicus* > * *Dikk(i)*. Vergleichsformen bei PITZ (1997, S. 159, Nr. 146).

61. †Dietring, Gde. Fletrange: *Dietring, les tournailles de Dietring vers Fletrange* (Nap. Kat.); mda. [deːtreŋ]; < *Theudharingas,* germ. PN *Theudhari* > *Diether* (REICHERT 1987, S. 656; FÖRSTEMANN 1900, S. 1433ff.).

62. †Dreicheling, Gde. Fouligny: *Dreicheling* (Nap. Kat.); mda. [drɛːʃleŋ]. < *Thrakilingas,* germ. PN *Thrakil(o)* bzw. (bei Annahme einer Dissimilation [n] > [l]) *Thrakin* (HAUBRICHS 1985, S. 487).

63. †Edling, im Bereich des Hofes Moulin-Neuf, Gde. Guinglange: 848 K. 9. Jh. *in fine Edeningas* (BN Pa Coll. Lorr. 980-2); 1459 Or. *zu Ydelingen by Helfflyngen* (AD Mos 6 F 75); 1528 Or. *in Ittlinger ban*

genant by gengling[en]; 1685 Or. *en Hedling* (AD Meuse 4 H 103-10); 1688 Or. *Idlange; Edlingen* (FIN Elvange, Nap. Kat.); *Edling* (FIN Fletrange, Nap. Kat.); *Edlingerbann* (FIN Guinglange, Nap. Kat.); mda. [edliŋe burən]; < *Edeningas*, wfrk. PN *Edin, Edenus* (HAUBRICHS 1985, S. 487).

64. Elvange: 1250/75 Or. *Aleuanges* (BN Pa Coll. Lorr. 971-10).; 1272 Or. *Oluenges* (AN Lux A 52-15); 1342 Or. *Elvinga* (AD MM B 743-96); 1343 Or. *Elvinga* (AD MM B 743-99); 1373 Or. *Elvinga* (AD MM B 743-101); 1396 Or. *Elvingen* (BN Pa Coll. Lorr. 83-70); 1405 Or. *Allewange* (AM Metz II 314); 1570 Or. *Elwingen* (StA Trier G 13); mda. [elviŋ]; < *Alivingas*, rom. PN *Alivius*?

65. †Enzeling, Gde. Bambidérstroff: mda. [ɛnzələŋɐ bɛ:ɐʃ]; < *Anzilingas*, zum wfrk. PN *And-s-il(o) Zum PNN-Stamm *anð-* vgl. PITZ (1997, S. 741, Nr. 13).

66. †Epping, Gde. Fletrange: 1180 K. 14. Jh. *Ibinga* (BN Pa ms. lat. 10030 f° 64v°); 1210 K. 14. Jh. *apud Ebingis* (BN Pa ms. lat. 10030 f° 4v°); 1697 Or. *Eping* (AD Mos 4 E 138); mda. [ɛpiŋ]; <*Appingas* (PN *Appo*), bzw. *Eppingas* (PN *Eppo*) (HAUBRICHS 1985, S. 487).

67. †Etzing, Gde. Fouligny: *Etsinger Vise* (Nap. Kat.); mda. [ɛtsɛŋɐ vi:s]; < *Atzingas* (wfrk. PN *Adso* > *Atzo*) bzw. *Etzingas* (wfrk. PN *Edso* > *Etzo*) (HAUBRICHS 1985, S. 487).

68. †Fetting, Gde. Fouligny: 1302 Or. *molendino in Faitinga sito inter uullingam et Roldingam* (AD Mos H 1109-1); 1547 Or. *Feitingen* (AD Mos H 206); 1625 Or. *zue Fettingen* (AD Mos 4 E 451); 1664 Or. *Fetting* (AD Mos E suppl. 567-16); 1710 Or. *Feting* (AD Mos E suppl. 567-1); *Féting* (Nap. Kat. Raville); <*Faitingas*, germ. PN *Faito* (HAUBRICHS 1985, S. 487).

69. †Finzeling, Gde. Bambidérstroff: *am Finzelinger Bann* (Nap. Kat.); mda. [fe:slɛnən]; < *Fendsilingas*, wfrk. PN *Fend-s-il(o)* (HAUBRICHS 1985, S. 487).

70. Flétrange/Fletringen: 1327 Or. *Flitteringa* (AD Mos H 1102); 1333 Or. *Flaistrenges* (AM Metz II 306); 1368 Or. *Flitteringa* (LA Sb Helmstatt Urk., Nr. 57); 1379 Or. *Flettringen* (LHA Ko 54 R 9); 1420 Or. *Fleitranges* (AD Mos 10 F 94); 1442 Or. *Flytdryngen* (AN Lux A 52-1526); 1448 Or. *Fluteringen* (AD Mos E Suppl. 337, 1 CC 1); 1454 Or. *Flittringen* (AD Bas-Rhin 16 J 77, Nr. 1); 1457 Or. *Flitteringen* (AD Mos 6 F 75); 1471 Or. *Flitteringen* (AD Mos 10 F 206); mda. [flətrəŋən]; < *Flidharingas*, wfrk.PN *Flidhari* (zu ähnlichen Bildungen, deren Erstelement eventuell auch mit Liquidentausch zum Namenstamm *friþ-u-* gehören könnte, vgl. KAUFMANN 1968, S. 117).

71. †Gaudringen, Gde. Elvange: 848 K. 9. Jh. *in fine Goderingas* (BN Pa Coll. Lorr. 980-2); 1528 K. 16. Jh. *Gottringen ... in genling[er] ban geleygen* (AD Mos H 1026); 1580 K. *Gottringen* (ASHAL 20, 435); 1685 Or. *au chemin de Godrin* (AD Meuse 4 H 103-10); 1691 Or. *chemin de Gaudren* (AD Moa 10 F 449); *côte de Gaudrin, Gaudringen* (Nap. Kat.); mda. [am go:drɛŋɐ ve:ʃ]; < *Godhar-ingas*, germ. PN *Gaud-hari* > *Godhari* (HAUBRICHS 1985, S. 488).

72. †Gerling, Gde. Guinglange: 1611 Or. *hinden an Gerlinger hecken* (AD Mos 24 J 89); 1691 Or. *Guersling* (AD Mos 10 F 449); *bois de Guerling, ruisseau de Guerling* (Nap. Kat.); mda. [də gɛ:əliŋɐ vɔlt]; < *Gairilingas*, germ. PN *Gairilo* > *Gerlo* (HAUBRICHS 1985, S. 488).

73. †Gingring, Gde. Créhange: 848 K. 9. Jh. *Guntringis* (BN Pa Coll. Lorr. 980-2)); 1121 Fä. K. 14. Jh. *Gunderinga* (BN Pa ms. lat. 10030 f° 3v°); 1146 K 18. Jh. *Guntringis* (AD Mos H 1714 f° 140r°); 1180 K. 14. Jh. *Gunderinga* (BN Pa ms. lat. 10030 f° 64v°); 1210 K. 14. Jh. *Gunderinga* (BN Pa ms. lat. 10030 f° 4v°); 1212 K. 18. Jh. *Gonderanges*; 1267 K. 14. Jh. *Gunderinga*; 1359 K. 17. Jh. *Gundringuen* (AD Mos H 1797-5); 1385 Or. *Ginderingen* (AD MM B 689-65); 1401 K. 16. Jh. *Gonderinger brule* (AD Mos 10 F 3 f° 61r°); 1413 Or. *Gunderingen* (AD MM B 689-19); 1594 K. *Gondringer fußpfadt* (AD Mos 4 F 17); 1616 Or. *moulin de Gondrange* (AD MM B 487-20); ±1630 Or. *Genringer wegh* (AD Mos 10 F 380); 1663 Or. *au breux de Guenering* (AD Mos 10 F 379); 1688 Or. *moulin de Gueneringen* (AD Mos H 1788); 1688 Or. *Gönringer brühll* (AD Mos 10 F 380); 1754 Or. *Gingringer bruhll* (AD Mos 10 F 379); *Giemering* (Nap. Kat. Créhange); *Guenneringer Berg* (Nap. Kat. Faulquemont); mda. [gɛ:nrɛŋən]; < *Guntringas*, wfrk. PN *Guntrius* < germ. *Gundhar* (FÖRSTEMANN 1900, S. 702).

74. †Girsing, Gde. Fletrange: mda. [gi:ɐsiŋɐ veiʃ]; eventuell < *Grossingas*, rom. PN *Grosso* (zu einem gleichlautenden SN im oberen Saargau vgl. PITZ 1997. S. 233f., Nr. 244)?

75. Hallering: 1336 Or. *Halderanges* (AN Lux A 52-244); 1383 Or. *Halderingen* (AD Mos 10 F 88); 1430 Or. *Halderinga* (LA Sb 22/5574); 1433 Or. *Halderingen* (LA Sb 22/5575); 1462 Or. *Halderingen* (LA Sb 22/3035); 1471 Or. *Holderingen* (AD Mos 10 F 206); 1473 Or. *Halderingen* (LA Sb 22/5579); mda. [halərɛŋən]; < *Haldaringas*, zum wfrk. Kurznamen *Haldarus* (zum PN-Stamm vgl. PITZ 1997, S. 752, Nr. 85; zum Bildungsmuster HAUBRICHS 1997, S. 193ff.).

76. Helferdange/Helflingen, Gde. Guinglange: 1259 K. 14. Jh. *Helfedenges* (BN ms. lat. 10030 f° 43v°); 1288 Or. *Helferdanges* (WICHMANN 1908/16, 1281, 13); 1290 Or. *Helfedanges* (WICHMANN 1908/16, 1290, 556); 1290 Or. *Helfeldinga* (AD Mos J 6641); 1308 Or. *Helferdengeiz* (AD MM B 585-150); 1311 Or. *Hellefedanges* (AD MM H 2428); 1314 Or. *Helferdenges* (AD MM B 574-96); 1316 Or. *Helferdenges* (AD MM B 706-6); 1325 Or. *Helphedenges* (AN Lux A 52-183); 1326 Or. *Helfeldinga* (BN Pa Coll. Lorr. 594-25); 1356 Or. *Helfeltingen* (HStA München, Rheinpf. Urk., Nr. 2773c); 1420 Or. *la*

petite *Helfedanges* (AD Mos 10 F 94); 1459 Or. *Helfflyngen* (AD Mos 6 F 75); mda. [hɛlflɛŋən]; < **Helpoaldingas*, wfrk. PN *Helpoald* (MORLET I, 1971, S. 132).

77. Henning, Hof Gde. Marange-Zondrange: 1528 K. *Hennyger bach* (AD Mos H 1026); *ruisseau de Henning, section dite Henning* (Nap. Kat.); mda. [hɛniŋən]; < **Hainingas*, PN *Hagino* > *Haino* (vgl. FÖRSTEMANN 1900, S. 718).

78. †Hertling, Gde. Laudrefang: 1440 K. 16. Jh. *Hertelingen* (AD Mos H 1078-1); 1629 Or. *bey dem Herdtlingen* (AD Mos H 1134); < **Hardilingas*, germ. PN *Hardil(o)* (FÖRSTEMANN 1900, S. 752).

79. †Hibling, Gde. Elvange: 1137 *Hibinengis*; 1697 Or. *deuant Hübling* (AD Mos 4 E 138); *Hinter Hüblinger kurtzer* (Nap. Kat.); mda. [hi:bliŋ]; < **Hibiningas*, wfrk. PN *Hibin* (HAUBRICHS 1985, S. 488).

80. †Ilbingen, Gde. Elvange: 1121 Fä. K. 14. Jh. *Ilbinga* (BN Pa ms. lat. 10030 f° 3v°); 1180 K. 14. Jh. *Ilbinga* (BN Pa ms. lat. 10030 f° 64v°); 1210 K. 14. Jh. *Ilbinga* (BN Pa ms. lat. 10030 f° 4v°); 1267 K. 14. Jh. *Ilbinga* (BNPa ms. lat. 10030 f° 1r°); 1304 K. 17. Jh. *Ilbinga* (AD Mos H 1032-6); 1327 Or. *Ylbingen* (AD Mos H 1102); 1351 Or. *Ylbinga* (AN Lux A 52-417); 1411 Or.*Ylbingen* (AD Mos 10 F 375); 1448 Or. *Ylbingen* (AD MM B 690-104); 1471 Or. *Ilbingen* (AD Mos 10 F 206); 1503 Or. *Ilbingen* (AD Mos 10 F 84); 1542 Or. *Ilbingen* (AD Mos 10 F 301); 1580 K. *zu Ilbingen* (ASHAL 20, 437); *Tzilwengen* (Nap. Kat.); < **Ilbingas*, germ. PN *Ilbo* (FÖRSTEMANN 1900, S. 948).

81. †Immering, Gde. Longeville-lès-St. Avold: *Immering* (Nap. Kat.); mda. [heimərɛŋən]; < **Haginmaringas*, PN **Hagin-mar* (zu den enthaltenen Namenstämmen vgl. PITZ 1997, S. 751, Nr. 79, S. 758, Nr. 127).

82. †Itting, Gde. Pontpierre: *Ittinger loch* (Nap. Kat.); mda. [itiŋɐ lox]; < **Uttingas*, germ. PN *Uto* (HAUBRICHS 1985, S. 488).

83. Iverling, Hof Gde. Fouligny: 1281 K. 14. Jh. *Yberlinga* (BN Pa ms. lat. 10030 f° 9r°); 1309 K 14. Jh. *Yberlinga* (BN Pa ms. lat. 10030 f° 79v°); 1322 K. 14. Jh. *Yberringa* (BN Pa ms. lat. 10030 f° 52v°); 1341 K. 15. Jh. *Vberlingen* (AD Mos H 1025 f° 4r°); 1344 K. 15. Jh. *Yberlingen* (AD Mos H 1025 f° 9r°); 1416 K. *Vberlingen* (AD Mos H 1026 f° 97v°); 1420 Or. *Yberlenges* (AD Mos 10 F 94); 1459 K. *Yberlenge* (AN Lux A 52-1755); 1547 Or. *Iverlingen* (AD Mos 10 F 206); mda. [i:briŋ]; < **Iburiningas*, germ. PN *Iburîn* (HAUBRICHS 1985, S. 488).

84. Laudrefang: 1180 K. 14. Jh. *Loudeluinga* (BN Pa ms. lat. 10030 f° 64v°); 1267 K. 14. Jh. *Loudeluinga* (BN Pa ms. lat. 10030 f° 1r°); 1307 K. 14. Jh. *Luderfinga* (BN Pa ms. lat. 10030 f° 15v°); 1341 K. 15. Jh. *Louteruinga* (AD Mos H 1025 f° 3r°); 1344 K. 15. Jh. *Louderfingen* (AD Mos H 1025 f° 9r°); 1380 K. 15. Jh. *Loiderfingen* (AD Mos H 1027 S. 16); 1389 Or. *Laudrewange* (AD Mos 4 E 361); 1444 Or. *Laudrewange* (AD Mos 4 E 364); 1459 Or. *Luderfingen* (AD MM B 956-19); 1494 Or. *Lauderfingen* (AD MM B 956-24); mda. [lo:dɐfaŋən]; < **(H)lûdolfingas*, germ. PN **(H)lûdolf* (FÖRSTEMANN 1900, S. 858, zum Erstelement auch PITZ 1997, S. 753, Nr. 92).

85. †Leistingen, Gde. Faulquemont: 1725 Or. *deuant Lissing* (AD Mos 4 E 158); *im Leistinger ecken, oben dem Leistinger weg; Leisten* (Nap. Kat.); mda. [laistən]; < **Laistingas*, germ. PN **Laisto* (HAUBRICHS 1985, S. 488).

86. Marange, Gde. Marange-Zondrange: 1180 K. 14. Jh. *Menringa* (BN Pa ms. lat. 10030 f° 64v°); 1210 K. 14. Jh. *Menringa* (BN Pa ms. lat. 10030 f° 4v°); 1267 K. 14. Jh. *Menringa* (BN Pa ms. lat. 10030 f° 1r°); 1271 Or. *Menringa* (AD Mos H 1162-1); 1309 Or. *Menrenges* (AD MM B 486-93); 1310 Or. *Merrenges* (BN Pa Coll. Lorr. 971-88); 1462 Or. *Meyringen* (LA Sb 22/3035); 1490 Or. *Meringen* (AD MM B 3538); 1542 Or. *Mairingen* (AD Mos 10 F 301); 1570 Or. *Maringen* (StA Trier G 13); mda. [mɛ:reŋən] < **Mainaringas*, wfrk. PN *Mainarius* (< germ. *Magin-hari*, vgl. FÖRSTEMANN 1900, S. 1077f.; MORLET I, 1971, S. 165).

87. Mentzing, Hof Gde. Elvange: ±1240 K. 14. Jh. *Muntzingen* (AD MM B 693-1); 1341 K. 15. Jh. *Muntzingen* (AD Mos H 1026 f° 84r°); 1522 K. 16. Jh. *Myntzingen* (AD Mos H 1026 f° 112v°); 16. Jh. K. *Minsiger wald* (AD MM B 487-5); *Klein Mentzingen* (Nap. Kat.); < **Mundsingas*, PN wfrk. **Mundso* (zum Namenstamm vgl. PITZ 1997, S. 758, Nr. 130).

88. †Merlingen, Gde. Adelange: 1385 Or. *Morlingen* (AD MM B 689-64); 1498 Or. *Merlingen* (LA Sbr. Helmstatt Urk., Nr. 205); < **Môrilingas*, PN *Môrilo* (FÖRSTEMANN 1900, S. 1117).

89. Metring, Gde. Teting-sur-Nied: 1259 K. 14. Jh. *Maitrenges* (BN Pa ms. lat. 10030 f° 43v°); 1344 K. 15. Jh. *Meteringen* (AD Mos H 1025 f° 6v°); 1381 Or. *Meteringen* (AN Lux A 52-706); 1497 K. 17. Jh. *Mettringen* (AD Mos H 1029 S. 12); 1547 Or. *Mettringen* (AD Mos 10 F 206); < **Mêtharingas*, wfrk. PN **Mêthari* (zum Erstelement vgl. PITZ 1997, S. 758, Nr. 126).

90. †Obersing, Gde. Thicourt: 1442 K. *ban d'Obersing*; 1570 Or. *en Nobressien* (AD Mos 1 E 198); 1731 Or. *en Nombresing, derriere Nobresin* (AD Mos 1 E 198); *Nobresing* (Nap. Kat.); mda. [nõbrəsẽ]; < **Orbasingas*, rom. PN *Orbasius* (SOLIN / SALOMIES 1988, S. 133)?

91. †Petsing, Gde. Thicourt: 1570 Or. *en Pettsing* (AD Mos 1 E 198); *Putzen* (Nap. Kat.); mda. [pə'tsiŋ]; < **Petzingas*, zum PN *Pezzo* (Morlet I, 1971, S. 57, wohl mit romanischer Assibilierung von [tj] aus lat.-rom. *Petius*, **Petio*, vgl. SOLIN / SALOMIES 1988, S. 142).

92. †Schiblin, Gde. Adelange: 1704 Or. *le poirier de Schiblin* (AD Mos E dépot 2), < **Scûbilingas*, rom. PN *Scupilio* > **Scûbilo* (MORLET II, 1971, S. 104).
93. †Silving, Gde. Elvange: 1697 Or. *Siluing* (AD Mos 4 E 138); < **Silvingas*, rom. PN *Silvius* (MORLET I, 1971, S. 106).
94. †Solingen, Gde. Vahl-lès-Faulquemont: *Solinger Weisen, Solinger Nachtweid* (Nap. Kat.) Mda. [soliŋɐ naːtvɛːt]; < **Sôlingas*, wfrk. PN **Swalo* > **Sólo* (HAUBRICHS 1985, S. 489).
95. Teting-sur-Nied: 1264 K. 17. Jh. *Thettingen* (AD Mos B 11142); 1411 Or. *Tettingen* (AD Mos 10 F 375); 1422 Or. *Tetingen* (AD Mos 3 J 13); 1441 Or. *Tettingen* (AD Mos 3 J 13); ±1450 Or. *Thettingen* (AD Mos 10 F 82); 1462 Or. *Tettingen* (AD Mos 10 F 81); 1469 Or. *Tettingen* (AD Mos 10 F 637); 1471 Or. *Tettingen* (AD Mos 10 F 206); 1480 Or. *Tettingen* (LA Sb Helmstatt Urk., Nr. 170); 1485 Or. *Thettingen* (AD Mos 10 F 83); 1490 Or. *Tettingenn* (AD Mos 10 F 82); 1494 Or. *Tettenges* (LA Sb Helmstatt Urk., Nr. 199); mda. [tɛːtiŋ]; < **Tattingas*, PN *Tatto/Tattus* (Morlet I, 1971, S. 63; wohl romanisch, vgl. SOLIN / SALOMIES 1988, S. 182).
96. Tritteling: 1121 Fä. K. 14. Jh. *Drutheringa* (BN Pa ms. lat. 10030 f° 3r°); 1180 K. 14. Jh. *Truderinga* (BN Pa ms. lat. 10030 f°64v°); 1210 K. 14. Jh. *Drutheringa* (BN Pa ms. lat. 10030 f° 4v°); 1267 K. 14. Jh. *Truderinga* (BN Pa ms. lat. 10030 f° 1r°); 1281 Or. *Druteringa* (AD Mos H 1043); 1362 Or. *Truttelingen* (AD MM B 689-16); 1377 Or. *Drutelinghen* (AN Lux A 53-674); 1385 Or. *Drutlingen* (AD MM B 689-65); 1499 Or. *Drutlingen* (AD MM B 946-15); 1574 Or. *Druttlinghen* (AD Mos 10 F 361); 1586 Or. *Dreutlingen* (AD Mos 10 F 361); mda. [tritəliŋ]; < **Truhtilingas*, germ. PN *Truhtilo* (FÖRSTEMANN 1900, S. 428).
97. †Visling, Gde. Teting-sur-Nied: *Visling* (Nap. Kat.); < **Wisilingas*, germ. PN **Wisilo* (zum Namenstamm vgl. PITZ 1997, S. 764, Nr. 174).
98. †Vissingen, Gde. Haute-Vigneulles: *Unter Kleinvissingen* (Nap. Kat.); < **Wis(s)ingas*, germ. PN *Wis(s)o* (HAUBRICHS 1985, S. 489).
99. Vitrange, Hof Gde. Guinglange: ±1240 K. 14. Jh. *Wittranges* (AD MM B 692-1); 1365 Or. *Wytheringen* (AN Lux A 52-547); 1371 K. *Wytteringa* (AD Mos H 1025 f° 15v°); 1374 K *Wytteringa* (AD Mos H 1025 f° 17v°); 1420 Or. *Wyttrenges* (AD Mos 10 F 94); 1459 K. *Witrenge* (AN Lux A 52-1755); 1685 Or. *Vitrange* (AD Meuse 4 H 103-10); 1697 Or. *chemin de Vitrange* (AD Mos 4 E 248); mda. [də vitrɛŋɐ hoːf]; < **Widharingas*, germ. PN *Withari* bzw. *Widu-hari* (HAUBRICHS 1985, S. 489).
100. †Walving, Gde. Guinglange: 848 K. 9. Jh. *in loco qui dicitur Wanoluingas* (BN Pa Coll. Lorr. 980-2); 1528 K. 16. Jh. *zu Walwyngen* (AD Mos H 1026); 1685 Or. *Prez de Volvin* (AD Meuse 4 H 103-10); *Pré Walving* (Nap. Kat.); < **Wanulf-ingas*, wfrk. PN *Wânulf* (< germ. *Waganulf*, vgl. HAUBRICHS 1985, S. 489).
101. Zondrange, Gde. Marange-Zondrange: 1299 K. 14. Jh. *Zonderhinga* (BN Pa ms. lat. 10030 f° 10v°); 1308 Or. *Zonderenges* (AD MM B 585-150); 1369 Or. *Zondedange* (AD Mos 4 E 361); 1370 Or. *Zondredange* (AD Mos 4 E 361); 1381 Or. *Zondredenge* (AD Mos 4 E 361); 1430 Or. *Sonderingen* (LA Sb 22/5574); 1433 Or. *Sunderyngen* (LA Sb 22/5575); 1462 Or. *Sinderingen* (LA Sb 22/3035); 1504 Or. *Sonderingen* (AD Mos 6 F 21); 1570 Or. Sonderingen (StA Trier G 13); mda. [zondreŋən]; rom. Formen < **Sundhardingas*, germ. PN *Sundhard* (FÖRSTEMANN 1900, S. 1369), deutsche Formen < **Sundilingas*, Koseform *Sundilo* (FÖRSTEMANN 1900, S. 1368).

L. Siedlingsnamen auf *-heim*

102. †Eschen, Gde. Elvange: 1373 Or. *Exhem sito desuper eluingam* (AD MM B 743-101); *Eschenbesch* (Nap. Kat.), zu ahd *ask* ‚Esche' (KLUGE / SEEBOLD 1995, S. 233).
103. Kleindal, Gde. Longeville-lès-St. Avold: 1250 K. 14. Jh. *Dalheym* (BN Pa ms. lat. 10030 f° 36r°); 1259 K. 14. Jh. *la petite Dalheym deleis St. Martin* (BN Pa ms. lat. 10030 f° 43v°); 1279 Or. *Daleheim* (AD Mos H 1091); 1299 K. 14. Jh. *Dalheym* (BN Pa ms. lat. 10030 f° 87v°); 1309 K. 14. Jh. *Parua Dalheym* (BN Pa ms. lat. 10030 f° 52r°); 162 Or. *im dahler reder* (AD Mos H 1134); 1687 Or. *im daller rudten* (AD Mos H 1134); 1715 Or. *le daler reyden* (AD Mos 4 E 314); mda. [dalmɐsbɛrʃ]; zu germ. **dala-* ‚Tal' (KLUGE / SEEBOLD 1995, S. 813).
104. †Niederum, Gde. Many: 1121 Fä. K. 14. Jh. *Niderhem* (BN Pa ms. lat. 10030 f° 3v°); 1163 K. 14. Jh. *Nederhem* (BN Pa ms. lat. 10030 f° 2v°); 1249 K. 16. Jh. *Nidderheim* (LA Speyer F1/114a f° 32r°); 1267 K. 14. Jh. *Nederhem* (BN Pa ms. lat. 10030 f° 1r°); 1269 Or. *Nidreheym* (AD Mos H 1157-1); 1332 K. 14. Jh. *Niderheym* (AD Mos H 1167-3); 1496 Or. *Nyderheym* (AD Mos 6 F 57); 1522 K. 16. Jh. *Nyderneheme* (AD Mos H 1026 S. 113); 1551 K. *Nyderhein alias le mesnil; Batilly sur Niederum* (Nap. Kat.); mda. [of ‚niːdrəmɐˈveːʃ]; < **bî dem nideren heim*.
105. †Openhem, Gde. Many: 1121 Fä. K. 14. Jh. *Opemh* (BN Pa ms. lat. 10030 f° 3v°); 1163 K. 14. Jh. *Opehem*; (BN Pa ms. lat. 10030 f° 2v°); 1180 K. 14. Jh. *Opemh* (BN Pa ms. lat. 10030 f° 64v°); 1210 K. 14. Jh. *Openhem* (BN Pa ms. lat. 10030 f° 4v°); < **bî dem oberen heim*.

M. Siedlungsnamen auf -dorf

106. Bambiderstroff: 1066 K. 16. Jh. *in villa Buderstorff* (AD Mos H 1027, 29); 1121 Fä. K. 14. Jh. *Boumbuderstorf* (BN Pa ms. lat. 10030 f° 4r°) ; 1180 K. 14. Jh. *Buderstorf* (BN Pa ms. lat. 10030 f° 64v°); 1271 Or. *Buderstorf* (AD Mos H 1162-1); 1285 Or. *Budreuille* (AD MM B 486-11); 1287 Or. *Budreuille* (AD MM H 1147-1); 1288 Or. *Budersdorf* (AD Mos H 1067); 1301 Or. *Boterville* (WAMPACH VI, 1933/55, Nr. 844); 1302 Or. *Boterville* (WAMPACH VI, 1933/55, Nr. 856); 1321 Or. *Beudreville* (AD Mos H 1073-2); 1308 Or. *Buedestorf* (AD Mos H 1061); 1353 Or. *Beudrestorf* (AM Metz II 308); 1446 Or. *Bombuderstorff* (AD Mos J 5740); 1484 Or. *Baume Buderstorff* (AD MM B 1939); mda. [bɔmbi]. Nur bei einem Ansatz **Buodrîches-dorf/Bôdrîco-villa,* zum germ. PN *Bôdrich, Buodrîch* (FÖRSTEMANN 1900, S. 323) lassen sich fränkisch-althochdeutsche und romanische Formen als genuines Übersetzungspaar sinnvoll vereinbaren. Zu einer vergleichbaren Entwicklung im Zweitglied *-rîch* vgl. PITZ (1997, 56, Nr. 1). HAUBRICHS (1986, S. 281) geht vom PN *Buodhari* aus und betrachtet die französischen Formen als gerichtete Übersetzungen. Der sekundäre Zusatz < **Bann-* ‚gebannt, herrschaftlich' in den deutschen Formen erscheint zum Teil hyperkorrekt als **Boum-* in Anlehnung an mhd. *boum* ‚Baum' (PUHL 1996, Kap. 2. 13. 4, Nr. 1).
107. †Edelsdorf, Gde. Haute-Vigneulles: 1121 Fä. K.14. Jh. *Etelsdorf* (BN Pa ms. lat. 10030 f° 4r°); mda. [eːdɛʃtrɔf]; < **Athiles-dorf,* germ. PN *Athil* (HAUBRICHS 1985, S. 490).
108. †Guennestourt, Gde. Thicourt: *confin de la fontaine de Guennestourt* (Nap. Kat.); < **Gundînes-dorf,* germ. PN *Gundîn* (FÖRSTEMANN 1900, S. 695).
109. Pontpierre/Steinbiederstorf: ±1240 K. 14. Jh. *Budersdorff zu den stegen* (AD MM B 693-1); 1269 K. *Stainbiederstorff* (AD Mos 10 F 80); 1283 K.14. Jh. *Stegebuderstorph* (BN Pa ms. lat. 10030 f° 51r°); 1309 K. 15. Jh. *Stekebuderstorff* (AD Mos H 1027, S. 18); 1365 Or. *Steguebuderstorf* (LA Sb Helmstatt Urk., Nr. 54); 1383 Or. *Steygebuderstorff* (AD Mos 10 F 88); 1389 Or. *Stegebudersdorf* (AD MM B 691-214); 1393 Or. *Stegebuderstorff* (AD Mos 10 D 198); 1398 Or. *Stegebuderstorff* (AD MM B 691-220); 1421 Or. *Steigbuderstorff* (AD Mos 3 J 66); mda. [bidɛʃtrɔf]; < **Buodhares-dorf,* germ. PN *Bôdhari, Buodhari* (FÖRSTEMANN 1900, S. 323) mit durch folgendes *-er* ausgelöstem sekundärem Umlaut bzw. wie Nr. 106. Unterscheidender Zusatz zu ahd. mhd. *steg* ‚Steg' (KLUGE / SEEBOLD 1995, S. 790).

N. Siedlungsnamen auf -hausen

110. Bonnehouse, Gde. Faulquemont: 1147 K. 17. Jh. *Bonehusium* (AD Mos H 1714 f° 139r°); 1359 K. 17. Jh. *Bonhuse* (AD Mos H 1797-5); 1380 Or. *Bonhusen* (AD MM B 689-18); 1389 Or. *Bonnehosse deuant Faulquemont* (AD MM B 483-50); 1413 Or. *Bonhussen* (AD MM B 689-19); 1424 Or. *Bonehußen* (AD MM B 689-20); 1509 Or. *Bonehueßen* (AD MM B 483-51); 1522 K. *Bonhussen* (AD Mos H 1026); mda. [bɔnˈhuːs]. Teilübersetzung ? Erstelement zu afrz. *bonnes gens* ‚Gutleute' (Siechenhäuser)?

O. Siedlungsnamen auf -mühle(n)

111. Holzmühle, Gde. Créhange: 1257 K. 14. Jh. *Holzmulen* (BN Pa ms. lat.10030 f° 75r°); 1283 K. 14. Jh. *molendinum de Holzmulen* (BN Pa ms. lat. 10030 f° 75v°); *moulin dit Holzmühle* (Nap. Kat.); < *bî bî der holz-mulen.*

P. Siedlungsnamen aus germanischen Gewässernamen

112. †Heisterbach, bei Faulquemont: 1018 Or. *Heistrebach* (MG DD Heinr. III, Nr. 379), zu mnl. *heister* ‚junge Buche' (KLUGE / SEEBOLD 1995, S. 367).
113. †Selbach, Gde. Faulquemont: 1424 Or. *Selbach* (AD MM B 689-20); 1522 K. *Selbager bann* (AD Mos H 1026 f° 113v°); 1521 K. *vff Selbach* (AD Mos H 1026 f° 18r°); 1580 K. *über Sellebach* (ASHAL 20, 436); 16. Jh. E. Or. *in Sehlbach* (AD Mos 10 F 380); 1754 Or. *in Soll Bach* (AD Mos 10 F 379); *sur le breuil et pièce Seelbach* (Nap. Kat.). Bestimmungswort wohl zu germ. **salhjôn* > ahd. **salja, *sel(l)a* ‚Salweide' (vgl. KLUGE / SEEBOLD 1995, S. 702).

Q. Siedlungsnamen aus germanischen Flur- und Stellennamen

114. †Berg, Gde. Longeville-lès-St. Avold: 1250 K. 14. Jh. *Bergues* (BN Pa ms. lat. 10030 f° 36r°); 1258 K. 14. Jh. *Bergues* (BN Pa ms. lat. 10030 f° 12v°); 1264 Or. *Bergua* (BN Pa ms. lat. 10030 f° 32v°); 1279 K. 14. Jh. *Bergue* (BN Pa ms. lat. 10030 f° 78r°; 1298 K. 15. Jh. *de Berga iuxta Stum. Martinum in Glandaria* (AD Mos H 1027 S. 9); 1557 K. *Berrick* (AD Mos H 1029 S. 19); *Berg garten* (Nap. Kat.), < ahd. *berg* , mhd. *berc* ‚Berg' (KLUGE / SEEBOLD 1995, S. 98).

115. Chémery: 1240 *Schonenberg* (RL III 168); 1385 Or. *Schoneberg* (AD MM B 689-65); 1385 Or. *de Schonemberg* (AD MM B 689-64); 1404 K.15. Jh. *Schonenberg* (AD Mos H 1025); mda. [ʃeːmɐri]; < *bī dem schoenen berc*. Entgegen HAUBRICHS (1986, S. 284) keine neuzeitliche Gründung.
116. †Großeichen, Gde. Créhange: 1282 Or. *Grossineichen* (WERVECKE 1908, Nr. 2); ±1630 Or. *in Eych* (AD Mos 10 F 380); 1688 Or. *im Eich* (AD Mos 10 F 380); 1754 Or. *in Euch* (AD Mos 10 F 379); < *bī der grôzen eichen*.
117. Han-sur-Nied: 1241 Or. *Hans* (WICHMANN 1908/16, 1241, 138); 1267 Or. *Hans* (WICHMANN 1908/16, 1267, 163); 1275 Or. *Hans sus Niet* (WICHMANN 1908/16, 1275, 428), < germ. *hamnas ‚bei den Flussbögen (vgl. DITTMAIER 1963, S. 100; HAUBRICHS 1986, S. 287).

Literatur

BACH, Adolf (1974-1981): Deutsche Namenkunde. Bd. 1, 1 und 1, 2: Die deutschen Personennamen. Bd. 2, 1 und 2: Die deutschen Ortsnamen. Bd. 3: Register, bearb. von Dieter Berger. - 2. und 3. unveränderte Aufl., Heidelberg

BAUER, Thomas (1997): Lotharingien als historischer Raum. Raumbildungen und Raumbewußtsein im Mittelalter. - (Rheinisches Archiv; 136), Köln

BERGH, Åke (1941): Etudes d'anthroponymie provençale I: Les noms de personne du Poliptique de Wadalde (814). - Göteborg

BERGMANN, Rolf (1965): Die Trierer Namenliste des Diptychons Barberini im Musée du Louvre. - In: Schützeichel, Rudolf u.a. (Hrsg.): Namenforschung. Festschrift für Adolf Bach zum 75. Geburtstag. Heidelberg, S. 38-48

BESSE, Maria (1997): Namenpaare an der Sprachgrenze. Eine lautchronologische Untersuchung zu zweisprachigen Ortsnamen im Norden und Süden der deutsch-französischen Sprachgrenze. - (Zeitschrift für romanische Philologie: Beiheft; 267), Tübingen

BETHGE, Oskar (1914/15): Fränkische Siedelungen in Deutschland, auf Grund von Ortsnamen festgestellt. - Wörter und Sachen 6, S. 58-89

BRAUNE, Wilhelm / EGGERS, Hans (1975): Althochdeutsche Grammatik. - 13. Aufl., Tübingen

BRESSLAU, Heinrich u.a. (Hrsg.) (1900-1903): Diplomata regum et imperatorum Germaniae 3. Die Urkunden Heinrichs II. und Arduins. - Berlin

BUCHMÜLLER, Monika / HAUBRICHS, Wolfgang / SPANG, Rolf (1986/87): Namenkontinuität im frühen Mittelalter. Die nichtgermanischen Siedlungs- und Gewässernamen des Landes an der Saar. - Zeitschrift für die Geschichte der Saargegend 34/35, S. 24-163

BUCHMÜLLER-PFAFF, Monika (1990): Siedlungsnamen zwischen Spätantike und frühem Mittelalter. Die *-(i)acum*-Namen der römischen Provinz Belgica Prima. - (Zeitschrift für romanische Philologie: Beiheft; 225), Tübingen

BUCHMÜLLER-PFAFF, Monika (1991): Namen im Grenzland - Methoden, Aspekte und Zielsetzung in der Erforschung der lothringisch-saarländischen Toponomastik. - Francia 18, S. 165-194

BUFE, Wolfgang (1991): Bilinguismus an der Grenze oder die Lothringer und ihre ‚Sprache'. - Zeitschrift für Literaturwissenschaft und Linguistik 83, S. 89-107

BURG, Josef (Hrsg.) (1980): Regesten der Prämonstratenserabtei Wadgassen bis zum Jahre 1571. - Saarbrücken

DIETERLEN, Maurice (1913): Le fonds lorrain aux Archives de Vienne. - Mémoires de la Société d'Archéologie de Lorraine 63, S. 5-52

DITTMAIER, Heinrich (1963): Rheinische Flurnamen. - Bonn

DOLCH, Martin / GREULE, Albrecht (1991): Historisches Siedlungsnamenbuch der Pfalz. - (Veröffentlichungen der Pfälzischen Gesellschaft zur Förderung der Wissenschaften in Speyer; 83), Speyer

DRAYE, Henri (1943): De gelijkmaking in de plaatsnamen (Ortsnamenausgleich). - (Taalgrens en kolonisatie; 2), Leuven, Brüssel

ERPELDING, Danielle (1979): Actes des princes lorrains, 1re série: princes laiques. II: Les comtes. B: Actes des comtes de Salm. - Nancy

FÖRSTEMANN, Ernst (1900/1913): Altdeutsches Namenbuch. I: Personennamen. II: Ortsnamen und sonstige geographische Namen. - Bonn (Repr. München, Hildesheim 1966/67)

GERLICH, Alois (1986): Geschichtliche Landeskunde des Mittelalters. Genese und Probleme. - Darmstadt

GEUENICH, Dieter (1990): Der Landesausbau und seine Träger (8. - 11. Jh.). - In: Nuber, H.-U. u.a. (Hrsg.): Archäologie und Geschichte des ersten Jahrtausends in Südwestdeutschland. (Archäologie und Geschichte; 1), Sigmaringen, S. 207-218

GRIMM, Jacob (1840): Über hessische Ortsnamen. - Zeitschrift des Vereins für hessische Geschichte und Landeskunde 2, S. 132-154

HAUBRICHS, Wolfgang (1982): Gelenkte Siedlung des frühen Mittelalters im Seillegau. Zwei Urkunden des Metzer Klosters St. Arnulf und die lothringische Toponymie. - Zeitschrift für die Geschichte der Saargegend 30, S. 7-39

HAUBRICHS, Wolfgang (1983a): Ortsnamenprobleme in Urkunden des Metzer Klosters St. Arnulf. - Jahrbuch für westdeutsche Landesgeschichte 9, S. 1-49

HAUBRICHS, Wolfgang (1983b): Siedlungsnamen und frühe Raumorganisation im oberen Saargau. Ortsnamenlandschaften und die Weißenburger Gründersippen I. - In: Haubrichs, Wolfgang / Ramge, Hans (Hrsg.): Zwischen den Sprachen. Siedlungs- und Flurnamen in germanisch-romanischen Grenzgebieten. (Beiträge zur Sprache im Saarland; 4), Saarbrücken, S. 221-287

HAUBRICHS, Wolfgang (1985): Wüstungen und Flurnamen. Überlegungen zum historischen und siedlungsgeschichtlichen Erkenntniswert von Flurnamen im lothringisch-saarländischen Raume. - In: Schützeichel, Rudolf (Hrsg.): Gießener Flurnamenkolloquium 1. - 4. 10. 1984. (Beiträge zur Namenforschung: Beiheft; 23), Heidelberg, S. 481-527

HAUBRICHS, Wolfgang (1986): Warndtkorridor und Metzer Romanenring. Überlegungen zur siedlungsgeschichtlichen und sprachgeschichtlichen Bedeutung der Doppelnamen und des Namenwechsels in Lothringen. - In: Schützeichel, Rudolf (Hrsg.): Ortsnamenwechsel. Bamberger Symposion 1. - 4. 10. 1986. (Beiträge zur Namenforschung: Beiheft; 24), Heidelberg, S. 264-300

HAUBRICHS, Wolfgang (1989): Zur Datierung eines Ortsnamentyps. Die Chronologie der Siedlungsnamen auf -weiler im mittelrheinisch-moselländischen Raum. - Amsterdamer Beiträge zur älteren Germanistik 29, S. 67-82

HAUBRICHS, Wolfgang (1992): Germania submersa. Zu Fragen der Quantität und Dauer germanischer Sprachinseln im germanischen Lothringen und in Südbelgien. - In: Verborum amor. Studien zur Geschichte und Kunst der deutschen Sprache. Festschrift für Stefan Sonderegger. Berlin, New York, S. 633-666

HAUBRICHS, Wolfgang (1993): Die Ausbildung der Grenzen zwischen den Diözesen Metz, Speyer und Worms aus der Perspektive von Toponymie und Siedlungsgeschichte. - In: Herrmann, Hans-Walter (Hrsg.): Die alte Diözese Metz. Referate eines Kolloquiums in Waldfischbach-Burgalben vom 21. bis 23. März 1990. (Veröffentlichungen der Kommission für Saarländische Landesgeschichte und Volksforschung; 19), Saarbrücken, S. 33-72

HAUBRICHS, Wolfgang (1994): Über die allmähliche Verfertigung von Sprachgrenzen. Das Beispiel der Kontaktzonen von Germania und Romania. - In: Haubrichs, Wolfgang / Schneider, R. (Hrsg.): Grenzen und Grenzregionen. (Veröffentlichungen der Kommission für Saarländische Landesgeschichte und Volksforschung; 22), Saarbrücken, S. 99-129

HAUBRICHS, Wolfgang (1996): Sprache und Sprachzeugnisse der merowingischen Franken. - In: Die Franken. Wegbereiter Europas, Bd 1. Mainz, S. 559-573

HAUBRICHS, Wolfgang (1997): Stammerweiterung bei Personennamen: ein regionalspezifisches Merkmal westfränkischer Anthroponymie? - In: Geuenich, Dieter / Haubrichs, Wolfgang / Jarnut, Jörg (Hrsg.): Nomen et gens. Zur historischen Aussagekraft frühmittelalterlicher Personennamen. (Reallexikon der germanischen Altertumskunde: Erg.-Bd; 16), Berlin, New York, S. 190-210

HAUBRICHS, Wolfgang (1998): Romanen an Rhein und Mosel. Onomastische Reflexionen. - In: Ernst, P. / Patocka, F. (Hrsg.): Deutsche Sprache in Raum und Zeit. Festschrift für Peter Wiesinger zum 60. Geburtstag. Wien, S. 379-413

HAUBRICHS, Wolfgang / PFISTER, Max (1989): In Francia fui. Studien zu den romanisch-germanischen Interferenzen und zur Grundsprache der althochdeutschen ‚Pariser (altdeutschen) Gespräche' nebst einer Edition des Textes. - (Akademie der Wissenschaften und der Literatur zu Mainz / Geistes- und Sozialwiss. Kl.: Abhandlungen; 1989, 6), Wiesbaden

HERRMANN, Hans-Walter (1979): Beziehungen zwischen dem Saarraum und der Landschaft zwischen Mosel und Maas im Mittelalter. - Zeitschrift für die Geschichte der Saargegend 20, S. 13-28

HERRMANN, Hans-Walter / HOPPSTÄDTER, Kurt / KLEIN, Hanns (1977): Geschichtliche Landeskunde des Saarlandes, Bd II. - Saarbrücken

HIEGEL, Henri (1986): Dictionnaire étymologique des noms de lieux du Département de la Moselle. - Sarreguemines

JANSSEN, Walter (1975): Studien zur Wüstungsfrage im fränkischen Altsiedelland zwischen Rhein, Mosel und Eifelnordrand. 2 Bde. - (Bonner Jahrbücher: Beihefte; 35), Köln, Bonn

JARNUT, Jörg (1972): Prosopographische und sozialgeschichtliche Studien zum Langobardenreich in Italien (568-774). - (Bonner historische Forschungen; 38), Bonn

JOCHUM-GODGLÜCK, Christa (1995): Die orientierten Siedlungsnamen auf -heim, -hausen, -hofen und -dorf im frühdeutschen Sprachraum und ihr Verhältnis zur fränkischen Fiskalorganisation. - Frankfurt a.M. (u.a.)

JOCHUM-GODGLÜCK, Christa (1998): Zum Verhältnis von Altstraßen, fränkischem Fiskalbesitz und orientierten Siedlungsnamen. Das Beispiel der linksrheinischen Rheintalstraße. - In: Burgard, Friedhelm / Haverkamp, Alfred (Hrsg.): Auf den Römerstraßen ins Mittelalter. Beiträge zur Verkehrsgeschichte zwischen Maas und Rhein von der Spätantike bis ins 19. Jahrhundert. (Trierer Historische Forschungen; 30), Mainz, S. 183-209

KAUFMANN, Henning (1965): Untersuchungen zu Altdeutschen Rufnamen. - München

KAUFMANN, Henning (1968): Ergänzungsband zu E. Förstemann: Personennamen. - München

KLEIBER, Wolfgang / PFISTER, Max (1992): Aspekte und Probleme der römisch-germanischen Kontinuität. Sprachkontinuität an Mosel, Mittel- und Oberrhein sowie im Schwarzwald. - Stuttgart

KLUGE, Friedrich (1995): Etymologisches Wörterbuch der deutschen Sprache. - 23. Aufl. bearb. von Elmar Seebold. Berlin, New York

LANGENBECK, Fritz (1954): Beiträge zur Weiler-Frage. - Alemannisches Jahrbuch, S. 19-144

LAUR, Wolfgang (1995): Morphologie und Wortbildung der Ortsnamen. - In: Eichler, Ernst u.a. (Hrsg.): Namenforschung. Ein internationales Handbuch zur Onomastik. (Handbücher zur Sprach- und Kommunikationswissenschaft; 11), Berlin, New York, S. 1370-1375

LEPAGE, Henri (1855): L'abbaye de Clairlieu ordre de Citeaux. - Bulletin de la Société d'Archéologie de Lorraine 5, S. 97-217

LEVY, Paul (1929): Histoire linguistique d'Alsace et de Lorraine I: Des origines à la Révolution française. - Paris

MATZEL, Klaus (1970): Untersuchungen zu Verfasserschaft, Sprache und Herkunft der althochdeutschen Übersetzungen der Isidor-Sippe. - (Rheinisches Archiv; 75), Bonn

MEINERT, Hermann (1932/33): Papsturkunden in Frankreich. Neue Folge I: Champagne und Lothringen. - (Abhandlungen der Akademie der Wissenschaften in Göttingen / Phil.-Hist. Kl.; 3), Göttingen

MENKE, Hubertus (1980): Das Namengut der frühen karolingischen Königsurkunden. Ein Beitrag zur Erforschung des Althochdeutschen. - (Beiträge zur Namenforschung: Beihefte; 19), Heidelberg

MONJOUR, Alf (1989): Der nordostfranzösische Dialektraum. - (Bonner romanistische Arbeiten; 32), Frankfurt a.M. (u.a.)

MORLET, Marie-Thérèse (1971-1985): Les noms de personne sur le territoire de l'ancienne Gaule du VIe au XIIe siècle. 3 Bde. - Paris

PETRI, Franz (1977): Die fränkische Landnahme und die Entstehung der germanisch-romanischen Sprachgrenze in der interdisziplinären Diskussion. - (Erträge der Forschung; 70), Darmstadt

PFISTER, Max (1978): Die Bedeutung des germanischen Superstrates für die sprachliche Ausgliederung der Galloromania. - In: Beumann, Helmut / Schröder, W. (Hrsg.): Aspekte der Nationenbildung im Mittelalter. Ergebnisse der Marburger Rundgespräche 1972-1975. (Nationes; 1), Sigmaringen, S. 127-170

PFISTER, Max (1982): Zur Bedeutung toponomastischer Quellen für die galloromanische Lexikographie und Phonetik. - In: Winkelmann, Otto u.a. (Hrsg.): Festschrift für Johannes Hubschmid zum fünfundsechzigsten Geburtstag. München, S. 669-675

PFLUGK-HARTUNG, Johann von (181-1886): Acta pontificium romanorum inedita (748-1198). 3 Bde. - Tübingen, Stuttgart

PITZ, Martina (1997): Siedlungsnamen auf -villare (-weiler, -villers) zwischen Mosel, Hunsrück und Vogesen. Untersuchungen zu einem germanisch-romanischen Mischtypus der jüngeren Merowinger- und der Karolingerzeit. - (Beiträge zur Sprache im Saar-Mosel-Raum; 12), Saarbrücken

PITZ, Martina (1999): Personennamen in frühmittelalterlichen Siedlungsnamen. Methodische Überlegungen am Beispiel der -villare-Namen des Saar-Mosel-Raumes. - In: Löffler, Heinrich / Tiefenbach, Heinrich (Hrsg.): Personennamen und Ortsnamen. Referate des Baslers Symposions vom 6./7. 10. 1997. Heidelberg

POLENZ, Peter von (1961): Landschafts- und Bezirksnamen im frühmittelalterlichen Deutschland. Untersuchungen zur sprachlichen Raumerschließung. Bd 1: Namentypen und Grundwortschatz. - Marburg

PUHL, Roland W. L. (1996): Die Gaue und Grafschaften des frühen Mittelalters im Saar-Mosel-Raum. Philologisch-onomastische Studien zur frühmittelalterlichen Raumorganisation anhand der Raumnamen und der mit ihnen spezifizierten Ortsnamen. - Diss. Univ. des Saarlandes [ersch. in: Beiträge zur Sprache im Saar-Mosel-Raum; 13 (1999) im Druck]

PRUD'HOMME, Bruno (1972/73): Actes d'Etudes de Vaudémont, évêque de Toul (1191-1197). - Mémoire de maîtrise Nancy

REICHERT, Hermann (1987): Lexikon der altgermanischen Namen I. - Wien (Thesaurus Palaeogermanicus; 1)

SCHNEIDER, Reinhard (1982): Das Frankenreich. - (Oldenbourg-Grundriß der Geschichte; 5), München, Wien

SCHULZE, Karl Heinz (1971): Art. Gau. - In: Erler, A. / Kaufmann, E. (Hrsg.): Handwörterbuch zur deutschen Rechtsgeschichte, Bd I. Berlin, Sp. 1392-1403

SCHÜTZEICHEL, Rudolf (1995): Althochdeutsches Wörterbuch. - 5. überarb. u. erw. Aufl., Tübingen

SICKEL, Theodor (Hrsg.) (1888): Diplomata regum et imperatorum Germaniae 2.1. Die Urkunden Ottos des II. - Hannover

SICKEL, Theodor (Hrsg.) (1893): Diplomata regum et imperatorum Germaniae 2.2. Die Urkunden Ottos des III. - Hannover

SOLIN, Heikki / SALOMIES, Olli (1988): Repertorium nominum gentilium et cognominum Latinorum. - Hildesheim (u.a.)

SONDEREGGER, Stefan (1977): Aufgaben und Probleme der althochdeutschen Namenkunde. - In: Steger, Hugo (Hrsg.), Probleme der Namenforschung im deutschsprachigen Raum. (Wege der Forschung; 383), Darmstadt, S. 126-186

SONDEREGGER, Stefan (1979): Das Kontinuitätsproblem in der Namenforschung des schweizerischen Sprachraums. Grundsätzliche und methodische Überlegungen. - Berichte zur deutschen Landeskunde 53, S. 371-388

Statistisches Bureau des Ministeriums für Elsaß-Lothringen (Hrsg.): Das Reichsland Elsaß-Lothringen. Landes- und Ortsbeschreibung, 3 Bde. - Straßburg 1901-1903

STEIN, Frauke (1974): Franken und Romanen in Lothringen. - In: Kossack, Georg u.a. (Hrsg.): Studien zur vor- und frühgeschichtlichen Archäologie. Festschrift für Joachim Werner zum 65. Geburtstag, Bd 2: Frühmittelalter. (Münchner Beiträge zur Vor- und Frühgeschichte: Erg.-Bd; 1,2), München, S. 579-590

STEIN, Frauke (1989): Die Bevölkerung des Saar-Mosel-Raumes am Übergang von der Antike zum Mittelalter. Überlegungen zum Kontinuitätsproblem aus archäologischer Sicht. - Archaeologia Mosellana 1, S. 89-195

THIS, Constant (1887a): Die deutsche Sprachgrenze in Lothringen. Nebst einer Karte. - Diss. Straßburg

THIS, Constant (1887b): Die Mundart der französischen Ortschaften des Kantons Falkenberg. - Straßburg

TIEFENBACH, Heinrich (1984): Mimigernaford - Mimigardeford. Die ursprünglichen Namen der Stadt Münster. - Beiträge zur Namenforschung. N. F. 19, S. 1-20

TOUSSAINT, Maurice (1955): La frontière linguistique en Lorraine. Les fluctuations et la délimitation actuelle des langues française et germanique dans la Moselle. - Paris

WAILLY, Natalis de (1878): Notice sur les actes en langue vulgaire du XIIIe siècle contenus dans la Collection de Lorraine à la Bibliothèque nationale. - Notices et extraits des manuscrits de la Bibliothèque Nationale et d'autres bibliothèques publiés par l'Institut National de France, faisant suite aux notices et extraits lus au comité établi dans l'Académie des inscriptions et belles lettres 28, 2, S. 1-288

WAMPACH, Camille (1933-1955): Urkunden- und Quellenbuch zur Geschichte der altluxemburgischen Territorien bis zur burgundischen Zeit. 10 Bde. - Luxemburg

WERVECKE, Nicolas van (1908): Archives de Betzdorf et de Schuttbourg. - Luxembourg

WICHMANN, Karl (1908-1916): Die Metzer Bannrollen des 13. Jahrhunderts. 4 Bde. - (Quellen zur lothringischen Geschichte; 5-8), Metz

WIESINGER, Peter (1995): Namen im Sprachaustausch: Germanisch. - In: Eichler, Ernst u.a. (Hrsg.): Namenforschung. Ein internationales Handbuch zur Onomastik. (Handbücher zur Sprach- und Kommunikationswissenschaft; 11), Berlin, New York, S. 979-991

WITTE, Hans (1894): Das deutsche Sprachgebiet Lothringens und seine Wandelungen von der Feststellung der Sprachgrenze bis zum Ausgang des 16. Jahrhunderts. - (Forschungen zur deutschen Landes- und Volkskunde; VIII, 6), Stuttgart

WOLF, Heinz Jürgen (1992): Le phonétisme du dialecte roman de la Moselle. - In: Actes du XVIIIe congrès international de linguistique et de philologies romanes I. Tübingen, S. 35-54

ZELIQZON, Léon (1924): Dictionnaire des patois romans de la Moselle. - (Publications de la Faculté des Lettres de l'Université de Strasbourg; 10-12), Paris

DL – BERICHTE UND DOKUMENTATIONEN, Heft 2 (1999)
Geographische Namen in ihrer Bedeutung für die
landeskundliche Forschung und Darstellung, S. 97-109

Inge Bily

Die natürliche Umwelt als Benennungsmotiv in deappellativischen Ortsnamen des Mittelelbegebietes

1. Die Ortsnamen des altsorbischen Sprachgebietes

Der altsorbische (aso.) Sprachraum erstreckt sich zwischen Saale/Elbe im Westen und der Neiße im Osten sowie in östl. Richtung jenseits der deutschen Grenze auf poln. Territorium weiter bis an die Flüsse Bober [poln. Bóbr] und Queis [poln. Kwisa]. Im Norden schließt sich das ehem. altpolabische (aplb.) Sprachgebiet[1] an, und im Süden grenzt das aso. Untersuchungsgebiet an das Tschechische. Die ursprüngliche räumliche Ausdehnung des aso. Untersuchungsgebietes, das sprachlich dem Westslawischen zugeordnet wird, ging deutlich über die heutigen ober- und niedersorbischen Sprachgebiete der Ober- und Niederlausitz hinaus (vgl. SCHUSTER-ŠEWC 1991).

Unser Interesse soll weniger den heutigen sorbischen (sorb.) Ortsnamenformen in der Ober- und Niederlausitz, deren urkundliche Erwähnung frühestens zum Beginn des 18. Jh. einsetzt, gelten, denn diese jüngeren Namenformen stehen nicht immer in Beziehung zur ursprünglichen aso. Form eines Ortsnamens (ON), die unter Anwendung der Regeln des slawisch-deutschen Lautersatzes rekonstruiert werden kann.

Für die lange Zeit von der slaw. Landnahme im 6./7. Jh. bis zu überlieferten schriftlichen Texten[2] im 16. Jh. gelten besonders ON als wichtige Quellen, die über die sprachlichen Ver-

---

[1] Vgl. TRAUTMANN (1948–1956); TRAUTMANN (1950); weiterhin: BATHE / FISCHER / SCHLIMPERT (1970)
[2] Die ersten Texte stammen aus dem 16. Jh., vgl. den Bautzener Bürgereid aus dem Jahre 1532, der als erster überlieferter zusammenhängender sorbischer Text gilt; vgl. außerdem die Übersetzung des Neuen Testamentes von Mikławš Jakubica aus dem Jahre 1548. Vgl. dazu SCHUSTER-ŠEWC (1967); weiterhin SCHUSTER-ŠEWC (1989).

hältnisse des aso. Gebietes Auskunft geben können. Mit gesichertem, früh belegtem Material leistet die Namenforschung u. a. einen wesentlichen Beitrag zur Schaffung von Grundlagen, auf denen andere (vor allem linguistische) Disziplinen aufbauen bzw. die Ergebnisse des eigenen Fachgebietes den namenkundlichen Untersuchungen vergleichend gegenüberstellen können. Zu nennen sind hier besonders die historische Lexikographie und Phonologie, die Siedlungsgeschichte und Archäologie, aber auch die historische Landeskunde (vgl. u.a. SPERLING 1994; GROßE 1994). Die Zusammenarbeit zwischen Namenforschern und historischen Geographen würdigte u. a. Hans WALTHER (i. Dr.; 1990) auf der Tagung aus Anlass der 90. Wiederkehr der Gründung des Seminars für Landesgeschichte und Siedlungskunde an der Universität Leipzig.

Die ON des aso. Sprachgebietes wurden nahezu vollständig in Ortsnamenbüchern bearbeitet, und zwar im wesentlichen als Bände der Reihe "Deutsch-Slawische Forschungen zur Namenkunde und Siedlungsgeschichte" (DS Halle 1956ff., Berlin 1961ff.) mit bisher 38 Bänden. Außerdem sind die Slavica im Kompendium Ernst EICHLERs, "Slawische Ortsnamen zwischen Saale und Neiße" (1985-1993), zusammengefasst (mit bisher 3 Bänden bis zum Buchstaben S einschließlich). Somit wurden die wichtigsten Voraussetzungen geschaffen, um auf der Grundlage dieses Materials und der in den Ortsnamenbüchern enthaltenen regionalen linguistisch-siedlungsgeschichtlichen Auswertungen großräumige vergleichende Studien in Angriff zu nehmen. Es handelt sich bei den Ortsnamenbüchern der DS-Reihe keineswegs um reine Lexika. Vielmehr ist mit der Bereitstellung des Materials eine sprachliche Auswertung, die Bezüge zur Dialektologie des untersuchten Gebietes, zur Namenforschung angrenzender Gebiete wie auch zur historischen Siedlungsforschung und zur Archäologie einschließt, verbunden.

Besonders mit dem Übergang von Kreisarbeiten mit ca. 100–400 Namenstichwörtern zu großlandschaftlichen Namenbüchern boten sich bessere Möglichkeiten siedlungsgeschichtlicher Auswertung. So wurden zusammenfassende Kartierungen zur Namentypologie und zur Besiedlung des jeweiligen Untersuchungsgebietes vorgenommen, einschließlich des Vergleichs dieser Ergebnisse mit Fundkarten der Archäologen (vgl. HERRMANN 1970).

Neben der Erforschung der in den ON enthaltenen Personennamen (PN), leistet die Herauslösung alten slaw. Wortschatzes bzw. alter Wurzeln einen Beitrag zur nationalen und internationalen historischen Wortforschung. Ortsnamen enthalten oftmals die älteste Bezeugung eines Appellativums[3] und finden mit ihren historischen Belegen vielfach Eingang in die sprachhistorische und etymologische Lexikographie[4]. Es sei in diesem Zusammenhang an die Arbeit Jürgen UDOLPHs (1979) erinnert, der auf der Grundlage der in slaw. Gewässernamen (GewN) enthaltenen appellativischen Ableitungsbasen und ihrer Verbreitung in den slaw. Siedlungsgebieten, die Bewegung der Slawen aus ihrer Urheimat bis in die späteren Siedlungsgebiete verfolgt.

---

[3] Vgl. WALTHER i. Dr.; WALTHER 1990; EICHLER 1958; HENGST 1970; WALTHER 1961; JAKUS-DĄBROWSKA 1981.

[4] Vgl. u. a. TRUBAČEV (Hrsg. 1974ff.); SCHUSTER-ŠEWC (1978–1996); Słownik prasłowiański (1974ff.).

Wenden wir uns nun den in slaw. Ortsnamen des aso. Sprachgebietes enthaltenen Appellativa zu, wobei wir uns hauptsächlich auf Material des Ortsnamenbuches des Mittelelbegebietes (DS 38 = BILY 1996) stützen, das den Siedlungsraum beiderseits der mittleren Elbe zwischen Magdeburg und Torgau untersucht. Nach phonologischer, namentypologischer und semantisch-lexikalischer Auswertung der ON und unter Berücksichtigung der Forschungsergebnisse von Siedlungsgeschichte und Archäologie kann für das Mittelelbegebiet eine in Orts- und Gewässernamen gut belegte slaw. Schicht als Ergebnis der slaw. Besiedlung dieses Gebietes seit dem 6./7. Jh. nachgewiesen werden. Weiterhin wird von einer germano-slawischen Sprachkontaktsituation ausgegangen, denn die Gebiete, in denen sich die Slawen niederließen, waren von den vorher dort ansässigen Germanen noch nicht völlig verlassen. Im Osten reichte das Siedlungsgebiet der Germanen im 7. Jh. nur noch bis zur unteren Saale, was auch durch die Verbreitung von ON bestätigt wird, denn stellt man unter den frühesten Ortsnennungen des Mittelelbegebietes die Verbreitung von Slavica und Nicht-Slavica gegenüber, so sind letztere, bis auf wenige Ausnahmen, fast ausschließlich auf die Altsiedelgebiete im westl. Teil dieses Raumes begrenzt.

Eine systematische Erfassung, namentypologische Auswertung und kartographische Darstellung des gesamten aso. Namenmaterials erfolgt im Rahmen des "Atlasses altsorbischer Ortsnamentypen"[5]. Die Ergebnisse dieser auf ein einzelnes slaw. Sprachgebiet – das Altsorbische – bezogenen Untersuchung sollen im internationalen Projekt des "Slawischen Onomastischen Atlasses" (SOA)[6] vorerst westslaw. vergleichend betrachtet werden. In Abhängigkeit vom Stand der Materialbearbeitung in weiteren slaw. Ländern können später gesamtslaw. vergleichende Studien folgen.

Die für das Altsorbische rekonstruierten ON enthalten nicht selten den für das Westslawische ältesten Nachweis eines bestimmten Namentyps bzw. einer appellativischen oder anthroponymischen Ableitungsbasis. Das zeigen bereits vorliegende altsorbisch-polnische bzw. westslaw. vergleichende Studien zum "Slawischen Onomastischen Atlas".[7] Diese Untersuchungen zur Verbreitung und Chronologie slaw. Namentypen, ihre Kartierung und Auswertung in Verbindung mit der Erforschung der Besiedlung einzelner Regionen sind auch für Historiker und Archäologen von Interesse (vgl. EICHLER 1996).

---

[5] Vgl. das Projekt "Atlas altsorbischer Ortsnamentypen", das an der Arbeitsstelle Deutsch-Slawische Namenforschung der Sächsischen Akademie der Wissenschaften zu Leipzig bearbeitet wird.

[6] Vgl. das Projekt "Slawischer Onomastischer Atlas" (SOA), in dessen Rahmen die Strukturtypen slawischer Oikonyme vergleichend bearbeitet werden, vorerst mit westslawischem Schwerpunkt. Grundlage der Bearbeitung ist das Programm: Strukturtypen der slawischen Ortsnamen (vgl. EICHLER / ŠRÁMEK 1988). Erste Ergebnisse sind zusammengefasst in: Strukturní typy slovanské oikonymie 1993.

[7] Vgl. u. a. BILY (1992); BILY (1995); BILY (1994); BILY (1990); weiterhin: BILY / JAKUS-BORKOWA (1992); BILY / JAKUS-BORKOWA (1997); sowie das Probeheft zu den Strukturtypen des Slawischen Onomastischen Atlasses: Strukturní typy slovanské oikonymie 1993.

2. Hinweise auf die natürliche Umwelt in appellativischen Ableitungsbasen von Ortsnamen

Das Freilegen der Benennungsmotive, d. h. der namengebenden Motive (vgl. ŠRÁMEK 1997b; s. a. FOSTER 1996) der ON führt zu Hinweisen auf die natürlichen Gegebenheiten (vgl. u. a. GROSSENBACHER-KÜNZLER 1998) zum Zeitpunkt der Benennung. Die in den ON enthaltenen Appellativa können über Bodenbeschaffenheit und Vegetation, aber auch über die Art der Nutzung des Waldes wie über Rode- und Kulturtätigkeit Aufschluss geben.

Die ON des Mittelelbegebietes enthalten in der Semantik ihrer appellativischen Ableitungsbasen Hinweise auf die aktuelle Umwelt wie auch auf die Tätigkeit des Menschen, die man in folgende thematische Sachgruppen fassen kann:

1. Besonderheiten der Landschaft und des Bodens:
- Erhebungen im Gelände: *cholm 'Hügel' (†Gollm, Golmenglin, †Gollmitz), *gomoľa 'Hügel' (Gommlo), *gora 'Berg' (Belgern mit Altbelgern, Gohrau, Görzig I u. †Görzig II)
- Vertiefungen im Gelände: *jama 'Grube' (Jahmo), *niža 'Niederung' (Neußen, Niesau), *nizky 'niedrig' (†Nieska)
- Hinweise auf die Qualität und Beschaffenheit des Bodens: *dobry 'gut' (Dobritz), *glina 'Lehm' (†Gleina)
- Hinweise auf feuchten Boden, auf die Lage an einem Gewässer, auf die Beschaffenheit eines Gewässers bzw. auf die Beschaffenheit seines Grundes, Ufers o. ä.: *guba 'Mündung' (†Guben, †Gubin), *kal 'Sumpf' (†Kolbitz, †Zernikal), *krak 'Flussarm' (Krakau), *kremeń 'Kieselstein' (†Kremnitz), *lug, *luža 'Sumpf' (Lausa, Luso), *mezirěč'e 'Gebiet zwischen den Flussläufen' (Mehderitzsch), *mokry 'feucht' (Mockrehna, Mockritz, †Mokrehne), *mul, *mul' 'Schlamm' (†Mülitz), *navlok 'Überschwemmungsgebiet' (†Näblig), *pretok 'Durchfluss' (Pretzsch), *rěka 'Fluss' (†Reckwitz)

2. Pflanzenwelt:
- Wald, Bäume, sonstige Pflanzen: *kloda 'Klotz, Block' (†Klöden), *korga 'Knieholz' (Groß-, Kleinkorgau); *breza 'Birke' (Bräsen, Breesen, †Bresewitz I, II), *buk 'Buche' (Bockwitz, †Bucko, Buko), *dub 'Eiche' (Diebzig I und †Diebzig II, Düben), *grab 'Weißbuche' (Grabo), *jabłoń 'Apfelbaum' (†Gablenz), *javor 'Ahorn' (†Gaue(r)ndorf, Jeber), *lipa 'Linde' (Kleinleipzig, †Liepo), *oľša 'Erle' (Oelschau), *olešnik 'Erlenwald' (Elsnig, Elsnigk), *osa 'Espe' (†Ossnitz), *torn 'Schlehdorn', *vez 'Ulme, Rüster', *veznik 'Ulmenwald', *vorba 'Weide' (Wörbzig); *kukol' 'Ackerrade' (Kaucklitz), *vres 'Heidekraut' (†Briesau, †Wreetz),

3. Tierwelt:
- *čirv 'Made, Wurm' (Zerbst), *čapľa 'Fischreiher, Storch' (†Schapelitz), *kobyla 'Stute' (†Köplitz), *koza 'Ziege' (Cosa, Cösitz)

4. Siedlungstätigkeit (auch Ackerbau, Viehzucht, Handwerk, Fischfang, Waldwirtschaft, Jagd, Rodung, Hinweise auf soziale Stellung und geistiges Leben) und Befestigungsanlagen:
- *grod'c, *grodišče (aplb. *gardec) 'Burg, Burgstätte' (†Grätz, Grizehne, Garitz), *stupa 'Wehrturm' (Staupitz), *kerm 'Futter' (Kermen), *nat' 'Kraut, Blattwerk' (Natho), *cerkva 'Kirche' (†Zerkwitz), *pop 'Pfarrer' (Pobzig), *žern- 'Mühlstein' (Serno).

Diese semantischen Hauptgruppen, denen die in ON des Mittelelbegebietes enthaltenen appellativischen Ableitungsbasen zugeordnet werden können, sind auch in den Ortsnamenbüchern zu anderen Untersuchungsgebieten des aso. Sprachraumes vertreten, jedoch z. T. mit beträchtlichen quantitativen Unterschieden, je nach den natürlichen Gegebenheiten des Untersuchungsgebietes. So bietet das Material des Mittelelbegebietes eine auffallend große Anzahl von Hinweisen auf feuchten Grund oder sumpfiges Gebiet sowie auf Gewässer und ihre Beschaffenheit bzw. die Beschaffenheit ihres Grundes, Ufers usw. Die ON mit diesen Ableitungsbasen machen mehr als die Hälfte aller Bildungen der gesamten Sachgruppe zu Besonderheiten von Landschaft und Boden aus. Hinzu kommen Hinweise auf Fauna und Flora am/im Wasser bzw. in feuchten Gebieten: wie *čapl'a* 'Fischreiher' (†Schapelitz), *kaňa* 'Rohr- oder Sumpfweihe' (Kähnitzsch), *kolb* 'Gründling' (†Kulbs), *rogoz/rogož* 'Schilf' (Ragösen I, †Ragösen II), *trest'* 'Schilf' (Triestewitz), *vorba* 'Weide' (Wörbzig). Die natürlichen Gegebenheiten wiederum haben Einfluss auf die vom Menschen ausgeübte Tätigkeit, wie Ackerbau, Waldwirtschaft usw.

Als zweitstärkste semantische Gruppe folgen ON des Mittelelbegebietes, deren Ableitungsbasis einen Bezug zur Siedlungstätigkeit enthält, d. h. Hinweise auf Ackerbau, Viehzucht, Handwerk, Fischfang, Waldwirtschaft, Jagd, Rodung, außerdem Hinweise auf soziale Stellung und geistiges Leben (s. o. 4. Siedlungstätigkeit).

Die ursprüngliche slaw. Namenstruktur ist allerdings nicht in jedem Falle zu erkennen. Bei der Rekonstruktion der Grundform muss man beachten, dass die schriftlich fixierte Form bereits Veränderungen, besonders als Verkürzungen im Auslaut oder in unbetonter Position aufweisen kann, was dann zu Grundformen mit unsicherer Ableitungsbasis bzw. unsicherem Suffix oder auch der Notwendigkeit eines Ansatzes mehrerer Varianten der Grundform führt.

Bedingt durch die natürlichen Verhältnisse der Elbe, ihren Zuflüssen, kleineren Gewässern, Teichen und Feuchtgebieten, finden sich nicht nur bei den Slavica, sondern auch unter den deutschen Bildungen des Mittelelbegebietes eine beträchtliche Anzahl von ON, die auf diese natürlichen Verhältnisse Bezug nehmen, z. B.:

- die Namen mit dem Grundwort (GW) *-furt*, vgl. mhd. *vurt*, mnd. *vörde, vōrde, vōrt*: *Schlenzfurt* ('Ort an der Furt durch die Schlenze'), *Steinfurt* ('Ort an der steinigen Furt'), *Salzfurt* ('Salz(straßen)furt'), †*Kallenfurt* ('Ort an der kahlen Furt'),
- Namen mit dem GW mhd. *-bach*/mnd. *-bēke*: *Schmalbeck* ('schmaler Bach'), *Schönebeck* ('Siedlung am schönen (glänzenden) Bach'), †*Steinbeck* ('Steinbach'), †*Rohrbeck* ('Rohrbach'), *Rietzmeck* (mnd. Rīsēnbeke, zu mnd. *rīs* 'Reisig, Gebüsch, Gesträuch, Niederwald'), *Langenreichenbach* ('Ort am wasserreichen Bach'), *Cörmigk* ('Ort am Mühlenbach', zu mhd. *kürn(e)*, mnd. *quërne* 'Mühle'),
- Namen mit dem GW *-münde*: *Zackmünde* ('Ort an der Mündung der Zacke, eines Baches, der unweit Zackmünde in den Röthegraben mündet'),
- Namen mit dem GW bzw. der Ableitungsbasis mnd. *born, borne* 'Brunnen, Quelle, Quellwasser': †*Krakeborn* (ursprünglicher GewN zu mnd. *krucke, krocke*, mhd. *krucke* 'gekrümmtes Stück, Krücke' und mnd. *born(e)* 'Brunnen, Quelle, Quellwasser'), †*Borne*, *Bornum*.

H. Walther beschreibt "die vergleichende beziehungsweise kontrastive Betrachtung der altsorbischen und semantisch parallellaufenden deutschen Topolexik auf engem Raum oder in unmittelbarer lokaler Nachbarschaft" (WALTHER 1997, S. 555) und spricht in solchen Fällen – nämlich dann, wenn sich in den deutschen und slaw. Namen von Kontaktgebieten als Benennungsmotive dieselben semantischen Gruppen finden – von einer "von der Sache her, dem Benennungsobjekt veranlasste[n] Parallelität der Benennungsmotivik" (WALTHER, ebda), denn "es ist nur zu verständlich, dass die Landesnatur und die Landeskultur jener Frühzeit beiden Bevölkerungsgruppen [Slawen und Deutschen – I. B.] gleiche Motive für ihre Siedlungsbewegung lieferte" (WALTHER 1997, S. 556).[8]

Wir stellten bereits fest, dass die Ortsnamenbücher des aso. Sprachgebietes durch Herauslösen der in ON enthaltenen alten slaw. Lexik einen wesentlichen Beitrag zur historischen Lexikographie des Slawischen liefern, d. h. die ON des aso. Sprachraumes belegen nicht nur Strukturen, die zu den ältesten slaw. Bildungstypen gehören, sondern sie enthalten teilweise slaw. Appellativa bzw. appellativische Wurzeln, die für sprachvergleichende Studien ebenso wie für eine lexikographische Erfassung und nachfolgende Analyse ausschließlich aus Eigennamen rekonstruiert werden können. Diese Ergebnisse sind lexikologisch von gesamtslawistischem Interesse, und sie leisten gleichzeitig einen Beitrag zur Kulturgeschichte des Slawischen. Eine zusammenfassende Bearbeitung und Darstellung der aus geographischen Namen rekonstruierten aso. Lexik[9] gehört zu den vordringlichsten Aufgaben zukünftiger namenkundlicher Forschung. In diesem Zusammenhang sollte besonders auch die Verbreitung der appellativischen Ableitungsbasen von ON im Areal untersucht werden, zuerst nach einzelnen slaw. Sprachgebieten und anschließend westslaw. oder gesamtslaw. vergleichend, um u. a. das Vorhandensein oder Fehlen bestimmter Appellativa in den einzelnen Sprachgebieten bestimmen zu können. Eine solche Untersuchung fügt sich gut in den Rahmen des "Slawischen Onomastischen Atlasses" ein. Erste Ergebnisse zur Auswertung des in ON enthaltenen appellativischen Wortschatzes eines Sprachgebietes hat u. a. Krystyna Nowik[10] vorgestellt. Ihren Untersuchungen zu Bezeichnungen für Bäume und Pflanzen als Ableitungsbasen von ON sind teilweise auch Verbreitungskarten beigegeben. Im Rahmen des "Slawischen Onomastischen Atlasses" ist nachfolgend ein Vergleich mehrerer Sprachgebiete, eine Kartierung mit Auswertung der Arealbildung und der Herstellung von Bezügen zur Siedlungsgeschichte möglich.

---

[8] Vgl. zu dieser Problematik u. a. auch HASLINGER (1996-1997, bes. S. 128) und POHL (im Druck).

[9] Vgl. das Ortsnamenbuch des Mittelelbegebietes (DS 38), wo insgesamt ca. 35 Lexeme in ON für ein historisches Wörterbuch des Altsorbischen gesichert und für ein Kompendium zur vergleichenden westslaw. Sprachbetrachtung beigesteuert werden, z. B.: *głoba 'Balken', *głobiti 'einrammen' (aso. *Glob-k-, 1292 Globik (ON Globik), *ir (< *jьrъ) 'Abgrund, Strudel' (aso. *Irica, 1458 Yritz, ON (†)Iritz(er Busch)), *mezirěč'e 'Gebiet zwischen den Flussläufen' (aso. *Mezirěč, 1251 Meseritz, ON Mehderitzsch), *nedeľ 'Gemeingut, gemeinschaftliche Wirtschaft' (aso. *Nedelica, 1329 (Elysabeth) Nedelitzinne, 1330 (PN) Nedeliz, ON Nedlitz), *spud (< *spǫd) 'Art Eimer, Scheffel', toponymisch wohl 'Senke' (aso. *Spudovic-, 1251 Spudewiz, ON †Spauditz), *starica 'toter Flussarm, ausgetrocknetes Flussbett' (aso. *Starica, 1119 Stariz, ON Staritz).

[10] Vgl. die im Literaturverzeichnis genannten Arbeiten von NOWIK bzw. KWAŚNIEWSKA-MŻYK.

Im Falle des poln. Appellativums *dąb* 'Eiche' (erstmalig belegt im 14. Jh.) sind die Belege in ON deutlich älter, vgl. die *Gnesener Bulle*[11] aus dem Jahre 1136 mit der Erwähnung von 3 Orten in Großpolen: *Dębice*, *Dębsko* und *Poddębicy*, die als Ableitungsbasis das Appellativum *dąb* 'Eiche' enthalten. Noch zwei weitere ON mit dieser Ableitungsbasis sind im 12. Jh. im Polnischen belegt: *Dąbie* (1174) und *Dębogóra* (1184) (vgl. NOWIK 1997b, S. 95). Die rein namenkundlichen Befunde können aber ebenso zu Ergebnissen der Dialektologie in Beziehung gesetzt werden, vgl. eine Studie Rudolf ŠRÁMEKs (1997a), der die Verbreitung von tsch. *dub* 'Eiche' in appellativischen und onymischen Strukturen vergleicht.

3. Appellativische Ableitungsbasis und Realprobe

Die Deutung eines slaw. Ortsnamen des aso. Sprachgebietes basiert auf der linguistischen Auswertung seiner historischen Belege und erfolgt unter Berücksichtigung der Regeln des slawisch-deutschen Lautersatzes sowie des Wissens über Struktur und Bildung der ON, nicht zuletzt auch unter Heranziehung von Vergleichsnamen. Hinzu kommen die Einbeziehung des Kontextes der Belege in den Quellen sowie die Realprobe. Besonders dort, wo lautlich und strukturell mehrere Möglichkeiten der Namenerklärung bestehen, kann die Realprobe helfen, diese Möglichkeiten einzugrenzen. Mitunter kann sie sogar den entscheidenden Hinweis auf eine möglichst sichere Deutung geben, wie in einigen ON des Mittelelbischen Ortsnamenbuches, wo auf der Grundlage der Realprobe eine Entscheidung für eine Namendeutung mit appellativischer oder anthroponymischer Ableitungsbasis erleichtert wird, vgl.:

- *Kähnitzsch* n. Prettin: 1284 villa Kentz, aso. Grf. **Kańic-*; aufgrund der Lage nahe der Elbe ist am ehesten aso. *Kańica anzusetzen, zu aso. *kańa 'Rohr- oder Sumpfweihe'. Weniger wahrscheinlich ist aso. *Kańici zum aso. PN *Kańa.
- †*Katschitz* s. Belgern: ?1197 Kacis, 1251 Kacsiz; wegen der Lage an einem Bach und in Elbnähe ist als Grf. am ehesten aso. *Kačica anzusetzen, zu aso. *kača 'Ente'. Weniger wahrscheinlich ist aso. *Kačici zum aso. PN *Kača.
- *Krakau* ö. Zerbst, h. OT von Ragösen: 1307/52 Cracew, 1332 (PN de) Krakow, aso. Grf. **Krakov-*, zu aso. *krak 'Flussarm'. Der Ort liegt in der Niederung der Nuthe, dem sogen. Rathsbruch, wo es viele kleine verästelte Wasserläufe gibt, die in die Nuthe einmünden. Eine Ableitung aus einem aso. PN *Krak kommt daher weniger in Betracht.

Hinweise im Kontext der historischen Überlieferung auf die natürlichen Gegebenheiten sind eher selten, wie z. B. in den Belegen zum ON *Schirmenitz* (sö. Belgern: 1130 Sremsnize, 1290 Szremztnicz), bei dem von einem ursprünglichen GewN ausgegangen wird. Der den Ort *Schirmenitz* durchfließende Bach wird urkundlich erwähnt, vgl. u. a. den Beleg: 1357 an dem wassir, daz da heyst dy Schremsnicz. Als Grundform setzen wir für den GewN an: aso. *Čremšnica (< *Čermъchьnica), zum aso. Appellativum *čremcha 'Faulbaum, Ahlkirsche', das für das Altsorbische ausschließlich aus diesem Namen erschlossen werden kann. Es bildet

---

[11] Die *Gnesener Bulle*, von Aleksander Brückner auch *Goldene Bulle* der polnischen Sprache genannt, ist eins der wichtigsten poln. Sprachdenkmäler mit 410 Orts- und Personennamen des Gnesener Erzbistums.

somit den Anschluss an Appellativa wie: tsch. *střemcha*, atsch. *trěmcha*, poln. *trzemcha*, slowen. *čremsa*, aruss. *čeremъcha* 'Faulbaum, Ahlkirsche'.[12]

Zu vergleichen ist weiterhin der ON *Guben* (nö. Cottbus: 1211, 1222 Gubin, 1295 Gubin, 1341 Rychardo de Gubbyn, 1408 Gubin, ..., 1843 Gubin) mit den amtlichen Namenformen: dt. *Guben*[13], nso. *Gubin* und poln. *Gubin*. Auch wenn linguistisch und strukturell eine Ableitung aus einem PN *Guba*[14] möglich wäre, ist als Grundform aso. *Gubin-* 'Ort an der Mündung' anzusetzen, zu aso. *guba* 'Mund, Mündung', vgl. die Appellativa: nso. *guba* 'Lippe, Mund, Maul' auch 'Mündung', oso. *huba* 'Mund, Maul, Kuss', poln. *gęba*, tsch. *huba*, russ. *guba* 'dass.', vgl. zu dieser Deutung besonders Siegfried KÖRNER (1993, S. 246) und Ernst EICHLER (1985-1993, Bd 1, S. 182). *Guben* liegt an der Mündung der Lubst [poln. Lubsza] in die Neiße. Die Namendeutung auf der Grundlage des Appellativums *guba* entspricht der Lautentwicklung des aso. Sprachgebietes, ist durch die Realprobe abgesichert und wird durch Vergleichsnamen gestützt, vgl. u. a. †*Guben* nö. Melpitz, sw. Torgau (BILY 1996, S. 192f.), das zwischen den Einmündungen der Bäche *Rote Furt* und *Schwarzer Graben* in den *Großen Teich* liegt. Zu vergleichen ist weiterhin †*Gubin* nw. Prettin, in der Elbschlinge gelegen (BILY 1996, S. 193).

Die vorgestellten Beispiele zeigen, dass die Realprobe genauso wichtig ist wie z. B. das Nachprüfen von Schreibungen in Originalurkunden, wenn es um das Zuordnen von Namenlesarten in Quelleneditionen geht.[15]

4. Zusammenfassung

1. Die aus den ON rekonstruierten Appellativa gelten oftmals als ältester schriftlich überlieferter Nachweis für das aso. Sprachgebiet. Es handelt sich dabei teilweise um Wortschatz, dessen Existenz für die Zeit vor der schriftlichen Überlieferung der Namen angesetzt werden kann und der durch vergleichende slawistische Studien für das Urslawische rekonstruiert wird. Die Benennungsmotivik der Namen, die sich in der Semantik der appellativischen Ablei-

---

[12] Vgl. TRUBAČEV (Hrsg. 1974ff., Bd 4, S. 67); BERNEKER (1908–1913, Bd 1, S. 145); FASMER [Vasmer] (1964–1973, Bd 3, S. 321).

[13] Zu Ehren des 1876 in Guben geborenen ersten Präsidenten der ehemaligen DDR hieß die Stadt bis 1989 *Wilhelm-Pieck-Stadt Guben*.

[14] Zum PN *Guba*, vgl. WENZEL (1987-1994, Bd 2/I, S. 123); weiterhin Vergleichsnamen aus den angrenzenden slaw. Sprach- und Siedlungsgebieten: aplb. *Gaba* (1218 belegt), in: SCHLIMPERT (1978, S. 46); apoln. *Geba*, in: TASZYCKI (1926), S. 59; TASZYCKI (1965–1987, Bd 2, S. 102); atsch. *Huba*, in: SVOBODA (1964), S. 195). – Zu einem PN wird der ON *Gubin* im Schlesischen Ortsnamenbuch gestellt, vgl. Nazwy geograficzne Śląska (1970ff., Bd 3, S. 124).

[15] Vgl. dazu besonders: EICHLER / WALTHER (1984, S. 23ff.): 2. Zur Problematik der Identifizierungen. Hier werden Schwierigkeiten bei der Belegzuweisung untersucht sowie die Lesarten von ON in Urkundeneditionen betrachtet. Am Beispiel des ON *Schkölen* zeigen die Autoren, dass "der Linguist eigenwillige Emendierungen oder Konjekturen auf das allernotwendigste beschränken und in solchen Fällen die Autopsie der betreffenden Urkunde nicht versäumen" sollte. Vgl. dazu *Schkölen* nw. Eisenberg, 1046 (15. Jh.) in loco Ihholani [nicht Izzolani, richtiger Shholani, Zhholani, Szholani ö. ä.], aso. *Skolʼane*, mit gutem Anschluss an VglN des aso. Sprachgebietes, wie: Schkölen bei Lützen: 993 Zolini, 1031 Szholin, in: EICHLER / LEA / WALTHER (1960, S. 81); weitere VglN s. EICHLER / WALTHER (1984, S. 285).

tungsbasen widerspiegelt, gibt zum einen unmittelbar Auskunft über die natürliche Umwelt zum Zeitpunkt der Benennung und erlaubt außerdem Rückschlüsse auf die natürliche Umwelt anhand von Benennungsmotiven, die auf bestimmte Tätigkeiten und Geräte hinweisen, wie z. B. auf Landwirtschaft als Ackerbau und Tierhaltung, vgl. zum Ackerbau: *vlok-/*vloč- 'Schleppe, Zuggarn' (Flötz), *věcht' 'Strohwisch' (†Wichtewitz); und zur Tierhaltung: *kot, *kotica 'Abteilung im Stall' (Cattau, †Kleincattau, Köthen, †Hohenköthen, †Osterköthen), *kerm 'Futter' (Kermen); *kobyla 'Stute' bzw. *kobylica 'Stuterei' (†Köplitz), *koń 'Pferd' (†Kone, †Konow), *vol 'Bulle, Ochse' (Wohlau). Indirekte Hinweise auf Boden- und Landschaftsverhältnisse liefern u. a. auch die in den Ableitungsbasen der ON enthaltenen Bezeichnungen für Pflanzen und Bäume.

2. Die Realprobe kann mitunter den entscheidenden Hinweis für die Absicherung einer Namendeutung geben, besonders in den Fällen, wo die rein linguistische Analyse keine Entscheidung zwischen deappellativischer und deanthroponymischer Ableitung zulässt.

Abkürzungen:

aplb.	altpolabisch	ON	Ortsname
aruss.	altrussisch	oso.	obersorbisch
aso.	altsorbisch	OT	Ortsteil
atsch.	alttschechisch	PN	Personenname
dt.	deutsch	poln.	polnisch
GewN	Gewässername	russ.	russisch
Grf.	Grundform	slaw.	slawisch
GW	Grundwort	slowen.	slowenisch
h.	heute	sorb.	sorbisch
nso.	niedersorbisch	tsch.	tschechisch
		VglN	Vergleichsname

Literatur

BATHE, Max / FISCHER, Reinhard E. / SCHLIMPERT, Gerhard (1970): Zur sorbisch-polabischen Sprachgrenze zwischen Elbe und Saale. - In: Fischer, Rudolf / Eichler, Ernst (Hrsg.): Beiträge zum Slawischen Onomastischen Atlas. Theodor Frings zum Gedächtnis. (Abhandlungen der Sächsischen Akademie der Wissenschaften zu Leipzig / Phil.-hist. Kl.; 61, H. 2), Berlin, S. 109–121

BERNEKER, Erich (1908-1913): Slavisches etymologisches Wörterbuch. (A–морь). - Heidelberg

BILY, Inge (1990): Zu den nichtsuffigierten desubstantivischen und deadjektivischen Ortsnamen des ehemaligen altsorbischen Sprachgebietes. (Ein Beitrag zum Slawischen Onomastischen Atlas). – In: Studia Onomastica, Bd VI: Ernst Eichler zum 60. Geburtstag. (Namenkundliche Informationen: Beiheft; 13/14), Leipzig, S. 229-235

BILY, Inge (1992): Die Ortsnamen mit Ne-/Ni- im ehemaligen altsorbischen Sprachgebiet. (Ein Beitrag zum Slawischen Onomastischen Atlas). - Zeitschrift für Slawistik 37, S. 77-103

BILY, Inge (1994): Zu den altsorbischen Ortsnamen mit den Suffixen *-išče, -nik* und *-ik*. (Ein Beitrag zum Slawischen Onomastischen Atlas). - Onomastica Slavogermanica 21, S. 39–66

BILY, Inge (1995): Ortsnamen mit dem Suffix *-ina* im ehemaligen altsorbischen Sprachgebiet. (Ein Beitrag zum Slawischen Onomastischen Atlas). - In: Ofitsch, Michaela / Zinko, Christian (Hrsg.): Studia Onomastica et Indogermanica. (Festschrift für Fritz Lochner von Hüttenbach zum 65. Geburtstag). Graz, S. 1–11

BILY, Inge (1996): Ortsnamenbuch des Mittelelbegebietes. - (Deutsch-Slawische Forschungen zur Namenkunde und Siedlungsgeschichte; 38), Berlin

BILY, Inge / JAKUS-BORKOWA, Ewa (1992): Ojkonimy z nagłosowym *Nie*- na polskim i łużyckim obszarze językowym (przyczynek do Słowiańskiego Atlasu Onomastycznego) [Oikonyme mit *Nie*-Anlaut im polnischen und sorbischen Sprachgebiet. (Ein Beitrag zum Slawischen Onomastischen Atlas)]. - In: Z badań porównawczych języków oraz dialektów słowiańskich i niesłowiańskich na ziemiach nadodrzańskich. Materiały z sesji naukowej (22. marca 1990) [Forschungen zum slawischen und nichtslawischen Sprach- und Dialektvergleich in den Gebieten an der Oder]. Red. J. Brzeziński. Zielona Góra, S. 37–48

BILY, Inge / JAKUS-BORKOWA, Ewa (1997): Ojkonimy z sufiksem *-ikъ* na polskim i starołużyckim obszarze językowym [Oikonyme mit dem Suffix *-ikъ* im polnischen und altsorbischen Sprachgebiet]. - In: Hengst, Karlheinz u.a. (Hrsg.): Wort und Name im deutsch-slavischen Sprachkontakt. Ernst Eichler von seinen Schülern und Freunden. (Bausteine zur Slavischen Philologie und Kulturgeschichte. Reihe A: Slavistische Forschungen. Neue Folge; 20), Köln (u.a.), S. 123-147

DS = Deutsch-Slawische Forschungen zur Namenkunde und Siedlungsgeschichte. Begründet von Rudolf Fischer und Theodor Frings und fortgeführt von Ernst Eichler, Wolfgang Fleischer, Rudolf Große und Hans Walther. Halle 1956ff., Berlin 1961ff.

EICHLER, Ernst (1958): Slawische Wald- und Rodungsnamen an Elbe und Saale. - Beiträge zur Namenforschung 9, S. 286–310 [Nachdr. in: Ernst Eichler (1985): Beiträge zur deutschslawischen Namenforschung (1955–1981). Leipzig, S. 332–356]

EICHLER, Ernst (1985-1993): Slawische Ortsnamen zwischen Saale und Neiße. Ein Kompendium, Bde. 1–3. - Bautzen

EICHLER, Ernst (1996): Slawische Namengeographie: Der Slawische Onomastische Atlas. - In: Eichler, Ernst u.a. (Hrsg.): Namenforschung. Ein internationales Handbuch zur Onomastik. 2. Teilband (Handbücher zur Sprach- und Kommunikationswissenschaft; 11.2), . Berlin, New York, S. 1106–1121

EICHLER, Ernst / LEA, Elisabeth / WALTHER, Hans (1960): Die Ortsnamen des Kreises Leipzig. - (Deutsch-Slawische Forschungen zur Namenkunde und Siedlungsgeschichte; 8), Halle

EICHLER, Ernst / ŠRÁMEK, Rudolf (Hrsg.) (1988): Strukturtypen der slawischen Ortsnamen. Strukturní typy slovanské oikonymie. Im Auftrage der Subkommission für den Slawischen Onomastischen Atlas. - (Namenkundliche Informationen. Sonderheft), Leipzig

EICHLER, Ernst / WALTHER, Hans (1984): Untersuchungen zur Ortsnamenkunde und Sprach- und Siedlungsgeschichte des Gebietes zwischen mittlerer Saale und Weißer Elster. - Berlin (Deutsch-Slawische Forschungen zur Namenkunde und Siedlungsgeschichte; 35)

FASMER [Vasmer], Max (1964-1973): Étimologičeskij slovar' russkogo jazyka [Etymologisches Wörterbuch der russischen Sprache], Bde. 1–4. - Moskva

FOSTER, Elżbieta (1996): Zur Problematik der Klassifizierung slawischer Toponyme in deutschen Namenbüchern. - In: Tiefenbach, Heinrich (Hrsg.): Historisch-philologische Ortsnamenbücher. Regensburger Symposion. 4. und 5. Oktober 1994. (Beiträge zur Namenforschung: Beiheft; 46), Heidelberg, S. 290–298

GROßE, Rudolf (1994): Landeskunde und landeskundliche Arbeiten – Bezüge, Vorstellungen und spezifische Gesichtspunkte aus der Sicht der Sprachwissenschaften. - In: Haase, Günter / Bernhardt, Arnd (Hrsg.): Sächsisch-thüringische Landeskunde. Zur Gründung und zu den Aufgaben der Kommission für Sächsisch-thüringische Landeskunde der Sächsischen Akademie der Wissenschaften. (Sitzungsberichte der Sächsischen Akademie der Wissenschaften zu Leipzig / Math.-naturwiss. Kl.; 124, H. 6), Berlin, S. 57–65

GROSSENBACHER-KÜNZLER, Barbara (1998): Landschaftliche Veränderungen und ihre Auswirkungen auf das Namensystem. (Abstract). - In: Proceedings of the XIXth International Congress of Onomastic Sciences. Aberdeen, August 4–11, 1996. 'Scope, Perspectives and Methods of Onomastics'. Vol. 2. Aberdeen, S. 150–151

HASLINGER, Marialuise (1996-1997): Identische Benennungsmotive in den Sprachschichten Westtirols. - Onoma 33, S. 123-130

HENGST, Karlheinz (1970): Slawische Berg- und Talbezeichnungen im Namenschatz an Elbe und Saale. - Onomastica Slavogermanica 5, S. 55–71

HERRMANN, Joachim (Hrsg.) (1970): Die Slawen in Deutschland. Geschichte und Kultur der slawischen Stämme westlich von Oder und Neiße vom 6. bis 12. Jahrhundert. - Berlin (Neubearb. 1985)

JAKUS-DĄBROWSKA [Jakus-Borkowa], Ewa (1981): Die mit den waldwirtschaftlichen Gewerben verbundenen geographischen Namen in Kociewie. - Namenkundliche Informationen 40, S. 37–42.

KÖRNER, Siegfried (1993): Ortsnamenbuch der Niederlausitz. - (Deutsch-Slawische Forschungen zur Namenkunde und Siedlungsgeschichte; 36), Berlin

KWAŚNIEWSKA-MŻYK [Nowik], Krystyna (1981): Wyraz dąb i pochodne w toponimii polskiej [dąb 'Eiche' und seine Ableitungen in der polnischen Toponymie]. - Zeszyty Naukowe Wyższej Szkoły Pedagogicznej w Opolu: Językoznawstwo [Wiss. Hefte der PH Opole: Sprachwissenschaft] 7, S. 65–82

KWAŚNIEWSKA-MŻYK [Nowik], Krystyna (1985): Toponimy pochodne od nazw roślin uprawnych [Toponyme aus Pflanzennamen]. - Zeszyty Naukowe Wydziału Humanistycznego Uniwersytetu Gdańskiego: Prace Językoznawcze [Wiss. Hefte der Humanistischen Abteilung der Universität Gdańsk: Sprachwissenschaftliche Arbeiten] 11, S. 57–61

KWAŚNIEWSKA-MŻYK [Nowik], Krystyna (1987): Nazwy czeremchy w polskiej toponimii [czeremcha 'Ahlkirsche' in der polnischen Toponymie]. - In: IX. slovenská onomastická konferencia [IX. Slowakische Onomastische Konferenz]. Nitra 26.-28. júna 1985. Zborník referátov. Zostavil Milan Majtán. Bratislava, S. 143–148

KWAŚNIEWSKA-MŻYK [Nowik], Krystyna (1988): Nazwy jarzębu "sorbus" w polskiej toponimii [jarząb "sorbus" [Eberesche] in der polnischen Toponymie]. - Zeszyty Naukowe Wyższej Szkoły Pedagogicznej w Opolu: Językoznawstwo [Wiss. Hefte der PH Opole: Sprachwissenschaft] 11, S. 45–54

Nazwy geograficzne Śląska [Geographische Namen Schlesiens]. Bd 1: A–B. Red. Stanisław Rospond; Bd 2: C–E, Bd 3: F–G. Red. Stanisław Rospond, Henryk Borek; Bd 4: H–Ki. Red. Henryk Borek; Bd 5ff. Red. Stanisława Sochacka. - Warszawa, Wrocław 1970ff.

NOWIK, Krystyna (1986): Nazwa czemier/ciemier w polskiej toponimii [czemier/ciemier in der polnischen Toponymie]. - In: Nazwy własne a wyrazy pospolite w języku i tekście. Materiały z Międzynarodowej Konferencji Onomastycznej w Opolu-Szczedrzyku [Eigennamen und Appellativa in Sprache und Text. Materialien der Internationalen Onomastischen Konferenz in Opole-Szczedrzyk]. 12–13 X 1984 r. Red. Henryk Borek, Stanisław Kochman. Opole, S. 149–155

NOWIK, Krystyna (1989): Nazwy modrzewia w polskiej toponimii [modrzew 'Lärche' in der polnischen Toponymie]. - Zeszyty Naukowe Wyższej Szkoły Pedagogicznej w Opolu. Językoznawstwo [Wiss. Hefte der PH Opole. Sprachwissenschaft] 12, 73–83

NOWIK, Krystyna (1991): Baza *g(v)ozdъ w polskiej toponimii [Die Ableitungsbasis *g(v)ozdъ in der polnischen Toponymie]. - Zeszyty Naukowe Wyższej Szkoły Pedagogicznej w Opolu: Językoznawstwo [Wiss. Hefte der PH Opole: Sprachwissenschaft] 13, S. 251–258

NOWIK, Krystyna (1993a): *Mlekita (Salix viminalis L.)* w polskiej toponimii [*Mlekita (Salix viminalis L.)* in der polnischen Toponymie]. - Zeszyty Naukowe Wyższej Szkoły Pedagogicznej w Opolu: Filologia Polska [Wiss. Hefte der PH Opole: Polnische Philologie] 31, S. 43–46

NOWIK, Krystyna (1993b): Nazwy topoli w toponimii Polskiej [Die Pappel in der Toponymie Polens]. - Zeszyty Naukowe Wyższej Szkoły Pedagogicznej w Opolu: Językoznawstwo [Wiss. Hefte der PH Opole: Sprachwissenschaft] 14, S. 47–55; 38, S. 45–61

NOWIK, Krystyna (1994): Baza *śliwa* w polskiej toponimii [Die Ableitungsbasis *śliwa* 'Pflaume, Pflaumenbaum' in der polnischen Toponymie]. - Zeszyty Naukowe Wyższej Szkoły Pedagogicznej w Opolu: Filologia Polska [Wiss. Hefte der PH Opole. Polnische Philologie] 32, S. 135–140

NOWIK, Krystyna (1995): Die Baum- und Strauchnamen in der polnischen Toponymie. - In: Ofitsch, Michaela / Zinko, Christian (Hrsg.): Studia Onomastica et Indogermanica. (Festschrift für Fritz Lochner von Hüttenbach zum 65. Geburtstag). Graz, S.143–150

NOWIK, Krystyna (1996): Gwarowe *jegla* 'świerk', 'jodła' w nazewnictwie polskim [Dialektal *jegla* 'Fichte, Tanne' im polnischen Namenschatz]. - Zeszyty Naukowe Uniwersytetu Opolskiego: Językoznawstwo [Wiss. Hefte der Universität Opole. Sprachwissenschaft] XVI, S. 75–80

NOWIK, Krystyna (1997a): Baza *javor* (acer pseudoplatanus) w nazwach miejscowych polskiego i łużyckiego obszaru językowego [Die Ableitungsbasis *javor* (acer pseudoplatanus) 'Ahorn' in Ortsnamen des polnischen und altsorbischen Sprachgebietes]. - In: Hengst, Karlheinz u.a. (Hrsg.): Wort und Name im deutsch-slavischen Sprachkontakt. Ernst Eichler von seinen Schülern und Freunden (Bausteine zur Slavischen Philologie und Kulturgeschichte. Reihe A: Slavistische Forschungen. Neue Folge; 20), . Köln (u.a.), S. 267–280

NOWIK, Krystyna (1997b): Das Topolexem *dąb* ['Eiche'] im polnischen Namenschatz. - Namenkundliche Informationen 71/72, S. 94–98

POHL, Heinz-Dieter (im Druck): Namen als Zeugen gemeinsamer Geschichte. Zur Namenkunde und historischen ethnischen Struktur in Österreichs Süden und Südosten. - Die slawischen Sprachen

SCHLIMPERT, Gerhard (1978): Slawische Personennamen in mittelalterlichen Quellen zur deutschen Geschichte. - (Deutsch-Slawische Forschungen zur Namenkunde und Siedlungsgeschichte; 32), Berlin

SCHUSTER-ŠEWC, Heinz (1967): Sorbische Sprachdenkmäler. 16.–18. Jahrhundert. - (Spisy Instituta za serbski ludospyt [Schriften des Instituts für sorbische Volksforschung; 31), Bautzen

SCHUSTER-ŠEWC, Heinz (1978-1996): Historisch-etymologisches Wörterbuch der ober- und niedersorbischen Sprache, Bde. 1–5. - Bautzen

SCHUSTER-ŠEWC, Heinz (1989): Die Bedeutung der mittelalterlichen altsorbischen (westslavischen?) Glossen für die sorbische Sprachgeschichte. - Die Welt der Slawen 34, 158–166

SCHUSTER-ŠEWC, Heinz (1991): Das Sorbische und der Stand seiner Erforschung. - Berlin (Sitzungsberichte der Sächsischen Akademie der Wissenschaften zu Leipzig / Phil.-hist. Kl.; 131, H. 5)

Słownik prasłowiański [Urslawisches Wörterbuch], Red. Franciszek Sławskiego, Bd 1ff. - Wrocław (et al.) 1974ff.

SPERLING, Walter (1994): Theorie, Methodik und Aufgaben der Landeskunde heute. - In: Haase, Günter / Bernhardt, Arnd (Hrsg.): Sächsisch-thüringische Landeskunde. Zur Gründung und zu den Aufgaben der Kommission für Sächsisch-thüringische Landeskunde der Sächsischen Akademie der Wissenschaften. (Sitzungsberichte der Sächsischen Akademie der Wissenschaften zu Leipzig / Math.-naturwiss. Kl.; 124, H. 6), Berlin, S. 19–37

ŠRÁMEK, Rudolf (1997a): Toponyma s etymonem *dub* 'Eiche' v češtině (Příspěvek k metodologii toponomastiky) [Toponyme mit dem Etymon *dub* 'Eiche' im Tschechischen. (Ein Beitrag zur Methodologie der Toponomastik)]. - In: Hengst, Karlheinz u.a. (Hrsg.): Wort und Name im deutsch-slavischen Sprachkontakt. Ernst Eichler von seinen Schülern und Freunden. (Bausteine zur Slavischen Philologie und Kulturgeschichte. Reihe A: Slavistische Forschungen. Neue Folge; 20), Köln (u.a.), S. 89–105

ŠRÁMEK, Rudolf (1997b): Zur Auswertung der Flurnamen slawischer Herkunft in Kals (mit Bemerkungen zum Ortsnamen *Kals*). - Österreichische Namenforschung 25 (Festschrift für Karl Odwarka), S. 207–212

Strukturní typy slovanské oikonymie. Die Strukturtypen der slawischen Ortsnamen. Ukázkový sešit. Probeheft. - Österreichische Namenforschung 21/1. Klagenfurt 1993

SVOBODA, Jan (1964): Staročeská osobní jména a naše příjmení [Alttschechische Personennamen und unsere Familiennamen]. - Praha

TASZYCKI, Witold (1926): Najdawniejsze staropolskie imiona osobowe [Die frühesten altpolnischen Personennamen]. - Kraków

TASZYCKI, Witold (Red.) (1965-1987): Słownik staropolskich nazw osobowych [Wörterbuch der altpolnischen Personennamen], Bd 1–7. - Wrocław (et al.)

TRAUTMANN, Reinhold (1948-1956): Die Elb- und Ostseeslavischen Ortsnamen, Bde. I–III. - Berlin

TRAUTMANN, Reinhold (1950): Die slavischen Ortsnamen Mecklenburgs und Holsteins. - 2. Aufl., Berlin

TRUBAČEV, Oleg Nikolaevič (Hrsg.) (1974ff.): Ètimologičeskij slovar' slavjanskich jazykov [Etymologisches Wörterbuch der slawischen Sprachen], Bd 1ff. - Moskva

UDOLPH, Jürgen (1979): Studien zu slavischen Gewässernamen und Gewässerbezeichnungen. - (Beiträge zur Namenforschung: Beiheft; 17), Heidelberg

WALTHER, Hans (1961): Bergbaunamen im sächsischen Erzgebirge. - Leipziger Namenkundliche Beiträge 1, S. 75–111 [Nachdr. in: Walther, Hans (1993): Zur Namenkunde und Siedlungsgeschichte Sachsens und Thüringens. Ausgewählte Beiträge 1953–1991. Leipzig, S. 463–499]

WALTHER, Hans (1990): Die Namenforschung als historische Hilfswissenschaft: Eigennamen als Geschichtsquelle. - (Studienmaterialien für die Aus- und Weiterbildung von Archivaren; 1), Potsdam

WALTHER, Hans (1997): Benennungsparallelismus bei der Eindeutschung des Altsorbengebietes um Leipzig im hohen Mittelalter. - In: Hengst, Karlheinz u.a. (Hrsg.): Wort und Name im deutsch-slavischen Sprachkontakt. Ernst Eichler von seinen Schülern und Freunden. (Bausteine zur Slavischen Philologie und Kulturgeschichte. Reihe A: Slavistische Forschungen. Neue Folge; 20), Köln (u.a.), S. 555–569

WALTHER, Hans (im Druck): Sprachgeschichtlich-landesgeschichtliche, insbesondere siedlungsgeschichtliche Lehre und Forschung im mitteldeutschen Osten in der Nachfolge Rudolf Kötzschkes während der vergangenen fünf Jahrzehnte. Vortrag am 23. Oktober 1996 auf der Tagung aus Anlaß der 90. Wiederkehr der Gründung des Seminars für Landesgeschichte und Siedlungskunde an der Universität Leipzig

WENZEL, Walter (1987-1994): Studien zu sorbischen Personennamen. 1. Systematische Darstellung (1987), 2. Historisch-etymologisches Wörterbuch. Bde. I–II (1991/92), 3. Namenatlas und Beiträge zur Siedlungsgeschichte (1994). - Bautzen

DL - BERICHTE UND DOKUMENTATIONEN, Heft 2 (1999)
Geographische Namen in ihrer Bedeutung für die
landeskundliche Forschung und Darstellung, S. 111-125

Johannes Kramer

Deutsche und italienische Toponomastik in Südtirol

Südtirol wurde endgültig römisch im Zuge des rätischen Feldzuges unter Tiberius und Drusus im Jahre 15 v. Chr. (vgl. CONTA 1989, bes. S. 13). Als es zu Beginn des 7. Jahrhunderts n. Chr. an die Bajuvaren fiel[1], hatte somit eine mehr als halbtausendjährige Romanisierung stattgefunden (vgl. CIURLETTI 1989, S. 87-95), und wir dürfen davon ausgehen, dass die – insgesamt spärliche – Bevölkerung eine aus dem Lateinischen hervorgegangene romanische Sprache verwendete (vgl. HAIDER 1985, bes. S. 175-176 und 235). Im frühen Mittelalter erfolgte eine weitgehende Germanisierung dieser Romanen, verbunden mit einem beachtlichen germanophonen Bevölkerungszustrom von nördlich des Brenners.[2] Im späten Mittelalter hatte sich dann *grosso modo* schon die Sprachenverteilung herausgebildet, wie sie noch am Anfang unseres Jahrhunderts existierte: Das ganze Land war deutschsprachig, mit Ausnahme lediglich der beiden Rückzugsgebiete Gadertal und Gröden, die um die Jahrtausendwende oder wenig davor von den aus tiefer gelegenen Gebieten verdrängten Romanen besiedelt wurden, die in ihrem Namen *Ladins* "Ladiner" das lateinische Erbe bewahren.[3] Bis in die frühe Neuzeit hinein gab es südlich von Bozen einige versprengte Sprachinseln, die zur Romanität des Trentino gehörten (vgl. GEROLA 1935/1936), und im Vintschgau westlich von Meran sprach man ro-

---

[1] Die Stammesbildung der Bajuvaren erfolgte erst zu Anfang des 6. Jahrhunderts (vgl. FISCHER 1995), und nicht vor der Mitte des 6. Jahrhunderts bemächtigten sie sich Nordtirols; der Brenner war spätestens 592 in ihrem Besitz, und erst um 765 wurden sie endgültig Herren der Bozner Gegend (vgl. HEUBERGER 1932, S. 143-145).

[2] Zu den Problemen der mittelalterlichen Romanität Südtirols vgl. die Beiträge der "Tavola rotonda III" (Thema: "La Romania alpina orientale") des 18. Internationalen Romanistentages, der 1986 in Trier stattfand: Actes du XVIIIe Congrès International de Linguistique et de Philologie Romanes, Bd 1. Tübingen 1992, S. 116-161.

[3] Zur Geschichte des (auch als Ethnonyms verwendeten) Glottonyms *ladin* vgl. KRAMER (1998, S. 109-115).

manische Varietäten, die ans Engadinische anschlossen[4]; spätestens seit dem 18. Jahrhundert gab es jedoch, abgesehen von den ladinischen Tälern, keine einheimische Romanität in Südtirol mehr. Nach dem Ersten Weltkrieg fiel Südtirol an Italien[5], und mit der Machtergreifung Mussolinis setzte eine forcierte Italianisierung ein, sei es durch Zwangsmaßnahmen gegen die Verwendung des Deutschen, sei es durch die Förderung der Ansiedlung italienischsprachiger Neubürger. Die sogenannte *Option* (*opzione*) des Jahres 1939, die klare nationale und sprachliche Verhältnisse – Bewahrung der deutschen Identität nur bei Abwanderung ins Deutsche Reich, Italianisierung der "Dableiber" – schaffen sollte, blieb infolge der Kriegsereignisse in den Anfängen stecken[6], und mit der deutschen Besetzung im Spätsommer 1943 kehrte das Deutsche in die Südtiroler Öffentlichkeit zurück. Seit dem Ende des Zweiten Weltkrieges hat Südtirol eine auf der nach Sprachgruppen getrennten Zweisprachigkeit basierende Autonomie; weniger als ein Drittel der Bevölkerung ist heute italienischer Muttersprache, mehr als zwei Drittel sprechen deutsch, daneben genießen noch die etwa 17.000 Ladiner einen sprachlichen Sonderstatus.[7]

Die Geschichte spiegelt sich in der Toponomastik wider: Mit Ausnahme der ladinischen Täler stellen überall im Lande die älteren Ortsnamen germanische, konkret südbairische, Weiterentwicklungen romanischer Bildungen dar, die ihrerseits als geradlinige volkssprachliche Weiterentwicklungen lateinischer und vorlateinischer Formen anzusehen sind; die jüngeren Ortsnamen sind deutsche Bildungen, die nach der bairischen Landnahme des 7. Jahrhunderts erfolgten. Heutzutage gibt es für jeden Ortsnamen neben der normalerweise jahrhundertealten deutschen auch eine in den allermeisten Fällen erst im 20. Jahrhundert entstandene italienische Form, die nach dem Wortlaut des Gesetzes im öffentlichen Gebrauch als erste, vor ihrer deutschen Entsprechung, zu nennen ist: *Bolzano / Bozen, Bressanone / Brixen, Chiusa / Klausen*. Mit der Geschichte dieser italienisch-deutschen Doppelnamigkeit wollen wir uns im folgenden beschäftigen.

Als die Truppen Italiens, das das Ende des Ersten Weltkrieges an der Seite der siegreichen Alliierten erlebte, am 4. November 1918 kampflos bis zum Brenner vorrückten, gab es kaum klare Vorstellungen darüber, was man mit den neueroberten Gebieten und seinen Bewohnern

---

[4] Ein Register von Kühen, das auf 1348-1351 datiert ist, hat sich im Archiv von Latsch erhalten, vgl. GEROLA (1933/1934). – Zu den Zeugnissen über ein sporadisches Fortbestehen der einheimischen romanischen Mundart im Obervintschgau bis etwa um 1750 vgl. STOLZ (Bd 4, 1934, S. 58-75).

[5] Zur Geschichte Südtirols als Teil Italiens vgl. Geschichte des Landes Tirol, Bd 4,1 (darin: Othmar PARTELI, "Südtirol 1918-1970"); Handbuch zur neueren Zeitgeschichte Tirols, Bd 2: Zeitgeschichte, Innsbruck 1993; zur Sprachpolitik vgl. KRAMER (1981).

[6] Vgl. KIRCHLER / TASSER (1989); STUHLPFARRER (1985); AMONN (1982).

[7] Von den 422.851 Sprachgruppenzugehörigkeitserklärungen der Volkszählung von 1991 entfielen 68,27% auf das Deutsche, 27,42% auf das Italienische und 4,3% auf das Ladinische. Die Landeshauptstadt Bozen mit ihren etwa 98.000 Einwohnern ist allerdings zu 73% italienischsprachig, in der zweitgrößten Stadt Meran (34.000 Einwohner) halten sich die beiden Sprachgruppen ziemlich genau die Waage; auf dem Lande ist die überwiegende Mehrheit der Bevölkerung deutschsprachig (abgesehen von den zu über 90% ladinischen Tälern Gröden und Gadertal).

eigentlich anfangen sollte (vgl. CORSINI / LILL 1988, S. 53-63). Lediglich einige extrem nationalistische Kreise, die an die Stelle des alten *risorgimento*-Ideals von der Vereinigung aller Italiener – aber auch nur dieser – im Gefüge eines einzigen Staates das Streben nach den vermeintlich natürlichen Grenzen Italiens, den Wasserscheiden am Alpenhauptkamm[8], gesetzt hatten, hatten ein klares Ziel: *italianità* um jeden Preis.

Einer der lautesten Propagandisten dieser Richtung war Ettore Tolomei (1865-1952), der, aufgewachsen in einer Atmosphäre des radikalen *irredentismo,* seit etwa 1890 publizistisch für Ansprüche auf alle möglichen Gebiete im näheren oder ferneren Umfeld Italiens (nicht nur das übliche Trient und Triest, Görz und Fiume, sondern auch Malta, Tripoli, Bengasi, Nizza) getrommelt hatte[9]; bald schon aber schoss er sich auf ein einziges Ziel ein, das er monoman bis an sein Lebensende verfolgen sollte, das Vorschieben der Grenze Italiens an den Brenner und die Konsolidierung des Hinterlandes durch Stärkung des italienischen und Schwächung des deutschen Elementes.

In diesem Zusammenhang wurde Tolomei schon bald auf die propagandistische Wirkung aufmerksam, die man mit Ortsnamen erzielen kann, und bereits im ersten Band seines „Archivio per l'Alto Adige" findet sich ein programmatischer Beitrag mit dem Titel „La toponomastica dell'Alto Adige" (TOLOMEI 1906): Die Grundidee bestand darin, dass Namen ältere Sprachverhältnisse widerspiegeln und somit ein historisches Argument für die Rekonstruktion von ursprünglichen Zusammengehörigkeiten sein können, die im Laufe der jüngeren Geschichte überlagert wurden.

Tolomei traf bezüglich der italienischen Namen für Orte in Südtirol auf einige für seine Absichten günstige Rahmenbedingungen. Das Italienische ist – in guter lateinischer Tadition – von jeher sehr offen für die Bildung eigensprachliche Formen fremder Namen gewesen, und so gibt es beispielsweise Exonyme für die meisten wichtigen Städte des deutschen Sprachraumes, nicht nur im Falle von Metropolen wie *Berlino, Monaco, Amburgo, Francoforte, Colonia, Stoccarda, Vienna,* sondern auch bei kleineren Orten wie *Bamberga, Friburgo, Treviri* oder *Frisinga* (vgl. KRAMER 1996, bes. S. 45-47). Kein Wunder also, dass es auch für die größeren Ortschaften Südtirols Exonyme gab: 25 genossen sogar amtliche Anerkennung als "sprachübliche Namen", und auch darüber hinaus nahm man sich die Freiheit, sich deutsche Namen "mundgerechter" zu machen. Bei diesen *ad-hoc*-Adaptationen haben wir es aber keineswegs mit einem bewussten Italianisierungsprogramm in irredentistischem Geiste, sondern einfach mit Sprachbequemlichkeit zu tun.

---

[8] Die sogenannte "Wasserscheidentheorie", die letztlich mit Montesquieus "limites naturelles" zu verbinden ist (vgl. POUNDS 1954), wurde von dem italienischen Geographen Giovanni Marinelli formuliert und von seinem Sohn Olinto Marinelli weiterentwickelt. «Die Theorie von den "natürlichen Grenzen" gehörte schon vor 1914 vielfach zum Allgemeingut der Anschauungen von Politikern und Wissenschaftlern in den verschiedenen Ländern Europas; in Italien speziell war dies bereits seit Giuseppe Mazzini ein Axiom des italienischen Schulbuches geworden" (STEURER, Leopold, in: Handbuch zur neueren Geschichte Tirols, Bd 2, 1993, S. 199).

[9] Zur Familiengeschichte und zur Jugend von E. Tolomei vgl. FRAMKE (1987, S. 41-58); FERRANDI (1986).

Zu einem Programm wurde die Italianisierung der Namen erst unter den Händen von Ettore Tolomei. Er ging vom Großen zum Kleinen, d.h. er prägte zunächst einen italienischen Namen für das ganze Land, kam dann zu den Städten und Dörfern, um schließlich Weiler und Gehöftegruppen zu benennen – *fino all'ultimo casolare,* wie sein Schlagwort lautete.[10]
Einen präzisen eigentlichen Namen für das Land zwischen dem Brenner und dem italienischsprachigen Trentino gab es zu Beginn unseres Jahrhunderts nicht; zwar ist *Südtirol* schon 1839 belegt, aber man meinte damit entweder alle österreichischen Gebiete südlich des Brenners, d.h. Deutsch-Südtirol und Welsch-Tirol (= Trentino)[11], oder auch nur das Trentino; im heutigen Sinne existiert die Bezeichnung *Südtirol* erst, seitdem das Land durch die italienische Annektion des Jahres 1918 politisch vom Rest Tirols getrennt ist. Im Italienischen sagte man in der zweiten Hälfte des 19. Jahrhunderts meist *Alto Trentino,* und in seinen frühen Publikationen von 1890 verwendete auch Ettore Tolomei diesen Namen in aller Selbstverständlichkeit.[12] Als dann aber 1906 die Beschäftigung mit dem Gebiet «fra Salorno e il Brennero» zu seinem einzigen Lebensinhalt wurde, griff er auf *Alto Adige*[13] zurück, den Namen, der während der kurzen Zugehörigkeit (1810-1813) zum *Regno d'Italia* von Napoleons Gnaden das Dipartimento benannt hatte, welches das ganze Trentino und den südlichen Teil des heutigen Südtirol umfasste.[14] Da Reminiszenzen an das *Regno d'Italia* in Irredentisten-Kreisen immer beliebt waren, gerieten auch die Namen der Dipartimenti nie ganz in Vergessenheit, und so taucht auch *Alto Adige* im Laufe des 19. Jahrhunderts gelegentlich auf, freilich normalerweise als Bezeichnung des Trentino.[15] Erst Ettore Tolomei gab dem Namen im Jahre 1906 seine neue Bedeutung als Bezeichnung für das Gebiet zwischen Brenner und Salurner Klause.[16] Mit seinem neuen Inhalt wurde der Name *Alto Adige* in Italien zwischen 1906 und 1909 völlig geläufig (vgl. TOLOMEI 1932, bes. S. 484) und verdrängte alle konkurrierenden Bezeichnungen, die ja sowieso kaum eingebürgert waren.[17]

---

[10] Vgl. Prontuario dei nomi locali dell'Alto Adige, Roma 1935, S. 41.
[11] STAFFLER (1839, S. 100): „Hat man den langen und gewaltigen Bergrücken des Brenners im Auge, der die Wasserscheide nicht unbeträchtlicher Flüsse enthält, der, von Westen nach Osten ziehend, das Land in zwei große Hälften theilt: so nennt man ohne weitere Rücksicht jene, die diesem nördlich liegt, ‚Nordtirol', und das jenseits gelegene Gebieth ‚Südtirol'".
[12] Vgl. z.B. TRIDENTINUS (1904). Tolomei spricht beispielsweise 1890 in seinem Aufsatz "Le Alpi e i confini etnografici d'Italia" (La Nazione 1, 1; abgedruckt bei FREIBERG, Bd 2, 1990, S. 26-27) von den «valli tedesche dell'Alto Trentino».
[13] Zur Namengeschichte, vgl. jetzt SCHWEICKARD (Bd 1, 1997, S. 15); MASTRELLI (1998); KRAMER (1999).
[14] Einen Eindruck vermittelt die Übersichtskarte in der „Geschichte des Landes Tirol", Bd 2, 1986, S. 538. Die Grenze zwischen dem italienischen Dipartimento Alto Adige und dem bayerischen Innkreis verlief nördlich von Bozen (im Etschtal war Lana der Grenzort, im Eisacktal Waidbruck); Schlanders, Meran, Klausen, Brixen und Bruneck gehörten also nicht zum Dipartimento Alto Adige, sondern zum Innkreis. Toblach gehörte zum Dipartimento Piave, und Innichen wurde zum Grenzort der direkt zu Frankreich gehörigen Illyrischen Provinzen („Province de Carinthie").
[15] Noch bis 1904 erschien in Trient eine einzig auf die Verbreitung im Trentino abgestellte Zeitung mit dem Titel „L'Alto Adige".
[16] Ettore Tolomei hat immer betont, dass er die Bezeichnung in rein geographischem Sinne verstand, als griffige Kurzformel für das Gebiet am Oberlauf eines großen Flusses Italiens (vgl. TOLOMEI 1906, bes. 156-158), und dass er dem Namen einen neuen Sinn gegeben habe, der nichts mehr mit dem des napoleonischen Dipartimento zu tun habe (vgl. TOLOMEI 1932, bes. S. 484).
[17] Nur in Trient tat man sich mit dem Verzicht auf den gewohnten Namen „Alto Trentino" schwer (vgl. TOLOMEI 1923). Benito Mussolini sprach noch 1926 vom „*Alto Trentino*" (vgl. FREIBERG 1989, S. 127).

Die italienischen Ortsnamen für Südtirol wurden von Ettore Tolomei in fünf Hauptetappen geschaffen: Nachdem er sogleich im ersten Jahrgang des *Archivio per l'Alto Adige* im Jahre 1906 die Grundpfeiler gelegt hatte (vgl. TOLOMEI 1906), lieferte Ettore DE TONI (1909) die praktische Ausführung, eine italienisch-deutsche und eine deutsch-italienische Liste von etwa 500 Namen. Sie wurde jedoch kaum rezipiert, zumal der einflussreiche *Touring Club Italiano* sich weigerte, künstliche Neubenennungen aufzunehmen; von offizieller Seite wollte man alles vermeiden, was die sowieso schwierigen Beziehungen zum Dreibund-Partner Österreich hätte belasten können. Nach Kriegsausbruch ließ Tolomei in aller Eile eine auf etwa tausend Namen erweiterte Neufassung der Liste von 1909 erscheinen[18], die zwar als solche ebenfalls keine Breitenwirkung hatte, aber immerhin indirekt dazu führte, dass Tolomei im Februar 1916 in die Kommission der Königlichen geographischen Gesellschaft berufen wurde, die Ortsnamen für die zu erobernden Gebiete an der östlichen Adriaküste und in den Alpen erarbeiten sollte. In etwa 40 Tagen schufen Tolomei und seine Mitarbeiter rund 12.000 Ortsnamen[19], die freilich zunächst wieder in der Schublade verschwanden: Luigi Bertarelli, der Präsident des *TCI*, verhinderte durch seine wissenschaftliche und politische Autorität, dass diesen Namen offizielle Anerkennung gegeben wurde. Auch nach dem Sieg Italiens gelang es Tolomei trotz fieberhafter Aktivitäten nicht, seine Ortsnamen durchzusetzen; erst die Machtergreifung von Mussolinis *fascisti* am 28. Oktober 1922 machte den Weg frei, und mit königlichem Dekret vom 29. 3. 1923 erhielt die Ortsnamenliste von 1916 Gesetzeskraft. Eine leicht erweiterte und in einigen Punkten verbesserte zweite Auflage erschien dann 1929[20], und schließlich erschien 1935 die bis heute vor dem Gesetz gültige dritte Auflage mit etwa 16.300 Toponymen[21].

Ettore Tolomei hat nie den leisesten Zweifel darüber gelassen, dass er mit seiner Prägung italienischer Ortsnamen[22] ein politisches, nicht ein historisch-philologisches Ziel verfolgte: Nicht um die korrekte Rückführung der Toponyme auf ihre etymologischen Wurzeln, sondern um die Unterstreichung der Italianität Südtirols ging es ihm.[23] Freilich war ihm sehr daran

---

[18] Vgl. Prontuario toponomastico dell'Alto Adige. - AAA 10, 1915, S. 235-262.
[19] Vgl. Prontuario dei nomi locali dell'Alto Adige. - AAA 11, 1916, S. 3-140.
[20] Vgl. Prontuario dei nomi locali dell'Alto Adige. - Seconda edizione, Roma 1929.
[21] Vgl. Prontuario dei nomi locali dell'Alto Adige. - Roma 1935. Vgl. dazu KÜHEBACHER (1978). Das „Prontuario" von 1935 erhielt durch das Ministerialdekret vom 10. 7. 1940 bezüglich der italienischen Formen Gesetzeskraft (Text des Dekretes in: FREIBERG, Bd 2, 1990, S. 282).
[22] Zur Ortsnamenpägung durch Ettore Tolomei, die in nahezu jeder Behandlung der modernen Geschichte Südtirols zumindest erwähnt werden muss, gibt es inzwischen eine stattliche Literatur. An Spezialstudien seien hier in zeitlicher Reihung genannt: KÜHEBACHER (1978); PELLEGRINI (1979); KRAMER (1980); KRAMER (1981, S. 163-189: „Die Italianisierung der Ortsnamen"); PELLEGRINI (1985); KRAMER (1985); FRAMKE (1987, S. 185-194: „Das System der Namenitalianisierung"); GIAIMO (1988); PELLEGRINI (1992, S. 357-381: „A proposito di bilinguismo nella toponomastica"); KRAMER (1996).
[23] TOLOMEI (1906, bes. S. 138): «Certo sarebbe più cauto restringersi ai nomi che son fuor di dubbio e d'uso comune, e per gli altri limitarsi alle indagini. Ma la toponomastica dell'Alto Adige non urge di ricostruirla senza indugio. [- - -] Vorremmo che i nostri studi dessero frutto immediato con la pratica accettazione comune dei nomi». Und noch klarer in einem Brief an General Luigi Amantea vom 23. Januar 1919: «Se vogliamo applicare al paese la veste almeno esterna della italianità, se vogliamo che il germanismo si riduca al valore di idioma locale, senza pericolo di efficienza separatista, occorre la immediata introduzione del nome bilingue. E` appunto adesso, in questi mesi, in queste settimane, che preme ed urge dare al mondo la sensazione del paese mistilingue, qual'è in realtà, e non già esclusivamente tedesco, quale lo si è fatto finora ap-

gelegen, seiner Arbeit den Anstrich der Wissenschaftlichkeit zu geben, und so liegt es nahe, dass er recht genau über die Vorgehensweisen Auskunft gibt, die er angewandt hat. Grundsätzlich kennt er drei Möglichkeiten, eine italienische Toponomastik zu schaffen: *restituire*, d. h. die unter den deutschen Weiterentwicklungen verborgene ursprüngliche romanische Form wiederherzustellen, *sostituire*, d.h. eine deutsche Benennung durch eine italienische, die damit nichts zu tun hat, aber dennoch historisch begründet ist, ersetzen, und schließlich *creare*, d.h. völlig neue Namen prägen.[24]

1. Tolomeis liebste Vorgehensweise war die *restituzione di nomi antichi italiani*, und hierbei kannte er drei verschiedene Vorgehensweisen:

1a. Übernahme der ladinischen Ortsnamen mit leichten Anpassungen an das System der italienischen Schriftsprache: *Funés* = *Villnöss*, *Longega* = *Zwischenwasser*, Antermoia = *Untermoi*, Ortisei = *St. Ulrich*, Selva = *Wolkenstein*, Diese Vorgehensweise lag nahe, wenn man, wie Ettore Tolomei es in Übereinstimmung mit den meisten italienischen Sprachwissenschaftlern seiner Zeit tat, das Ladinische für einen Dialekt des Italienischen hielt. Freilich wurden die ladinischen Ortsnamen keineswegs immer herangezogen, und besonders bei bekannteren Orten kamen sie nicht zum Zuge – aus *Brixen* wurde nicht etwa *Pursenù*, aus *Klausen* nicht *Tlùses* und aus *Säben* nicht *Seo*.[25]

1b. Für größere Orte griff Tolomei auf die geläufigen italienischen Exonyme zurück: *Bressanone, Chiusa, Sabiona, Bolzano, Ora*. Allerdings wurde auch dieses Kriterium nicht durchgehend angewendet: Zum einen zog Tolomei in Fällen, wo man an eine echte oder vermeintliche römische Tradition anknüpfen konnte, antikisierende Formen vor. Das gilt beispielsweise für *Sterzing*, wo statt des im Trentino üblichen Exonyms *Stérzen* mit *Vipiteno* eine Anknüpfung an den römischen Kastellnamen *Vipitenum* gesucht wurde. Manchmal gefielen Tolomei existierende italienische Namensformen einfach nicht, weil sie zu "plump" waren[26]: *Sibizzicróm* für *Siegmundskron* oder *Milbacco* für *Mühlbach* fanden keine Gnade vor den Augen des Namensprägers.

1c. Insgesamt gesehen lagen allerdings nur für die wenigsten Namen ladinische oder italienische Formen bereits vor. Im Normalfall galt es, für einen deutschen Namen eine

---

parire, tanto agli occhi dei visitatori stranieri, quanto a quelli dei tedeschi ed italiani indigeni» (FREIBERG, Bd 2, 1990, S. 264).

[24] Prontuario dei nomi locali dell'Alto Adige. Roma 1935, S. 7: «restituire, cioè, nell'uso le voci originarie latine o italiane, quasi irriconoscibili in molti casi sotto la secolare deformazione tedesca, e talora sostituire alcuni nomi, ed anche crearne».

[25] Die Form des oberen Gadertals lautet nach der heutigen Schulschreibweise *Jéo* (*j* auszusprechen wie im Französischen) oder *Jòn*, im Dialekt von Enneberg sagt man *Jèn* und in Gröden *Jévun* (vgl. CRAFFONARA 1989, bes. S. 54).

[26] Prontuario dei nomi locali dell'Alto Adige, Roma 1935, S. 22: «La toponomastica dell'Alto Adige va trattata in rapporto al fatto dell'avanzata etnica nostra. Non dev'essere accademica, ma pratica. Sopra ogni altro, fra i tanti e complessi criteri che governano questa resurrezione, quello dell'uso vivo di nomi entrati orami da luno in consuetudine, doveva avera la prevalenza indiscussa. Talvolta la deformazione è troppo goffa, il nome si presenta stranamente corrotto o storpiato nei modi più curiosi e in forme diverse o incostanti: questi non sono accettabili, ma piuttosto da sostituirsi con le antiche o con varianti e rifacimenti italiani».

völlig neue italienische Form zu schaffen, und hier war bei weitem die beliebteste Vorgehensweise die Rekonstruktion einer italienischen Namensform auf der Basis der Etymologie. In einem Lande wie Südtirol, das vor der mittelalterlichen Germanisierung bereits tiefgreifend romanisiert gewesen war, war eine solche Vorgehensweise prinzipiell in vielen Fällen möglich, wenn auch nicht übersehen werden darf, dass eine *petitio principii,* von der Tolomei ausging, im Grunde ahistorisch ist: Tolomei machte keinen wirklichen Unterschied zwischen Latein, Romanisch und Italienisch, und daher waren für ihn die Feststellung des Etymons und die Rekonstruktion einer italienischen Namensform nahezu dasselbe. *Gfrar* geht auf *Caprarium* zurück, also erhielt der Ort den Namen *Capararo, Kematen* kommt von lateinisch *Caminata* und erhielt daher diesen Namen im Italienischen, *Tschantschafron* ist von *Campus Capronis* herzuleiten, also lautet die Italianisierung *Campo Caprone*; streng genommen haben wir es hier natürlich nur mit einer oberflächlichen Italianisierung lateinischer Formen zu tun, denn eine wirkliche *restituzione dell'antico nome* hätte sich natürlich an die lokalen Lautregeln der Südtiroler Romanität halten müssen, und wir hätten, wenn man sich am Ladinischen orientiert hätte, *Ciavrè, Ciaminèda* und *Ciamp Ciavron,* oder, wenn man sich eher am Trentinischen ausgerichtet hätte, *Cavrer, Caminada* und *Camp Cavron* erhalten. Eigentlich hat Tolomei bei seiner als *restituzione dell'antico nome* gemeinten Italianisierung den Ortsnamen Südtirols nur ihre lateinische Gestalt wiedergegeben und sie dann mit einer italienischen Endung versehen. Würde Südtirol an die Toskana, die Heimat der italienischen Schriftsprache, angrenzen, wo die lautliche Wegentwicklung vom Lateinischen nicht übermäßig groß ist, wäre eine derartige Vorgehensweise *à la rigueur* als sprachhistorisch gerechtfertigt zu klassifizieren gewesen, in Norditalien hingegen haben wir es, wenn man so will, lediglich mit einer Antikisierung zu tun.[27]

2. Im Falle der zahlreichen Ortsnamen, die erst nach der bairischen Landnahme entstanden waren und für die es folglich keine lateinisch-romanischen Namen gab, die man hätte restituieren können, war natürliche keine *restituzione dell'antico nome* möglich; hier war *sostituire* angesagt.

2a. Bei der *sostituzione* war Tolomeis liebste Vorgehensweise die Übersetzung.[28] Das war natürlich einfach bei den – meist relativ jungen – problemlos verständlichen Ortsnamen wie *Mittelberg* = *Monte di Mezzo, Mittewald* = *Mezzaselva, Brunnberg* = *Monte-*

---

[27] Das faschistische Italien hat auch echte italienische Ortsnamen mehrfach durch ihre antiken Entsprechungen ersetzen lassen. Beispiele dafür gibt es etwa in Sizilien: Aus *Girgenti* wurde 1927 *Agrigento,* aus *Terranova* wurde *Gela,* aus *Castrogiovanni* wurde *Enna,* aus *Monte San Giuliano* wurde *Erice.*

[28] Tolomei war sich der Tatsache durchaus bewusst, dass es hier um Neuschöpfung, nicht um Wiederherstellung ging, aber seiner Meinung nach hätte – anders als im Aosta-Tal, wo eine gemeinsame Romanität vorliegt und die Dialekte Italiens allmählich in die Frankreichs übergehen («i dialetti nostri sfumano nell'idioma di Francia insensibilmente, la radice è comune, latina, latina in ogni maniera la toponomastica») – eine deutsche Toponomastik einen "sehr schwerwiegenden und unerträglichen fremden Bestandteil in die Toponomastik der Halbinsel getragen" («la nomenclatura odierna avrebbe portato un ben grave e intollerabile contingente straniero nella toponomastica della Penisola») (Prontuario dei nomi locali dell'Alto Adige, Roma 1935, S. 21).

fontana, Roßkopf = *Monte Cavallo, Freiberg* = *Montefranco*. Schwieriger war es bei Formen, die ausgehend von der deutschen Schriftsprache, die Tolomei einigermaßen beherrschte, nicht zu erklären waren, sondern für die man sprachhistorische und/oder dialektologische Fachkenntnisse haben musste. Bei Tolomeis ersten Kommissionen war kein Germanist beteiligt, und als der Romanist Carlo Battisti, der sich immerhin in der Germanistik gut auskannte, in die Namengebungsarbeit einstieg, waren die meisten italienischen Namen schon geprägt und nicht mehr rückgängig zu machen[29]. So erklärt es sich, dass – trotz der von Tolomei immer gerne betonten Vertrautheit mit den lokalen Sprachverhältnissen – gar manches Missverständnis in die italienischen Übersetzungsnamen eingeflossen ist, von Unachtsamkeiten wie *Kitzkogel* = *Monte Agnello* (korrekt wäre *Monte Capretto*) bis zu echten Fehlinterpretationen wie *Schuher* = *Scarpa* (korrekt wäre *Taglio*) oder *Regensberg* = *Monte Piovoso* (korrekt wäre *Monte Rodani*).

2b. Einen Sonderfall der Übersetzung findet man bei der Hagiotoponomastik, also konkret bei den in Südtirol recht häufigen Benennungen von Orten nach dem Patron der Dorfkirche. Im allgemeinen reichte es hier, die italienische Entsprechung des deutschen Heiligennamens zu wählen: *Santa Caterina* = *Sankt Kathrein, Santa Maddalena* = *Sankt Magdalena, Sankt Walburg* = *Santa Valburga, Sant'Andrea* = *Sankt Andrä, San Giorgio* = *Sankt Georgen, San Giovanni* = *Sankt Johann*. Abgewichen wurde dann von diesem Verfahren, wenn sich die Möglichkeit einer *restituzione del nome antico* ergab; so wurde für *Sankt Ulrich*, für das zunächst *Sant'Ulderico* gewählt worden war[30], *Ortisei*, eine italienische Adaptation des ladinischen Namens *Urtijëi*, eingesetzt. Bei *Sankt Lorenzen* stellte sich die Identität mit dem antiken *Sebatum* zu spät heraus; der lateinische Name ist hier nur Zusatz: *San Lorenzo di Sebato*. Es gibt auch Ortsnamen, die nur in der italienischen Form ein *San(to)*, nicht aber in der deutschen Form ein *Sankt* mitführen: *San Genesio*, aber *Jenesien*[31], *Santo Stefano*, aber *Stefansdorf, San Quirino*, aber *Quirein*. Ein besonderer Fall ist *Innichen*, das schon im 19.Jahrhundert auf Italienisch *San Candido* (nach dem Patron der Pfarrkirche) genannt wurde und daher diesen Namen beibehielt. Die Vermeidung einer als anstößig empfundenen Form liegt wohl im Falle des Dorfes *Saubach* vor, das im Gegensatz zum gleichnamigen Bächlein nicht zu *Rio (della) Troia* wurde, sondern nach dem Ortspatron *Sant'Ingenuino* benannt wurde; aus demselben Grund taucht übrigens im 19. Jahrhundert auch in deutschen Quellen gelegentlich *Ingenuinmalgrei*[32] auf.

---

[29] Eine germanistisch zuverlässige und etymologisch gut dokumentierte Sammlung der deutschen Wörter (einschließlich alt- und mittelhochdeutscher sowie dialekaler Formen), die in der Südtiroler Toponomastik vorkommen, erschien erst nach der Publikation der letzten Auflage des „Prontuario" (vgl. BATTISTI 1940).
[30] Vgl. Prontuario toponomastico dell'Alto Adige. - AAA 10, 1915, S. 235-262, bes. S 249.
[31] KÜHEBACHER (1991, S. 172): «Das *Sankt* wurde seit dem 18. Jh. weggelassen, aber in der mundartlichen Form *Senési* ist noch das anlautende *S*- von *Sankt* erhalten».
[32] Beleg von 1885 (vgl. KÜHEBACHER 1991, S. 409).

2c. Es gab eine Menge Fälle, in denen weder die etymologischen noch die übersetzerischen Fähigkeiten von Tolomei und seinen Mitarbeitern ausreichten, um nach den bislang beschriebenen Vorgehensweisen einen passablen italienischen Namen hinzubekommen. Bei diesen *casi irriducibili*[33] war zunächst einmal *italianiare* angesagt, also das künstlich nachzuvollziehen, was in Fällen wie *Póchi* = *Buchholz* oder *Laives* = *Leifers* im lebendigen mündlichen Sprachkontakt erfolgt war (1b), d.h. eine Adaptation deutscher Formen an italienische Aussprachegewohnheiten. Einige wenige Namen waren in Lautung wie Schreibung auch für (Nord-)Italiener akzeptabel und konnten daher unverändert bleiben: *Albions, Gomagoi, Gries, Lana, Plan, Plaus, Rie, Seres, Trens.* Bei einigen anderen mussten nur orthographische Eingriffe durchgeführt werden: *Alliz = Allitz, Cierfs = Tschierfs, Lazfons = Latzfons, Naz = Natz, Pedraces = Pedratsches, Pez = Petz, Scena = Schönna*. Vielfach war eine passende italienische Form auch durch den Einschub eines Sprechvokals zu erzielen: *Flanes = Flans, Lunes = Luns, Pennes = Pens, Stulles = Stuls, Tires = Tiers, Tiles = Tils*. Eine weitere Adaptationsmöglichkeit lag in der Einreihung in die häufigste Klasse der italienischen Maskulina durch Anhängen eines *-o*: *Brennero = Brenner, Gleno = Glen, Martello = Martell, Grissiano = Grissian, Tarnello = Tarnell, Terlano = Terlan*.[34] Schließlich ist hier noch eine Adaptationsform zu nennen, die darauf beruht, dass in einem Teil des Südtiroler Sprachgebietes die deutsche Endung *-er* wie *-a* ausgesprochen wird, worin Tolomei eine Möglichkeit zur Italianisierung "nach Art der (italienischen) Landbevölkerung", *secondo l'uso rurale,* sah.[35]

3. In den vergleichsweise wenigen Fällen, wo weder *restituire* noch *sostituire* nach den aufgezeigten Methoden zum Ziele führten, blieb nur *creare*. Das tat Tolomei nicht gerne. Nach einem rhetorischen Feuerwerk unter dem Motto "Italien hat in der Toponomastik völlig freie Hand – *vae victis*"[36] folgt dann die zurückhaltende Feststellung: "Es wurden im *Prontuario* nur sehr wenig Neuschöpfungen (*creazioni*) oder histori-

---

[33] Prontuario dei nomi locali dell'Alto Adige, Roma 1935, S. 24.
[34] In seiner hymnischen Besprechung des *Prontuario* von 1935 verweist Carlo Battisti darauf, dass Tolomeis «chiara visione dell'importanza storica del nome pretedesco» Südtirol eine «toponomastica bastarda» erspart habe, wie man sie in den annektierten slawischen Gebieten finde, denn während Tolomei *Sterzinga* oder *Sterzingo* vermieden habe, «la commissione toonomastica della Venezia Giulia ritenne opportuno proprio questo processo di adattamento e ci regalò delle migliaia di ibridi sloveno- o croato-italiani, in cui di nostro non c'è che la sola desinenza» (BATTISTI 1940b, bes. S. 670). Richtig ist, dass Tolomei diese Vorgehensweise nicht liebte, aber man muss auch hinzufügen, dass beinahe ein Viertel der Namen nach genau dieser Vorgehensweise gebildet wurde, deutscher Name mit (nord-)italienischer Endung.
[35] Prontuario dei nomi locali dell'Alto Adige, Roma 1935, S. 25: «Per questi casi irriducibili non restò altro criterio che quello d'una deformazione italiana superficiale, in perfetta analogia con quanto suol fare, nella sua spontanea avanzata e nella sua incoscia conquista, l'elemento rurale italiano di quelle valli (così *Harneller, Trenker, Fohrer, Taser,* transliterati all'italiana in *Ornèlla, Trenca, Fara, Tasa,* ecc.). A questo proposito si noti che la pronuncia dialettale tedesca (tirolese) deforma sempre la desinenza *er* in *a* ciò che rende il più delle volte abbastanza facile questo adattamento che casi irriducibili secondo l'uso rurale».
[36] Prontuario dei nomi locali dell'Alto Adige, Roma 1935, S. 26: «Siamo di fronte alla conquista, all'intervento statale, all'imposizione di scritte e di tabelle nostre. Abbiamo le mani libere. Manteniamo bensì l'opportunissimo criterio del tenerci coi rifacimenti il più possibile vicini alle forme preesistenti, ma se torni talvolta d'usare maggior libertà e larghezza, l'usiamo».

sche Rekonstruktionen vorgeschlagen"[37] – und als Beispiel für eine historische Rekonstruktion, eine *resurrezione del nome antico*, kommt dann *Vipiteno*, das dem alten Exonym *Stérzen* vorgezogen wurde, weil es nicht um ein Dörfchen, sondern um eine wichtige Stadt geht, deren historische Rückbindung an eine römerzeitliche Siedlung zu demonstrieren war. Es gibt aber abgesehen von solchen Rückgriffen auf die geschichtliche Vergangenheit auch andere *creazioni*, die normalerweise ganz unauffällig sind und meist an geographische Gegebenheiten anknüpfen, wie z.B. die Umbennenung von *Sonnenburg* am Eingang des Abteitales (*Val Badia*) in *Castelbadia* oder von *Pfeffersberg* in *Monteponente* (westlich von Brixen, daher *ponente*). Bildungen wie *Alexandria* oder *Stalingrad*, also Benennungen nach lebenden Politikern, passten nicht in den Pseudo-Historismus von Tolomeis Namenkosmos, so dass Südtirol ein *Mussolinopoli* oder ein *Ducìa* erspart blieb.

Ein besonderer Fall ist der Gipfelname *Vetta d'Italia* für den *Glockenkarkopf*, denn dieser Umbenennung liegt eine nicht unamüsante Episode zugrunde: Am 16. Juli 1904 hatte Ettore Tolomei in Begleitung seines Bruders Ferruccio, seines römischen Freundes Enrico Aliata und zweier Damen aus dem Trentino, Elvira und Ilda Tommasi, mit Hilfe des Bergführers Franz Gasser den Glockenkarkopf (2913 m), keinen sehr anspruchsvollen und auch längst bezwungenen Berg, bestiegen und dort ein großes I einmeißeln lassen, angeblich zu Ehren des Vornamens einer seiner Begleiterinnen, Ilda. «Gasser schlug brav das I in den Fels, das Tolomei dann mit einem triumphierenden Lächeln betrachtete».[38] Tolomei schilderte seine angebliche Erstbesteigung ausführlichst im Organ des italienischen Alpenvereins (vgl. TOLOMEI 1905) und verschaffte so dem von ihm selbst erfundenen Namen *Vetta d'Italia* eine Popularität, die später noch eine gewisse Wichtigkeit bekommen sollte.[39]

Wenn man Tolomeis Namengebungsaktion im europäischen Zusammenhang sehen will, dann fällt auf, dass die einzige wirkliche Besonderheit darin zu sehen ist, dass wir es in der Tat mit dem monomanisch betriebenen Programm eines einzigen Mannes zu tun haben. Weit verbreitet war hingegen die Grundidee vom namenkundlich zu untermauernden *ius soli*: Man projizierte – in vielerlei Hinsicht ahistorisch – die Nationalitäten der Gegenwart in die Ver-

---

[37] Prontuario dei nomi locali dell'Alto Adige, Roma 1935, S. 26: «Poiché la norma di scostarci il meno possibile dalle forme accettate e dell'uso è stata per noi costante e strettamente imperativa, le creazioni oricostruzioni storiche proposte nel *Prontuario* sono pochissime».

[38] RAMPOLD (1972, S. 296); vgl. auch die ausführliche Darstellung der Episode von HARTNER-SEBERICH (1960).

[39] Bei den Friedensverhandlungeen von St. Germain im Jahre 1919 machte der Name *Vetta d'Italia* durchaus Eindruck auf den amerikanischen Präsidenten Wilson (vgl. RITSCHEL 1966, S. 98), wenn es auch natürlich abwegig ist, behaupten zu wollen, dieser Name habe entscheidend zur Ziehung der österreichisch-italienischen Grenze entlang der Alpenhauptwasserscheide beigetragen; es war vielmehr längst beschlossene Sache, dass Italien dafür, dass die meisten seiner Ansprüche gegenüber dem neu entstandenen Jugoslawien nicht befriedigt werden konnten, mit Gebietsgewinnen gegenüber dem am Boden liegenden Österreich entschädigt werden sollte, aber in diesem Zusammenhang kam es natürlich propagandistisch gerade recht, dass Tolomeis namenkundliche Nebelkerzen die Tatsache zu verschleiern halfen, dass das so oft beschworene Prinzip der Selbstbestimmung der Völker hinter machtpolitischen Überlegungen zurückzutreten hatte.

gangenheit zurück und erhob auf dieser Basis Ansprüche auf Gebiete, die nach Ausweis der Ortsnamen einstmals von "Landsleuten", "Vorfahren", "conazionali" bewohnt worden waren und dann durch irgendeine Ungunst der Zeitenläufe an "Fremde" verloren gingen. Bei der Definition der Zugehörigkeit zur eigenen Nation war man generell nicht kleinlich: So wie für Tolomei alles Romanische und auch Lateinische zur *italianità* gehörte, war östlich von Oder und Neiße für die Polonisierer alles Slavische polnisch und für die Verdeutscher alles Germanische deutsch[40], so dass sogar die antiken Ostseegermanen aus der Vorvölkerwanderungszeit zur Untermauerung des urdeutschen Charakters von Posen und Westpreußen herhalten mussten. Das *ius soli* spielte nicht nur in der Diskussion um die Frage, wem Südtirol rechtmäßig (!) zukomme, eine wichtige Rolle, sondern wir finden es als wichtiges Argument in der Auseinandersetzung um die Gebiete östlich von Oder und Neiße oder um die Zugehörigkeit Siebenbürgens[41], wobei jedesmal den Ortsnamen und ihrer etymologischen Zugehörigkeit eine wichtige Rolle zugeschrieben wurde. Nicht zuletzt basiert ja auch der Rechtsanspruch, den jeder Jude auf Einbürgerung im Staate Israel hat[42], auf dem *ius soli*, welches natürlich im Grunde überhaupt die Rechtsbasis für die Existenz Israels darstellt, wo selbstverständlich eine rein hebräische Namenlandschaft *fino all'ultimo casolare*, bei deren Erstellung sich Tolomeis drei Hauptvorgehensweisen des *restituire, sostituire, creare* durchaus wiederfinden lassen, historische Kontinuität ohne arabisches Intermezzo vorspiegelt.

Man verstellt sich die Sicht auf solche größeren Zusammenhänge, wenn man Ettore Tolomei einfach nur als "Totengräber Südtirols" dämonisiert und ihn damit zugleich zu einem historischen Missgeschick macht, das genausogut hätte ausbleiben können. Nein, er war in seinen Ansichten und Aktivitäten nur Ausdruck des Zeitgeistes, was man nicht zuletzt daran erkennen kann, dass seine Tiroler Gegner auf derselben Argumentationsebene zurückschlugen. Man glaubte auf beiden Seiten felsenfest daran, dass die Frage, ob das Land zwischen Brenner und Salurner Klause zu Italien oder zu Österreich gehören sollte, danach zu entscheiden wäre, ob die mittelalterlichen Bewohner mehrheitlich romanisch oder germanisch sprachen und ob in ihren Adern römisches oder germanisches Blut pulsierte – die Widersinnigkeit jeder rassischen Differenzierung zwischen Romanen und Germanen, die Unzulässigkeit von Etikettierungen wie "italienisch" und "deutsch" im früh- und hochmittelalterlichen Zentralalpenraum oder Abwegigkeit einer klaren Aufteilung der Sprecher auf Sprachen in einem Grenzgebiet,

---

[40] Zur Neuprägung deutscher Namen für polnische Gemeinden in der Zeit vor dem Ersten Weltkrieg und zur Polonisierung der deutschen Ortsnamen nach dem Zweiten Weltkrieg vgl. KRAMER (1996, bes. S. 54-55 und 57-59).

[41] Die Ortsnamen Siebenbürgens dienten als probate Waffe im Kampf um die Frage, ob die Rumänen dort seit der Römerzeit ansässig seien oder ob die Ungarn bei ihrer "Heimatinbesitznahme" (*honfoglalás*) auf ein menschenleeres Gebiet stießen. Zur ungarischen These vgl. besonders TAMÁS (1936, S. 199): "Les plus anciens toponymes qui peuvent être mis en relation avec les Roumains ne remontent pas au-delà des XII-XIIIe siècles". Die rumänische These liegt im Grunde jeder in Rumänien publizierten Sprachgeschichte zugrunde, vgl. beispielsweise RUSU (1981, S. 226-230).

[42] Vgl. Encyclopaedia Judaica, Bd 10, Jerusalem 1969, S. 1485 s.v. "Law of Return": «Declaring that every Jew has the right to settle in Israel [- - -], it gives legislative confirmation to the age-old Jewish yearning for return to Zion».

wo doch von jeher Zweisprachigkeit eher die Regel als die Ausnahme gewesen sein muss, all das kam den Streithähnen in der ersten Hälfte unseres Jahrhunderts nicht in den Sinn, und Südtirol erlebt und erleidet noch heute die Nachwehen jenes unseligen Nationalismus, der nur *italianità* und *Deutschtum* sehen konnte und dem jede Zweisprachigkeit oder gar ein Brückenschlag zwischen zwei "Kulturen" zutiefst zuwider war. Noch heute basiert das gesamte öffentliche Leben in Südtirol auf dem Sprachgruppendogma: Jeder Bürger der Provinz muss sich zur italienischen, deutschen oder ladinischen Sprachgruppe bekennen, und alle staatlichen und halbstaatlichen Stellen werden nach dem Proporz[43] vergeben; für nahezu alle Posten braucht man den (in drei Stufen ausgestellten) Zweisprachigkeitsnachweis, meist mit der italienischen Kurzform als *patentino* bezeichnet, aber gemeint ist mit dem schönen Wort nur die fremdsprachenmäßige Beherrschung der jeweils nicht eigenen Sprache, keineswegs irgendeine Art echter Zweisprachigkeit, vor der sich die Politiker und Meinungsmacher fürchten wie der Teufel vor dem Weihwasser.[44] Wirklich zweisprachig ist heute – Ironie des Schicksals – nur die Toponomastik[45], und genau das ist heute vielen konservativen Südtirolern deutscher Muttersprache ein Dorn im Auge: Gefordert wird nicht mehr und nicht weniger als ein *roll back* der Entwicklung der Namenlandschaft, amtliche Geltung nur für die "gewachsenen deutschen Namen", Tolerierung der italienischen Namen nur für den privaten Gebrauch im italienischsprachigen Kontext.[46] Dass das in einer Provinz Italiens, in der fast ein Drittel der ansässigen Bevölkerung italienischer Muttersprache ist und wo alle, die dort aufgewachsen sind, italienisch können, nicht der richtige Weg in eine gemeinsame Zukunft im Sinne eines europäischen Miteinanders sein kann, dürfte auf der Hand liegen; aber dass eine solche Forderung ernsthaft diskutiert wird und auch viel Unterstützung findet, zeigt, dass der Geist, in dem Tolomei lebte und wirkte, durchaus noch lebendig ist, diesmal freilich mehr auf der Seite derer, von denen er eine Zeitlang glaubte, sie würden in Südtirol nie wieder ihre Stimme erheben können.[47]

---

[43] Vgl. PETERLINI (1980). Nach Artikel 89 des Autonomiestatutes vom 10. November 1971 sollen die Stellen vergeben werden «imVerhältnis zur Stärke der Sprachgruppen, wie sie aus den bei der amtlichen Volkszählung abgegebenen Zugehörigkeitserklärungen hervorgeht».

[44] Die Auswirkungen der allgegenwärtigen Volksgruppenideologie auf das gesellschaftliche Leben in Südtirol erörtert ZAPPE (1996).

[45] So ist der Zustand in der Praxis; in der Theorie ist es so, dass die deutschen Namen nur gegenüber Deutschsprachigen zu verwenden sind (und nicht etwa in einem englischen, französischen oder russischen Kontext) und dass für sie, nicht etwa für die italienischen Formen, der Nachweis der Existenz erbracht werden müsste (Autonomiestatut Artikel 101: «Die öffentlichen Verwaltungen können gegenüber den deutschsprachigen Bürgern auch die deutschen Ortsnamen verwenden, wennein Landesgesetz ihr Vorhandensein festgestellt und die Bezeichnung genehmigt hat»). Dem Gesetz nach kommt also Tolomeis Namen primäre Gültigkeit, den alten deutschen Namen nur sekundäre Gültigkeit zu.

[46] KÜHEBACHER, Egon: Einnamigkeit überall im Vormarsch. – Dolomiten vom 3./4. Dez. 1994, S. 3: «Amtlich dürfen wirklich nur die geschichtlich gewordenenen und mit der Kulturlandschaft unlösbar verbundenen Namen sein. [- - -] Der amtliche Name allein steht nur auf den Orts- und Bahnhofsschildern, den Amtssiegeln, am Kopf des amtlichen Briefpapiers und auf amtlichen Karten – sonst kann überall und jederzeit auch jeder nichtamtliche Name aufscheinen».

[47] Beim Beginn der Abwanderung derer, die für das Deutsche Reich optiert hatten, brach Tolomei in ein begeistertes «Sia benedetto ancora il Duce! Se ne vanno, se ne vanno!» aus (TOLOMEI 1940, bes. S. 545); er glaubte sich am Ziel seiner Wünsche: «Tutto ciò ch'è atesino è cialpino; tutto ciò ch'è cisalpino è italiano» (ib., S. 506).

Literatur

AAA = Archivio per l'Alto Adige, Gleno (später Firenze) 1906 sqq.

Actes du XVIIIe Congrès International de Linguistique et de Philologie Romanes, vol. 1. - Tübingen 1992

AMONN, Walther (Hrsg.) (1982): Die Optionszeit erlebt. - Bozen

BATTISTI, Carlo (1940a): Glossario degli appellativi tedeschi ricorrenti nella toponomastica italiana. - Archivio per l'Alto Adige 35, S. 73-365

BATTISTI, Carlo (1940b): La terza edizione del Prontuario dei nomi locali dell'Alto Adige e il problema toponomastico. - Archivio per l'Alto Adige 35, S. 661-681

CIURLETTI, Gianni (1987): Trentino-Südtirol in römischer Zeit. - In: Die Römer in den Alpen. (Arbeitsgemeinschaft Alpenländer: N.F.; 2), Bozen, S. 87-95

CONTA, Gioia (1989): Aspekte römischer Organisation in Südtirol - In: Die Römer in den Alpen. (Arbeitsgemeinschaft Alpenländer: N.F.; 2), Bozen, S. 13-20

CORSINI, Umberto / LILL, Rudolf (1988): Südtirol 1918-1946. - Bozen

CRAFFONARA, Lois (1989): Die Wallfahrt der Gadertaler Ladiner nach Säben. - In: Ernst, Gerhard / Steffenelli, Arnulf (Hrsg.): Studien zur romanischen Wortgeschichte. Festschrift für Heinrich Kuen zum 90. Geburtstag. Stuttgart, S. 48-61

DE TONI, Ettore (1909): Prontuario di toponomastica dell'Alto Adige e dell'Ampezzano. - Archivio per l'Alto Adige 4, S. 383-398

FERRANDI, Maurizio (1986): Ettore Tolomei. L'uomo che inventò l'Alto Adige. - Trento

FISCHER, Theodor (1995): Von den Römern zu den Bajuwaren. - In: Die Römer in Bayern. München, S. 405-411

FRAMKE, Gisela (1987): Im Kampf um Südtirol: Ettore Tolomei (1865-1952) und das "Archivio per l'Alto Adige". - (Bibliothek des Deutschen Historischen Instituts in Rom; 67), Tübingen

FREIBERG, Walter (1989/190): Südtirol und der italienische Nationalismus. Entstehung und Entwicklung einer europäischen Minderheitenfrage, 2 Bde. - Innsbruck (Schlern-Schriften; 282)

GEROLA, Berengario (1933/34): Il più antico testo neolatino dell'Alto Adige. - Studi trentini di scienze storiche 14, S. 255-274; 15, S. 126-153, 331-351

GEROLA, Berengario (1935/36): Sul neolatino medievale di Bolzano e del Tratto Atesino. - L'Universo 16, S. 895-911, S. 1045-1075; 17, S. 33-48

Geschichte des Landes Tirol, 4 Bde. - Bozen, Innsbruck 1985-1988

GIAIMO, Daniela (1988): La toponomastica del Burgraviato di Merano e il Prontuario di E. Tolomei. - Bollettino della Società Geografica Italiana, S. 285-303

Handbuch zur neueren Geschichte Tirols, Bd 2: Zeitgeschichte. - Innsbruck 1993

HARTNER-SEBERICH, Richard (1960): Glockenkarkopf = Vetta d'Italia. Geschichte einer Fälschung. - Der Schlern 34, S. 168-172

HEUBERGER, Richard (1932): Rätien im Altertum und Frühmittelalter. Forschungen und Darstellung, Bd 1. - Innsbruck

KIRCHLER, Gebhard / TASSER Rudolf (1989): Die Option. Unterrichtseinheit für die Oberschule. - Bozen

KRAMER, Johannes (1980): Bemerkungen zur italienischen Ortsnamengebung in Südtirol. - Beiträge zur Namenforschung 15, S. 342-347

KRAMER, Johannes (1981): Deutsch und Italienisch in Südtirol. - (Reihe Siegen; 23: Romanist. Abt.), Heidelberg

KRAMER, Johannes (1985): La toponomastica altoatesina di Ettore Tolomei ieri ed oggi. - Archivio per l'Alto Adige 79, S. 207-228

KRAMER, Johannes (1996): Die Italianisierung der Südtiroler Ortsnamen und die Polonisierung der ostdeutschen Toponomastik. - Romanistik in Geschichte und Gegenwart 2, S. 45-62

KRAMER, Johannes (1998): Die Sprachbezeichnungen Latinus und Romanus im Lateinischen und Romanischen. - (Studienreihe Romania; 12), Berlin

KRAMER, Johannes (1999): Due nomi novecenteschi: Alto Adige e Südtirol. - Rivista Italiana di Onomastica 5, S. 107-114

KÜHEBACHER, Egon (1978): Das Prontuario dei nomi locali dell'Alto Adige von Ettore Tolomei. - Der Schlern 52, S. 191-207

KÜHEBACHER, Egon (1991): Die Ortsnamen Südtirols und ihre Geschichte, Bd 1. - (Veröffentlichungen des Südtiroler Landesarchivs; 1), Bozen

MASTRELLI, Carlo Alberto´(1998): Alto Adige o Sudtirolo? - Rivista Italiana di Onomastica 4, S. 134-135

PELLEGRINI, Giovan Battista (1979): A proposito della toponomastica bilingue dell'Alto Adige. - Studi trentini di scienze storiche 58, S. 79-100

PELLEGRINI, Giovan Battista (1985): Problemi della toponomastica italiana in Alto Adige. - Memorie della Società Geografica Italiana 38, S. 97-128

PELLEGRINI, Giovan Battista (1992): Studi storico-linguistici bellunesi e alpini. - Belluno

PETERLINI, Oskar (1980): Der ethnische Proporz in Südtirol. - Bozen

POUNDS, Norman J.G. (1954): France and „Les limites naturelles" from the 17th to the 20th centuries. - Annals of the Association of American Geographers 64, S. 51-55

Prontuario dei nomi locali dell'Alto Adige. - Archivio per l'Alto Adige 11, 1916, S. 3-140

Prontuario dei nomi locali dell'Alto Adige. - Seconda edizione, Roma 1929

Prontuario dei nomi locali dell'Alto Adige. - Terza edizione, Roma 1935

Prontuario toponomastico dell'Alto Adige. - Archivio per l'Alto Adige 10, 1915, S. 235-262

RAMPOLD, Josef (1972): Pustertal. Landschaft, Geschichte und Gegenwart an Drau, Rienz und Ahr. Das östliche Südtirol zwischen Sextener Dolomiten und Mühlbacher Klause. - (Südtiroler Landeskunde in Einzelbänden; 2), Bozen

RITSCHEL, Karl Heinz (1966): Diplomatie um Südtirol. Politische Hintergründe eines europäischen Versagens. - Stuttgart

RUSU, Ion I. (1981): Etnogeneza Românilor. - Bucureşti

SCHWEICKARD, Wolfgang (1997 ff.): Deonomasticon Italicum. - Tübingen

STAFFLER, Johann Jakob (1839): Tirol und Vorarlberg. Statistische und topographische, mit geschichtlichen Bemerkungen, Bd 1. - Innsbruck

STOLZ, Otto (1927-1934): Die Ausbreitung des Deutschtums in Südtirol im Lichte der Urkunden. 4 Bde. - München, Berlin

STUHLPFARRER, Karl (1985): Umsiedlung Südtirol 1939-1940. - Wien, München

TAMÁS, Lajos (1936): Romains, Romans et Roumains. - Budapest

TOLOMEI, Ettore (1905): Alla vetta d'Italia. Prima ascensione della vetta più settentrionale della grande Catena Alpina spartiacque (Cima Nord del Monte Lana, o Glockenkaar K. della Carta Militare Austriaca, m. 2914). - Bollettino del Club Alpino Italiano 37, S. 389-430

TOLOMEI, Ettore (1906): La toponomastica dell'Alto Adige. - Archivio per l'Alto Adige 1, S. 137-159

TOLOMEI, Ettore (1923): Provincia di Trento - Venezia Tridentina - Trentino e Alto Adige - L'aggettivo atesino. - Archivio per l'Alto Adige 18, S. 903-906

TOLOMEI, Ettore (1932): Cronaca dell'Alto Adige. - Archivio per l'Alto Adige 27, S. 469-660

TOLOMEI, Ettore (1940): Problemi e Vita dell'Alto Adige. - Archivio per l'Alto Adige 35, S. 495-569

TRIDENTINUS (1904): L'Alto Trentino. - In: Strenna del giornale L'Alto Adige. Trento, S. 30-32

ZAPPE, Manuela (1996): Das ethnische Zusammenleben in Südtirol. Sprachsoziologische, sprachpolitische und soziokulturelle Einstellungen der deutschen, italienischen und ladoinischen Sprachgruppe vor und nach den gegenwärtigen Umbrüchen in Europa. - (Europäische Hochschulschriften: Reihe 21; 174), Frankfurt a.M.

DL – BERICHTE UND DOKUMENTATIONEN, Heft 2 (1999)
Geographische Namen in ihrer Bedeutung für die
landeskundliche Forschung und Darstellung, S. 127-143

Rainer Aurig

Zur Problematik der Erfassung und Klassifizierung von Namen mit Verkehrsbezug an Beispielen aus Sachsen[*]

Problem, Begriffe und Quellenlage

Die Namenkunde als integrale Spezialdisziplin der Sprachwissenschaft hat in ihrer Vermittlung zu Geschichte, Geographie, Archäologie, Landeskunde und -geschichte, aber auch zu Orts- und Siedlungsgeschichte seit der Mitte des 20. Jahrhunderts einen beträchtlichen Aufschwung genommen. Auch für die historisch-topographische Altstraßenforschung, die sich in den letzten Jahrzehnten selbst zu einer eigenständigen Forschungsdisziplin entwickelt hat[1], ist die Auswertung des Namengutes unabdingbar. Die Namenkunde liefert wesentliche Anhaltspunkte, um Fragen zur historischen Entwicklung des Verkehrsnetzes zu lösen. Flurnamen, speziell die Straßen- und Wegenamen sowie die Flur- und Siedlungsnamen mit Straßenbedeutung geben Hinweise zur Lage, Funktion und teilweise zum Erscheinungsbild von Verkehrsverbindungen. Wenn andere Quellen (z. B. Karten, Schrifttum, archäologische Verkehrsrelikte wie Hohlen etc.) in unbewohnter Flur schweigen, geben Namen oft die einzigen Hinweise auf die konkrete Führung historischer Verkehrsverbindungen in einem Geländeabschnitt. Sie stellen zwar keine historischen Denkmale im engeren Sinne dar, sondern sind als Namen primär volkstümliches Sprachgut, aber historisch bedeutsam. Sie sind „Ausdruck der Stellungnahme einer Gemeinschaft zu den Erscheinungen ihrer Umwelt, ein Mittel, diese Umwelt zu gliedern und zu werten" (WALTHER 1962, S. 313). Ihre Entstehung im alltäglichen Arbeits- und Lebensprozess, eingebunden in die Natur- und Kulturlandschaft, macht den einmaligen Quellenwert aus. Das gilt uneingeschränkt auch für die jüngeren und jüngsten Stra-

---

[*] Erweiterte Fassung meines Beitrages: AURIG (1997).
[1] Vgl. u. a. DENECKE (1969); BILLIG / WIBUWA (1987); AURIG (1994b).

ßennamen, insbesondere im lokalen Bereich. Gleich ob man bei der Neuschaffung von Straßen und Straßennamen oder bei deren Umbenennung in Wohn- oder Industriegebieten zum Beispiel im Bestimmungs- oder Grundwort ‚Vergangenheit', ‚Urbanität' oder ‚Naturnähe' suggerieren will, repräsentiert sich damit Zeitgefühl und der „Versuch, so etwas wie eine topische Identität aufzubauen" (FUCHSHUBER-WEIß 1985, S. 71; vgl. DIES. 1990, S. 699-701). Namen sind aber nur als indirekter Beweis anzusehen, da es zu räumlichen Verschiebungen, ungerechtfertigten Übertragungen oder Veränderungen im Prozess der historischen Überlieferung bzw. zu Namensänderungen[2] kommen kann. Sie wirken bestätigend und ergänzend für den Historiker (vgl. WALTHER 1966; BILLIG 1976; SCHEUERMANN 1995). Damit werden zugleich die Lücken in der Überlieferung als auch die begrenzte Beweiskraft der Namen angesprochen. Die Einbeziehung der Ergebnisse und Methoden benachbarter Wissenschaftsgebiete oder Themenbereiche ist ebenso zwingend wie die Themen ‚Verkehr' und ‚Reisen' in der Forschung aktuell[3]. So sind die Ergebnisse der Namenkunde für die Altstraßenforschung ebenso relevant wie z. B. die der Burgen-[4], Stadtkern- oder der Patrozinienkunde[5].

Veränderungen in den Begriffsinhalten oder gar der Bedeutungsverlust bzw. Nichtgebrauch von Namen erfordert eine etymologische Hinterfragung im Sinne einer Namengeschichte. Somit stellt sich die Frage, welche Namen für die Altstraßenforschung mit welcher Wertigkeit und welcher inhaltlichen Aussage relevant sind. Voraussetzung für die Beantwortung ist die Sammlung, Zusammenstellung, Klassifikation und Bewertung des Namengutes. Dabei kommt auch dem Faktor Zeit eine erhebliche Bedeutung zu, denn Flurbereinigung und Zersiedlung der Landschaft gefährden diese Sprachdenkmale, wie auf dem Münchner Flurnamenkolloquium 1988 erneut festgestellt wurde (vgl. HELMER 1988). Fehlt die Notwendigkeit der Benutzung von Flurnamen, so erhöht sich zwangsläufig die Gefahr des Vergessens. Zudem haben die kompetentesten Flurnamenkenner vor Ort in der Mehrzahl bereits ein hohes Lebensalter erreicht. Andererseits kommen aber auch verkehrsrelevante Flurnamen hinzu. Mit der Begra-

---

[2] Auf eine bereits im Spätmittelalter vollzogene mögliche Umbenennung einer alten Straße bei Harsdorf, Lkr. Kulmbach, verweist z. B. HERRMANN (1986, S. 183). Die Straße mit dem slawischen Namen *Unitz* (Verschleifung aus *Ulitz*) wurde in *Markgrafenweg* umbenannt. SCHEUERMANN (1995, S. 8) führt den Wandel des Ortsnamens *Hellwede*, im Grundwort das mittelniederdeutsche Appellativ *wede* ‚Wald' zu *Hellwege*; Heerweg' als Beispiel an.

[3] In zwei Tagungskomplexen sowie einer Ausstellung wurde das Thema ‚Reisen' 1994 in Ústí nad Labem [Aussig] behandelt. Die Sprachwissenschaftler untersuchten die Widerspiegelung von Weg und Reise in Sprache und Literatur: Vgl. insbesondere die Beiträge von OLIVOVÁ-NEZBEDOVÁ (1995a, 1995b) und KNAPPOVÁ (1995) zu Flurnamen. Für den freundlichen Hinweis sei Frau Inge Bily herzlichst gedankt. Die Historiker stellten ‚Weg' und ‚Reise' im Leben der Gesellschaft in den Mittelpunkt: BOBKOVÁ / NEUDERTOVÁ (1997), und das Museum Litoměřice [Leitmeritz] wandte sich in seiner Ausstellung dem Reisenden zu: HOJDA / VLNAS (1994).

[4] Vgl. BILLIG / MÜLLER (1998) mit einem ausführlichen Literaturteil sowie die Reihe „Burgenforschung aus Sachsen".

[5] Neue methodische Ansätze bei der Verknüpfung von Historischer Topographie mit Namen- und Patrozinienkunde führten zu einer neuen Gewichtung des Nikolaipatroziniums bei der Stadtentwicklung. Als Schutzpatron der Kaufleute ist der Hl. Nikolaus schon jeher von Interesse für die Altstraßenforschung gewesen, als Hinweis auf eine frühe Ansiedlung von Händlern erfährt das Patrozinium jedoch eine verkehrs- und siedlungstopographische Aufwertung. Die Rekonstruktion des mittelalterlichen Fernstraßennetzes erfordert die Beachtung des Nikolaipatroziniums, ohne dass jedoch von einer Einzelfallprüfung Abstand genommen werden kann. Vgl. dazu den Sammelband mit ausgewählten Aufsätzen von BLASCHKE (1997).

digung der Bundesstraße 214 in den 80er Jahren bei Harpendorf, Kr. Vechta, entstand dort der Name *Alte Bundesstraße*. Dies zeigt zugleich, wie relativ *alt* sein kann. Viele Namen geben wertvolle Hinweise für die funktionale Bestimmung von Altstraßen bzw. -wegen als auch für einzelne Altstraßenrelikte. Ebenso ist ihre Aussagekraft für die gesamte Kulturlandschaftsentwicklung von unschätzbarem Wert, wenn Fragen der Besiedlung und Erschließung einer Region und damit auch der Führung von Verkehrsverbindungen entscheidend erhellt werden.[6] Gerade aber in der Nutzung der Toponomastik für die historisch-topographische Altstraßenforschung wird die Notwendigkeit der begrifflichen Dynamik sichtbar, ohne dabei in die sprachwissenschaftlichen Grundlagen namenkundlicher Terminologie eindringen zu wollen. So erscheint der Begriff *Verkehrsname* für die Praxis verkehrsgeschichtlicher Forschung offener als *Hodonym*. Namen mit versteckten Hinweisen auf Verkehr oder Verkehrsbahnen können ebenso problemlos zugeordnet werden wie Namen mit eindeutiger Aussagen zu Verkehrsmitteln und –einrichtungen.

Der Bedeutungsinhalt der Flurnamen ist historisch gewachsen und auch Veränderungen unterworfen. Bei der Auswertung ist dies zu berücksichtigen. Dabei kommt es oft zu Überschneidungen zwischen Flur- und Siedlungsnamen mit Straßen- bzw. im weiteren Sinne Verkehrsbezug. Eine Beschränkung auf reine Flurnamen führt zu Verzerrungen. Man kann Straßennamen in Siedlungen wie *Zur Furth* in Bautzen oder *An der Hohle* in Oederan aus der Betrachtung nicht ausklammern. Ebenfalls müssen Orts- Siedlungsnamen wie z.B. *Straßenhäuser, Halfterhäuser, Vorspanngut* (vgl. SCHUBERT 1996), Halsbrücke und *Chausseehaus* oder auch *Oederan*, Ossek oder (Großen)hain[7] in die Bearbeitung Eingang finden. Ist der Name *Alte Bautzner Straße* nordöstlich von Rossendorf, Lkr. Sächsische Schweiz, als Flurname zu kennzeichnen, so stellt er als Name einer Straße in einer Ortschaft (z. B. Bischofswerda) streng genommen einen Siedlungsnamen dar. Ebenso problematisch verhält es sich mit Namen wie *Zollhaus, Bei der Einnahme*[8] oder der Bezeichnung eines Gasthofes mit Straßenbezug wie *Zur Ausspanne*, vielleicht auch *Zschocken*[9] bei Hartenstein, *Zschackau*[10] bei Torgau und *Zschackenthal* (vgl. MEICHE 1937), welche gleichfalls als Siedlungsnamen zu werten sind, auch oder gerade weil sie einzeln stehende Häuser betreffen. Straßen und im weiteren Sinne der Verkehr führen durch unbewohnte wie bewohnte Flur und durchschneiden

---

[6] Neben den Arbeiten von Dietrich DENECKE sei zum Beispiel auf SCHWARZ (1989); NITZ (1991); Bd 4 (1986) der Zeitschrift „Siedlungsforschung. Archäologie – Geschichte – Geographie"; RIEDENAUER (1996) und insbesondere das jährlich in zwei Ausgaben erscheinende „Bulletin des Inventars historischer Verkehrswege der Schweiz" verwiesen.

[7] Vgl. MEICHE (1937). Anders zum Namen *Oederan:* WALTHER (1993a, S. 285f.) Walther lehnt die von Meiche vorgeschlagene Zusammenstellung mit mhd. *etter* ‚Zaun, Hürde' (auch als Schutz auch für Reisende) ab und schlägt ‚die Leute bei den Waldbienenstöcken' vor, ohne damit der Straßentheorie zu widersprechen.

[8] Für ein ehemaliges Chaussee-Haus bei Gahlenz, südlich von Oederan, an der Straße Hainichen – Sayda. Herrn Gert Stadtlander, Chemnitz, sei für den Hinweis gedankt.

[9] WALTHER (1993a, S. 280). Walther verweist auf die mögliche Wurzel *čekan* ‚Morgenstern, Keilhaue'. Dies war die Waffe der Choden, der böhmischen Grenzwächter. Die Verkehrslage an einem Böhmischen Steig in Richtung Lößnitz – Grünhain ist signifikant. Vgl. GRÄBLER (1996, S. 88f.).

[10] Der Ort wurde in der NS-Zeit (1937?) in *Beilrode* umbenannt. Er liegt östlich der Elbe an einem Zweig der Niederen Straße.

toponymische Systeme. Aus sprachwissenschaftlicher Sicht ist eine Einordnung des Flurnamens *Hemmschuh* oder *Halsbreche* als Hodonym sicher nur schwer möglich, für den Altstraßenforscher ist er jedoch ein bedeutsamer Hinweis auf einen eventuellen Verkehrsweg. Der Terminus *Verkehrsname* soll in diesem Sinne eine Vereinheitlichung aller Namen mit Verkehrsbeziehungen ermöglichen, ohne andererseits mit der Einführung dieses Begriffes an der systematisch begründeten Namenkunde und ihren sprachwissenschaftlichen Grundlagen rütteln zu wollen.

Die hauptsächliche Grundlage für die Untersuchung bildete die recht umfangreiche Flurnamensammlung im Hauptstaatsarchiv Dresden, die im wesentlichen im ersten Drittel des 20. Jahrhunderts entstand.[11] Sie ist nach Orten gegliedert, was eine thematische Auswertung sehr zeitaufwendig gestaltet. Der gleichfalls vorhandene, aber getrennt erstellte Schlagwortkatalog ist unvollständig und somit nur bedingt aussagefähig. Von besonderem Wert sind die den einzelnen Flurnamenverzeichnissen beigelegten Flurkroquis, die auf die Menzelblätter in der ersten Hälfte des 19. Jahrhunderts zurückgehen (vgl. BESCHORNER 1907, S. 24f.). Entscheidend ist bei ihnen die exakte Darstellung des Kleinraumes der Flur mit einer genauen Lagebestimmung des Namens.

Daneben enthielten besonders die Veröffentlichungen aus der Reihe Deutsch-Slawische Forschungen, die unter Leitung von Ernst Eichler und Hans Walther entstanden, vielfältige Hinweise.[12] In Auswertung historischer Karten, insbesondere von Augenschein-, Bild- und Streitkarten, der Meilenblätter mit deren ergänzenden und zum Teil recht informativen Textbeilagen sowie den seit dem 16. Jahrhundert vorhandenen Forstbüchern konnten einzelne Namen ergänzt werden. Befragungen vor Ort erbrachten ebenfalls eine Reihe noch nicht erfasster Namen

In den folgenden Ausführungen wird für den südlichen Teil Sachsens eine semantische Klassifikation von verkehrsrelevanten Namen nach dem Benennungsmotiv versucht.[13]

Die Aussagespektren alter Straßen- und Wegenamen

Die Fülle des Namenmaterials macht eine Klassifikation notwendig, die sich nicht allein auf die Reichweite (überregionale, regionale oder örtliche Verbindung) beschränken kann. Es wurde deutlich, dass Begriffe wie Steig, Steg, Weg, Straße, um im alltäglichen Gebrauch eine funktionale Besonderheit in einer Flur zu kennzeichnen, bis ins 19. und z.T. 20. Jahrhundert oft synonyme Verwendung finden. Im urkundlichen Schrifttum ist hingegen schon recht früh

---

[11] Es ist wohl das älteste Flurnamenarchiv Deutschlands. Hans Beschorner, der spätere Direktor des Dresdner Hauptstaatsarchivs, initiierte hier 1902 die Einrichtung der Flurnamenstelle der Sächsischen Kommission für Geschichte.
[12] Vgl. dazu die bislang erschienenen 38 Bde. der Reihe "Deutsch-Slawische Forschungen zur Namenkunde und Siedlungsgeschichte", begründet von Rudolf Fischer und Theodor Frings, fortgeführt von Ernst Eichler, Hans Walther, Wolfgang Fleischer und Rudolf Große, Halle 1956ff., Berlin 1961ff.
[13] Vorliegende Arbeit fußt in wesentlichen Teilen auf Vorarbeiten, die im Zuge der Dissertation des Verfassers entstanden (AURIG 1989). Die Lokalisierung der genannten Verkehrsnamen erfolgt in den Katalogbänden.

die rechtliche Gliederung fassbar, die meist auch hinsichtlich des Verkehrsaufkommens der einzelnen Verkehrsbahn differenziert. Als überzeugendes Beispiel ist die Oberlausitzer Grenzurkunde von 1241 zu nennen, in der zwischen „Steig", „Weg", „alten Weg", Straße", „alte Straße" und „große Straße" unterschieden wird (vgl. KLECKER 1997; AURIG 1994a, S. 8). Eine Unterscheidung der (baulichen) Beschaffenheit zwischen Weg und Straße ist mittels des Namenmaterials vor dem 19. Jahrhundert kaum möglich (vgl. AURIG 1996).

Bedeutungsvoll für die Bewertung des Namenmaterials ist ferner die Tatsache, dass das Alter der Namen keinesfalls mit der Herausbildung oder Existenz der Straße identisch sein muss. Für den Inhalt des Namens ist die Zeit der Namengebung ausschlaggebend. So sind unterschiedlich klassifizierbare Namen für einen Verkehrszug nichts Ungewöhnliches. Auf vier Bezeichnungen bringt es ein Zweig der Verbindung Meißen/Dresden-Frauenstein allein auf der Flur Beerwalde, Weißeritzkreis: *Alte Straße, Mittelgebirgische Straße, Butterstraße* und *Zuckerweg*. Auf der Nachbarflur, in Grenzlage, führt sie den Namen *Neutrale Straße. Mühlweg* und *Hohe Straße* heißt eine lokale Straße auf Blankenhainer Flur (bei Crimmitschau). Sie führte ehemals zu den Mühlen des Rittergutes und erhielt den zweiten Namen aufgrund ihrer Höhenlage. Solche Doppelungen treten häufig auf. Wie bedeutsam eine natürliche Gegebenheit –in diesem Falle die Furt für die Hohe Straße – zeigt das Beispiel Stenz, seit 1939 zu Königsbrück, Lkr. Kamenz, eingemeindet. Hier gibt es den *Furtberg*, die *Furtbrücke*, das *Furthaus* und den *Furtweg* als Flur- bzw. Siedlungsname.

Um Verkehrsverbindungen innerhalb einer oder mehrerer Fluren bedeutungsmäßig zu unterscheiden, erhielten sie oft adjektivische Ergänzungen wie *alt, jung, klein* oder *groß*. Dabei muss die *Alte Straße* nicht immer die älteste sein, wenn ihre Parallele oder Entsprechung nur einige Generationen aufgelassen war oder inzwischen befestigt wurde, wie sich das z. B. im Bereich des Straßenzuges Königsbrück-Kamenz, der Verbindung Dohna/Pirna - Teplitz/ Aussig zwischen Breitenau und Hellendorf oder am *Frühbusser Steig* zwischen Zwickau und Eibenstock zeigt (vgl. GRÄBLER 1996, S. 70-74). Die Datierung von Flurnamen, eingeschlossen verkehrsrelevante Siedlungsnamen, erscheint generell problematischer als die von Ortsnamen. Die Unsicherheit liegt nicht unwesentlich in der vorwiegend mündlichen Überlieferung der Verkehrsnamen im Gegensatz zur schriftlichen der Ortsnamen.[14]

Im Folgenden sind ausgewählte Straßen- und Wegenamen nach ihrer Hauptaussage gegliedert. Bei einigen Namen war eine genaue Zuordnung in nur einem Bezugspunkt nicht möglich. Sie sind dann beispielhaft in die betreffenden Komplexe eingeordnet.[15] Zum einen sind dies typische Namen, die in sehr vielen Fluren auftreten, zum anderen wurden Besonderheiten hervorgehoben, wie z. B. *Viebigstraßen* und nicht der aus dem Bestimmungswort zu erwartende *Viebigweg*. Auf die Anführung von Adjektiven wie alt, tief, jung etc. wurde weitestgehend verzichtet, da sie in den vielfältigsten Verbindungen auftreten und ihre zeitliche Einfügung unsicher und die inhaltlichen Aussagen stark subjektiv geprägt sind. Flurnamen wie

---

[14] Vgl. auch das Autorenreferat von WIBUWA (1988, S. 721)
[15] Auf die Schwierigkeiten einer allgemeinen Klassifikation beziehungsweise der Zuordnung nach Aussagespektren aller Verkehrswege verweist auch DENECKE (1969, S. 110 ff.).

Wegweiserfleckel, Klötzerplan, In der Drehe, Straßenstück etc., die eine Fläche im Bereich einer Verkehrsverbindung bezeichnen können, sind nur mit wenigen Beispielen vertreten.

1. Aussage zur Reichweite:
   - Namen mit überregionaler Bedeutung: *Hohe Straße, Königsstraße, Frankenstraße, Niedere Straße, Prager Straße, Reichsstraße, Salzstraße*;
   - Namen mit regionaler Bedeutung: *Eisenstraße, Butterstraße, Kohlenstraße, Kleine Straße, Glasstraße, Salzstraße*;
   - Namen mit lokaler Bedeutung: *Stadtstraße, Kirchsteig, Hufenweg, Viehweg, Marktsteig, Mühlsteig, Hohlweg, Spitalweg*.

2. Aussage zur rechtlichen Stellung:
   - *Hohe Straße (via regia), Reichsstraße (via imperii), Heerstraße, Kaiserstraße, Fürstenweg, Geleitsstraße/-weg, Zollstraße, Poststraße, Bürgerweg, Kommunikationsweg, Allmendeweg*.

3. Aussage zum Ziel - oder Herkunftsort:
   - Flur überschneidend: - alle Wege und Straßen mit Angabe von Siedlungen und Gebieten: *Leipaer Straße, Prager Straße, Dresden-Teplitzer Poststraße, Meißner Straße, Cunnersdorfer Straße, Tetzschener Fußsteig, Ostrasteig*; - allgemeine Zielangaben wie *Frankenstraße, Geleitsstraße nach Böhmen, Heerstraße ins Reich, Böhmischer Geleitsweg, Burgstraße, Fährstraße, Hammersteig, Grubenweg, Stadtweg*;
   - vorwiegend innerhalb einer oder zwei Fluren bleibend: *Bornsteig, Buschweg, Hofeweg, Gutsweg, Allmendeweg, Kretzschamweg, Klausenthalweg, Hammersteig, Grubenweg, Lehmhügelweg, Huthbergweg, Keilholzweg, Kohlmühlensteig, Landwehrweg, Burgweg, Klosterweg, Meßweg, Furtweg, Brückenstraße*.

4. Aussage zum Transportgut:
   - *Salzstraße, Salzweg, Eisenstraße, Silberstraße, Zinnstraße, Böhmische Glasstraße, Kalkstraße, Kalkweg, Steinweg, Butterstraße, Butterweg, Quarksteig, Bierweg, Eierweg, Töpferweg, Holzstraße, Holzweg, Mühlweg, Poststeig*.

5. Aussage zum Transportmittel:
   - *Kutschenweg, Karren/Kärrnerweg, Schiebbockweg, Fahrweg/-straße, Reitsteig, Fußweg*.

6. Aussage zur Funktion:
   - für Gewerbe und Handel: *Salzstraße, Poststraße, Kommunikationsweg, Erzstraße, Marktweg/-steg/-straße, Stadtweg, Steinweg, Steinbrecherweg, Kalksteinstraße, Kalkweg, Grubenweg, Pingenweg, Seifenweg, Butterweg, Quarkgässel, Bauweg*;
   - für Land- und Forstwirtschaft: *Bauweg, Heuweg, Mistweg, Trift(-weg), Viehtreibe, Viehweg, Viebigstraße, Hutweg, Treibweg, Gänseweg, Bienenweg, Allmendeweg, Mühlweg, Folgenweg, Hufenweg, Wiesenweg, Rasemweg, Grüner Weg, Schäferweg, Schinderweg, Ochsenweg, Kälberstraße, Tränkeweg, Pferdeplan, Pferdesteig, Pferdeausspann, Jagdweg, Fuchsweg, Waldweg, Eichen-, Tannen-, Kiefernweg etc., Hilgenweg,[16] Kohlweg, Schleifweg, Klötzerweg, Brettweg*;

---

[16] Nordöstlich von Radeburg. Es ist eine ungewöhnliche Form im Untersuchungsgebiet. In Westfalen und Niedersachsen bedeutet *Hille* der Speicher über den Viehraum an der großen Diele, der in einzelnen Verschlägen zu Schlafstellen der Dienstboten führt. In Holstein kommt ebenfalls die Form Hilge vor: GRIMM / GRIMM (Bd. 4, 1877, S. 1331).

- kirchliche und Verwaltungsfunktion: *Kirchsteig, Pfarrweg, Pfaffenweg, Meßweg, Totenweg, Leichenweg, Friedhofsweg, Pestweg, Spitalweg, Kreuzweg, Gerichtsweg, Armsünderweg, Landwehrweg, Grenzweg, Rainweg.*

7. Aussage zur Lage im Gelände und zu anderen Verkehrsverbindungen
- *Hohe Straße, Hochwaldstraße, Gebirgische Straße, Kammweg, Paßweg (-leithe), Firstweg, Rennsteig, Mittelweg, Niedere Straße, Talweg, Bachweg, Furtweg, Wegefahrt, Furtberg, Judenfurth, Hohler Weg, Höllweg, Rasenweg, Grüner Weg, Otter-/ Lotter-/ Lutherweg,* [17] *Grundweg, Klausenthalweg, Gründelsteig, Folgenweg, Querweg, Schräger Weg, Nasser Weg, Bergsteig, Halsbreche, Heideweg, Kreuzweg, Rundteil, Gassenweg, Tiefweg, Hainweg, Landwehrweg, Brückenstraße, Judenbrücke.*

8. Aussage zu den Benutzern und zu rechtlichen und sozialen Positionen
- *Hohe Straße (via regia), Reichsstraße, Königsweg, Kaiserstraße, Fürstenweg, Bischofsweg, Klosterweg, Nonnenweg, Herrenweg, Frauenweg, Judenweg, Judengasse, Judenbrücke, Zigeunertor, Plunderweg, Volksweg, Bürgerweg, Bettelweg, Diebssteig, Duellweg, Streitweg, Karrasweg, Pascherweg, Wilde Straße, Poststraße, -steig, Fußsteig, Gemeiner Weg, Dorfweg, Kommunikationsweg, Allmendeweg, Steinbrecherweg, Häuersteig, Grenzweg, Markweg, Rainweg, Hainweg, Landwehrweg, Freiweg, Böhme(r)straße.*

9. Aussage zur Beschaffenheit
- *Chaussee, Poststraße, Gebackenbirn Straße (gebaute Pirnaische Straße), Fahrweg, Fußsteig, Hohlweg, Geleise, Höllweg, Steinweg, Sandweg, Wurzelweg, Schlimmer Weg, Hoppelweg, Hundsweg, Ochelweg, Sommerweg, Dammweg, Rasenweg, Langer Weg, Rennsteig, Krummer Weg, Breiter Weg, Bruchweg, Halsbreche, Kniebreche, Sandfurt, Steinfurt, Brückenfurt, Plattenweg.*

Die genannten Beispiele stehen stellvertretend für ein umfangreicheres Namensspektrum. Verschiedene Straßen- und Wegenamen besitzen eine große Aussagenbreite und sind dementsprechend in unterschiedliche Positionen einzuordnen und die Klassifikation immer durch weitere Quellen zu untersetzen. An einigen Beispielen soll dies erläutert werden.

Verkehrsnamen mit direktem Bezug zu Straßen und Wegen

Unter Punkt 2 der Klassifikation tritt der bedeutsam klingende Name *Kaiserstraße* bei Waltersdorf, Lkr. Löbau-Zittau, auf. Eine Aufwertung der Straße, die sie allerdings nicht besessen hat, wird durch das Bindewort *Kaiser* impliziert. Nur weil in Zittau die Pest ausgebrochen war, wich der König und spätere Kaiser Matthias 1611, von Böhmen kommend, von der Gabler Straße über Zittau ab und wählte als Alternative die Straße über Waltersdorf. Damit verlor das seit dem 14. Jahrhundert wiederholt ausgesprochene Verbot dieser Straße allmäh-

---

[17] Eine eindeutige Zuordnung ist nicht möglich. Diese Wege verbinden in der Mehrzahl eine Stadt mit einem Waldgebiet, sind für größere und schwerere Fahrzeuge auf Grund ihrer Geländeführung ungeeignet, befinden sich aber im räumlichen Bezug zu regional bedeutsamen Verkehrsverbindungen (z. B. bei Zittau, Görlitz, Oederan).

lich an Bedeutung.[18] Eine alleinige Klassifikation an Hand des Nameninhaltes führt so zu Fehlinterpretationen.

Der Flurname *Marktsteig/-weg* oder*-straße* muss nicht unbedingt eine wirtschaftlich dominierte Funktion implizieren. Nach NAUMANN (1962, S. 301ff.) ist ebenfalls seine grenzanzeigende Funktion zu beachten. Deutlicher ist der trennende Charakter des Weges im Wort *Markrain*. Die Doppelung zeigt zugleich, dass *Rain* appellativisch nicht mehr als Grenzbezeichnung, sondern eher als Wegebezeichnung (*Rasenweg*) steht. Diese Schreibweise tritt jedoch nur selten auf. Verläuft der *Marktweg* auf der Flurgrenze oder endet er in der Flur bzw. ohne räumlichen Bezug zu einem möglichen Marktort, so ist mit einer späteren Einfügung des Konsonanten *t* zu rechnen und eine Funktion als Grenz- bzw. Markweg wahrscheinlich. Der Flurname *Marktrain* zwischen Seifersdorf und Wachau, Lkr. Kamenz, verdeutlicht die Zwischenstellung. Eindeutiger sind Namen wie *Dresdner Marktsteig* oder *Pirnaischer Marktsteig*. In diese Kategorie sind auch die Namen *Butterstraße/-steig*, *Schiebbocksteig* und *Kärrnerweg* einzuordnen. Vorrangig werden mit diesen Bezeichnungen Markt- und Verkehrsverbindungen benannt, die im Sinne der Nahmarktfunktion von lokaler bis regionaler Bedeutung sind. Obwohl der *Kärrnerweg* sprachlich dem Transport mit der Schubkarre oder dem einachsigen Wagen, der sowohl vom Menschen als auch vom Tier gezogen werden kann, entspricht, wurden aus dem Erzgebirge und der Oberlausitz immerhin Entfernungen bis Großenhain, Freiberg oder Leipzig überwunden. Die *Kärrnerstraße* von Schöneck im Vogtland stellt sich als Flurweg entsprechend des Bestimmungswortes dar. Das Grundwort verweist auf ältere Verhältnisse, als sie noch ein intaktes Stück des Verkehrszuges Eger - Zwickau war. Der Zeitpunkt der Namensgebung entscheidet über den Inhalt, nicht die ursprüngliche Funktion.[19]

Weitere grenzanzeigende und damit auch auf ihr hohes Alter verweisende Wege- und Straßennamen sind u.a. *Lachtweg* (nördl. Großröhrsdorf), *Landwehrweg* (südöstl. von Wachau), und *Hag-* oder *Hainweg* (nordöstl. Kleinröhrsdorf, alle Lkr. Kamenz).[20]
Vielfältige Möglichkeiten der Zweckbestimmung – die u. a. durch eine Geländeanalyse Untersetzung finden - weist der Name *Herrenweg* auf. Führt er z. B. zu einem ehemaligen Rittergut, so kann er als herrschaftlicher oder zur Herrschaft führender Weg bestimmt werden und hat auch eine soziale Aussage (nördl. Langenwolmsdorf, Lkr Sächsische Schweiz). Der Herrenweg, dessen Ziel ein Wirtshaus ist, hat eine andere Funktion zu erfüllen (Neusalza-Spremberg, Lkr. Löbau-Zittau). Im räumlichen Zusammenhang mit dem *Jungfernsteig* und dem *Frauenweg* vermittelt der Herrenweg bei Ottendorf, Lkr. Sächsische Schweiz, eine weitere Deutungsmöglichkeit. Alle drei Wege sind Waldwege, die zu einer Quelle führen. Hier ist ein Zusammenhang mit dem Brauch, das Osterwasser getrennt zu holen, möglich. Eben-

---

[18] Der König befand sich auf der Huldigungsreise nach Breslau. Vgl. AURIG (1997, S. 95f.); LEISTNER (1879/80, S. 151f.); FINK (1897, S. 86f.); Flurnamenverzeichnis Waltersdorf im Sächs. HStA.
[19] Vgl. WIBUWA (1988), Textbeilagen zum Meilenblatt Schöneck im Sächs. HstA, Nr. 234. Vgl. dazu auch JÄGER (1996, S. 77f.).
[20] Vgl. BUTZ (1988, S. 52ff.). Siehe auch NICKLIS (1992, S. 1-30); WALTHER (1993b, S. 385).

falls können Namen sinnbildlich übertragen werden wie z.b. in der Bezeichnung *Schwesternsteig* für einen den Rennsteig begleitenden Weg in der Dresdener Heide. Nicht die Schwester als Person ist gemeint, sondern der parallele Verlauf der Wege. Soziale wie ethnische Hinweise geben Namen wie *Judengasse* in Meißen, *Judenfurth* bei Großröhrsdorf, Lkr. Kamenz, *Judenhain* bei Heinzebank, Mittl. Erzgebirgskreis, im Bereich einer bedeutenden Straßenkreuzung oder *Zigeunertor* in Schöna, Lkr. Sächs. Schweiz.

Ohne Hinzuziehung anderer Quellen erlauben auch Namen wie *Sand-* oder *Steinweg* keine eindeutige Zuordnung in nur ein Aussagespektrum. Letztere Bezeichnung kann für eine Verkehrsverbindung auf steinigem Untergrund, einen mit Steinen befestigten Weg, einen Weg zu einem Steinbruch oder auch für einen Weg, auf dem vornehmlich Steine als Transportgut befördert werden, stehen. Ähnlich differenziert müssen die Flurnamen *Hohle*, *Hölle* und *D(T)elle* betrachtet werden. Nur in Verbindung mit dem Grundwort *–weg* sind sie als Verkehrsnamen anzusprechen. Oftmals finden diese Bezeichnungen auch für eine natürlich entstandene, relativ kurze, sich längs erstreckende Vertiefung Gebrauch oder auch für Ackerkanten (z. B. westlich von Tanneberg, Lkr. Meißen). Die Namen *Hell-* oder *Höllweg*, die besonders in Bayern, Hessen und Niedersachsen für bedeutende ur- und frühgeschichtliche sowie mittelalterliche Verkehrsführungen stehen[21], sind in Sachsen selten und betreffen Verbindung mit lokalem bis regionalem Charakter wie zum Beispiel in Chemnitz

Umstritten stellt sich auch die Einordnung des Flurnamens *Grüner Weg* dar. In der klassischen Interpretation ist dies ein Name für eine lokale Verbindung, die in die agrarische Nutzung der Flur eingebunden ist. Im Gegensatz dazu ist auch eine Interpretation als Name für eine bedeutende Straße möglich (so z.B. FIEDLER 1988, S. 174ff.). Zumindest außerhalb städtischer Flur erscheint diese Vermutung nur selten akzeptabel, wenngleich die Möglichkeit als Bezeichnung für einen Schleich- oder Umgehungsweg im Einzelfall überprüft werden muss. Im Untersuchungsgebiet konnten jedoch kaum überzeugende Beispiele beigebracht werden. Die *Grünen Wege* nordwestlich Nossens sind untergeordneter Natur.[22] Auffallend ist aber deren Lage entlang der Grenze des Altsiedelgebietes. Inwieweit diese Wege ursprünglich eine mögliche Abgrenzung zum Waldgebiet darstellten, ist schwer abzuschätzen (vgl. BILLIG 1986, Ktn. 1-3).

---

[21] Umfassend zum Problem Hellweg bei DENECKE (1969, S. 113ff.).
[22] Die Zusammengehörigkeit der von FIEDLER (1988), jedoch Diss. Dresden 1985, T. 2, S. 63, Anm. 98, Karte 4 genannten Wege ist nicht zwingend genug. Nur zwei *Grüne Wege* verlaufen in der Nähe von relevanten Verkehrsverbindungen. Der eine befindet sich Unweit von Nossen am Fuße des Dechantsberges, nördlich der Freiberger Mulde und nordwestlich des ehemaligen Klosters. Das Umgehen einer Zoll- oder Geleitsstelle ist unwahrscheinlich, da die Einnahme bei der Brücke in der Nähe des Klosters erfolgte und diese benutzt werden musste (Die Wiedererbauung der eingegangenen Brücke über die Mulde bei Nossen und das dieserhalb den Kirchvätern und der Gemeinde daselbst abgetretene Geleite, HStA Dresden, Loc. 39931, Rep. XV, Nr. 3 von 1594). Auch die Ausprägung und Anzahl der Hohlwege ist im Vergleich zu den Geleisen des Altstraßenkomplexes auf dem Südufer des Flusses deutlich geringer. Beachtet man die Lage des Weges im Zuge der Gewanngrenzen und seine Länge von ca. 1,2 km, so ist an eine lokale Funktion im Rahmen des Flurverbandes zu denken.

Als mögliche Beispiele von Umgehungswegen könnte der *Grüne Weg,* welcher südöstlich von Liebenau (Weißeritzkreis) von der *Alten Dresdner Straße* abzweigte und die Grenzzolleinnahmestelle in Fürstenwalde umging, oder der südlich von Johnsdorf im Zittauer Gebirge, der sich als kleinräumige Ausweichmöglichkeit zur Leipaer Straße anbietet, angesehen werden.[23] Die nur schwach ausgeprägten Hohlen lassen aber ebenfalls auf eine untergeordnete Verkehrsverbindung schließen. Im Sinne der Schleich- oder Umgehungswege sind auch *Diebsweg* bzw. *-straße* zu prüfen, ohne dass eine Verallgemeinerung zulässig wäre. Alle anderen Erwähnungen eines *Grünen Weges* sprechen für seine lokale Funktion. In der Mehrzahl stellt er sicher einen für die gesamte Dorfgemeinde offenen Weg dar, ähnlich dem *Hufenweg,* dem *Holzweg* oder dem *Viehweg.* Oftmals verlaufen die Grünen Wege auf Flur- bzw. Gewanngrenzen. Der Versuch, den Weg auf Grund seiner Beschaffenheit bzw. der der Umgebung zu charakterisieren, entsprechend dem *Rasenweg*, könnte ebenfalls zu dieser Namensform führen.

Letztes Beispiel der mehrfachen Interpretationsmöglichkeit soll der *Keilholzweg* sein. So kann er auf eine bestimmte Holzart hindeuten oder auf ein Holz, das in einem keilförmigen Flurstück wächst. Ebenso kann er für einen bergigen Weg, für den man bei der Bergabfahrt einen Keil zum Bremsen braucht, stehen. Damit korrespondiert dieser Flurname mit einem anderen, dem *Hemmschuh,* dessen Verkehrsbezug nicht auf den ersten Blick deutlich wird.

Flur- und Siedlungsnamen mit indirektem Verkehrsbezug

Zu den bedeutendsten Flur- und Siedlungsnamen, die in enger Beziehung zu Straßen und Wegen stehen und in die Kategorie 'Verkehrsnamen' Eingang finden müssen, ohne dass dieses Grundwort vorhanden ist, gehören z.B. *Hemmschuh* oder *-berg, Rollfeld* oder *-wiese, Furt, Brücke* und *Zoll-, Mauth-* oder *Geleitshaus*. Weitere Namen, deren Beziehung zum Verkehr als sehr wahrscheinlich angesehen werden muss, sind u. a. *Zuckmantel* und *Reißaus* [24] sowie vielleicht *Siehdichfür*[25], *Siehdichum* und *Thumirnicht*[26]. Die Namen *Klötzerweg* bzw. *Schleifweg* sind weniger im Zusammenhang mit dem Abbremsen oder Schleifen der Wagen an Strecken mit starkem Gefälle mit Hilfe von Bremsklötzen zu sehen als vielmehr mit dem Holztransport. Die Möglichkeit eines eventuellen Bei- oder Umgehungsweges einer geleitspflichtigen Straße ist zu prüfen.

Neben Siedlungsnamen wie *Zollhaus* oder *Zur Ausspanne* verweisen auch Ortsnamen auf mögliche Altstraßenführungen wie *Straßgräbchen* und *Königsbrück* sowie *Langebrück,* Lkr.

---

[23] Die Reparierung der Land-Straße bey Fürstenau und des darauf befindlichen Schlag-Baumes. betrf. HStA Dresden, Loc. 34817, Rep. XLI, Pirna Nr. 22 von 1748.
[24] Zum Beispiel nördlich des Muldeübergangs beim Kloster Altzella/Nossen.
[25] Als Flurname zum Beispiel in Bad Düben (*Sickdichfür*) im Bereich des ehemaligen Stadtteichs.
[26] Südwestlich von Colditz, 1935 eingemeindet.

Kamenz, *Halsbrücke* oder *Wegefarth* bei Freiberg, *Zweenfurth* an der Parthe östlich von Leipzig, *Herbergen*[27] nördlich von Liebstadt, Lkr. Sächsische Schweiz oder *Siehdichfür, Gassenreuth* und *Strässel* - eventuell auch Ulitz - im Vogtland. Einen Rückschluss auf die Relevanz der angedeuteten Verkehrsverbindung erlauben die Ortsnamen jedoch ohne weiteres nicht. Von ähnlich hohem Aussagewert für die Führung bedeutender Straßen in der Stadt oder in deren näheren Umgebung scheinen die Wörter *Plan* und *Brühl* als Straßennamen bzw. als Namen mit deutlichem Verkehrsbezug zu sein.[28] Blaschke sieht in ihnen Relikte aus einer zeitlich eng begrenzten frühen Phase der Stadtentwicklung, die er auf Grund ihrer typischen Lage als „Normteil" und „Bauelement" anspricht. Für die Altstraßenforschung ist der marktanzeigende Charakter dieser Namen, ähnlich wie *Breite Straße*[29] oder *Lange Straße*[30], sowie deren markante Lage zu Flussübergängen oder als Erweiterung einer Fernstraße an einem möglichen frühen Straßenmarkt interessant.

Siedlungsnamen wie *Lengefeld* oder *Kemnath*, die in anderen Gegenden häufiger und mit deutlichem Verkehrsbezug auftreten[31], sind im Arbeitsgebiet selten, aber durchaus mit regionalen und zum Teil überregionalen Verkehrsverbindungen in Bezug zu bringen. Die Rolle von Einsiedlern als „Straßenordner" oder „-helfer", wie sie der letzte Name impliziert, ist, wie die Oberlausitzer Grenzurkunde zeigt, nicht unbekannt gewesen. Untersuchungen dazu fehlen jedoch. *Lengenfeld* im Vogtland und *Lengefeld* (bis 1835 Dorf und Stadt Lengefeld) bei Marienberg liegen beide an regional bedeutsamen und frühen Verkehrsbahnen, weisen aber selbst erst eine späte Erwähnung im 15. bzw. in der zweiten Hälfte des 14. Jahrhunderts auf.[32] Häufiger sind Ortsnamen, auf das Grundwort *-hausen* endend. Die Mehrzahl von ihnen liegt zumindest in der Nähe von regionalen und überregionalen Verbindungen. Eine Untersuchung eines möglichen Zusammenhanges zwischen Name und Verkehrsweg liegt m. E. noch nicht vor. *Authausen* östlich von Bad Düben und *Saalhausen* bei Großräschen liegen an Führungen der Niederen Straße. Eine Verkehrsrelevanz von *Saalhausen* bei Freital ist nicht zu erkennen, schon eher bei *Saalhausen* südöstlich von Oschatz. Beide tauchen im Schrifttum 1350 als *Salesen* auf (BLASCHKE 1957, S. 36 u. 239). *Sahlassan* nordwestlich von Strehla wird 1282 *Zalezen* genannt (BLASCHKE 1957, S. 239) - damit wohl auch als Saalhausen anzusprechen sein - und liegt im Bereich eines Zweiges der Hohen Straße. Namen wie *Holzhausen, Seehau-*

---

[27] 1828 besitzt der Richter Schank- und Herbergs-Gerechtigkeit. Vgl. MEICHE (1927, S. 113).
[28] Vgl. BLASCHKE (1990). Z. B. für Magdeburg, Zschopau und Bad Liebenwerda wird die Aussagen bestätigend zu ergänzen. In zahlreichen Arbeiten betonte Blaschke gleichzeitig die Notwendigkeit der Einbeziehung der Sprachgeschichte und insbesondere der Etymologie.
[29] Die *Breite Straße* in Kamenz als vermutlich älteste Führung der Hohen Straße liegt nach Überschreitung der Schwarzen Elster in einer vor Hochwasser sicheren Zone verkehrsmäßig günstig. Mit der Stadtverlegung verlor dieser frühe Straßenmarkt an Bedeutung. Vgl dazu HERZOG (1989, S. 310 u. 319). Siedlungstopographisch ergibt sich für die *Breite Straße* in Zittau ein ähnliches Bild, wobei die späte Namengebung beachtet werden muss. Eine interessante archäologische Bestätigung bringt für Lübeck FEHRING (1990).
[30] In dieser Bedeutung u.a. in Chemnitz als Parallelstraße zum Haupt-, Holz- und Roßmarkt, in Görlitz oder Tangermünde
[31] Mit ausführlichen Literaturverweisen hierzu NITZ (1991). Für den freundlichen Hinweis sei Herrn Professor Nitz herzlichst gedankt.
[32] Lengenfeld 1448 und Lengefeld 1360: BLASCHKE (1957, S. 275 u. 325).

sen, *Seerhausen, Zuckelhausen, Burghausen, Wohlhausen* oder *Janishausen* zeigen die Vielfalt. Das erst 1551 erwähnte *Neuhausen* südlich von Sayda liegt ebenfalls an einem alten Böhmischen Steig.

Die Einordnung des Flurnamens *Hemmschuh* in die Kategorie als Verkehrsnamen erscheint aus der Sicht des Untersuchungsgebietes überzeugend. Er tritt in der Regel an Geländestrecken mit großem Gefälle auf, an denen die Wagen mittels Hemmschuh, Kette oder Stange gebremst wurden.[33] Ein anders begründeter Verkehrsbezug des Flurnamens tritt bei Zaunhaus, Weißeritzkreis, deutlich hervor. Auf einer Bildkarte Ende des 16. Jahrhunderts[34], in der die Grenzdurchlässe nach Böhmen eingezeichnet sind, ist der Name *Hembschuch* verzeichnet. Er befindet sich in der Nähe einer Straßenkreuzung. Eine Straße ist als *Landstraß* nach Böhmen gekennzeichnet und wird auch in einer Akte aus dem Jahre 1572 genannt.[35] Stark ausgeprägte Hohlen belegen die konkrete Führung der Straße im Gelände, die jedoch den Berg umging. In einem Bericht über die Landstraßen in den Ämtern von 1691 taucht der Name - diesmal allerdings mit einer anderen Straßenbezeichnung für die gleiche Verbindung - erneut auf: „Die *Brücken Strass* von Frauensteinischen Zollhause durch den Altenberger Ambtswald der *Hemschuh* genannt".[36] Dieser Flurname weist nicht nur warnend auf die Notwendigkeit einer Bremshilfe hin, er kann auch einen Berg oder ein Flurstück bezeichnen, das für den Verkehr etwas Hemmendes darstellt. Er ist aber auch dann ein Verkehrsname.

Wohl am umstrittensten ist die Interpretation des Flur- und Siedlungsnamens *Zuckmantel* oder *Zickmantel*. Mit Akribie und Ausdauer hat sich insbesondere Alfred Meiche zu Beginn unseres Jahrhunderts an der Deutung dieses Flur- und Siedlungsnamens versucht, ohne dass bis heute eine eindeutige Klärung gelang. In mühevoller Kleinarbeit hat er 61 Stellen in Mitteleuropa ausfindig gemacht, die diesen Namen tragen. Davon befinden sich 13 „Zuckmäntel" in Sachsen (vgl. MEICHE 1937). Meiche deutet *Zuckmantel* als Gabelkiefer (Mante l= Föhre = Kiefer und Zuck = Zweig oder Gabel). Die Mehrzahl der belegten Stellen liegt an alten Verkehrsverbindungen und Straßenkreuzungen. Durch gezielte Beschneidung der Äste würden diese eine Art Wegweiser darstellen und der Baum durch seinen knorrigen Wuchs ohnehin eine markante Erscheinung darstellen. Vorsichtig deutet er sie als mögliche Vorläufer der hölzernen Armsäulen. Der ausgewiesene vogtländische Volkskundler und Lehrer Erich Wild schließt sich Meiches Interpretation an - ohne jedoch den Straßenbezug explizit zu unterstreichen - und sieht *Zuck* eventuell auch als Gebüsch oder Jungholz (WILD 1933; so auch

---

[33] Unter die Hinterräder schob man verlängerte Eisenkeile, die mit einer Kette am Wagenkasten befestigt waren und zum Teil Eisenkrallen aufwiesen. Wie auf Gleitschuhen rutschte der Wagen den Berg hinunter und wühlte den Untergrund auf. Im Winter wurden auch Ketten oder Stangen quer durch die Räder gesteckt, so dass der Wagen ebenfalls nur rutschte. Vgl. auch den Einsatz von Hemmschuhen und den Flurnamen *An der Ausspann* bei HAAS (1996, S. 99f.).
[34] Grenze zwischen Geising und Wolkenstein, Sächs. HStA, Schr. X, Fach II, Nr. 18.
[35] Vorzeichnis aller Straßen unnd Wege, so aus M. G. Herrn Lande über die Böhmische Grentze lauffen, Sächs. HStA, Loc. 34198, Rep. VII, Gen. Nr. 4, Bl. 5.
[36] Die von denen Beambten im Lande verlangten und eingeschickten Nachrichtungen wie die Landstraßen von Ambt in Ambt gehen, Sächs. HStA, Loc. 34333, Rep. XII, Gen. Nr. 173Bl. 8f.

EDELMANN 1955). So sieht es bereits Matthäus MERIAN (1650, S. 191) in seiner „Topographia Germaniae" bei der Beschreibung des Städtchens *Zuckmantel* in Schlesien 1650. Gegenteilige Auffassungen zur Wegweiserhypothese vertreten u. a. SPECK (1959), der den Namen in Verbindung mit Raubüberfällen (den Mantel zücken, d. h. ausreisen) sieht oder NAUMANN (1962), der an einen Baum oder ein Waldstück in der Nähe der Flurgrenze denkt.[37] Im Untersuchungsgebiet und in dessen unmittelbarer Nachbarschaft sind sieben „Zuckmäntel" bekannt: Pöhl bei Plauen, Oberwiesenthal, Kr. Hartmannsdorf bei Chemnitz, Wüstarabien bei Mohorn und Nieder-Colmnitz, beide im Bereich des Tharandter Waldes, Zehista bei Pirna und Oberstrahwalde südöstlich von Löbau. Im Gegensatz zu der von H. Naumann getroffenen Feststellung, dass die in Nordwestsachsen mit dem Flurnamen *Zuckmantel* bezeichneten Geländestücke nicht an alten Wegen liegen[38], wird ihre verkehrsrelevante Lage für das Arbeitsgebiet deutlich, auch wenn im Falle von Oberwiesenthal eine Straßenführung vor dem 13. Jahrhundert kaum anzunehmen ist. Alle anderen „Zuckmäntel" liegen in der Nähe historischer Verkehrsverbindungen, wenngleich nicht unbedingt an bedeutsamen Straßenkreuzungen (vgl. AURIG 1989, S. 64, 135-140 u. Katalog).

Die von A. Speck auf Grund des Oberreitschen Atlasses vertretene Auffassung, dass der „Zickmantel" von Wüstarabien/Mohorn keine Verkehrsrelevanz und die im Humelius-Riss[39] angegebenen Wege keine Bedeutung gehabt hätten, ist nicht aufrecht zu erhalten. Geländebefunde und weitere Quellen, vor allem Karten, unterstreichen die Verkehrsrelevanz und zugleich die Veränderlichkeit der Straßenführungen im Bereich des Tharandter Waldes.[40] Zudem belegt die Studie von E. Wild, dass das Wort Mantel oder *Mändling* für Kiefer durchaus noch im 16. und 17. Jahrhundert zumindest im Vogtland gebräuchlich war und eben auch Merian noch um dessen Bedeutung wusste.

Ohne der Meicheschen Behauptung, dass es sich beim *Zuckmantel* um eine einzeln stehende Kiefer als Wegweiser an einer bedeutenden Straßenkreuzung handelt, gänzlich folgen zu wollen[41], ist der Bezug des Flur- und Siedlungsnamens zur Altstraße signifikant. Dabei ist, ähnlich wie beim *Grünen Weg,* dessen Lage zur, an oder auf der Flurgrenze zu beachten.

Ein letztes Beispiel, ohne damit Vollständigkeit zu erreichen, soll die Interpretationsvielfalt des Flurnamens *Hutberg* verdeutlichen. Häufig wird er als Berg mit einer Warte (*Wartberg)* zur Sicherung von Handelsstraßen sowie des Handels allgemein angesehen. Wie schnell man dabei zu einem überdimensionierten Sicherungsnetz kommt, zeigt Walter FRENZEL (1927).

---

[37] Hans Walther deutet ihn als Satznamen und metaphorische Bezeichnung für unübersichtliche Stellen an alten Straßen; vgl. dazu WISSUWA (1987, S. 136). Wohl zu phantasievoll die Interpretation von REUTER (1963) als Begriff für den Ort einer ehemalige Wagenburg.
[38] NAUMANN (1962, S. 307). Zumindest in den Fällen von Naunhof und Wahren bei Leipzig, sind alte Straßenführungen durchaus in der Nähe der „Zuckmäntel" festzustellen, und kalkuliert man eine im Laufe der Jahrhunderte durchaus mögliche räumliche Verschiebung von Namen innerhalb einer Flur ein, so ist diese Feststellung erneut zu prüfen.
[39] Karte vom Tharandter Wald, von J. Humelius, 1552/62, Sächs. HStA, Rissschrank IX, Fach IV, Nr. 11.
[40] Vgl. AURIG (1989, S. 138-140). Eine ausführlichere Darstellung ist in Vorbereitung.
[41] Auch die Deutung als Waldstück in der Nähe einer Straße - ähnlich wie Hemmschuh - erscheint möglich. Vgl. *vf dem Czockemantel* in den Jahrbüchern des Zittauischen Stadtschreibers Johannes von Guben und einiger seiner Nachfolger (= Scriptores rerum Lusaticarum NF Bd. 1) Görlitz 1839, Bl 23b.

Die Bedeutung des Wortes *Hute* bzw. *Huten* als Wache oder Aufpassen bzw. Sichern steht nicht in Zweifel. In der Mehrzahl der Fälle wird die Sicherung des Viehs auf der Weide (bei der Hutung) zum Gebrauch des Flurnamens *Hutberg* geführt haben. Dafür spricht das häufige Auftreten des Namens im gesamten Untersuchungsgebiet. Deutlich wird dies auch in einem Verzeichnis der Einkünfte der Ämter, Städte und Schlösser von 1445 für das Amt Frauenstein: „So ist ouch dozhu eyn hutberg mit eym viehofe"[42] oder beim *Hutberg* in Großschönau in der Oberlausitz, dessen Nutzung man 1579 als zum „hutten vnd grasen" beschreibt.[43] Komplizierter stellt es sich bei *Die Straßenhutung* auf der Flur Eckartsberg bei Zittau oder bei den zahlreichen *Wach(t)bergen* dar. Weiterhin besteht die Möglichkeit, dass die Verleihung des Namens auf Grund des Aussehens des Berges erfolgte. In der Grenzbeschreibung von Crossen aus dem Jahre 995 wird beispielsweise ein Berg als hutförmige Erhebung charakterisiert.[44] In Regionen mit Bergbau muss die Interpretation als Huthaus ebenfalls in Erwägung gezogen werden. In diesem Sinne ist auch das *Huthaus der Ursula* bei Kleinvoigtsberg, nördlich von Freiberg, zu sehen. Den Zusammenhang mit einer Gerichtsstätte an einer bedeutenden Straße zeigt ein Beispiel aus Grimma. Eine Erhebung an der *Leipziger Straße* wird 1616 *beym Gericht* genannt und erfährt 1638 die Umbenennung in *Huth Hügel* und wandelt sich 1759 zu *Huthhübel* (vgl. NAUMANN 1994, S. 11f.).

Zusammenfassung

Die Erforschung historischer Verkehrsverbindungen erfordert interdisziplinäres Herangehen. Die Namenkunde und deren Quellen, speziell die der Verkehrsnamen, liefern wichtige Hinweise zum konkreten Verlauf und zur Klassifikation von Straßen und Wegen. Die Besonderheit der historischen Entstehung von Namen unterstreicht deren einmaligen Quellenwert unter Beachtung einer speziellen Quellenkritik. Neben den Verkehrsnamen mit direkter Aussage zu Verkehrsführungen bedürfen vor allem die mit indirekter Beziehung einer stärkeren Beachtung. Das bedarf einer Erfassung aller Verkehrsnamen als Voraussetzung für eine Wertung und Klassifikation. Eine generalisierende und eindeutige Festlegung und Zuordnung einzelner Namen zu Aussagespektren ist jedoch nur selten möglich. Dies bedeutet jedoch keine Einschränkung der Quellenrelevanz, sondern erfordert die Prüfung im Einzelfall. Die Entstehungszeit ist ausschlaggebend für den Inhalt des Namens. Hinzu kommt ein nicht zu unterschätzender subjektiver Faktor bei der Entstehung und Weitergabe von Namen, so dass es auch zu ungerechtfertigten Übertragungen und Veränderungen kommen kann. Daher bedarf die Auswertung des Namenmaterials der Heranziehung weiterer Quellen und Wissenschaftsgebiete, besonders der Historischen Geographie, der Mediävistik und der Sprachgeschichte.

---

[42] Verzeichnis von Einkünften und Zugehörungen der Aemter, Städte, Schlösser etc. von 1445, Sächs. HStA, Loc. 4334, Nr. 12b, Bl. 85b.
[43] Flurnamenverzeichnis Großschönau im Sächs. HStA.
[44] "... per viam Tieoderici usque ad locum, qui dicitur Clobuc..." in UB Naumburg I, 13. Vgl. auch EICHLER (1963).

Die Zusammenarbeit von Historikern und Sprachwissenschaftlern erscheint somit zwingend. Moderne Flurnutzung erfordert kaum noch den Gebrauch von Flurnamen. Dies erfährt eine Verstärkung durch die erfolgte Flurbereinigung. Eine weitere zügige Erfassung und Dokumentation ist somit geboten, und wird sicher noch eine Reihe verkehrsrelevanter Eigen- und Sondernamen erbringen.

Literatur

AURIG, Rainer (1989): Die Entwicklung von Steig und Straße im Gebiet zwischen Freiberger Mulde und Neiße von der Mitte des 10. Jahrhunderts bis zur Mitte des 14. Jahrhunderts. Ein Beitrag zur Rekonstruktion des Altstraßennetzes auf archäologischer Grundlage. 3 Bde. – Diss. Dresden

AURIG, Rainer (1994a): Gebirgsüberschreitende mittelalterliche und neuzeitliche Verkehrsverbindungen im Bereich der Flüsse Elbe und Neiße und ihre Stellung bei der Ausformung der Kulturlandschaft. – In: Jahn, Manfred (Hrsg.): Sachsen – Böhmen – Schlesien. Forschungsbeiträge zu einer sensiblen Grenzregion. Dresden, S. 6-25

AURIG, Rainer (1994b): Zur Notwendigkeit einer Landesaufnahme historischer Verkehrswege in Sachsen. – Neues Archiv für sächsische Geschichte 65, S. 227-247

AURIG, Rainer (1996): Tradition und Innovation. Zum Umschwung des sächsischen Straßenwesens im 18. Jahrhundert. – In: Schirmer, Uwe (Hrsg.): Sachsen 1763-1832: Zwischen Rétablisement und bürgerlichen Reformen. (Schriften der Rudolf-Kötzschke-Gesellschaft; 3), Beucha, S. 172-182

AURIG, Rainer (1997): Namenkunde und Altstraßenforschung. Flur- und Siedlungsnamen zwischen Vogtland und Oberlausitz. – In: Aurig, Rainer / Herzog, Steffen / Lässig, Simone (Hrsg.): Landesgeschichte in Sachsen. Tradition und Innovation (Studien zur Regionalgeschichte; 10),. Bielefeld, S. 83-96

BESCHORNER, Hans (1907): Geschichte der sächsischen Kartographie im Grundriß. - Leipzig

BILLIG, Gerhard (1976): Flurnamen mittelalterlicher Wehranlagen im Gebiet des ehemaligen Landes Sachsen. – Namenkundliche Informationen, Nr. 28, S. 15-24

BILLIG, Gerhard (1986): Studien zu Burg und Feudalgesellschaft im obersächsisch-meißnischen Raum. Archäologisch-archivalische vergleichende Untersuchungen. – Diss. (B) Martin-Luther-Univ. Halle-Wittenberg

BILLIG, Gerhard / MÜLLER, Heinz (1998): Burgen, Zeugen sächsischer Geschichte. – Neustadt an der Aisch

BILLIG, Gerhard / WIßUWA, Renate (1987): Altstraßen im sächsischen Vogtland. Stand und Aufgaben der Forschung. – (Vogtlandmuseum Plauen: Schriftenreihe; 55), Plauen

BLASCHKE, Karlheinz (Bearb.) (1957): Historisches Ortsverzeichnis von Sachsen. – (Schriften der Sächsischen Kommission für Geschichte), Leipzig

BLASCHKE, Karlheinz (1990): Sprachliche Hilfsmittel der Stadtkernforschung. Deutsche Fachbegriffe aus der Entstehungszeit der hochmittelalterlichen Städte. – In: Große, Rudolf (Hrsg.): Sprache in der sozialen und kulturellen Entwicklung. Berlin, S. 328-336

BLASCHKE, Karlheinz (Slg.) (1997): Stadtgrundriß und Stadtentwicklung. Forschungen zur Entstehung mitteleuropäischer Städte. Ausgewählte Aufsätze. – (Städteforschung: Reihe A; 44), Köln u.a.

BOBKOVÁ, Lenka / NEUDERTOVÁ, Michaela (Hrsg.) (1997): Cesty a cestování v životě společnosti. = Reisen im Leben der Gesellschaft. – Ústí nad Labem

BUTZ, Reinhard (1988): Die Landwehren der Bezirke Dresden, Karl-Marx-Stadt und Leipzig. Ihr archivalischer, archäologischer, siedlungs- und namenkundlicher Nachweis und zur Bestimmung ihrer Funktion. – Diss. Päd. Hochschule Dresden

DENECKE, Dietrich (1969): Methodische Untersuchungen zur historisch-geographischen Wegeforschung im Raum zwischen Solling und Harz. Ein Beitrag zur Rekonstruktion der mittelalterlichen Kulturlandschaft. – (Göttinger geographische Arbeiten; 54), Göttingen

EDELMANN, Hans (1955): Oberfränkische Altstraßen. – (Die Plessenburg. Schriften für Heimatforschung und Kulturpflege; 8), Kulmbach

EICHLER, Ernst (1963): Die Bedeutung der Oberlausitzer Grenzurkunde und anderer Grenzbeschreibungen für die slawische Sprachgeschichte. – Lětopis. Reihe A 10, H. 1, S. 20-85

FEHRING, Günter P. (1990): Beiträge der Archäologie zur Erforschung topographischer, wirtschaftlicher und sozialer Strukturen der Hansestadt Lübeck. – In: Archäologische Stadtkernforschung in Sachsen. Ergebnisse, Probleme, Perspektiven. (Arbeits- und Forschungsberichte zur sächsischen Bodendenkmalpflege: Beiheft; 19), Berlin, S. 229-254

FIEDLER, Almut (1988): Die Entwicklung des Burg-Stadt-Verhältnisses in den westelbischen Bischofsstädten Wurzen, Mügeln und Nossen von seinen Anfängen bis zur Mitte des 14. Jahrhunderts. – Arbeits- und Forschungsberichte zur sächsischen Bodendenkmalpflege 32, S. 81-184

FINK, Erich (1897): Geschichte der landesherrlichen Besuche in Breslau. – (Mitteilungen aus dem Stadtarchiv und der Stadtbibliothek zu Breslau; 3), Breslau

FRENZEL, Walter (1927): Hutberg und „Hute" in der Oberlausitz. – Bautzner Geschichtshefte 28, H. 5, S. 192-212

FUCHSHUBER-WEIß, Elisabeth (1985): Straßennamen in der Region – Befunde, Tatsachen, Folgerungen. – In: Eichler, Ernst / Saß, Elke / Walther, Hans (Hrsg.): Der Eigenname in Sprache und Gesellschaft, Bd III: Vorträge und Mitteilungen in der Sektion 2. Leipzig, S. 68-73

FUCHSHUBER-WEIß, Elisabeth (1990): Aspekte der Namenkunde. – In: Heimat. Analyse, Themen, Perspektiven. Bonn, S. 694-705

GRÄßLER, Ingolf (1996): Die Verkehrsentwicklung im sächsischen Westerzgebirge im Mittelalter und in der frühen Neuzeit. – Mag.-Arb. Techn. Univ. Dresden

GRIMM, Jacob / GRIMM, Wilhelm (1877): Deutsches Wörterbuch, Bd 4. – Leipzig

HAAS, Helmut (1996): Altstraßen im Osten und Norden Bayreuths. – Archiv für Geschichte von Oberfranken 76, S. 99-124

HELMER, F. (1988): Flurnamenkolloquium (München, 25.01.1988). – Namenkundliche Informationen, Nr. 54, S. 55

HERRMANN, Erwin (1986): Das Altenstadt-Problem. Beispiele für Namenwechsel und Namenverlust im nordbayerischen Raum. – In: Schützeichel, Rudolf (Hrsg.): Ortsnamenwechsel. (Beiträge zur Namenforschung N.F.: Beihefte; 24), Heidelberg, S. 179-188

HERZOG, Steffen (1989): Kamenz – Königsbrück. Bemerkungen zum Verhältnis von Burg, Stadt und Straße während des Mittelalters. – Arbeits- und Forschungsberichte zur sächsischen Bodendenkmalpflege 33, S. 309-356

HOJDA, Zdeněk / VLNAS, Vít (1994): Cesty a cestovatelé v raném novověku. – Litoměřice

JÄGER, Elisabeth (1996): „Der Erbsteig, so uff Weißenstadt zugehet". Eine neu gefundene frühe Altstraße durch das Fichtelgebirge. – Archiv für Geschichte von Oberfranken 76, S. 61-84

KLECKER, Christine (1997): Die Oberlausitzer Grenzurkunde. Landesausbau im Spannungsfeld von Landschaft und Herrschaftsbild. – In: Aurig, Rainer / Herzog, Steffen / Lässig, Simone (Hrsg.): Landesgeschichte in Sachsen. Tradition und Innovation. (Studien zur Regionalgeschichte; 10), Bielefeld, S. 29-40

KNAPPOVÁ, Miloslava (1995): Cesty mírové a válečné v pomístních jménech. – In: Lutterer, Ivan u.a. (Hrsg.): Cesty a cestování v jazyce a literatuře. (Acta Universitatis Purkynianae / Studia historica; 2), Ústí nad Labem, S. 13-16

LEISTNER, Wilhelm (1879/80): Zur Geschichte der Zittau-Prager Straße. – Mitteilungen des Vereins für Geschichte der Deutschen in Böhmen 18, S. 146-154

MEICHE, Alfred (Bearb.) (1927): Historisch-topographische Beschreibung der Amtshauptmannschaft Pirna. - Dresden

MEICHE, Alfred (1937): Der alte Straßenknotenpunkt Zuckmantel, sowie die zugehörigen Namen Zehista, Oederan, Osseg, Uhyst und Zschacketal. Ein Beitrag zur Straßengeographie Sachsens und seiner Nachbarlandschaften. – Mitteilungen des Landesvereins Sächsischer Heimatschutz, H. 1-4, S. 42-62

MERIAN, Matthäus (1650): Topographia Bohemiae, Moraviae et Silesiae. – Frankfurt a.M.

NAUMANN, Horst (1962): Grenzbezeichnungen und Flurnamenschatz Nordwestsachsens. – Wissenschaftliche Zeitschrift der Universität Leipzig. Gesellschafts- u. sprachwiss. Reihe 11, H. 2, S. 295-311

NAUMANN, Horst (1994): Die Grimmaer Flur und ihre Namen. – Mitteilungen des Geschichts- und Altertumsvereins Grimma 1, S. 3-16

NICKLIS, Hans-Werner (1992): Von der „Grenitze" zur Grenze. Die Grenzidee des lateinischen Mittelalters (6.-15. Jhdt.). – Blätter für deutsche Landesgeschichte 128, S. 1-30

NITZ, Hans-Jürgen (1991): Mittelalterliche Raumerschließung und Plansiedlung in der westlichen regio Egere als Teil des historischen Nordwaldes. – Oberpfälzer Heimat 35, S. 7-55

OLIVOVÁ-NEZBEDOVÁ, Libuše (1995a): Jména cest v Čechách v současnosti a v minulosti. – In: Lutterer, Ivan u.a. (Hrsg.): Cesty a cestování v jazyce a literatuře. (Acta Universitatis Purkynianae / Studia historica; 2), Ústí nad Labem, S. 9-12

OLIVOVÁ-NEZBEDOVÁ, Libuše (1995b): Cesty v Čechách a jejich vlastní jména. – In: Olivová-Nezbedová, Libuše u.a. (Hrsg.): Pomístní jména v Čechách. O čem vypovídají jména polí luk, les, hor, vod a cest, Bd 1. Prag, S. 304-331

REUTER, Curt (1963): „Zuckmantel" nochmals betrachtet. Versuch neuer Deutungsweise. – Sächsische Heimatblätter 9, S. 164-173

RIEDENAUER, Erwin (Hrsg.) (1996): Die Erschließung des Alpenraums für den Verkehr im Mittelalter und in der frühen Neuzeit. – (Arbeitsgemeinschaft Alpenländer: Schriftenreihe; 7), Bozen

SCHEUERMANN, Ulrich (1995): Flurnamenforschung. Bausteine zur Heimat- und Regionalgeschichte. – (Schriften zur Heimatpflege; 9), Melle

SCHUBERT, Günter (1996): Ehrenfriedersdorfer Vorspanngüter. – Erzgebirgische Heimatblätter, H. 2, S. 19-23

SCHWARZ, Klaus (1989): Archäologisch-topographische Studien zur Geschichte frühmittelalterlicher Fernwege und Ackerfluren im Alpenvorland zwischen Isar, Inn und Chiemsee. – (Materialhefte zur bayerischen Vorgeschichte: Reihe A; 45), Kallmünz

SPECK, Arthur (1959): Die Flurbezeichnung „Zuckmantel". Ein kritischer Beitrag zur Flurnamenforschung. – Sächsische Heimatblätter 5, S. 328-335

WALTHER, Hans (1962): Zur Auswertung namenkundlichen Materials für die Siedlungsgeschichte. – Wissenschaftliche Zeitschrift der Universität Leipzig 11, S. 313-318

WALTHER, Hans (1966): Namenkunde und Archäologie im Dienst frühgeschichtlicher Forschungen. – In: Probleme des frühen Mittelalters in archäologischer und historischer Sicht. Berlin, S. 155-168

WALTHER, Hans (1993a): Slawische Namen im Erzgebirge und ihre Bedeutung für die Siedlungsgeschichte (1960). – In: Ders. (Slg.): Zur Namenkunde und Siedlungsgeschichte Sachsens und Thüringens. Ausgewählte Beiträge 1953-1991. Leipzig, S. 243-291

WALTHER, Hans (1993b): Orts- und Flurnamen des Rochlitzer Landes in namengeographischer Sicht. – In: Ders. (Slg.): Zur Namenkunde und Siedlungsgeschichte Sachsens und Thüringens. Ausgewählte Beiträge 1953-1991. Leipzig, S. 370-386

WILD, Erich (1933): Der Mendling. Eine flurnamenkundliche Studie. – Plauenscher Sonntags-Anzeiger vom 30. Juli, S. 3

WIBUWA, Renate (1987): Die Entwicklung der Altstraßen im Gebiet des heutigen Bezirkes Karl-Marx-Stadt von der Mitte des 10. Jh. bis Mitte des 14. Jh. Ein Beitrag zur Rekonstruktion des Altstraßennetzes auf archäologischer Grundlage. – Diss. Päd. Hochschule Dresden (Autoreferat in: Ethnographisch-archäologische Zeitschrift 29, 1988, S. 716-724)

DL – BERICHTE UND DOKUMENTATIONEN, Heft 2 (1999)
Geographische Namen in ihrer Bedeutung für die
landeskundliche Forschung und Darstellung, S. 145-153

Bernd Vielsmeier

Die Pfade der Eierträger und Stierbuckler
Zur Rekonstruktion von Transportwegen wandernder Händler und Hausierer anhand bayerischer und hessischer Flurnamen

Die Wege der wandernden Händler und Hausierer sind zwar nicht unerforschlich, aber sie scheinen sich einer Rekonstruktion auf der Grundlage von Archivalien weitgehend zu entziehen, da es kaum aussagekräftige Quellen - von Selbstzeugnissen ganz zu schweigen - zum Handel und Wandel der Bettler, Hausierer und Manischen (vgl. LERCH 1986, S. 7-16; WOLF 1956, S. 207), wie sich Sinti und Roma in ihrer eigenen Sprache selbst bezeichnen, gibt (vgl. KÜTHER 1983, S. 12-14). Aktenkundig werden die Landgänger oder Fahrenden in dem Moment, in dem sie auffallen, d. h. in der Regel, wenn sie straffällig werden. Etwas besser sieht es bei den sesshaften Händlern aus, die ihren Handel zu Fuß betrieben und ihre Waren in Tragekörben auf dem Rücken oder auf Lasttieren und Karren transportierten. Hier sind es überwiegend städtische Quellen, die Aufschluss geben über die Waren, die gehandelt wurden, ihre Herkunft, über die Händler und die Bedingungen, unter denen sie ihren Handel betreiben durften. Aber selbst bei ihnen bleiben die benutzten Handelswege ungenannt. Lediglich bei den Fernhandelsstraßen erlauben die vorhandenen Quellen aus sehr unterschiedlichen Quellengattungen Aussagen zu Streckenverlauf und Verkehr. In einem Bereich haben Handel und Verkehr dieser drei skizzierten Händlergruppen gleichermaßen Spuren hinterlassen - in den Benennungen von Wegen und den an sie angrenzenden Geländeteilen, die in Zusammenhang mit dem Leben auf diesen Wegen standen. Da die Gruppe der mobilen Gewerbetreibenden zwar auch Fernhandelsstraßen benutzte, überwiegend aber ihrer eigenen Wege ging, ist es für eine Rekonstruktion der von ihnen benutzten Transportwege wichtig zu wissen, wer zur Gruppe derjenigen gehörte, die sich mit ambulantem Handel ihren Lebensunterhalt verdienten, wie sie sich ihren Lebensunterhalt erwarben, mit welchen Produkten sie handelten und wie sie ihre Waren transportierten, da auch dies, wie zu zeigen sein wird, seinen Niederschlag in Flurnamen gefunden hat. Die ambulanten Gewerbetreibenden lassen sich in drei Gruppen unterteilen:

1. Sesshafte Händler: Dazu gehört der Fernhandelskaufmann ebenso wie der Kaufmann aus der Stadt, der mit städtischen Produkten über Land zieht und ländliche Produkte aufkauft, um sie zu Hause abzusetzen, oder Bauern und Handwerker aus ländlichen Gebieten, die ihre Erzeugnisse auf Märkten der Umgebung anbieten.
2. Wandergewerbetreibende: Zu dieser Gruppe sind diejenigen zu zählen, die ihr Gewerbe nicht stationär betreiben, z. B. in einer Werkstatt, sondern indem sie von Ort zu Ort ziehen, wie Lumpen- und Knochensammler, Scherenschleifer, Schäfer oder Maulwurfs- und Rattenfänger.
3. Fahrende: Zu ihnen sind Sinti und Roma ebenso zu zählen, wie Gaukler, Musikanten und Bettler oder Diebe und Gauner.

Der Übergang zwischen den Wandergewerbetreibenden und den Fahrenden ist allerdings fließend, wie mittelalterliche und frühneuzeitliche Quellen zeigen. Die Bandbreite dessen, womit der Lebensunterhalt bestritten wurde, reichte vom Handel mit Waren über Dienstleistungen, wie den Transport von Waren und Saisonarbeit, bis hin zu Bettelei und Raub. Aufschluss darüber geben recht unterschiedliche Quellen. So enthält beispielsweise die Untersuchung Karl Büchers über „Die Berufe der Stadt Frankfurt a. M. im Mittelalter" nicht nur die Berufsbezeichnungen und über diese auch die Palette des Warenangebots, sondern in den ausgewerteten Quellen finden sich auch Angaben über die Herkunft von Händlern, den Transport und die sonstigen Tätigkeiten, denen sie zeitweise oder als dauerhaftem Nebenerwerb nachgingen.

Gehandelt wurde mit landwirtschaftlichen Produkten, mit Textilien, Haushaltswaren, Rohstoffen, Büchern und Devotionalien. Ihre Dienste boten - allerdings meistens als Nebenerwerb - Handwerker, wie Schuster und Schneider, an. So wird 1445 *Heinrich burdindreger de Nurnberg* (BÜCHER 1914, S. 35) erwähnt, der, wie die *reffdreger* (BÜCHER 1914, S. 97), eher gegen Entgelt Traglasten befördert hat. Einen Esel zum Transport verwandte 1354 *Wigand eseler*, der 1358 *hunrekeufer* (BÜCHER 1914, S. 42) genannt wird. Für weitere Wegstrecken bot sich für einige Händler der Wasserweg an. 1445 findet sich im Bürgermeisterbuch der Eintrag, man solle *der eppelhocken gonnen, ir eppel uß dem schiff zu tragen* (BÜCHER 1914, S. 42). Unter den Händlern und Händlerinnen bildeten die Hocken die unterste Stufe. Sie wurden so genannt, weil sie auf Fässern und Säcken hockend, ihre Waren verkauften oder verhökerten (vgl. Frankfurt um 1600, 1976, S. 72-75). Zu den Hökerwaren gehörten in der Hauptsache Eier, Käse, Butter, Unschlitt, Schmalz, Öl, Pech, Hühner und Heringe (vgl. BÜCHER 1914, S. 48). Im Baumeisterbuch der Stadt wurden 1462 *12 ω dem ulner zu Lichtenberg vur kacheln, offen und finster gegeben* (BÜCHER 1914, S. 126). Die Töpfer transportierten ihre Waren auf dem Rücken und auf Handwagen. Bei beiden Beförderungsarten mussten von ihnen keine Marktgelder bezahlt werden, wie 1455 festgestellt wurde: *die ulnerkarren sollen kein martrecht geben oder fußgelt, als von alder* (BÜCHER 1914, S. 126). Den Verkauf von Töpferwaren betrieben auch Handwerker, wie Schuhmacher (vgl. BÜCHER 1914, S. 109) und Schneider (vgl. BÜCHER 1914, S. 117), die ihr kärgliches Einkommen durch Geschirrhandel aufbesserten. Wenn es in einer Quelle 1389 heißt: *Clas snyder von Erlebach leuffit uff dem lande bediln und enhat nit*, so scheint er kein Einzelfall gewesen zu sein. Bei dem geringen Verdienst waren offensichtlich die Ausübung eines Nebenerwerbs oder eines gänzlich anderen Gewerbes die einzigen Alternativen zum Bettelstab, wie bei *Mathiß snyder*, von dem es 1443 heißt, dass er *itzunt Kesseler* ist. Zu den auch überregional wichtigen Handelsgütern zählte das Salz. 1995 zeigte das Haus der Bayerischen Geschichte in einer Landesausstellung unter dem Titel „Salz Macht Geschichte", welche wirtschaftliche Bedeutung der Salzhandel für die Geschichte Bayerns hatte. Im Aufsatzband zur Ausstellung wird der Handel mit Salz in mehreren Beiträgen behandelt; unter ihnen auch zwei zur Geschichte des *Goldenen Steigs* (vgl. KUBŮ / ZAVŘEL 1995, S. 341-347; PRAXL 1995, S. 332-340), sowie ein weiterer zu Reflexen des Salzes und Salzhandels in Orts- und Flurnamen (vgl. v. REITZENSTEIN 1995, S. 358-360). Salz wurde auf dem Wasser und zu Lande transportiert - auf dem Landweg mit Fuhrwerken und Lasttieren, zu Fuß von sog. Kraxenträgern (vgl. PRAXL 1995, S. 337; MAIER 1995, S. 282). Ein bedeutender Salzweg führte von Passau nach (Alt-)Prachatitz in Böhmen (vgl. PRAXL 1995, S. 332). Als *Prachaticih via* wird er 1088 bzw. 1130 erstmals erwähnt. Dieser Weg wurde zusammen mit anderen Salzhandelswegen, die von Passau nach Böhmen führten, seit dem frühen 16. Jahrhundert metaphorisch als *Goldener Steig* bezeichnet. Teilstrecken führten eigene Namen. So wurde die Wegebezeichnung *Salzweg* für zwei Dörfer bei Passau und Winterberg, die beide am Salzweg lagen, zum Siedlungsnamen. Ein anderer Ort bei Waldkirch heißt nach dem Weg, der zu den Schiffen für den Salztransport führte, *Schefweg*. Eine Reihe von Wegstrecken wird bis heute *Samaweg* genannt, Wege die die Säumer, wie die Führer der Pack- oder Saumpferde in Bayern genannt wurden, benutzten. Der Name *Scheibenweg* oder *-straße* geht auf die flachen, doppelkonischen Holzgefäße zurück, in denen das Salz transportiert wurde (vgl. PRAXL 1995, S. 332, 338). Eine Saumladung bestand aus zwei solcher Scheiben, die an beiden Seiten des Saumsattels befestigt waren. Jede hatte ein Gewicht von ca. 1 ½ Zentnern. In Prachatitz wurden 1557 wöchentlich 1200 Saumpferde gezählt (vgl. PRAXL 1995, S. 337). Da Salz zollpflichtig war, bestand für die Säumer Wegezwang. Der Salzhandel hinterließ auf den stark frequentierten Wegen seine Spuren. An Gefällstrecken bildeten sich durch Auswaschung des losgetretenen Bodens Hohlwege, die z. T. bis heute 'Säumergraben' oder 'Salzgraben' genannt werden. Morastartige Wegabschnitte waren über weite Strecken mit quergelegten Bäumen und gespaltenen Baumstämmen, sog. Spicken, überbrückt, die sich als *Spicking* oder *Spickern* in Flurnamen erhalten haben.

Bereits in vorrömischer Zeit bestand ein Netz von Fernhandelswegen, auf denen Güter über weite Strecken transportiert worden sind. In den Pfahlbausiedlungen des Bodensees wurden Feuersteine benutzt, die von der Insel Rügen und aus Südschweden stammten. Bernstein aus der Ostsee gelangte als Ware im Altertum bis nach Kreta und Ägypten (vgl. LÖSCHBURG 1977, S. 9). Viele dieser Handelsstraßen verliefen reliefbedingt die Täler meidend auf den Höhen. In den Beckenlandschaften führten sie durch erhöhtes Gelände, das außerhalb der

Überschwemmungsgebiete der Bäche und Flüsse lag (vgl. DENECKE 1987, S. 210-211). Diese Höhenwege, die zum Teil bis ins vorige Jahrhundert benutzt wurden, sind oft nach ihrer Lage als *Hohe Straße* bezeichnet worden (vgl. FRIEDMANN 1990, S. 65; HAUBRICHS 1997, S. 126-130). Die Römer hingegen mieden, wenn es möglich war, beim Bau ihrer Straßen die Gebirge und Höhenzüge. Sie konnten ihre planmäßig angelegten Wege durch die Befestigung mit einem Unterbau und dem Belag mit einem Steinpflaster auch in bis dahin ungünstigen, d. h. zumeist nassen Bereichen anlegen (vgl. LÖSCHBURG 1977, S. 13). Nach dem Abzug der Römer wurden sowohl ihre steinernen Straßen als auch die vor- und frühgeschichtlichen Straßen in vielen Fällen bis in unsere Zeit benutzt. Diese Verkehrswege, die im Mittelalter und der frühen Neuzeit vielfach nur noch bessere Feldwege waren und über weite Strecken oft auf Orts- und Landesgrenzen verliefen, nutzten mobile Händler als schnelle und kostengünstige Transportwege für ihre Waren. Es ist erstaunlich über welche Entfernungen sie ihren Handel betrieben. Über sie gelangte Geschirr aus dem Marburger Land bis in die Pfalz, nach Thüringen, Hannover, Hamburg und in die Ostseegebiete (vgl. HÖCK 1969, S. 442). Die Waren wurden mit Pferd und Wagen, auf Eseln und zu Fuß in Körben auf dem Rücken oder dem Kopf befördert. So kauften Händler und Hausierer im Vogelsberg neben anderen Lebensmitteln Hühner und Eier bei den Bauern auf und transportierten sie in ihren Kietzen auf dem Rücken zu den Märkten nach Frankfurt am Main und in benachbarte Städte. Diese Handelswege wurden in der Wetterau Eierträger- und Hühnerträgerwege genannt. Den Hausierhandel betrieben in der Hauptsache Bettler, arme Juden und Zigeuner. Dass diese Bevölkerungsgruppe diesen Hausierhandel betrieb, zeigt auch der Wortschatz ihrer eigenen Sprache, das Rotwelsche, das auch als Gaunersprache bezeichnet wird. Unser Wort Gauner ist von Jauner oder Jenischer abgeleitet, einem Begriff, mit dem sich Sinti und Roma als Gruppe bezeichnet haben und der erst mit der Übernahme ins Hochdeutsche die Bedeutung von 'Gauner' erhalten hat. So heißt der Hühnerträger (WOLF 1956, S. 319) im Rotwelschen - einer Mischung aus dem Jenischen, d. h. der Zigeunersprache, dem Jiddischen, dem Hebräischen und dem Mittelhochdeutschen - *Stier-Buckler* (zusammengesetzt aus rotwelsch *Stier* 'Huhn' und *Buckler* 'Träger' von deutsch 'buckeln', d. h. 'auf dem Rücken tragen'). Es sind aber nicht nur Eier- und Hühnerträger, die ihre Spuren in Flurnamen hinterlassen haben.

Bei der Durchsicht des Materials im Hessischen Flurnamenarchiv an der Gießener Universität findet sich reichhaltiges Material zu Bezeichnungen für Händler, ihre Transportmittel und Handelswaren sowie Einrichtungen für den Personen- und Warenverkehr an den Straßen. Einige sollen beispielhaft skizziert werden.

Allein für den Salzhandel finden sich zahlreiche Straßen-, Wege- und Pfadnamen, die mit Salz und Sälzer - wie die Salzhändler und Transporteure in Hessen genannt wurden - gebildet sind. Für *Menger*, als Bezeichnung für den Händler, fand sich nur *Ohlenmenger*[1] als Name einer Wiese in Bad Camberg im Kreis Limburg-Weilburg. Mit *Krämer* sind ca. 10 Namen gebildet. Bei den Flurnamen, die sich auf wandernde Händler und ihre Waren beziehen, zeigt

---

[1] FlnA Gießen, 5715c4 Bad Camberg, Nr. 86.

sich, dass sich in den rezenten Namen nur ein Teil des ursprünglich vorhandenen Namenbestandes erhalten hat. So findet sich nur noch für die Stadt Friedberg, Wetteraukreis, ein einziger *Eierträgerweg*[2], während für andere Gemarkungen mehrere historisch belegt sind. Nach den Bestimmungswörtern zu schließen, wurden sehr unterschiedliche Waren von Trägern befördert: Rosen bzw. Blumen vom *Rosenträger*[3], Flurname im Frankfurter Vorort Seckbach; vermutlich Hefe von *Hebenträger*[4], mundartlich [*de hewedraeger*] in Dillbrecht und Fellerdilln, beide im Kreis Limburg-Weilburg; Steine vom *Steinträger*[5] in Viesebeck, Landkreis Kassel; Spindeln vom *Spillenträger*[6], mundartlich [*up den spillendreier*] in Wolfhagen, Landkreis Kassel. Bei den Flurnamenbildungen mit *Frau* und *Mann* als Grundwort beziehen sich eine Reihe auf das Wandergewerbe, so *Lumpenmann*[7] in Rödgen, Landkreis Gießen; *Löffelmann*[8] in Rodenroth, Landkreis Lahn-Dill; *Gläsermann*[9] in Heblos, Vogelsbergkreis; *Eiermann*[10] in Leidenhofen, Landkreis Marburg-Biedenkopf; *Salzfrau*[11] in Hitzelrode, Werra-Meißner-Kreis; *Gansmanner*[12] in Hundshausen, Schwalm-Eder-Kreis; *Kaupmann*[13] in Oberburg, Kreis Waldeck-Frankenberg, allgemein auf den Kaufmann. Auf das Transportmittel verweist *Haintze Mann*[14] in Germerode, Werra-Meißner-Kreis. In diesem Gebiet ist der vorherrschende Rückenkorbtyp *Hainzekötze* genannt worden (vgl. GANDERT 1963, S. 13, 66-73). Der Esel als Transporttier für Lastkörbe hat sich in dem Namen *An der Eselskötze*[15] in Hattendorf, Vogelsbergkreis, erhalten; *Tragekötze*[16] in Ellingerode, Werra-Meißner-Kreis, bezieht sich ganz allgemein auf einen Tragekorb; die *Hühnerkötze*[17] in Wallenstein, Schwalm-Eder-Kreis, auf einen speziell für den Hühnerhandel konstruierten Typ. Auch das niederdeutsche Wort Kiepe für den Rückentragekorb findet sich in einigen Flurnamen des niederhessischen Sprachraums in Nordhessen: *Kiep(pen)weg*[18] in Volkmarsen, Kreis Waldeck-Frankenberg, und Velmeden, Werra-Meißner-Kreis; *Hundskipp*[19] in Hatterode, Kreis Hersfeld-Rotenburg, eine *Sperlingskiepe*[20] in Jestädt, Werra-Meißner-Kreis. Im sachlichen Zusammenhang mit den Wegen, die Warenträger und -trägerinnen benutzten, stehen die sog. Ruhen, stufige Gestelle aus Holz, Stein oder Eisen, die an Rastplätzen errichtet waren, damit die Warenkörbe bequem

---

[2] FlnA Gießen, 5618b4 Friedberg, Nr. 71.
[3] FlnA Gießen, 5818a5 Seckbach, Nr. 113.
[4] FlnA Gießen, 5115a1 Dillbrecht, Nr. 30; 5215d6 Fellerdilln, Nr. 8.
[5] FlnA Gießen, 4620c1 Viesebeck, Nr. 225.
[6] FlnA Gießen, 4621a3 Wolfhagen, Nr. 407.
[7] FlnA Gießen, 5318b1 Rödgen, Nr. 123.
[8] FlnA Gießen, 5415d6 Rodenroth, Nr. 13.
[9] FlnA Gießen, 5322a4 Heblos, Nr. 9.
[10] FlnA Gießen, 5218b4 Leidenhofen, Nr. 26.
[11] FlnA Gießen, 4726a5 Hitzelrode, Nr. 68.
[12] FlnA Gießen, 5020c3 Hundshausen, Nr. 77.
[13] FlnA Gießen, 4719a4 Oberburg, Nr. 19.
[14] FlnA Gießen, 4825d3 Germerode, Nr. 73.
[15] FlnA Gießen, 5221c7 Hattendorf, Nr. 24.
[16] FlnA Gießen, 4624b3 Ellingerode, Nr. 167.
[17] FlnA Gießen, 5022c3 Wallenstein, Nr. 213.
[18] FlnA Gießen, 4520b1 Volkmarsen, Nr. 189; 4724b3 Velmeden, Nr. 82.
[19] FlnA Gießen, 5223d1 Hatterode, Nr. 54.
[20] FlnA Gießen, 4726a2 Jestädt, Nr. 150.

abgestellt werden konnten. Auch Wegweiser in Form einer Hand haben ihren Niederschlag in Flurnamen gefunden, so ein *Handweiser* und ein *alter Handweiser*[21] in Hofgeismar, Kreis Kassel, oder die *hölzerne* und die *eiserne Hand*[22] in Büdingen, Wetteraukreis.

Auf die Fahrenden verweisen eine Reihe von Namen: *Leiermann*[23] in Naurod, Kreisfreie Stadt Wiesbaden, und Calbach, Wetteraukreis; *spaelmann*[24] in Hadamar, Schwalm-Eder-Kreis; und vermutlich auch *Schellenmann*[25] in Johannisberg, Rheingau-Taunus-Kreis, auf umherziehende Gaukler. Für Bettler und Bettlerinnen finden sich ca. 70 Namen in Hessen, für Zigeuner knapp 30 Belege. Bei der Gruppe der Zigeunernamen ist die Zahl der Flurnamen, die sich auf diese Bevölkerungsgruppe beziehen, allerdings höher anzusetzen. Sinti und Roma werden bis heute mundartlich z. B. in der Wetterau als *Heiden* bezeichnet. Da dies in diesem Gebiet aber lautlich identisch ist mit der früher auch existenten Landschaftsbezeichnung der Heide, ist es ohne genaue Prüfung der sachlichen Verhältnisse nicht möglich, die auf die Heidelandschaft bezogenen Namen von den auf Sinti und Roma bezogenen Flurnamen zu trennen. Bei diesen Namen ist natürlich zu prüfen, in welchem Zusammenhang sie zu früheren Wegen gestanden haben, ob es sich bei ihnen um Namen handelt, die sich auf die Form der Grundstücke bezog, oder inwieweit Familiennamen aufgrund alter Besitzverhältnisse Eingang in Benennungen gefunden haben. Aber selbst in solchen Fällen sind es sprachliche Nachweise für Händler und ihre Lebenswelten, die sich, wenn auch mit einiger Mühe, in Zusammenarbeit mit anderen Wissenschaftsbereichen wie Archäologie, Volkskunde, Geographie, um nur einige zu nennen, durchaus erschließen lassen. Genauso müsste es durch die Auswertung historischer Karten, insbesondere der topographischen Landesaufnahmen und der Kataster des 19. Jahrhunderts, möglich sein, das historische Wegenetz zu rekonstruieren. Anhand von Flurnamen lassen sich nur in Ausnahmefällen der Verlauf alter Handelswege über größere Strecken lückenlos nachweisen, wie es bei einzelnen Salzwegen, auf denen Salz das wichtigste und daher auch prägende Handelsgut war, oder der *Hutzelstraße* in Südhessen der Fall ist. Die *Hutzelstraße* war eine vor- und frühgeschichtliche Straße, die vom Main durch den Rodgau über Roßdorf, Ober-Ramstadt, Frankenhausen, vorbei am Felsberg nach Auerbach a.d.B. und von dort weiter zum Rhein führte.[26] Die *Hutzelstraße* hieß zwischen Ober-Ramstadt und Auerbach a.d.B. auch die *Hohe Straße*, da sie auf den Höhen durch den Odenwald verläuft (vgl. JORNS 1962, S. 11; WEYRAUCH 1966, S. 163-164, 169-170). Die Römer scheinen die Straße zwischen dem Felsberg und dem Rhein als Transportweg für den am Felsberg gebrochenen Granit benutzt zu haben. *Hutzelstraße* ist wohl ein junger Name für die Straße, in dem sich ihre frühere Nutzung als Transportweg für eines der wichtigsten Erzeugnisse, die im 18. und 19. Jahrhundert aus

---

[21] FlnA Gießen, 4522d2 Hofgeismar, Nr. 229-230.
[22] FlnA Gießen, 5720c3 Büdingen, Nr. 292, 320.
[23] FlnA Gießen, 5815b5 Naurod, Nr. 58; 5720d4 Calbach, Nr. 68.
[24] FlnA Gießen, 4821c2 Haddamar, Nr. 77.
[25] FlnA Gießen, 5913b1 Johannisberg, Nr. 112.
[26] FlnA Gießen, 6117b2 Eberstadt, Nr. 88; 6218d1 Hoxhohl, Nr. 52; 6218d8 Nieder-Beerbach, Nr. 199; 6119a5 Reinheim, Nr. 78; 6118b5 Spachbrücken, Nr. 57; 6218a8 Staffel, Nr. 16.

dem Odenwald exportiert wurden, erhalten hat. Hutzeln werden im Südhessischen allgemein die getrockneten Obstschnitten genannt. Im Odenwald waren damit früher insbesondere die gedörrten Zwetschen gemeint, die nach dem Dreißigjährigen Krieg in großen Mengen erzeugt und verkauft wurden. Nach den Verwüstungen des Dreißigjährigen Krieges wurde der Anbau von Wein im Odenwald, wie auch in anderen hessischen Landschaften, z. B. der Wetterau, anfangs durch die zusätzliche Bepflanzung der Rebflächen mit Obstbäumen erweitert, langfristig aber zugunsten des Obstbaus ganz aufgegeben (vgl. DEBOR 1954, S. 36-37) oder doch nur noch in beschränktem Umfang weiterbetrieben, da der Anbau von Wein weitaus mehr Arbeit während des Jahres erforderte als die Pflege der Obstbäume. 1769 wird im Amt Lichtenberg darauf hingewiesen, „*daß der Anbau von Zwetschen besser beachtet werden solle, weil sie nicht nur früh in den Ertrag kommen, sondern im gedörrten Zustand vorteilhaft nach Holland verkauft werden können*" (DEBOR 1954, S. 36). So sind im 18. Jahrhundert die terrassierten Weingärten am Breuberg für den Anbau von Zwetschen in Obstbaumstücke umgewandelt worden. Ende des 18. Jahrhunderts förderte das Amt Breuberg und Reichenberg in seinen Dörfern die Umstellung auf den Zwetschenanbau, da der Verkauf von gedörrten Zwetschen lohnender war und sich bereits zur Haupterwerbsquelle entwickelt hatte. Im Jahr 1806 wurde der Wert des erzeugten Dörrobstes aus Zwetschen auf 10000 bis 15000 Gulden geschätzt (vgl. DEBOR 1954, S. 14). Der Eberstadter Pfarrer May schrieb 1792:

„*Der Hauptobsthandel aber, wovon hier der Untertan eine sehr beträchtliche Einnahme erhält, sind in den guten Jahren die Nüsse und Zwetschen. Diese beiden Produkte sind so ergiebig, daß gewiß öfters davon mehrere 1000 fl. den Untertanen in die Hände kommen. Unsere Wingerte sind mit Zwetschenbäumen angefüllt, die gemeiniglich in denen Jahren geraten, wenn der Wein mißlingt, und da solche in einem Boden stehen, der das Jahr viermal bearbeitet wird, so gedeihen dieselben im schlechtesten Sand und bringen in guten Jahren einen solchen Segen hervor, daß viele Wägen von ins Ried verkauft werden, ein großer Teil zu Markt getragen wird, ein größerer aber gedörrt und über Mainz in die nordischen Gegenden zu Wasser geführt wird, nicht zu gedenken, was der Untertan zu seiner Nahrung unter allerhand Abwechslung im Hause benutzt*" (zit. nach DEBOR 1954, S. 36-37).

Hauptabnehmer waren die Hafenstädte an der Nord- und Ostsee, in denen das Dörrobst zur Verproviantierung der Hochseesegler benötigt wurde, um Mangelkrankheiten wie Skorbut, die durch einseitige Ernährung verursacht wurden, zu verhindern. Da das Dörrobst bis zu 5 Jahre aufbewahrt werden konnte, war es für die langen Schiffsreisen als Nahrungsmittel bestens geeignet. Auf Flurnamen als Quelle für die Geschichte der Armen und Unterschichten wiesen mehrfach Historiker hin (vgl. SCHUBERT 1995, S. 19, 190). In den letzten Jahren ist in mehreren flurnamenorientierten wissenschaftlichen Untersuchungen und Darstellungen in Hessen[27] und Bayern[28] die Aufmerksamkeit auf die Juden gelenkt worden, die sowohl in der Gruppe

---

[27] Hessischer Flurnamenatlas, 1987, Karte 20 *Jude*, 134 *Galgen*.
[28] Gründung des Forschungsprojekts *Jüdische Mobilität und Migration in Bayern* 1988 durch Günter Kapfhammer im Fach Volkskunde an der Universität Augsburg, mit dem Ziel der Erfassung aller in Bayern

der Fernhandelskaufleute zu finden waren, als auch unter den Krämern und Bettlern. Sie nahmen unter den Wandergewerbetreibenden eine Sonderstellung ein, da ihr Leben von kirchlicher und weltlicher Seite durch zahlreiche Verbote und Gesetze eingeschränkt und reglementiert war, deren Einhaltung aufmerksam überwacht wurde. Davon legen die überlieferten Quellen ein beredtes Zeugnis ab. Diese Quellen bilden ein Stück Alltag ab. Sie gewähren uns sowohl für die Juden selbst als auch für ihre nichtjüdischen Weggefährtinnen und Weggefährten Einblicke in eine ansonsten nur schwer zugängliche Lebenswelt einer Personengruppe, die in der Vermittlung von Gütern einen erheblichen Beitrag zur Wirtschafts- und Kulturgeschichte geleistet hat (vgl. z.B. LÖWENSTEIN 1989). Ernst Schubert hat diesen Sachverhalt in seiner Untersuchung über „Fahrendes Volk im Mittelalter" an einer Stelle so formuliert: *„Es mag ja sein, daß Karl der Große das Abendland geschaffen hat, aber die Leistung der Spielleute, der Hausierer, Wanderärzte, Scholaren und Pomeranzenhändler für die Entwicklung einer europäischen Kultur ist auch nicht zu verachten"* (SCHUBERT 1995, S. 336).

Literatur

BÜCHER, Karl (1914): Die Berufe der Stadt Frankfurt am Main im Mittelalter. - (Abhandlungen der Philologisch-Historischen Klasse der Königl. Sächsischen Gesellschaft der Wissenschaften; 30,3), Leipzig

BURGARD, Friedhelm / HAVERKAMP, Alfred (Hrsg.): (1997): Auf den Römerstraßen ins Mittelalter. Beiträge zur Verkehrsgeschichte zwischen Maas und Rhein von der Spätantike bis ins 19. Jahrhundert. - (Trierer Historische Forschungen; 30), Mainz

DEBOR, Herbert Wilhelm (1954): Geschichte des Wein- und Obstbaues im Odenwald. Jubiläumsschrift anläßlich des 65-jährigen Bestehens des Kreisobstbauernverbandes Erbach i. Odw. 1889-1954. - Beerfelden (Odw.)

DENECKE, Dietrich (1987): Straße und Weg im Mittelalter als Lebensraum und Vermittler zwischen entfernten Orten. - In: Mensch und Umwelt im Mittelalter. Stuttgart, S. 207-223

Frankfurt um 1600. Alltagsleben in der Stadt. - (Kleine Schriften des Historischen Museums; 7), 3. Aufl., Frankfurt a.M. 1976

FRIEDMANN, Christof (1990): „...die Straße bauen". Handel und Verkehr auf der Route Frankfurt - Leipzig. - In: 750 Jahre Messen in Frankfurt. Frankfurt a.M. 1990, S. 63-74

GANDERT, August (1963): Tragkörbe in Hessen. Kulturelle und wirtschaftliche Bedeutung des Korbes. - (Schriften zur Volkskunde, Staatliche Kunstsammlungen Kassel; 1), Kassel

HAUBRICHS, Wolfgang (1990): Die volkssprachlichen Bezeichnungen für alte Fernwege im Deutschen, vorwiegend nach westmitteldeutschen Quellen dargestellt. - In: Burgard / Haverkamp (Hrsg.): Auf den Römerstraßen ins Mittelalter. Mainz, S. 97-181

HERRMANN, Bernd (Hrsg.) (1987): Mensch und Umwelt im Mittelalter. - 3. Aufl., Stuttgart

HÖCK, Alfred (1969): Wandernde Geschirrhändler und ihre Verbindungen zum Gaunertum. In: Kontakte und Grenzen. Göttingen 1969, S. 439-451

JORNS, Werner (1962): Zur Ur- und Frühgeschichte des Landkreises. - In: Landkreis Darmstadt. Monographie einer Landschaft. Mainz, Trautheim bei Darmstadt, S. 6-12

---

nachweisbarer Flurnamen, die sich auf Juden beziehen. Aus dieser Namengruppe werden zur Zeit die Wegebezeichnungen im Rahmen einer Dissertation untersucht. Zu den bisher erschienen Veröff. s. Lit.-Verz.

KAPFHAMMER, Günter (1990): Judenwege. Untersuchungen zur jüdischen Mobilität und Migration mit besonderer Berücksichtigung Bayerns. - Blätter für oberdeutsche Namenforschung 27. S. 3-27

Kontakte und Grenzen. Probleme der Volks-, Kultur- und Sozialforschung. Festschrift für Gerhard Heilfurth zum 60. Geburtstag. Hrsg. von seinen Mitarbeitern. - Göttingen 1969

KUBŮ, František / ZAVŘEL, Petr (1995): Geländeforschungen am Goldenen Steig in Böhmen. - In: Treml, Manfred u.a. (Hrsg.): Salz Macht Geschichte. Augsburg, S. 341-347

KÜTHER, Carsten (1983): Menschen auf der Straße. Vagierende Unterschichten in Bayern, Franken und Schwaben in der zweiten Hälfte des 18. Jahrhunderts. - (Kritische Studien zur Geschichtswissenschaft; 56), Göttingen

LERCH, Hans-Günter (1986): „Tschü lowi...". Das Manische in Gießen. Die Geheimsprache einer gesellschaftlichen Randgruppe, ihre Geschichte und ihre soziologischen Hintergründe. - 3. Aufl., Gießen

LÖSCHBURG, Winfried (1977): Von Reiselust und Reiseleid. Eine Kulturgeschichte. - Frankfurt a.M.

LÖWENSTEIN, Uta (Bearb.) (1989): Quellen zur Geschichte der Juden im Hessischen Staatsarchiv Marburg 1267-1600. Bd. 1-3. - (Quellen zur Geschichte der Juden in hessischen Archiven; 1), Wiesbaden

MAIER, Lorenz (1995): Salzstraßen in Bayern. - In: Treml, Manfred u.a. (Hrsg.): Salz Macht Geschichte. Augsburg, S. 280-287

PRAXL, Paul (1995): Der Goldene Steig. Salzwege von Passau nach Böhmen. - In: Treml, Manfred u.a. (Hrsg.): Salz Macht Geschichte. Augsburg, S. 332-340

RAMGE, Hans (Hrsg.) (1987): Hessischer Flurnamenatlas. - (Arbeiten der Hessischen Historischen Kommission: NF; 3), Darmstadt

REITZENSTEIN, Wolf Armin v. (1995): Das Salz in Orts- und Flurnamen. - In: Treml, Manfred u.a. (Hrsg.): Salz Macht Geschichte. Augsburg, S. 358-360

RÖSCH, Barbara (1995a): Judenwege in Oberfranken. Untersuchungen zu der Judenstraße zwischen Scheßlitz und Burkunstadt. - Augsburger Volkskundliche Nachrichten 1, H. 1. S. 6-23

RÖSCH, Barbara (1995b): Judenwege in Bayern. - München (Begleitheft zu der vom 17. 11. bis 29. 12. 1995 im Staatsarchiv München gezeigten Ausstellung „Jüdische Pfade in Bayern. Vergessene Spuren jüdischen Lebens auf dem Lande")

RÖSCH, Barbara (1996): „Mosse Jud von Tapfheim". Von der Aussagekraft der Flur- und Wegenamen. - In: Henker, Michael / Reitzenstein, Wolf-Armin v. (Hrsg.): Gemeinde Tapfheim. Bearb. von Edith Funk u.a. (Bayerisches Flurnamenbuch; 4), Augsburg, S. 29-35

SCHUBERT, Ernst (1995): Fahrendes Volk im Mittelalter. - Darmstadt

STUBENVOLL, Willi (1990): 750 Jahre Messen in Frankfurt. „Die Straße". Geschichte und Gegenwart eines Handelsweges. Textband. - Frankfurt a.M.

TREML, Manfred / JAHN, Wolfgang / BROCKHOFF, Evamaria (Hrsg.) (1995): Salz Macht Geschichte. Aufsätze. (Veröffentlichungen zur Bayerischen Geschichte und Kultur; 29), Augsburg

WEYRAUCH, Wilhelm (1966): Hutzelstraße und Schnellweg. - In: 1200 Jahre Bensheim. Hrsg. vom Magistrat der Stadt Bensheim an der Bergstraße. Heppenheim, S. 155-177

WOLF, Siegmund A. (1956): Wörterbuch des Rotwelschen. Deutsche Gaunersprache. - Mannheim

Quellen:
Hessisches Staatsarchiv Darmstadt 0 61 Buxbaum, Konv. 1, Karte 116, Nr. 2
Hessisches Flurnamenarchiv Gießen Ortssammlungen

DL – BERICHTE UND DOKUMENTATIONEN, Heft 2 (1999)
Geographische Namen in ihrer Bedeutung für die
landeskundliche Forschung und Darstellung, S. 155-168

Uwe Förster

Landschaftsnamen in Deutschland[1]

Ein Spiegel von Natur- und Menschengeschichte

Mit einer farbigen Kartenbeilage

*Herbert Liedtke zum 70. Geburtstag
am 25. November 1998 gewidmet.*

Passt das Reden von der Landschaft, von einem kleinräumigen Gebiet mit besonderem Charakter, noch in die gesellschaftliche Landschaft unserer Zeit? Sind verbale Güterzüge vom Typ *Rhein-Main-Gebiet* für uns nicht durchsichtiger als das niedersächsische *Butjadingen*? Landschaften muss man er-fahren, beispielsweise mit der Bahn. Nehmen wir einen Zug, der uns in elf Stunden vis-à-vis vom östlichen Unterelsass (Frankreich) vorbei an der Westgrenze Tschechiens bis in die Nähe Polens bringt:
Von Karlsruhe fahren wir über Stuttgart, Nürnberg, Hof und Reichenbach im Vogtland, Glauchau und Dresden nach Görlitz. Durchfahren oder berührt werden: *Ufgau, Kraichgau, Strohgäu, Ellwanger Berge, Frankenhöhe, Fichtelgebirge, Sechsämterland, Vogtland, Osterzgebirge, Tharandter Wald, Lausitzer Bergland*. Vertraute Namen? Nicht alle. Der Autofahrer kennt auf dieser Strecke die Raststätten Kraichgau, Ellwanger Berge und Frankenhöhe. Bei einem großen Publikum bleiben Landschaftsnamen durch Autobahnraststätten lebendig, zur Zeit fünfunddreißig. Das ist wenig. Erwähnt werden hier fast zweihundert Landschaftsnamen;

---

[1] Die Originalfassung befindet sich in der Zeitschrift "Der Sprachdienst" (Heft 5/1998). Eine gekürzte Fassung dieses Beitrages erschien am 24.11.1995 in der "Frankfurter Allgemeinen Zeitung" (S. 9-10). Danach wurde der Text mutatis mutandis in mehreren Zweigen der Gesellschaft für deutsche Sprache als Vortrag geboten sowie vor dem Ständigen Ausschuß für geographische Namen in Frankfurt am Main und auf dem 8. Treffen des Arbeitskreises Landeskundliche Institute in der Deutschen Akademie für Landeskunde (Trier am 22. Mai 1998). Besonders dankbar bin ich dafür, daß ich das Manuskript mit einer Reihe von Fachleuten diskutieren konnte, unter ihnen Dieter Berger (1914-1996), Teodolius Witkowski, Horst Naumann und Wolfgang Laur.

dieser Begriff ist im folgenden weit gefasst, so dass auch Namen von Inseln, Bergen und Kreisen gelegentlich einbezogen werden. Besprochen wird nicht der ganze Landschaftsname, sondern nur der jeweils interessierende Bestandteil. Die etymologischen Angaben werden stark verkürzt wiedergegeben; auf viele Zwischenformen und mancherlei Hypothesen muss, soll ein Überblick für den sprachlich interessierten Nichtphilologen gelingen, verzichtet werden. Die einschlägigen Fachpublikationen sind außerordentlich zahlreich; nur in Ausnahmefällen wird Literatur angegeben. Mir ist das Wagnis dieser Darstellung durchaus bewusst. Es ist mir aber wichtiger, ein breites Publikum für die Landschaftsnamen, ihre Herkunft und Bedeutung zu interessieren, als jedem einzelnen philologischen Befund nachzugehen und ihn zu diskutierten. Der Geograph Herbert Liedtke hat die "Namen und Abgrenzungen" von fast 700 Landschaften in eine Karte (1: 1.000.000) eingezeichnet und in einem Buch geographisch beschrieben (vgl. LIEDTKE 1994)[2] – im Auftrag des Ständigen Ausschusses für geographische Namen (StAGN), der 1959 gegründet wurde und heute seinen Sitz in Frankfurt am Main hat. Auch die Deutsche Bahn hält Landschaftsnamen lebendig, indem sie einige Züge nach ihnen benannt hat. So gibt es den ICE *Werdenfelser Land*, den IC *Spessart*, den D-Zug *Arkona* und den InterRegio *Borkum*. Das lateinische Wort *regio* wurde im Mittelalter wiedergegeben mit *lantscaf*, beispielsweise in der althochdeutschen *Evangelienharmonie* des Tatian aus dem 9. Jahrhundert. Dort heißt es, dass die drei Weisen aus dem Morgenland nach der Anbetung des göttlichen Kindes zurückgekehrt sind "in regionem suam", was im ostfränkischen hieß "zi iro lantscheffi". Region – das ist (als Antwort auf eine weltweite Nivellierung von allen und jedem!) ein Hochwertwort.

Sieht man den Landschaftsnamen ihre sprachliche Regionalität noch an? Kaum, aber es gibt Ausnahmen: Ein Marschland zwischen Jadebusen und Wesermündung heißt *Butjadingen*, weil es außerhalb (niederdeutsch *buten*) der Jade liegt. Zwischen Mayen und Andernach am Rhein liegt die *Pellenz*, also eine *Pfalz* mit unverschobenem *p*. Nordwestlich von Kassel gibt es in 800 Metern Höhe eine wellige Hochfläche, das *Upland* (*up* = auf), ein 'Oberland'. *Upland* bewahrt das alte *u*, aus dem im Hochdeutschen *au* geworden ist, während die niederdeutschen Mundarten am *u* festhalten, beispielsweise im Ortsnamen *Husum* ('bei den Häusern'). Der schon genannte *Ufgau* ist ein sprachlicher Zwitter: mit altem *u* und neuem entlasteten *pf*, also schon verschobenem *p*.

Die meisten Landschaftsnamen sind verhochdeutscht, so dass Philologenfleiß die ursprüngliche Bedeutung freilegen muss. Dabei gilt: Sei misstrauisch, wenn die Bedeutung eines Wortes auf der Hand zu liegen scheint. Karl der Große soll nach beschwerlicher Eroberung gesagt haben: "Das war mir ein sauer Land!" Aber das südöstlich von Dortmund gelegene *Sauerland* ist ein 'Suderland', ein südlich gelegenes Land. Manchmal wird sogar die Wortbildungsfuge verschoben, so bei *Hiddensee*, dem Namen jener siebzehn Kilometer langen, schmalen Insel

---

[2] In einer überarbeiteten Fasung erschien die Karte im „Nationalatlas Bundesrepublik Deutschland". Für die Druckgenehmigung danken wir dem Verfasser Herbert Liedtke (Bochum), für den Druck der Karte dem Institut für Länderkunde in Leipzig.

(dänisch: ø), die nach einem Menschen namens *Hithin* heißt, also 'Hithins Insel'. *Hiddensee* zeigt uns, dass nicht alle Landschaften in Deutschland auch deutsche Namen tragen. Jene Gegend, in der Kaiser Otto I. im Jahre 955 die Ungarn schlug, ist eine Schotterfläche im Alpenvorland, *Lechfeld* mit Namen, der sich zurückverfolgen lässt bis ins griechische *likios*. Der Name soll verwandt sein mit einem keltischen Wort, das in der Bretagne und in Wales zu Hause ist und 'Steinplatte' bedeutet.[3] Vor 15 Millionen Jahren entstand durch Einschlag eines Himmelskörpers eine Beckenlandschaft von zwanzig Kilometern Durchmesser, das *Nördlinger Ries*. Es gehörte einst zur römischen Provinz Raetia, deren Name weiterlebt in *Ries*. Wo sich die Römerstraßen Metz–Trier und Reims–Köln trafen, entstand an einer fränkischen Königspfalz die Stadt *Zülpich*, hinweisend auf den keltischen Personennamen *Tolbios*; wir finden ihn wieder in der *Zülpicher Börde*.

Die Sprachen unserer Nachbarländer haben Spuren in den Landschaftsnamen hinterlassen. Links der Unterelbe gibt es eine eingedeichte Elbmarsch, das *Land Kehdingen*. Der Name ist verwandt mit französisch *quai*. Mithin ist Kehdingen das Land der Dammbewohner. Altfranzösisches ist über das Mittelhochdeutsche vorgedrungen bis nach Sachsen, zum *Tharandter Wald* (*tarente* = Spitze, Stachel, Skorpion, auch Belagerungsgerät).[4]

Ein kleines Gebiet westlich von Köln machte 1949 politisch Schlagzeilen, als es unter niederländische Auftragsverwaltung kam, außerdem 1963, nachdem man dort für die Rückgliederung nach Deutschland stimmte: der *Selfkant*. Der Name kommt von niederländisch *zelfkant* (der gewebte Rand am Tuch). Die nordwestliche Ecke Ostfrieslands hieß *krumhôk*. Der friesische Name ist heute "vorniederdeutscht": *Krummhörn*.[5] Der schützende Deich hat viele Krümmungen, auch die dortigen Wege. Dies hat man sprichwörtlich auf die Bewohner übertragen: "nê un jawal, seggen de krumhouksters all." Die größte nordfriesische Insel, *Sylt*, leitet ihren Namen her von nd. *Süll* (Schwelle), und zwar mit "altnordfriesischer -d-Erweiterung", wie es im Duden-Taschenbuch *Geographische Namen in Deutschland* (BERGER 1993) heißt. Mit diesem Buch hat der Verfasser alle die reich beschenkt, die sich für erdkundliche Namen und deren geschichtlichen Kontext interessieren. Ohne Bergers Werk wäre dieser Beitrag wohl kaum entstanden.

Auf dem nordfriesischen Festland gibt es fünf Namen auf -*harde*, ein Lehnwort aus dem Dänischen (*herred* = Bezirk). So erklären sich *Wiedingharde*, *Süder-* und *Nordergosharde*, *Karrharde*, *Bökingharde*. Nordischer Herkunft sind auch einige Namen auf Rügen. Die Insel

---

[3] Der Flußname Lech ist alt, die Zusammensetzung Lechfeld dagegen ist erst seit dem 12. Jahrhundert bezeugt. Die keltischen Wörter für *Lech* lauten *llech* und *llec'h*. Nach Jürgen UDOLPH (Leserbrief in der *Frankfurter Allgemeinen Zeitung* vom 19.12.1995, S. 8) "liegt ein alteuropäischer Name indogermanischer Herkunft vor", der nicht auf das Keltische zurückgeht. Dafür sprächen auch die verwandten Namen *Lyck/Elk* in Ostpreußen und *Lika* in Kroatien.

[4] Das Städtchen unter der Burg Tharant (1216) hieß *Granaten*. "Wir halten [...] das 'Hineinhören' des Wortes Granat in den undurchsichtigen Namen Tarant für zumindest mitbeteiligt bei dieser Benennung" (EICHLER / WALTHER 1986, S. 274).

[5] Der Namensbestandteil -*horn* ist häufig, er bedeutet nach dem *Mittelniederdeutschen Handwörterbuch* (LASCH / BORCHLING 1928ff.) u.a. 'spitz zulaufendes, keilförmiges Landstück'; Beispiele: *Romanshorn* (Bodensee), *Heckshorn* (Berlin).

Ummanz und die Halbinsel *Jasmund* sind slawische Ableitungen von einem nordischen Personennamen (vgl. VASMER Bd 2, 1971, S. 613, 849, 867). Vasmer möchte auch *Arkona* aus dem Nordischen deuten: Diese nördlichste Halbinsel von Rügen soll ursprünglich die Bezeichnung 'Seehundslandzunge' gehabt haben; der zweite Bestandteil, nämlich altnordisch *nes* (= Landzunge), fiel weg, als der Name auf die dort entstandene Siedlung übertragen wurde. Im ersten Namensteil von *Arkona* steckt ein altnordisches Wort für Seehund; es begegnet uns wieder in der Bezeichnung *Orkneyinseln*. Der Inselname *Borkum* ist ebenfalls nordischer Herkunft (altisländisch *burkn*).[6]

Auch in den nach Flüssen benannten Landschaftsnamen finden wir Namengut nachbarsprachlicher Herkunft. Der *Taubergrund* ist benannt nach der *Tauber*, einem Wort, das uns auch im englischen *Dover* begegnet; diesem liegt das bretonische *dour* (= Wasser)[7] zugrunde. – All diese Einflüsse sind sporadisch, gemessen an den zahlreichen Landschaftsnamen slawischen Ursprungs.

Die Ruhmreichen im Volksland

Oder, ohne die für diesen Titel gewählte volksetymologische Umsetzung: Die Slawen in Deutschland.[8] Slawische Sprachen spiegeln sich in vielen Namen östlich der Elbe, aber auch westlich davon. Nach dem Abzug der westgermanischen Langobarden (der Stammesname lebt im Ortsnamen *Bardowiek* [bei Lüneburg] fort) haben Slawen im 7. Jahrhundert die frei gewordenen Gebiete besiedelt. Auf sie gehen altpolabische Landschaftsnamen zurück. Polabisch ist eine Sammelbezeichnung für die ratzeburgisch-lüneburgischen Sprachreste des Elb- und Ostseeslawischen. Dazu gehört das Drawänopolabische im Hannoverschen Wendland um Lüchow-Dannenberg. Altpolabischen Ursprungs sind Landschaftsnamen wie der *Drawehn* (*Drevani* = Waldbewohner), die *Rostocker Heide* (*rostok* = Ort, wo das Wasser sich spaltet) sowie die *Wittstocker Heide*, oft verkannt als 'Weißstocker Heide'. Der Name ist aber nicht niederdeutschen, sondern altpolabischen Ursprungs (*vysoka* = hoch gelegen).[9]

Eine anerkannte Sprachminderheit in Deutschland sind die Sorben um Bautzen (Obersorben) und um Cottbus (Niedersorben). Spuren der altsorbischen Sprache finden wir im *Lausitzer Bergland* (*lug* = Sumpf), im *Zittauer Gebirge* (*Zittau* soll zurückgehen auf ein Wort für Getreide) und in der nach *Leipzig* (*lipa* = Linde) benannten *Tieflandsbucht*. In *Dresdner Heide* steckt altsorbisch '(Auen)wald'. Auch im Norden, im Windland *Wittow* (auf Rügen), vermutet man Altsorbisches: *Wittow* ist verwandt mit *Wettin*, mit einem Personennamen. In der

---

[6] Denkbar ist auch eine Herleitung aus isländisch *burkni* (= Brombeergestrüpp).
[7] Das *Emsland* ist benannt nach der *Ems*, einem Wort, das letztlich zurückgeht auf lateinisch *Amisia*. Dieses wiederum ist urverwandt mit griechisch *amára* 'Wassergraben'. Der *Bliesgau* hat seinen Namen von der *Blies*, einem romanischen Wort mit der Bedeutung *enges Bachtal*.
[8] UDOLPH (s. Anm. 3) möchte das Wort *Slawe* von einem Gewässernamen herleiten.
[9] Weitere Landschaftsnamen, die auf altpolabisches Wortgut zurückgehen, sind der *Lemgow*, der *Wolgaster Ort* (im Westen Usedoms), die *Belziger Landschaftswiesen* und das *Land Ruppin* (*rupa* = Grube).

Prignitz, einem Land zwischen Elde, Elbe und Dosse, steckt ein polnisches Wort für die Flussbiegung: *przeginia* [gesprochen: pscheginia].[10]
Urslawisch ist *Pommern* (*Pomorje* = Land am Meer). Seit der Wiedervereinigung darf man diesen Namen wieder aussprechen, ohne als Revanchist zu gelten: *Mecklenburg-Vorpommern* heißt eines unserer sechzehn Bundesländer. Die Halbinsel *Wustrow*, nordöstlich von Wismar, heißt nur 'Insel' (slawisch *ostrow*). Die größte deutsche Insel, *Rügen*, trägt auch einen slawischen Namen.[11] *Ruja* = Rügen und *gard* = Burg; dieses Wort treffen wir (mit Konsonantenumstellung) im Slawischen oft, so in *Kaliningrad* (früher Königsberg).

Das *Ländchen Bellin*, in der Nähe des geschichtsträchtigen Ortes Fehrbellin, ist ein 'helles, glänzendes Ländchen' – das kennen wir von *Bjelorussland*, zu deutsch Weißrussland. Die *Zauche*, südwestlich Berlins gelegen, ist eine *sucha* mit der Bedeutung 'die Trockene'. *Lebus*, benannt nach einem *Lubolaw* (er gab dem Land seinen Namen) war einst Bischofssitz und Vorgänger von Frankfurt (Oder). Im April 1945 war hier der Oderübergang hart umkämpft.

Im Laufe der Geschichte wurden manche Namen germanisiert. Das *-hain* im Ortsnamen *Großenhain* mit dem Landschaftsnamen *Großenhainer Pflege* ist eine Übersetzung aus altsorbisch *osek* = Verhau, Hag. Das Gegenteil hat es auch gegeben: Die *Oder*, die dem *Oderbruch* ihren Namen gab, ist ein alteuropäischer Name für 'Wasserlauf' mit der erschlossenen Wurzel *adro*, die auch dem Flussnamen *Eder* zugrunde liegt. Später wurde der Anlaut zu *Od-* slawisiert.

Was ist namengebend?

Wie die Dinge aussehen, das beeindruckt den Menschen, lässt ihn einen Namen finden, oft wird ein Vergleich gewählt. So spricht der Mediziner vom *Turmschädel*, vom *Kahnbauch* und vom *Posthornmagen*. Ebenso ist es manchmal bei den Landschaftsnamen. Der *Hunsrück* – dort spielt der Kultfilm „Heimat" – hat seinen Namen nach einem Hunderücken. Die Rückenflosse eines Fisches glaubte man in einem Höhenzug nordöstlich von Erfurt zu erkennen und nannte ihn *Finne* (lateinisch *pinna* = Fischflosse). Die *Lahnberge* haben ihren Namen nach der *Lahn*, und sie ist benannt nach den Krümmungen ihres Mittel- und Unterlaufs.[12] Auch das *Mangfallgebirge* südlich von München verdankt seinen Namen den vielen Krümmungen des Flusses *Mangfall*; schließlich steckt darin unser Wort *mannigfaltig*. Der Name *Mangfallgebirge* sei, so ein bedeutender Namenforscher, jung und werde nur auf dem Papier gebraucht (von REITZENSTEIN 1996, S. 734).

Die *Kremper Marsch*, nordwestlich von Hamburg, und der *Cochemer Krampen* haben ihren Namen ebenfalls der Eigenschaft 'krumm' zu verdanken. Ein alpiner Gebirgsstock südwest-

---

[10] UDOLPH (s. Anm. 3) nimmt Bezug auf das Altkirchenslawische und Altrussische; er deutet *Prignitz* als 'wilde, zerklüftete Gegend; ungangbares Waldgebiet, unbewohnte Gegend'.
[11] UDOLPH (s. Anm. 3) ist anderer Ansicht: „Der Name der Insel Rügen wird dagegen kaum aus dem Slawischen erklärt werden können. In einem weiten Kreis von Namen um Rhume, Ruhr, Roer, Rühle, Rulle, Reut, Reuß, Riß, Rusa, Ruga und Ruthe wird auch Rügen einzubeziehen sein."
[12] Man denke an griechisch *lygizo* = biegen, winden, drehen.

lich Salzburgs (2700 Meter hoch) wurde in althochdeutscher Zeit als „wahs" (spitz) empfunden; heute sagen wir *Watzmann*. Eine Fläche die auf eine Spitze zuläuft, heißt *Schoß*. Hierher gehört der historische Landschaftsname *Hagenschieß* (bei Pforzheim).[13] Mit der *Hallig Hooge* begegnet uns ein Pleonasmus: *Hooge* bedeutet hoch, *Hallig* auch; es ist verwandt mit englisch *hill*. Dies ist ein „Vetter" von *Holm*. So heißt die Hauptstraße in Flensburg. Und ein bogenförmiger Geestrücken westlich von Kiel ist der *Stapelholm*.[14] Die Insel Fehmarn ist wahrscheinlich nach ihrer Größe benannt. Zugrunde liegen könnte die Bedeutung 'Haufe', die uns u.a. in *fimba* begegnet, einem Wort der altsächsischen Sprache. Sie ist das niederdeutsche Pendant zum Althochdeutschen. Die Deutung *Fehmarn = w morje* (= im Meere) wird heute als unzutreffend angesehen (vgl. SCHMITZ 1981, S. 17-18).

Tiere

Namengebend waren die Bienen (*Bienwald*), der Habicht (*Habichtswald*), der Rabe (*Ravensberger Land*), der Elch (*Ellwanger Berge*), der Specht (*Spessart*). Weniger durchsichtig ist der *Soonwald* südlich von Koblenz, ein 'Schweinewald' (altfränkisch *sonesti* = Schweineherde). Die *Gocher Heide* könnte nach dem Kuckuck benannt sein.[15] Heraldischer Herkunft ist der Löwe, der sich in *Lauenburg*, einem ehemaligen Herzogtum, verbirgt. Ob *Coburg – Coburger Land* eine 'Kuhburg' ist, bleibt fraglich. An der Unterelbe sagt man für die Krabbe *Kraut*, ein Wort, das im Inselnamen *Krautsand* lebendig bleibt.

Menschliches Tun

„Füllet die Erde und macht sie euch untertan" – diese Anweisung aus göttlichem Mund hat der Mensch befolgt wie keine andere. Auch unsere Landschaftsnamen bezeugen dies. Die Neigung, bestimmte Gebiete einzugrenzen, ist alt. Das mittelhochdeutsche Wort *hagen*, bisweilen verschliffen zu *hain*, begegnet uns beispielsweise im *Hainich* nördlich von Eisenach, es ist ein Gebiet, das eingefriedet war. Dies trifft wahrscheinlich auch zu auf das *Fredeburger Land* südöstlich von Dortmund. Die *Bückeberge* südwestlich von Hannover waren umgeben von einem Heckenzaun, den der Mensch gebückt und verflochten hat. So etwas kennen wir ja als ehemalige Nordgrenze des Rheingaues, sie heißt *das Gebück*.
Der *Hürtgenwald*, östlich von Aachen, war mit Flechtwerk aus Reisern, mit einer Hürde, umgeben. Die *Brechte*, nordwestlich von Münster, deutet ihrem Namen nach auf ein Gelände,

---

[13] Dieses *–schoß* begegnet uns auch in Ortsnamen wie *Happerschoß* und *Braschoß* (nahe Siegburg).
[14] Östlich von Stralsund liegt die Insel Dänholm. „Der Name bedeutet 'Insel der Dänen, dänische Insel', enthält also das Bestimmungswort den Volksnamen der Dänen, als Grundwort das aus dem Dänischen übernommene mittelniederdeutsche *holm* 'Insel (im Fluß)'. Die verbindung dieses Lehnwortes mit dem Dänischen wird in dem Inselnamen zusätzlich demonstriert" (WITKOWSKI 1965, S. 36).
[15] Dies habe ich – wie bei vielen Beispielen auch – verkürzt dargestellt. „nicht die Gocher Heide ist nach dem Kuckuck (Gauch) benannt, sondern allenfalls die Stadt Goch. Und auch dies geht eher zurück auf den Personennamen eines fränkischen Siedlers Gôk, der nun seinerseits den Vogelnamen als Übernamen trug. Der *Kuckuck* steht also nicht am Ende, sondern am Anfang der Namenkette" (Dieter BERGER in einem Brief vom 29.6.1996).

das durch ein Grenzzeichen abgesteckt war, vermutlich „zum Zwecke der Rodung".[16] Dies schreibt Adolf Bach, der Nestor der deutschen Namenwissenschaftler, in seinem fünfbändigen Standardwerk (Bach [2]1981). Manchmal finden sich Burgen in den Landschaftsnamen wieder. Dies liegt auf der Hand bei der *Annaburger Heide*, nordöstlich von Leipzig, beim *Schaumburger Wald*, wobei das Schauen von der Burg eine Rolle spielte, und bei der *Lüneburger Heide* (vgl. hierzu altsächsisch *hleo* = Obdach).[17] *Mecklenburg* heißt im 10. Jahrhundert *Michelenburg* 'große Burg'. Sie gab nicht nur dem Land ihren Namen, sondern unter anderem auch der *Mecklenburgischen Seenplatte*.

Der *Rodgau* bezeichnet gerodetes Land, die *Wurster Heide* und das *Land Wursten* sind benannt nach aufgeschütteten Erdhügeln (*Wurten*). Das Attribut der *Schleswigschen Geest* verweist auf einen Handelsplatz (*Wik*) an der Schlei. 'Feld, offenes Land' bedeutet auch der Name für die „Heimat des Kohls", nämlich für die südwestlich von Stuttgart gelegenen *Filder* (hochdeutsch Felder).[18] Dem Kannenbäckerland hat die Töpferei zum Namen verholfen. In der *Dübener Heide* steckt eine Stange (altsorbisch *dyb*), die zum Bauen verwendet wurde.[19] Zum „menschlichen Tun" gehören – leider – auch Streit und Kampf. Darauf deuten mindestens zwei Landschaftsnamen: das *Land Hadeln*, südöstlich von Cuxhaven, beherbergt das althochdeutsche Wort *hadu* (Streit); im Hildesheimer Wald steckt althochdeutsch *hiltia* (Kampf) – wir kennen das Wort aus dem Hildebrandslied.[20]

Felder und Wälder

Das Wort *Alb* – wir haben u.a. die *Schwäbische* und die *Fränkische Alb*[21] – weist hin auf das althochdeutsche Wort *alba* mit der Bedeutung 'Bergweide',[22] hierher gehört auch der pluralische Name *Alpen*. Er begegnet uns beispielsweise in den *Allgäuer Alpen*; ein Pleonasmus, denn es handelt sich genaugenommen um die '*Albgäuer Alpen*'. Im *Hotzenwald*, nordöstlich von Basel, begegnet uns der *Hotz*; das Wort „scheint altalemannisch zu sein für Bauer, Wäldler".[23]

---

[6] Hierher gehört auch der (*Obere*) *Mundatwald* bei Karlsruhe; er bezeichnet eine größere Waldung. Zugrunde liegt das mittelhochdeutsche Wort *mundâte* in der Bedeutung 'abgesteckter und gefreiter Raum'. Das Wort ist lateinischen Ursprungs: *immunitas* = Abgabenfreiheit.

[17] Hierzu auch das *Waldecker Land*, es nimmt Bezug auf eine Burg, gelegen auf einem vorspringenden Bergkegel über der Eder.

[18] Weitere „Feldnamen" begegnen uns im *Kempener Land*; es heißt einfach Feld (lateinisch *campus*). Hierher gehört auch eine Landschaft östlich von Koblenz, das *Maifeld*, dem das keltische Wort *magos* (= Feld, Ebene) seinen Namen gegeben hat.

[19] Vielleicht ist die östlich von Lüneburg gelegene *Klötzie* auf ein ähnliches Wort zurückzuführen: westslawisch *klot* = Balken. Das *Delbrücker Land* könnte das niederdeutsche Wort *dele* (= dickes Brett, Tenne) beherbergen.

[20] Dort heißt es: „gurtun sih iro suert ana, / helidos, ubar hringa, / do sie to dero hiltiu ritun."

[21] Außerdem gibt es die *Vordere*, die *Hintere* und die *Hohe Alb* sowie die *Riesalb*.

[22] Auch die *Senne* bei Paderborn ist sprachlich ein Weideplatz (althochdeutsch *sinithi*).

[23] Dies las man in der FAZ. Sie brachte in den siebziger Jahren die gern gelesene Serie *Deutsche Landschaften*: „Wir dachten an die Landschaft als Heimat; die Landschaft sollte gleichsam von innen, nicht von außen gesehen werden, sollte vom Auge des mit ihr schon Verbundenen neu entdeckt werden", schrieb Nikolas BENCKISER, damals Mitherausgeber der Zeitung, als er die Serie samt Kartenskizzen und Federzeichnungen in drei repräsentativen Bänden herausgab: Band 1 (1972), Band 2 (1974) und Band 3 (1976); alle Societäts-

Das *Korngäu* spiegelt den Getreideanbau, der *Goldene Grund* (nördlich von Wiesbaden) und die *Goldene Aue* (zwischen Harz und Kyffhäuser) bezeichnen fruchtbare Gegenden. Hierher gehört sprachlich auch die *Baar*, ein Substantiv zu althochdeutsch *beran* 'tragen, hervorbringen'; der Name *Baar* wird gedeutet als 'Ertrag, ertragbringender Grundbesitz, Steuerbezirk'. Auf Wertvolles unter Tage deuten das *Erzgebirge* und der *Saarkohlenwald*.

„Wer hat dich, du schöner Wald, aufgebaut so hoch da droben?" heißt es in einem bekannten Lied. Es zeigt, dass die Deutschen den Wald in die Nähe des Religiösen rücken. Was Wunder, dass nicht wenige Landschaften nach ihrem Baumbestand benannt sind. In einigen Gegenden heißt der Wald einfach *Holz* oder *Hölzung*. Wir kennen das schon aus dem *Zweiten Merseburger Zauberspruch*: „Phol ende Wodan fuorun zi holza", dass heißt, sie fuhren in den Wald.[24] Das Attribut in *Holsteinische Schweiz* hat nichts mit Steinen zu tun, sondern namengebend waren die in den Wäldern ansässigen Menschen, die *Holzsassen*; das Wort entwickelte sich über *Holsten* in Anlehnung an den *Stein* zu *Holstein*. Die *Briloner Hochfläche* sagt uns, dass es dort Gehölz gibt. Denn *-lon* ist ein pluralischer Dativ zum mittelniederdeutschen Wort *lô* (Gehölz). Im Namen *Neuwieder Becken* finden wir das althochdeutsche Wort *witu* (Wald). Unser nördlichstes Mittelgebirge, der *Harz*, ist eigentlich ein 'Hart', ein waldiger Höhenzug. Der Name findet sich auch andernorts: Die *Haard* ist ein Waldgebiet nördlich von Recklinghausen, der *Hardtwald* liegt nördlich und südlich von Karlsruhe. Am bekanntesten ist die westlich von Heidelberg gelegene *Haardt*, eine große, „rebenbestandene und mit engbestandenen Haufendörfern durchsetzte Gebirgsrandzone" (LIEDTKE 1994, S. 52). Manche Landschaftsnamen, die auf den Bewuchs der Gegend Bezug nehmen, sind sprechend wie das *Fichtelgebirge*, ein Fichtengebirge[25], und der *Schönbuch* bei Tübingen, der auf Buchen hinweist. Andere Namen müssen durch ältere Sprachformen erschlossen werden. So ist der Gebirgszug *Ith* vielen Kreuzworträtselfreunden bekannt, nach der Eibe benannt.[26] In der Nähe von Helmstedt gibt es den *Elm*, der sprachlich ein Ulmenwald ist, wie uns schon ein Blick aufs Englische sagt (englisch *elm* = deutsch *Ulme*). Auch andere Pflanzen sind namengebend: Die Marschinsel *Pellworm* ist benannt nach Knöterich oder Riedgras (nordfriesisch *piel*), das ostfriesische *Rheiderland* nach Ried, Rohr, Schilf. Unsere *Binse* steckt in *Bentheim*, danach sind zwei historische Landschaften benannt, die *Nieder-* und die *Obergrafschaft* Bentheim.

Das Antlitz der Erde

Ist es trocken, sumpfig, moorartig, morastig, schlammig, fruchtbar, steinig, kiesig, schiefrig oder kahl? All diese Eigenschaften spiegeln sich in Landschaftsnamen. Die achtzehn Kilome-

---

Verlag in Frankfurt am Main. Die Bände 1 und 2 wurden von Uwe Förster im „Sprachdienst" besprochen (1973, S. 70f. und 1975, S. 175).

[24] *Hohes Holz* heißt eine laubbestandene kleine Höhe westlich von Magdeburg.

[25] Nach einer Mitteilung von Oberschulrat Karlheinz LAU (Berlin) vom 24.11.1995 sind die Heimatforscher, die im Fichtelgebirgsverein tätig sind, der Ansicht, daß der Name nicht von Fichten herrühre, sondern von geheimnisvollen Männchen. Unter Namenkundlern gilt dies als ein Kuriosum.

[26] Im Althochdeutschen finden wir die Formen *īga, īwa*. Daraus wird unsere Eibe; aus dem Reibelaut wurde also ein Verschlußlaut.

ter lange, jedoch schmale ostfriesische Insel *Juist*, autofrei und von besonderem Reiz, galt im Niederdeutschen des Mittelalters als *güst*, will sagen als trocken, dürr, unfruchtbar. Die gleichen Eigenschaften waren für die *Söhre* bei Kassel namengebend, nur lag ein anders Wort zugrunde, nämlich althochdeutsch *sôr*. Viel häufiger ist das Gegenteil, der wassergetränkte Boden. Das bezeugt die Mannigfaltigkeit einschlägiger Bezeichnungen. Der Name *Rotes Luch* (östlich von Berlin) stammt aus dem Sorbischen; altsorbisch (oder altpolabisch?) *lug* heißt Sumpf. Das Wort ist lebendig in *Lausitz*. Luch ist ein brandenburgischer Regionalismus für Wiesenflächen auf Flachmoorboden. Das deutsche Gegenstück zum sorbischen *Luch* ist *Bruch* (althochdeutsch *bruoh*). Bekannt sind vor allem das *Oderbruch* nördlich von Frankfurt (Oder) und das *Große Bruch* südöstlich Braunschweigs.[27]

Der Gang durch das Ried heißt ein Roman von Elisabeth Langgässer aus dem Jahr 1936. Dieses *Hessische Ried* hat seinen Namen vom althochdeutschen *hriot* (Sumpfgras, Schilf, Röhricht). Außerdem gibt es das *Wurzacher Ried* (nordöstlich vom Bodensee) uns das *Große Ried* (nördlich von Erfurt). Achtung: Diese Riede dürfen nicht verwechselt werden mit dem gleichlautenden Ried, das für Rodung steht und sich abwechselt mit *-rod* und *-reut*.

In Süddeutschland haben wir das *Dachauer Moos* und das *Erdinger Moos*. Diesem oberdeutschen Regionalismus *Moos* steht das standardsprachliche *Moor* gegenüber, beispielsweise im *Teufelsmoor* bei Bremen. Der Nordwesten hat wiederum ein anderes Wort für dieselbe Sache: mittelhochdeutsch *fen*, lebendig im Landschaftsnamen *Hohes Venn*; Clara Viebig hat mit ihrem Roman *Das Kreuz im Venn* die Landschaft populär gemacht.[28] Aber auch das *Brandenburg-Berlinische Wörterbuch* verzeichnet *Fenn(e)* in der Bedeutung von Moor, Sumpf (verlandete Teiche und Seen sowie feuchte Niederungen in Acker und Wiese). An der Küste hat das Sumpfland wiederum einen anderen Namen, zurückgehend auf das altsächsische *mersc*, das fortlebt in *Marsch* und erhalten ist im Plural *Dithmarschen*. Die Marsch ist fruchtbarer Boden an der Küste; liegt er in einer Flussebene, so sagen wir *Börde*. Bekannt ist vor allem die *Magdeburger Börde*.[29] Das Wort geht vielleicht zurück auf das niederdeutsche Verb *bören*; es heißt 'Abgaben erheben'.[30] Der *Kalbesche Werder* bei Magdeburg bezeichnet eine kahle Stelle, der *Hümmling* an der unteren Ems nimmt Bezug auf kiesigen Boden.

Der *Steinwald* im Fichtelgebirge wird seinen Namen von Basaltdurchschlägern haben. Die *Hallertau* (mundartlich: *Holledau*), die alle Biertrinker schätzen, weil sie das größte zusammenhängende Hopfenanbaugebiet der Erde ist, hat die ursprüngliche Bedeutung 'verborgenes Wald- und Wiesenland am Wasser'.

---

[27] Ferner kennen wir das *Welsebruch* (südwestl. Stettins) und das *Wietzenbruch* (nordnordöstlich Hannovers).
[28] Der Venusberg bei Bonn ist ein 'Vennsberg', das Wort beherbergt die Bedeutung 'Sumpf, Marsch, Weideland, Morast'.
[29] Auch südlich von Bremen gibt es eine *Böhrde*.
[30] UDOLPH (s. Anm. 3) gibt einer anderen Deutung den Vorzug: „In der Börde liegt sicher nicht niederdeutsch *bören* 'Abgaben erheben' zugrunde, sondern wie in Bordenau bei Hannover, Bördel bei Lingen und Göttingen und anderen Namen entweder niederdeutsch *borde* 'Bezirk, Landschaft, eine abgegrenzte, bezirkte Sache', man vergleiche deutsch Borte, Börd, englisch border, oder aber – bezogen auf nassen, feuchten Boden – eine Entsprechung zu slawisch *brod* 'Furt' und litauisch *bradà* 'Schlamm', *birdà* 'Kot, Morast'."

Farben

Bunt ist die Welt, auch die Namenwelt. Das Weiß haben wir im *Albuch* (nördlich von Ulm), im *Hohen Meißner* bei Eschwege, dessen Anlaut böhmische Kartographen des 16. Jahrhunderts verdorben haben. Denn die sagenumwobene Basaltplatte ist sprachlich ein *Wizanari*, ein Weißmacher, ein Schneebringer. Grün ist der Wald, wie der Berliner *Grunewald* uns sagt, aber auch schwarz, nämlich bei den alteinheimischen Fichtenbeständen im *Hochschwarzwald*. Das *Rothaargebirge* im östlichen Sauerland ist (wörtlich genommen) eine, wie das mittelniederdeutsche Wort *hare* sagt, Anhöhe mit rötlicher Farbe, ein deutlicher Hinweis auf Eisenerz, das dort abgebaut wurde. Für manche liegt das Glück dieser Erde auf dem Rücken der Pferde, bisweilen auf dem Rücken der Rottaler, gezogen im *Rottal*, einer historischen Landschaft südwestlich von Passau. Rotbraun gefärbt ist dort das Wasser des flach gewellten Landes. Etwas zum Schmunzeln: Der politisch rabenschwarze Franz Josef Strauß liegt begraben in einem Ort, dessen Name ausgerechnet die Farbe Rot spiegelt: *Rott am Inn*. Die *Hassberge* in Unterfranken haben nichts mit einer menschlichen Gemütsverfassung zu tun, sondern sind die Verballhornung des altsächsischen Farbwortes *hasu* (grau).

Lage der Landschaften

An der Lage ist vieles gelegen. Aber nicht alle Lagebezeichnungen sind „durchsichtig".[31] Der *Untersberg* bei Salzburg ist wahrscheinlich ein 'Mittagsberg'; denn althochdeutsch *untarn* heißt Mittag. Die *Hainleite* und die *Windleite*, beide in Thüringen gelegen, bezeichnen seit althochdeutscher Zeit einen Hügel, einen Berghang. Ich kenne eine solche Benennung seit meiner Kindheit. Den Fußweg zur drei Kilometer entfernten Kreisstadt nahm ich oft durch eine Eichleite und tatsächlich am Hang eines Eichenwaldes entlang. Die ostfriesische Insel *Wangerooge* weist hin auf ihre Zugehörigkeit zum *Wanger Land*. Dies ist ein Feld-, ein Auenland; altsächsisch *wang* nämlich hat diese Bedeutung. Sie steckt auch in *Wangen* im Allgäu. Namengebung war schon in der Zeit bescheidener Verkehrsmöglichkeiten großräumig. Nach Meeresanrainern sind *Wagrien* (östlich von Kiel) und *Stedingen* (westlich von Bremen) benannt. In *Wagrien* steckt *wâg* (Woge, Flut) und in *Stedingen stade* (Ufer). Die Halbinsel *Eiderstedt*, durch Eindeichung von Marschland zusammengewachsen, bedeutet Eidergestade. Das *Stadland* nordwestlich von Bremen geht auf das gleiche Wort mit der gleichen Bedeutung

---

[31] Manche Lagebezeichnungen sind zwar leicht zu durchschauen, sollen aber der Vollständigkeit halber hier wenigstens erwähnt werden. Zunächst die Himmelsrichtungen: Wir haben *Osterstade* und *Ostfriesland*. Ihnen stehen gegenüber *Westerwald* (von Herborn aus gesehen) und das *Westerzgebirge*. Es gibt – ausgerechnet im hohen Norden – die *Südergoharde* und *Süderdithmarschen* mit den Pendants *Nordfriesland* und *Norderney* (der Landschaft um die Stadt Norden zugehörig). Wichtig ist auch, ob etwas vor dem Eigentlichen liegt: *Harzvorland* oder *Voreifel*. Mit dem korrespondiert, was *hinten* liegt: *Hintertaunus* und *Hintere Alb*. Bedeutsam ist, ob etwas *hoch* liegt (*Hochschwarzwald*) oder *tief* (*Münsterländer Tieflandsbucht*). Von Belang sind auch die Präpositionen *auf* und *unter*: *Auf dem Sand* steht im Gegensatz zu *Unterharz* und *Untereichsfeld*. Gleichbedeutend mit *unter* ist *nieder*: *Niederschlesien*. Sprachliche Kontrapunkte: *Oberharz* und *Obereichsfeld*.

zurück. Die *Hohe Mark* südwestlich Dülmen bewahrt *marka*, unser Wort für *Grenze*, denn letzteres ist slawischen Ursprungs (vgl. russisch *graniza*).

Land muss verwaltet werden

Einge mittelalterliche Verwaltungsgebiete haben sich als Landschaftsnamen erhalten. Wer zum Rotweintrinken ins Ahrtal fährt, kommt in die *Grafschaft*. Eine Landschaft gleichen Namens finden wir nordwestlich von Düsseldorf. In der warmen Südwestecke des Oberrheinischen Tieflandes herrschten die Markgrafen von Baden; ihre Untertanen leben sprachlich fort im *Markgräfler Land*. Das *Vogtland* wurde von Vögten verwaltet, das *Werdenfelser Land* bei Garmisch-Partenkirchen war der Burg Werdenfels untertan, das *Wittgensteiner Land* den Grafen gleichen Namens. Der *Einrich*, südöstlich von Koblenz, deutet auf ein Herrschaftsgebiet, das in sich einheitlich ist. Der *Westrich* bei Saarbrücken ist ein 'Westreich'; dieses Grundwort *-reich* begegnet uns als Bestimmungswort im *Reichswald* (bei Kleve). Es handelt sich um ein Regnum (althochdeutsch *rîchi*) und bezeichnet königlichen Eigenbesitz.[32] Es gibt kleinräumige Verwaltungseinheiten, benannt nach der Zahl ihrer Orte. Altengamme, Neuengamme, Curslack und Kirchenwerder bilden die *Vierlande*, eine ehemalige Bauernrepublik südöstlich von Hamburg. Am linken Mittelrhein haben wir die *Viertäler*, bestehend aus Bacharach, Steeg, Diebach und Manubach. Das *Sechsämterland* ist eine historische Landschaft an der oberfränkisch-böhmischen Grenze. Die Nürnberger Burggrafen setzten dort sechs adlige Amtmänner ein.[33] Der *Pfaffenwinkel* südlich von Augsburg verdankt seinen Namen den Wallfahrtskirchen und den Klöstern.[34] Nicht hierher gehört das *Siebengebirge*. Denn *sieben* meint hier nicht eine exakte Zahl, sondern nach Dieter BERGER (s.o.) eine unbestimmte Größe, wie wir sie vorfinden in der Redewendung von den „sieben Sachen". Andere meinen, das *Siebengebirge* sei ein 'Seifengebirge', wo Erz durch Seifen (Waschen) gewonnen wurde.[35] Das *Alte Land* wird durch die linkselbischen Zuflüsse Lühe und Este in drei Deichverbände geteilt, die man Meilen nennt; die erste und die zweite Meile begrenzen das *Alte*, die dritte Meile das *Neue Land*, zunächst untertan den Grafen von Stade, danach den Erzbischöfen von Bremen. Damit sind wir bei der geistlichen Hoheit. Das *Stiftland*, nordöstlich von Nürnberg, war bis 1803 Eigentum des Zisterzienserstiftes Waldsassen. Die *Probstei*, nordöstlich von Kiel, stand unter der milden Hand der Preetzer Pröpste und Priorinnen; sie waren Grund- und Gerichtsherren, hielten aber keine Leibeigenen. In einem Inselnamen steckt unser *heilig*. Der

---

[32] Das erinnert an den Landschaftsnamen *Auf dem Eigen* bei Görlitz. Hier wird der Eigenbesitz (im Gegensatz zum Lehensgut) hervorgehoben.
[33] Sie waren ansässig in Wunsiedel, Weißenstadt, Kirchenlamnitz, Thierstein, Selb und Hohenberg.
[34] Die Reichsabtei Kornelimünster gab dem *Münsterländchen* bei Aachen den Namen.
[35] „Das Siebengebirge ist ein wasserreiches Gebirge, in dem bis zum 1. Weltkrieg auch Erz abgebaut wurde (vgl. Schmelztal bei Bad Honnef). Die zahlreichen Bäche führten mithin außer Kies und taubem Geröll wohl auch Erzgeröll mit sich. Hierfür ist auch heute noch die Bezeichnung *Siefen*, mundartlich auch *Seifen*, durchaus üblich. Hieraus wurde durch Zerredung *Siebengebirge*." So eine briefliche Mitteilung von Dr. H. HANSEN aus Ellerstadt (24.11.1995). Für Hermann Josef Roth geht das Bestimmungswort von *Siebegebirge* auf *Siefen* (= schluchtartiges Tal) zurück (ROTH 1977, S. 5).

Geschichtsschreiber Adam von Bremen verzeichnete am Ende des 11. Jahrhunderts den Namen *Halagland*, ein heiliges Land, unser heutiges *Helgoland*.

Stämme und Personen

Viele Landschaften sind nach Stämmen benannt: der *Thüringer Wald* und der *Böhmerwald*, die *Frankenhöhe* und *Niederschlesien*. Den *Fläming* besiedelten Flamen, das *Wendland* Wenden, ein Wort für die Westslawen.[36] Zahlreiche Landschaftsnamen gehen zurück auf Personennamen. Nicht überall ist das so durchsichtig wie beim *Reinhardswald* (nördlich von Kassel). Dem *Ebersberger Forst* (östlich von München) liegt eine Kurzform von *Eberhard* zugrunde. Wer hätte gedacht, dass beliebte Urlaubsziele nach Personen benannt sind? Das *Karwendelgebirge* gehört zu dem alten Rufnamen *Kerwentil*; dem *Chiemgau* gab ein *Chiemo* den Namen. Die *Berchtesgadener (Alpen)* sind benannt nach einem *Per(c)htger* und dessen *Gadem*, einem einstöckigen Haus. Die *Jülicher Börde*, nordöstlich von Aachen, war die Siedlung eines Julius. Das *Mansfelder Land*, westlich von Halle, hat den allgemeinsten Namen: Darin steckt der Genitiv von *Mann* (im Sinne von Gefolgsmann).

Einfluß der Flüsse

Selten sind Fluss- und Landschaftsname identisch wie bei der östlich von Marburg gelegenen *Schwalm*; dem Namen liegt althochdeutsch *swellan* (anschwellen) zugrunde. Häufig dagegen finden wir den Namen der Flüsse als Bestimmungswort in Landschaftsnamen: *Elbsandsteingebirge*, *Aischgrund*, *Oderbruch*, *Rhinluch*, *Rheingau*, *Saargau*, *Spreewald*, *Leine-* und *Weserbergland*, *Ruhrgebiet*, *Isarwinkel*, *Taubergrund*, *Ammergebirge* (südwestlich von München) und *Wetterau* (nördlich von Frankfurt am Main).
Ich habe hier – wie schon eingangs gesagt – fast nie die Landschaftsnamen als Ganzes erklärt, sondern immer nur den jeweils interessierenden Teil. So habe ich beispielsweise bei *Oderbruch* und beim *Donaumoos* nur die Grundwörter, nämlich *-bruch* und *-moos* betrachtet. Jetzt nun werden einige Landschaftsnamen gedeutet, indem wir in ihnen enthaltene Flussnamen erklären. Sie sehen heute bunt aus und vielfältig. Unternimmt man jedoch eine sprachhistorische „Tiefenbohrung", so lassen sich diese Flussnamen auf ein halbes Dutzend Grundbedeutungen zurückführen. *Elbe* soll helles Wasser bedeuten. Klar, hell, leuchtend ist ein linker Nebenfluss der Regnitz, die *Aisch*. Einfach Fluss, Wasserlauf bedeuten die *Oder*, die *Donau* (sprachverwandt mit *Don*, *Dnjepr* und *Dnjestr*) und der *Rhin*[37], ein rechter Nebenfluss der Havel. Beim herkunftsgleichen Wort *Rhein* tritt noch die Bedeutung 'Strom' hinzu, markiert

---

[36] *Stormarn*, nördlich von Hamburg, ist nach einem Sachsenstamm benannt.
[37] Das *Brandenburgische Namenbuch* bringt allein zum Flußnamen *Rhin* drei ausführlich erörterte Erklärungsversuche (vgl. FISCHER 1996, S. 227-228). Am wahrscheinlichsten ist die Annahme, daß *Rhin* vorslawisch ist, zur selben Wurzel wie *Rhein* gehört und 'Fluß, Strom' bedeutet. Insgesamt umfaßt der Stichwortartikel *Rhin* eine Druckseite. Dieses Beipiel soll noch einmal die Vorgehensweise in dieser Arbeit demonstrieren: Übersicht geht vor Stoffülle.

wird die Größe, während man bei der *Saar* (verwandt mit lateinisch *serum* = Molke) die Kleinheit betont. Die *Spree* spritzt und stiebt, die *Leine* tröpfelt und sickert. Es strömen, zerfließen *Elster* und *Weser* (das Wort steckt auch in *Werra*). Die *Ruhr* und die *Isar* haben es eilig, zu Tale zu kommen, denn ihre Namen deuten auf eine heftige, schnelle Bewegung. Die *Tauber* (links zum Main), die *Ammer* (links zur Isar), die *Wetter*, die aus dem Vogelsberg kommt, sagen uns nur, dass es sich bei ihnen um Wasser handelt, um etwas Feuchtes. Etymologisch verwandt mit Haff (= Meer, Bucht) ist *Havel* – ein Name, der uns im *Havelländischen Luch* begegnet und tausendfach als Kfz-Zeichen, beispielsweise in dem Kürzel OHV (= Landkreis Oberhavel). Die Kreisreform in den neuen Bundesländern macht Landschaftsnamen populär, zum Beispiel TF = *Teltow-Fläming-Kreis*. Die Unstrut, sie hat ihren Namen von einem „schlimmen Sumpf", ist auch „autowürdig" geworden: UH = *Unstrut-Hainich-Kreis*.[38]

Entzaubert der Philologe die Welt der Landschaftsnamen, wenn er sagt, welch einfache Bedeutung viele Namen haben? Wer Urlaub auf der Insel Föhr machen will, ist der nicht enttäuscht, wenn er hört, dass *Föhr* lediglich mit *fahren* zusammenhängt? Wahrscheinlich nicht, wenn er bei der Weiterfahrt nach Amrum feststellt: Ja, so ist es, die Insel Föhr liegt tatsächlich an einer Fahrmöglichkeit, nämlich zwischen ihr und den südlich gelegenen Halligen. Namenerklärungen führen oft zu einem Aha-Effekt. Und die sprachlichen, die lautlichen Geheimnisse? Sie sind nicht alle „hinwegphilologisiert". Denn ein Drittel der Namen von Landschaften können wir nicht erklären. Darunter befinden sich die so bekannten und beliebten Gebiete *Odenwald*, *Rhön* und *Usedom*. Der Philologe bleibt im Spannungsfeld zwischen Erklärungseifer und Geheimniswunsch. Weise ist, wer einsieht: Wir müssen nicht alles erklären können.

Landschaftsnamen und Europäische Union

Zum Schluss die Frage, die schon eingangs erwähnt wurde: Ist unser Thema nicht anachronistisch? Welches Interesse kann ein Bewohner der Europäischen Union an kleinräumigen Landschaftsnamen haben? Die Antwort: Die Insel Borkum ist fast doppelt so groß wie Hiddensee (18,6 km²), dieses wiederum ist zwanzigmal größer als Helgoland (0,9 km²). Landschaftsnamen betreffen kleine, oft kleinste geographische Räume in der Europäischen Union mit mehr als drei Millionen Quadratkilometern Fläche. Welchen Sinn hat es für den Europäer, sich mit „Regiönchen" zu befassen? Einen existentiellen! Denn nur der kann Europäer sein, der heimatliche Bindung empfindet, auch sprachliche.

---

[31] Das zweite Glied von Unstrut (althochdeutsch *struot*) bedeutet 'Sumpf'. Der Name rührt her von „dem früher besonders stark versumpften Mittellauf des Flusses" (WALTHER 1971, S. 37). Für die Vorsilbe *un-* gibt es zwei Deutungen: Berger meint, diese Vorsilbe sei hier nicht verneinend, sondern verstärkend (vgl. *Untiefe* im Sinne von 'großer Tiefe'). So kommt es zur Erklärung *Unstrut* = schlimmer Sumpf, endloser Sumpf. Ernst FÖRSTEMANN (1913, II, S. 1132) dagegen meint: „Nun fliesst sehr nahe der Unstrutquelle (bei Kalmerode) ein Bach namens One, und mit diesem n. [=Namen] möchte ich den ersten Teil von Unstrut für identisch halten, so dass Unstrut nichts anderes als Onefluß bedeutet". Nach heutiger Meinung entspringt die Unstrut nahe dem benachbarten Kefferhausen (bei Dingelstädt).

Literatur

BACH, Adolf (1981): Deutsche Namenkunde. – Heidelberg 1952-1956. 2. unveränd. Aufl.

BENCKISER, Nikolas (Hrsg.) (1972-1976): Deutsche Landschaften. 3 Bde. - Frankfurt a.M.

BERGER, Dieter (1993): Duden. Die geographischen Namen in Deutschland. Herkunft und Bedeutung der Namen von Ländern, Städten, Bergen und Gewässern. – (Duden-Taschenbücher; 25), Mannheim

EICHLER, Ernst / WALTHER, Hans (1986): Städtenamenbuch der DDR. - Leipzig

FISCHER, Reinhard E. u.a. (Bearb.) (1996): Die Gewässernamen Brandenburgs. – (Brandenburgisches Namenbuch; 10), Weimar

FÖRSTEMANN, Ernst (1913): Altdeutsches Namenbuch, Bd II: Ortsnamen und sonstige geographische Namen. - Bonn (Nachdr. Hildesheim 1967)

LASCH, Agathe / BORCHLING, Conrad (Hrsg.) (1928ff.): Mittelniederdeutsches Handwörterbuch. - Hamburg

LIEDTKE, Herbert (1994): Namen und Abgrenzungen von Landschaften in der Bundesrepublik Deutschland. Mit einem Anhang von Uwe Förster: Zum grammatischen Geschlecht von Landschaftsnamen auf der amtlichen Übersichtskarte der Bundesrepublik Deutschland 1: 1.000.000, Landschaften, Namen und Abgrenzungen. Beilage: Mehrfarbige Karte 1: 1.000.000. - (Forschungen zur deutschen Landeskunde; 239), Trier

REITZENSTEIN, Wolf-Armin Frhr. von (1996): Aspekte der Bergnamengebung. - In: Debus, Friedhelm u.a. (Hrsg.): Reader zur Namenkunde, Bd III, 2. Toponymie. (Germanistische Linguistik; 131/133), Hildesheim (u.a.), S. 731-738

ROTH, Hermann Josef (1977): Das Siebengebirge. – (Rheinische Landschaften; 13), Neuss

SCHLIMPERT, Gerhard (Bearb.) (1996): Die Gewässernamen Brandenburgs. - (Brandenburgisches Namenbuch; 10), Weimar

SCHMITZ, Antje (1981): Die Orts- und Gewässernamen des Kreises Ostholstein. - (Kieler Beiträge zur deutschen Sprachgeschichte; 3), Neumünster

VASMER, Max (1971): Schriften zur slawischen Altertumskunde und Namenkunde, Bd 2. Hrsg. von Herbert Bräuer. - Berlin

WALTHER, Hans (1971): Namenkundliche Beiträge zur Siedlungsgeschichte des Saale-Mittelelbegebietes ...- (Deutsch-Slawische Forschungen zur Namenkunde und Siedlungsgeschichte; 26), Berlin

WITKOWSKI, Teodolius (1965): Die Ortsnamen des Kreises Stralsund. - (Veröffentlichungen des Instituts für Slawistik; 36), Berlin

DL – BERICHTE UND DOKUMENTATIONEN, Heft 2 (1999)
Geographische Namen in ihrer Bedeutung für die
landeskundliche Forschung und Darstellung, S. 169-182

Wolfgang Aschauer

Regionsbezeichnungen im Landesteil Schleswig in ihrer Bedeutungsreichweite und aktuellen Verwendung

Zur Fragestellung

Die Beschäftigung mit Orts- und Regionsbezeichnungen kann in zwei Traditionslinien unterteilt werden: Zum einen werden die Bezeichnungen historisch-sprachwissenschaftlich untersucht, um über die Namengebung Rückschlüsse auf die Umstände etwa der Gründung und Entwicklung einer Siedlung zu ziehen, zum anderen wird die Aufgabe einer exakten topographischen Lokalisierung und kartographischen Darstellung einzelner räumlicher Einheiten zu lösen versucht.
Nicht nur in der Geographie vereinen sich diese Zugangsweisen in einer Praxis, welche die Regionsbezeichnungen als Repräsentanten konkreter räumlicher Einheiten auffasst und ihren Informationsgehalt auf diese räumlichen Einheiten bezieht. Die entsprechende (Forschungs-)Frage lautet: Wo befinden sich die Region X oder der Ort Y und warum heißen sie X bzw. Y? Ein solches Vorgehen lässt jedoch außer Acht, dass es sich bei Orts- und Regionsbezeichnungen um Wörter handelt, nicht um Elemente der physischen Welt. Und der Ort von Wörtern ist nicht der geographische Raum, sondern die Sprache, genauer: die Kommunikation. Die Forschungsfrage müsste daher richtigerweise lauten: Wer benutzt in welcher Situation welche Orts- oder Regionsbezeichnung für welche räumliche Einheit und mit welchen inhaltlichen Konnotationen?
Zwischen den beiden sehr grob skizzierten Positionen besteht nicht notwendigerweise ein Gegensatz. Gerade bei Ortsnamen ist zumeist eindeutig geklärt, auf welche Raumeinheiten sie sich beziehen und – zumal bei historischen Betrachtungen – wer diese Bezeichnungen be-

nutzt: Es sind Namen staatlicher Verwaltungseinheiten, die etwa in Urkunden oder Ortsnamenregistern niedergelegt sind. Die Nutzung dieser Bezeichnungen ist wenig nutzerspezifisch, und auch die Frage der Kommunikationssituationen, in denen diese Ortsnamen verwendet werden, ist von geringer Bedeutung.[1]

Anders sieht es bei solchen (zumeist Regions-)Bezeichnungen aus, die entweder überhaupt nicht aktuelle staatliche Verwaltungseinheiten benennen oder aber darüber hinaus in Kommunikationen verwendet werden, die sich nicht auf staatliches Verwaltungshandeln beziehen. Es wäre nun reichlich absurd anzunehmen, dass sich alle Verwendungen eines best. Regionsnamens auf dieselbe räumliche Einheit erstreckten oder – so vorhanden – sich durchwegs mit der staatlichen Verwaltungsregion deckten. Vielmehr ist von einer je nach Kommunikation unterschiedlichen Bedeutungsreichweite von Regionsbezeichnungen auszugehen. Diese Hypothese soll im folgenden am Beispiel des Landesteils Schleswig überprüft werden.

Unter dem Landesteil Schleswig wird hier der nördliche Teil des Bundeslandes Schleswig-Holstein verstanden, der sich aus den Landkreisen Nordfriesland und Schleswig-Flensburg sowie der kreisfreien Stadt Flensburg zusammensetzt (Abb. 1).

Abb. 1: **Der Landesteil Schleswig**

Als Quelle für existierende Regionsbezeichnungen kann zunächst auf (geographische) Namenkunden zurückgegriffen werden, so etwa auf die "Namen und Abgrenzungen von Landschaften in der Bundesrepublik Deutschland gemäß der amtlichen Übersichtskarte 1:500 000" (LIEDTKE 1984). Hierin findet sich zum einen eine Karte, in der die ermittelten Landschaften

---

[1] Dennoch soll hier nicht unerwähnt bleiben, daß auch bei Ortsnamen von Kommunikationssituationen abhängige Varianten existieren: Zum einen sind hier Unterschiede nach Sprachebenen (etwa: Dialekt vs. Hochsprache; Beispiel: Minga / München) zu nennen, zum anderen können Ortsbezeichnungen nach den Adressaten differieren (etwa: Städtenamen im internationalen vs. nationalen Sprachgebrauch; Beispiel: Bangkok / Krung Thep).

mit ihren Abgrenzungen abgebildet sind, und zum anderen eine Erläuterung der Landschaftsnamen. Welche Landschaften nach LIEDTKE im Landesteil Schleswig existieren und über welchen Raum sie sich erstrecken, ist in Abb. 2 dargestellt; die dazugehörigen Erläuterungen sind ausschnittsweise in Tab. 1 wiedergegeben.

Abb. 2:   Landschaftsnamen im Landesteil Schleswig

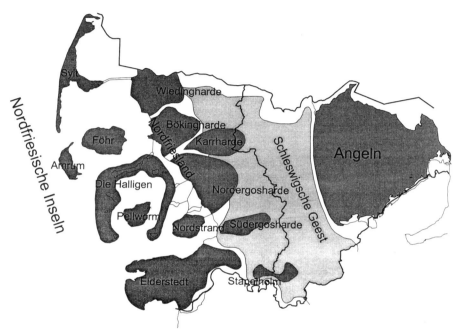

Quelle: LIEDTKE 1984, Kartenbeilage; verändert

Die Überschrift des Kapitels mit den Erläuterungen zu den einzelnen Landschaften (hier als Tabellenüberschrift verwendet) kündigt an, dass Landschaftsnamen erläutert werden, woran sich konsequenterweise eine Erläuterung der Verwendung dieser Namen anzuschließen hätte, also die Frage, wer wann zu welchem Zweck und mit welcher Bedeutung diese Namen verwendet. Statt dessen suggerieren die Charakterisierungen jedoch, dass es sich um – zumeist geomorphologisch definierte – reale Raumeinheiten handelt.

Dieses Verfahren ist solange unauffällig, als Verwaltungsbezeichnungen, Geomorphologie und rezipierter Sprachgebrauch übereinstimmen; dies ist etwa bei den nordfriesischen Inseln unzweifelhaft der Fall. Problematisch, und der Ausgangspunkt der weiteren Betrachtungen, ist diese Verwirrung auf dem Festland, wenn etwa die Bezeichnung "Nordfriesland" auf

Tab. 1: Beschreibung der Landschaftsnamen im Landesteil Schleswig (Auswahl)

Landschafts-name	Beschreibung
Angeln	Wellige Jungmoränenlandschaft in dem schmalen Bereich (german. angwa eng) zwischen der Flensburger Förde und der Schlei. Als etwas unsichere Westgrenze gilt der Ochsenweg, der westl. von Schleswig und Flensburg verlief
Bökingharde	Unsicher abgrenzbares nordfriesisches Kooggebiet um den kleinen niedrigen (4 m) Geestkern von Niebüll. "Harde der Leute bei den Buchen". Von ursprünglich 13 Harden in Nordfriesland sind heute nur noch Bökingharde und Wiedingharde im Volksmund in Gebrauch
Eiderstedt	Seit dem M.A. durch Eindeichungen von Marschland zusammengewachsene, sehr flache, 340 qkm große nordfriesische Halbinsel und als ehem. Bauernrepublik gut abgrenzbare histor. Landschaft
Nordfriesland	Marschenland an der schleswigschen Nordseeküste zwischen der Wiedau im Norden und der Eider im Süden. Die Abgrenzung ist unsicher, zumal seit 1974 ein weit auf die Schleswigsche Geest reichender Landkreis gleichen Namens besteht
Schleswigsche Geest	Sammelbezeichnung für das zwischen dem Marschland im Westen und dem kuppigen Jungmoränenland östl. des Ochsenweges gelegene sanftwellige sandige oder sandig-lehmige Altmoränengebiet zwischen der dänischen Grenze und dem Nord-Ostsee-Kanal. Vhm. gut abgrenzbar
Stapelholm	Bogenförmiger, 22 qkm großer Geestrücken, der sich östl. Friedrichstadt und nördl. der unteren Eider bis 41 m mit deutlichem Rand aus der davorliegenden Marsch erhebt
Sylt	Mit 99 qkm die größte der Nordfriesischen Inseln aus zwei Geestkernen, Marschland und Küstendünen, im zentralen Teil bis 53 m hoch. Durchschnittlicher Küstenrückgang an der Westküste 1,1 m/Jahr. Seit 1927 durch einen Bahndamm mit dem Festland verbunden

Quelle: LIEDTKE 1984, passim

Raumeinheiten: zum einen der Landkreis, der ebenfalls Nordfriesland heißt, oder zum anderen große Teile des historischen Siedlungsgebietes der namengebenden Nordfriesen (STEENSEN 1992). Insgesamt dürfte es schwerfallen, ein solches Nordfriesland-Verständnis mit dem Gebrauch des Namens sowohl im öffentlichen Leben als auch im Alltagsverständnis der Bevölkerung in Einklang zu bringen.

Ähnlich problematisch sind auch andere Definitionen, etwa der Harden (Bökingharde usw.), wenn Aspekte der Geomorphologie herangezogen werden, die Namen selbst jedoch historische Rechtsbegriffe (für ehemalige Siedlungsverbände und Gerichtsbezirke) sind, die sich gerade nicht auf das Relief beziehen.

Aus dieser Perspektive kann es auch nicht verwundern, dass andere Namenkunden, so etwa das "Historische Ortsnamenlexikon" von LAUR (1992), eine zum Teil stark abweichende Verortung von Regionsbezeichnungen vornehmen – eben da sie sich auf andere Kommunikationen beziehen: nicht auf diejenigen von (physischen) Geographen, sondern von Historikern. Bereits im akademischen Raum verlagert sich demnach die Frage, auf welche physischen Raumeinheiten sich eine Bezeichnung bezieht, hin zur Frage, in welchem Kontext welche Bezeichnung für welchen Raumausschnitt verwendet wird.

Dies wird noch wesentlich deutlicher, wenn solche eher esoterischen Kommunikationszusammenhänge verlassen werden und auf die Ebene der alltagsbezogenen Kommunikation von

Organisationen und Individuen gegangen wird. Damit stellt sich die Frage nach den Orten von Kommunikation, die Regionsbezeichnungen verwendet, mithin nach geeigneten Quellen für die Suche nach vorhandenen Raumbegriffen. Eine sicherlich nicht vollständige Liste, die auch einem eigenen Forschungsprojekt zugrundeliegt, aus dem hier referiert wird, enthält als Quellen:

- Namen von Verwaltungseinheiten, sofern eigene, übergemeindliche Bezeichnungen existieren;
- eigene Befragungen;
- Bezeichnungen von Institutionen oder Unternehmen;
- Regionseinteilungen durch die regionale Presse;
- Territorien von Heimatvereinen;
- Zuordnungen in Märchensammlungen;
- touristische Regionen.

Es ist klar, dass an dieser Stelle nicht alle angeführten Regionseinteilungen behandelt werden können. Es gilt daher eine Auswahl zu treffen, die – zur Demonstration – einerseits Übereinstimmungen, andererseits aber auch starke Diskrepanzen beinhaltet. In der Konsequenz soll eine Beschränkung 1. auf die Bezeichnungen von Institutionen oder Unternehmen, 2. auf Heimatvereine und 3. auf touristische Regionen stattfinden. Da – wie bereits thematisiert – auf den Inseln im wesentlichen eine Deckungsgleichheit der verschiedenen Verwendungen der Namen festzustellen ist, sollen diese im folgenden ausgeklammert werden.

Bezeichnungen von Institutionen und Unternehmen

Im Rahmen einer eigenen Befragung, aber auch mittels anderer Quellen[2] hat sich herausgestellt, dass in der Alltagssprache insgesamt sechs Regionsbegriffe wohl am gebräuchlichsten sind: Das ist zunächst die Bezeichnung der beiden Landkreise "Nordfriesland" und "Schleswig-Flensburg"; letzterer Doppelname ist aus den beiden großen Städten des Landkreises, Schleswig und Flensburg zusammengesetzt, bezieht sich also nicht auf den Landesteil Schleswig. Nordfriesland ist jedoch – wie ein Blick auf Abb. 2 zeigt – nicht nur ein Landkreis, sondern unter anderem ein Synonym für die Marschgebiete an der Westküste. Daran schließen sich nach Osten die "Geest" (ein traditionell landwirtschaftlich eher benachteiligtes Gebiet) und "Angeln" (ein ehemals agrarisch sehr fortgeschrittenes Gebiet) an. Im Süden der Region finden sich noch die Kleinregionen "Eiderstedt" (ein ehemaliger Landkreis, heute Teil von Nordfriesland) und "Stapelholm" (eine historische Landschaft, die sich in beide Landkreise erstreckt). Die aus der einleitenden Hypothese abgeleitete Frage lautet nun: Lassen sich diese sechs Regionsbezeichnungen mitsamt den daraus gebildeten Adjektiven im öffentlichen

---
[2] Hierzu zählen unter anderem sowohl geographische (z. B. BÄHR / KORTUM 1987; STEWIG 1982) als auch staatliche und sonstige Landeskunden (z. B. Pressestelle 1993; THIEDE 1962).

Raum, und das heißt: als Bestandteil der Namen von Behörden, Verbänden, Unternehmen, Vereinen usw. feststellen? Das Ergebnis zeigt Abb. 3.

Abb. 3: Vorkommen regionaler Bezeichnungen in Adressen (nach Ämtern)

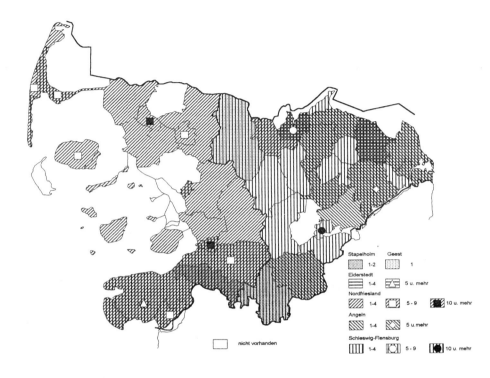

Quelle: Adressverzeichnisse, Telefonbuch

Die räumliche Bezugsebene sind hier Ämter, eine aus preußischen Zeiten ererbte schleswig-holsteinische Spezialität der Verwaltungsgliederung, die in etwa den niedersächsischen Samtgemeinden entspricht. Das Muster erweist sich als recht eindeutig:
Zunächst sind Regionsnamen insgesamt nicht übermäßig verbreitet; es gibt auch zahlreiche "begriffslose" Gebiete. In weiten Teilen des Landkreises Nordfriesland ist ebendiese Bezeichnung das einzige Angebot regionaler Namensgebung. Im südlichen Kreisgebiet dominiert hingegen der Begriff "Eiderstedt". Im Übergang der beiden Landkreise liegt, wie bereits benannt, "Stapelholm". Weniger klar getrennt sind die Verhältnisse im restlichen Landkreis Schleswig-Flensburg; während im Westen die Bezeichnung "Schleswig-Flensburg" allein oder neben

verschiedenen, z.T. kreisexternen Namen vorkommt, gibt es im Ostteil eine fast durchgängige Überlappung mit der Bezeichnung "Angeln".
Die "Geest", die in der regionalisierenden Alltagssprache allgemein häufig anzutreffen ist, ist als Namensbestandteil fast inexistent. Das Gegenteil ist in bezug auf "Schleswig-Flensburg" zu konstatieren; obwohl der Landkreisname in der Bezeichnung zahlreicher Einrichtungen und Unternehmen enthalten ist, spielt er in den Alltagskommunikationen der dortigen Bevölkerung wenn überhaupt, dann nur eine marginale Rolle (dies konnte auch durch eigene Befragungen nachgewiesen werden).
Darin liegt auch ein Unterschied zum Landkreis Nordfriesland, dessen Name offensichtlich in der Alltagssprache fest verwurzelt ist; dies ist nicht zuletzt mit Blick zurück auf die Entstehungsgeschichte des Landkreises von großer Bedeutung. Denn obwohl keiner der drei 1970 zusammengeschlossenen Landkreise Südtondern, Husum und Eiderstedt zunächst auf die eigene Bezeichnung verzichten wollte, zeigt sich nun, als wie glücklich sich nachträglich die Wahl des in seinen Inhalten doch recht unklaren und seinen Verweisen schillernden Namens erwiesen hat. "Nordfriesland" ist letztlich deutlich rezeptionsfreundlicher als "Schleswig-Flensburg".
Aber auch innerhalb Nordfrieslands konnte 1970 bei der Neukonstruktion der Ämter auf bereits vorhandene Subregionsbegriffe (die -harden; s.o.) zurückgegriffen werden, was im Osten des Landesteils – mit Ausnahme von "Stapelholm" – nicht möglich war. Weder "Angeln" noch "Geest" wurden als Amts- oder Kreisnamen übernommen, was auch aus der starken wirtschaftsräumlichen Fixierung dieser Bezeichnungen (für Gebiete stark unterschiedlicher landwirtschaftlicher Produktions- und Einkommensverhältnisse) und damit der Abweichung von der Fläche des Landkreises Schleswig-Flensburg resultiert.
Da die Geest sich etwa zur Hälfte auch in den Landkreis Nordfriesland erstreckt, gibt es nur eine Subregion, die vollständig zum Landkreis Schleswig-Flensburg zu zählen ist, und zwar Angeln. Üblicherweise wird darunter das Gebiet zwischen den Meeresarmen der Flensburger Förde und der Schlei verstanden, nach Westen abgegrenzt durch die alte Straßenverbindung zwischen Schleswig und Flensburg.
Damit ist die Trennung des Landkreises Schleswig-Flensburg in einen West- und in einen Ostteil die dominante regionale Untergliederung dieses Gebiets, die in etwa der agrarwirtschaftlichen Differenzierung entspricht, jedoch quer verläuft zu Regionalisierungen entlang zahlreicher anderer sozialer, ökonomischer und informationeller Daten. Diese Regionalisierung öffentlicher Begrifflichkeit, die an den Landkreisgrenzen abrupt endet und innerhalb des Landkreises Schleswig-Flensburg nicht nach aktuellen funktionalen Zugehörigkeiten ausgerichtet ist, sondern an der räumlichen Differenzierung eines heute marginalen Wirtschaftszweiges – der landwirtschaftlichen Produktion –, kann als Residuum vormoderner Gegebenheiten betrachtet werden, die in der Gegenwart als Instrument regionaler Gliederung verwendet werden.

Territorien von Heimatvereinen

Wenn nun bereits aktuelle Namen ökonomisch überkommene Raumeinheiten reproduzieren, so sind kaum Überraschungen zu erwarten, wenn regionale Einteilungen betrachtet werden, die sich explizit (auch) auf Vergangenes beziehen. Darunter sind hier die Heimatvereine im Landesteil zu verstehen (vgl. HOFFMANN 1981; KOCH 1981).
Auf dem Gebiet des Landesteils Schleswig existieren nach Auskunft des Dachverbandes "Schleswig-Holsteinischer Heimatbund" folgende sechs Ortsvereine bzw. Landschaftsverbände:

- Heimatbund Landschaft Eiderstedt e.V.;
- Heimatverein der Landschaft Angeln e.V.;
- Heimatverein Schleswigsche Geest;
- Nordfriesischer Verein e.V.;
- Schleswig-Holsteinischer Heimatbund, Ortsverein Schleswig;
- Stapelholmer Heimatbund.

Obwohl diese Vereine die bereits bekannten regionalen Bezeichnungen im Namen führen, sind sie weder im Regionalbezug noch im organisatorischen Aufbau umstandslos miteinander vergleichbar. Während etwa der Heimatverein der Landschaft Angeln selbst Träger der Vereinsaktivitäten wie Ortsforschung oder Bildungsveranstaltungen ist, fungiert der Nordfriesische Verein als Dachverband von 25 Ortsvereinen oder gemeindeübergreifenden Gruppierungen. Dennoch und trotz der Möglichkeit von Mehrfachmitgliedschaften lässt sich ein ungefähres Territorium der Heimatvereine definieren; es muss jedoch unklar bleiben, inwieweit die jeweils zugehörigen Gemeinden Wohnorte von Mitgliedern sind oder aber zu dem Gebiet gezählt werden, für das sich ein Heimatverein "zuständig" fühlt. Werden mit diesen Einschränkungen die Angaben der Vereine zu ihrem Vereinsgebiet zusammengestellt, wobei der Ortsverein Schleswig unberücksichtigt bleibt (in Schleswig hat auch der Heimatverein der Landschaft Angeln zahlreiche Mitglieder), lässt sich folgende Unterteilung des Landesteils Schleswig in Heimatvereins-Regionen konstruieren.
Im wesentlichen wiederholt sich bei den Gebieten der Heimatvereine das bereits erwähnte Muster: Von Ost nach West ist der Landesteil in die drei, den landwirtschaftlichen Nutzungszonen entsprechenden Streifen geteilt, und im Süden schließen sich die Sonderfälle Eiderstedt und Stapelholm an.
Die jeweils im Süden des Vereinsgebiets von Nordfriesischem Verein und Heimatverein Schleswigsche Geest sehr starken Überlappungen sind weniger auf unklare regionale Zugehörigkeiten denn auf unterschiedliche Kriterien der Zugehörigkeit zurückzuführen. Während der Heimatverein Schleswigsche Geest sich nach naturräumlichen Grenzen und (historischen) landwirtschaftlichen Produktionszonen bestimmt, versteht sich der Nordfriesische Verein zwar auch als Heimatverein für (einen Teil von) Nordfriesland, aber darüber hinaus und vorrangig als Verein für die Nordfriesen bzw. das Nordfriesische. Mehrere Teilvereine bezeichnen sich explizit als "Friesenverein", z.T. auch in friesischer Sprache. Gerade in denjenigen

Gebieten, in denen auf Geest-Boden das Interesse an friesischer Kultur etc. existiert, kommt es daher zu den aufgezeigten Überschneidungen.

Abb. 4: **Tätigkeits- und Einzugsgebiete der Mitgliedsvereine des Schleswig-Holsteinischen Heimatbundes im Landesteil Schleswig**

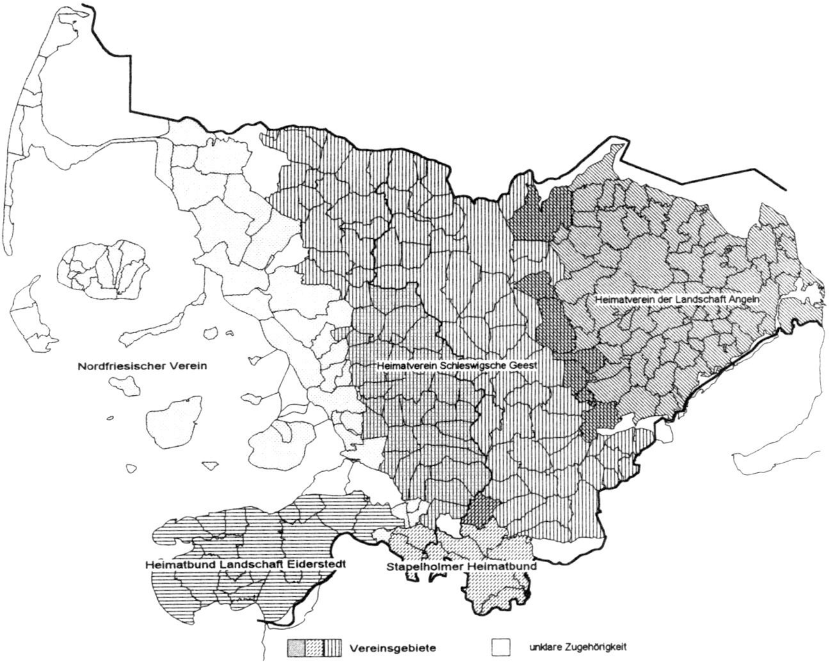

Quelle: Auskünfte der Vereine; eigene Zusammenstellung

Die genannten Indizien für die Bedeutung von Regionsbezeichnungen, wie hier das Vereinsgebiet von Heimatvereinen, aber auch Regionsbezeichnungen in Institutionsnamen, können nur deshalb in Bezug zu sozialen Regionen – sei es als funktionale Zuordnung, sei es als regionsbezogenes Denken – gesetzt werden, weil sie in einem doppelten Sinn als Indikator verstanden werden: Zum einen verweisen diese Regionsbezeichnungen auf diejenigen Personen oder Einrichtungen, die sie produzieren oder verwenden und dadurch die räumliche Reichweite ihrer Aktivitäten etc. dokumentieren; zum anderen zeigen sie an, in welchen Gebieten die Menschen leben, die als Mitglieder, Kunden usw. gewonnen werden sollen. So zeigt die Bezeichnung "Heimatverein der Landschaft Angeln" einerseits an, dass dieser Verein sich mit einer Region Angeln bzw. mit Themen, die dort angesiedelt sind, beschäftigt, und andererseits, dass er von Personen getragen wird, die dieses Gebiet als ihre Heimat verstehen.

Touristische Regionen

Eine ganz andere Gruppe von Menschen, in deren Kommunikationssystem Regionsnamen eine Bedeutung haben, sind regionsexterne Personen. Die darunter wohl wichtigste Personengruppe, für die regionale Bezeichnungen wenn nicht konzipiert, so zumindest als bedeutsam angenommen werden, sind Touristen. Im Rahmen des regionalen und lokalen Marketings stehen die Gemeinden bzw. die kommunalen Fremdenverkehrsvereine vor der Frage der regionalen Abgrenzung und deren Benennung. Wichtig dabei ist, inwieweit eine Urlaubsregion durch ihre Bezeichnung und ihre Abgrenzung auch von den Touristen als zusammengehörige Region wahrgenommen werden kann.

Als drittes Beispiel soll daher die Regionalisierung des Landesteils Schleswig in Urlaubsgebiete dargestellt werden, die sich für einen (potentiellen) Urlaubsgast aus Prospekten und Unterkunftsverzeichnissen ergibt.[3] Ausgehend von der Überlegung, dass von den Broschüren der Fremdenverkehrsvereine das Bild einer Urlaubsregion zu vermitteln versucht wird, das dann übergeführt wird in ein Angebot vor allem von Unterkünften, lassen sich die Standorte der Beherbergungsbetriebe als Konkretisierung der als Ganzes beworbenen Region verstehen.

Eine Urlaubsregion kann folglich aus zwei Kategorien konstruiert werden: den Orten mit Beherbergungsbetrieben und der Bezeichnung des Gebiets. Als Bezeichnung soll hier nicht der Name des Fremdenverkehrsvereins verstanden werden, sondern der Regionsname, der Prospekte und Unterkunftsverzeichnisse titelt. Die unter diesen Voraussetzungen zu ermittelnden Urlaubsregionen zeigt Abb. 5; die Liste der touristischen Regionen ist in Tab. 2 wiedergegeben.

Während es für die Inseln als selbstverständlich erscheint, dass der Inselname zugleich als Bezeichnung einer Urlaubsregion fungiert, sind auf dem Festland recht unterschiedliche Formen der Namengebung anzutreffen. So wird an der Nordseeküste die Eigenständigkeit der Urlaubsregionen durch den Verweis auf wichtige Orte (Bredstedt, Husum) oder die alte Landkreiseinteilung (Südtondern) hervorgehoben, was jedoch zu der Vermutung führt, dass für die Touristen diese Urlaubsgebiete keine sehr markanten räumlichen Einheiten sind, sondern lediglich Teilgebiete des größeren Raums Nordfriesland oder gar Nordseeküste.

Eine größere Eigenständigkeit kommt Eiderstedt zu, das sich zusätzlich als "Nordseehalbinsel" bezeichnet, nicht aber mit der Zugehörigkeit zu Nordfriesland wirbt. Ein ebenfalls auf den Bezug auf größere regionale Einheiten verzichtendes Urlaubsgebiet ist Stapelholm. Eiderstedt und Stapelholm sind auch diejenigen Urlaubsregionen, deren Territorium in etwa mit dem Gebiet der jeweiligen Heimatvereine übereinstimmt. Hier scheint demnach eine Übereinstimmung von Binnen- und Außenrepräsentation zu herrschen, d.h. eine einheitliche Region sowohl für die Bewohner als auch für die Touristen zu existieren.

---

[3] Zur tatsächlichen touristischen Nutzung des Untersuchungsgebiets vgl. HAHNE 1987; HOFFMEYER / KRIEGER / SOLTWEDEL 1987; HOLLER 1991.

Abb. 5: Zuordnungen von Gemeinden zu Urlaubsregionen[4]

Quelle: Gebietsprospekte und Gastgeberverzeichnisse; eigene Zusammenstellung

Ganz anders stellt sich die Situation im Osten des Landesteils dar. Zunächst könnte das "(Grüne) Binnenland" als Schrumpfform der Geest verstanden werden, ohne Bezug zum Landkreis Nordfriesland und auch ohne die im Süden des Landkreises gelegenen Gemeinden. Da jedoch die "Geest" weder in den redaktionellen Teilen der Broschüren noch in den Angebotsbeschreibungen vorkommt, ist davon auszugehen, dass diese Bezeichnung bewusst vermieden wird. Zugleich ist "Binnenland" derart unspezifisch bzw. ein bloßer Residualbegriff (etwa: alles, was nicht an der Küste liegt), dass daraus für einen Touristen keine Definition einer Urlaubsregion resultiert.

Im Dreieck Flensburg-Schleswig-Kappeln zeigt sich schließlich das sehr heterogene Bild eines wahren Flickenteppichs an Urlaubsregionen, die sich zudem im Bereich dieser Städte stark überlappen. Grob untergliedert kann von einer Region "Schlei" gesprochen werden, die auch einen Teil des Landkreises Rendsburg-Eckernförde (Schwansen) umfasst, bei Kappeln in eine Region "Ostsee" übergeht und sich dann Richtung Flensburg in eine Region "(Flensburger) Fördeland" verwandelt.

---

[4] Mindestens fünf Beherbergungsbetriebe pro Ort; ohne Inseln und Gemeinden in reinen Ortsvereinen.

Tab. 2: Bezeichnungen der Urlaubsregionen im Landesteil Schleswig (ohne Inseln und ausschließliche Ortsvereine) seitens der Fremdenverkehrsvereine

primäre Bezeichnung (hervorgehoben, Titel o. ä.)	sekundäre Bezeichnungen (nachrangige Regionsnamen, Untertitel, im Text)	Fremdenverkehrsverein (FVV)
Bredstedt und Umgebung	Nordfriesland, Nordsee, Nordergoesharde	FVV Bredstedt und Umgebung (Bredstedt)
Eiderstedt	Nordseehalbinsel	FV-Gemeinschaft Eiderstedt (Garding)
Flensburg	Flensburger Fördenland, Wikingerland	Tourist-Information & Service Flensburg
Flensburger Fördeland	Angeln	FVV Amt Langballig, FVV Sörup
Gelting	Ostangeln, Ostsee	FVV Ostangeln (Gelting)
Grünes Binnenland	Nördliches Schleswig-Holstein	Gebietsgemeinschaft Grünes Binnenland (Tarp) und FVV Südangeln (Böklund)
Husumer Bucht	Nordsee	Geschäftsstelle Husumer Bucht
Kappeln	Schlei	Touristikverein Kappeln/Schlei-Ostsee
Ostsee–Hasselberg–Maasholm		FVV Ostsee–Hasselberg–Maasholm (Hasselberg)
Ostseeurlaub	Amt Steinbergkirche, Angeln, Flensburger Außenförde	Touristikverein Amt Steinbergkirche
Rund um die Schlei		Touristinformation Schleswig
Schleidörfer		FVV Die Schleidörfer (Süderbrarup)
Stapelholm	WIR rund um Friedrichstadt	FVV Stapelholm / FV-Gemeinschaft "WIR rund um Friedrichstadt" (Friedrichstadt, Süderstapel)
Südtondern	Nordsee, Nordfriesland	FV-Zentrale Dagebüll/Bökingharde und FV-Gemeinschaft Südtondern (Niebüll)
Viöl und Umgebung		FVV Viöl und Umgebung
Zwischen Nord- und Ostsee	Norden	Verein für Tourismus im Amt Schafflund

Quelle: Gebietsprospekte und Gastgeberverzeichnisse

Lediglich im Nordosten des Gebiets taucht die Bezeichnung "Angeln" auf, und zwar in Form des FVV Ostangeln in Gelting. Auch in den Broschüren der benachbarten Touristikvereine Amt Steinbergkirche, Amt Langballig und Sörup spielt die Zugehörigkeit zu Angeln eine größere Rolle. Insgesamt jedoch bestimmen sich die Urlaubsregionen nach den angrenzenden Gewässern, während die Bezeichnung "Angeln" nur eine sekundäre Rolle spielt.

Wenn abschließend die Regionsbegriffe und Kommunikationsformen, in denen die Verwendung der Regionsbegriffe untersucht wurde, zusammengefasst werden, lässt sich eine Reihe unterschiedlicher regionaler Subtypen festhalten:

- Kaum in Frage zu stellen ist die regionale Abgrenzung der Inseln und Halligen.
- Nicht ganz so eindeutig, da nach verschiedenen Kriterien geringfügig differierende Gebiete umfasst werden, ist die Definition der Teilregionen Eiderstedt und Stapelholm.

- Deutlich unklarer ist die Ausdehnung von Nordfriesland, für das linguistisch-kulturelle, naturräumliche, administrative und andere Grenzziehungen vorliegen. Nur marginale Bedeutung haben historisierende Regionsbegriffe innerhalb Nordfrieslands (die -harden).

- Kaum mehr in Deckung zu bringen sind die Regionsbezeichnungen im Osten des Landesteils: Hier überlappen sich Schleswig-Flensburg, Schlei, Angeln, Geest, Ostseegebiet usw. in einer Art und Weise, die es unmöglich macht, für eine größeren Teilraum von einem einheitlichen Regionsbegriff zu sprechen. Lediglich die Trennlinie der Straße Flensburg-Schleswig kann als Konstante festgehalten werden. Offensichtlich hat aber die starke Betonung der Trennung zur Vernachlässigung der Frage geführt, welche Regionen mit jeweils welchem Namen und welcher Ausdehnung hier voneinander getrennt werden.

Resümierend lässt sich feststellen, dass es an der Westküste wohl weitgehend gelungen ist, Raumbilder mit entsprechenden Namen zu synchronisieren, und dies sowohl bei der Bevölkerung als auch bei außerregionalen Adressaten. Ganz anders sieht es im Ostteil aus, wo die Heterogenität der Bezeichnungen je nach Kommunikationszusammenhang auf die Heterogenität ebendieser sozialen Bezüge verweist. Noch deutlicher: Die Einheitlichkeit der Namensverwendung im Westen ist ein Indiz für die Übereinstimmung regionaler Selbst- und Fremdkonzeptionen, das Wirrwarr im Osten verweist darauf, welche sozialen und ökonomischen Kommunikationsstörungen, ja Brüche innerhalb der regionalen Gesellschaft existieren. Diese Überlegungen führen jedoch bereits weit über den Aufgabenkreis einer Beschäftigung mit Regionsbezeichnungen hinaus und zeigen damit eine Richtung an, in welche die hier vorgestellten Ergebnisse weitere Forschungen leiten können.

Literatur

BÄHR, Jürgen / KORTUM, Gerhard (Hrsg.) (1987): Schleswig-Holstein. - (Sammlung Geographischer Führer; 15), Berlin, Stuttgart

HAHNE, Ulf (1987): Fremdenverkehr im Kreis Schleswig-Flensburg. - Die Heimat 94, S. 180-191

HOFFMANN, Erich (1981): Der "Schleswiger" und sein Heimatbewußtsein. - In: Riedel, Wolfgang (Hrsg.): Heimatbewußtsein. Erfahrungen und Gedanken. Beiträge zur Theoriebildung. Husum, S. 185-195

HOFFMEYER, Martin / KRIEGER, Christiane / SOLTWEDEL, Rüdiger (1987): Zur wirtschaftlichen Bedeutung des Fremdenverkehrs in Schleswig-Holstein. - Kiel

HOLLER, Lotte (1991): Zur Entwicklung des Fremdenverkehrs in der deutsch-dänischen Grenzregion. - In: Bode, Eckhardt u.a.: Struktur und Entwicklungsmöglichkeiten der Wirtschaft in der deutsch-dänischen Grenzregion. (Kieler Sonderpublikationen). Kiel, S. 145-241

KOCH, Til P. (1981): Heimatbegriff und Regionen in Schleswig-Holstein. - In: Riedel, Wolfgang (Hrsg.): Heimatbewußtsein. Erfahrungen und Gedanken. Beiträge zur Theoriebildung. Husum, S. 141-144

LAUR, Wolfgang (1992): Historisches Ortsnamenlexikon von Schleswig-Holstein. - (Veröffentlichungen des Schleswig-Holsteinischen Landesarchivs; 28), 2., völlig veränderte u. erw. Aufl., Neumünster

LIEDTKE, Herbert (1984): Namen und Abgrenzungen von Landschaften in der Bundesrepublik Deutschland gemäß der amtlichen Übersichtskarte 1: 500.000 (ÜK 500). - (Forschungen zur deutschen Landeskunde; 222), Trier

Pressestelle der Landesregierung Schleswig-Holstein (Hrsg.) (1993): Schleswig-Holstein. Ein Lesebuch. - Kiel

STEENSEN, Thomas (1992): "Die" Nordfriesen. Kleines Volk in Schleswig-Holstein. - (Nordfriisk Instituut; 115), Bredstedt

STEWIG, Reinhard (1982): Landeskunde von Schleswig-Holstein. - (Geocolleg; 5), Berlin, Stuttgart

THIEDE, Klaus (Hrsg.) (1962): Schleswig-Holstein. Landschaft und wirkende Kräfte. - (Deutsche Landschaft; 12), Essen

Quellenmaterial:

Adressverzeichnisse:

Adressbuch der Stadt Flensburg, Ausg. 1996/97. - Lübeck 1996

Kreis-Chronik – Handbuch für den Kreis Schleswig-Flensburg 1996/97. - Schleswig o.J.

Pressestelle der Landesregierung Schleswig-Holstein (Hrsg.): Wer macht was in Schleswig-Holstein?. - Kiel 1994

Pressestelle der Landesregierung Schleswig-Holstein (Hrsg.): div. andere Broschüren und Informationsmaterialien

Gebietsprospekte und Gastgeberverzeichnisse der regionalen Fremdenverkehrsvereine

Jahrbücher der Heimatvereine im Landesteil Schleswig

Telefonbuch 2 für den Bereich Flensburg, Heide, Ausg. 1996/97

Eugen Reinhard

Die neuen Gemeindenamen in Baden-Württemberg[1]

Die in Baden-Württemberg 1968 bis 1975 durchgeführte *Gemeindegebietsreform* sollte nicht zuletzt dazu beitragen, dass die landschaftsbedingten und durch unterschiedliche Verkehrslagen recht verschiedenartigen Voraussetzungen einer wirtschaftlichen Entwicklung in den Gemeinden des deutschen Südwestens für eine erfolgreiche Zukunftsbewältigung einander angeglichen werden. Dazu sollten kommunale Verwaltungseinheiten in der Regel von mindestens 8.000 Einwohnern in dünnbesiedelten Räumen geschaffen werden. In stark verdichteten Räumen sollten sie bis zu 20.000 Einwohner und mehr umfassen. Diese Bestrebungen führten dazu, dass von den 3.379 eigenständigen politischen Gemeinden am Jahresbeginn 1968 nach dem offiziellen Abschluss der Gemeinderefom noch 1.110 Gemeinden übrig waren. Über zwei Drittel oder 67,2% der gegen Ende der 1960er Jahre noch bestehenden Gemeinden Baden-Württembergs waren innerhalb weniger Jahre als politisch eigenständige Kommunalkörperschaften aufgelöst worden (vgl. BULLING 1975, S. 10; vgl. auch: Staatsministerium 1976).

Die Grundlage für die Neubildung der Gemeinden im Verlauf der Gemeindereform war das *Gesetz zur Stärkung der Verwaltungskraft kleinerer Gemeinden vom 26. März 1968* (Gesetzblatt 1968, S. 114). Es legte unter anderem fest, dass die Vereinbarungen über die Neubildung einer Gemeinde auch Bestimmungen über den Namen der neuen Gemeinde enthalten mussten

---

[1] Der nachfolgende und durch eine Zusammenstellung der neuen Gemeindenamen ergänzte Beitrag stellt eine Zusammenfassung des am 22.5.1998 beim Arbeitskreis landeskundlicher Institute und Forschungsstellen in Trier gehaltenen Vortrags dar. Unter seinem ursprünglichen Titel „Die im Zuge der Gemeindereform von Baden-Württemberg entstandenen Gemeindenamen – Neue Gemeindenamen in ihrer Bedeutung für die Landeskunde" erscheint er in erweiterter Form in der *Zeitschrift für die Geschichte des Oberrheins* 147 (1999, S. 717-729), die Meinrad Schaab aus Anlass seines 70. Geburtstags von der Kommission für geschichtliche Landeskunde in Baden-Württemberg gewidmet wird.

(vgl. KANNENBERG 1987, S. 18). Schon die *Gemeindeverordnung für Baden-Württemberg vom 25. Juli 1955* (Gesetzblatt 1955, S. 129) wie auch die neue *Gemeindeordnung für Baden-Württemberg vom 22. Dezember 1975* verlangten, dass "die Bestimmung, Festlegung oder Veränderung des Namens einer Gemeinde der Zustimmung des Innenministeriums bedarf". Vor der endgültigen Beschlussfassung über einen neuen Gemeindenamen musste die Gemeinde die staatliche Archivverwaltung, die zuständige Stelle für Volkskunde, das Statistische Landesamt, die Oberpostdirektion, das Landesvermessungsamt und – falls die Gemeinde an einer Strecke der Bundesbahn lag – das zuständige Betriebsamt der Deutschen Bundesbahn zum neuen Namensvorschlag anhören. Diese recht aufwendige Prozedur wurde – und wird noch heute – unter Federführung des Landesvermessungsamtes im Umlaufverfahren durchgeführt (vgl. KANNENBERG 1987, S. 18f.).

Das Landesvermessungsamt überprüfte dabei die vorgeschlagenen Gemeindenamen in erster Linie nach den in den topographischen Karten, Gemarkungsübersichts- und Katasterkarten enthaltenen Flurnamen und nach Namen von Gewässern oder herausragenden topographischen Punkten, die das Gemeindegebiet entscheidend prägen. Innerhalb der Landesarchivverwaltung wirkte bei diesen Namensfindungs- und -begründungsprozessen die frühere Archivdirektion Stuttgart mit. Seit 1975 ist es die Landesarchivdirektion und in ihr die heutige Abteilung Landesforschung und Landesbeschreibung, die die amtliche Beschreibung des Landes erarbeitet und veröffentlicht hat sowie die Kreisbeschreibungen des Landes Baden-Württemberg herausbringt (vgl. REINHARD 1994, Tab. 3, S. 144-147, Tab. 4, S. 148-149; REINHARD 1995, S. 89ff.). Zusammen mit der zuständigen Stelle für Volkskunde achtete sie darauf, dass die in den Namenvorschlägen enthaltenen historischen Bezüge den landesgeschichtlichen Entwicklungen und den landeskundlichen Gegebenheiten in den betreffenden Gemeindegebieten entsprachen, und dass die neuen Gemeindenamen in die historisch gewachsene zeitliche Schichtung und in die räumliche Gliederung des vorhandenen Ortsnamengutes passten und diesem nicht zuwiderliefen. In Landschaftsräumen, die von Ortsnamentypen der germanischen Landnahmezeit und des frühen fränkischen Landesausbaus geprägt sind, mussten so neue Gemeindenamen vermieden werden, die etwa auf die hoch- oder gar spätmittelalterliche Rodungsperiode hindeuten könnten. Umgekehrt musste verhindert werden, dass im Jungsiedelland der südwestdeutschen Mittelgebirge Ortsnamenformen des Altsiedellandes mit Endungen auf -ingen und -heim eingeführt wurden. Die Landesstelle für Volkskunde hatte darüber hinaus auch die sprachliche Ausgestaltung der neuen Gemeindenamen zu überwachen. Aufgabe des Statistischen Landesamtes war es unter anderem darauf zu achten, dass gleichlautende Gemeindenamen nicht mehrfach verwendet wurden. War dies nicht vermeidbar, so musste auf eindeutige Namenszusätze gedrungen werden, die Verwechslungsmöglichkeiten ausschlossen. Landesvermessung und amtliche Statistik legten für ihre Veröffentlichungen – Karten und Tabellenwerke – Wert auf möglichst kurze Namen. Werbender Inhalt, etwa für den Fremdenverkehr oder für die in den Gemeindeteilen ansässigen Gewerbe-

und Industriebetriebe, musste ebenfalls vermieden werden (vgl. KANNENBERG 1987, S. 20-21; KANNENBERG 1986, S. 518-519).
Die Findung neuer Gemeindenamen war nicht immer leicht. Auseinanderstrebende Interessen von in neuen Gemeinden zusammenzuschließenden Ortschaften mussten überbrückt werden. Die Gemeindeparlamente alleine waren dazu häufig nicht in der Lage, und so wurden in vielen Fällen auch die Bürgerschaft und die Schüler durch Wettbewerbe mit einer meist regen Beteiligung in die Namensfindung eingebunden. Nachfolgend werden die neu gebildeten Gemeindenamen kurz vorgestellt und im Anhang aufgelistet.

Die umfangreichste Namengruppe neuer Gemeinden waren *alte, bisher schon bestehende Gemeindenamen*, die im Anhang daher auch nicht aufgelistet sind. Es handelte sich dabei um die Zusammenschlüsse von nur wenigen, mehreren oder manchmal auch zahlreichen bisher eigenständigen Gemeinden, die als neue Gesamt- oder Großgemeinden den Namen der durch Bevölkerungszahl oder Wirtschaftskraft herausragenden Gemeinde im neuen Gemeindegebiet annahmen – meist war dies eine Stadt. Ein treffendes Beispiel dafür ist die Stadt *Buchen im Odenwald,* im Grenzraum von Hinterem Odenwald und Bauland. Zum heutigen Stadtgebiet zählen insgesamt 14 Gemarkungen, hatten sich doch 13 umgebende ländliche Gemeinden im Buntsandstein-Odenwald und im Bauland mit der Stadt zusammengeschlossen. Auch die als Heilbad bekannte Stadt *Bad Mergentheim* im Tauberland ist ein ähnlicher Gemeindezusammenschluss mit insgesamt 14 Gemarkungen unter dem dominierenden städtischen Namen. In *Horb am Neckar* waren sogar 19, in *Ehingen* an der Donau und *Rottenburg am Neckar* jeweils 18 früher selbständige Gemeinden aufgegangen! 160 durch Gemeindezusammenschlüsse neu entstandene Städte und ländliche Gemeinden im Regierungsbezirk Stuttgart, 94 im Regierungsbezirk Karlsruhe, 144 im Regierungsbezirk Freiburg und 117 im Regierungsbezirk Tübingen haben auf diese Weise bereits bestehende Siedlungsnamen übernommen. In diesen 515 neuen Gemeinden mit alten Namen sind insgesamt 2410 alte Gemeinden aufgegangen. Diese Gruppe neuer Gemeinden beinhaltet den größten Zusammenlegungseffekt: im Durchschnitt fast 5 alte Gemeinden auf eine neue. Der Sog der bereits im Mittelalter und in der frühen Neuzeit entstandenen Städte, die im heutigen Siedlungsgeflecht Mittel- und Unterzentren darstellen, ist dabei unübersehbar. Sie banden die ländlichen Gemeinden oder Kleinstädte der Umgebung an sich und behaupteten ihre alten Namen. Bemerkenswert ist, dass nicht in allen zusammengeschlossenen Gemeinden der anfangs gewählte alte Namen Bestand hatte. Aldingen am Neckar, seit 1977 *Remseck*, Grötzingen im Landkreis Esslingen , seit 1978 *Aichtal*, Oberrotweil, seit 1977 *Vogtsburg im Kaiserstuhl* und Würtingen im Landkreis Reutlingen, seit 1976 *St. Johann,* gaben sich neue Gemeindenamen.

Emmingen ab Egg im Landkreis Tuttlingen gab sich 1976 den aus den Namen der Teilgemeinden gebildeten Doppelnamen *Emmingen-Liptingen*. Diese langen "Bindestrich-Namen" waren bei den Initiatoren der Gemeindereform in Baden-Württemberg, vor allem aber auch beim Landesvermessungsamt und Statistischen Landesamt verpönt, konnten aber letztlich nicht verhindert werden (vgl. LB II, S. 46ff., S. 205ff., S. 313ff., S. 457ff.).

Die Gruppe dieser *Doppelnamen* oder *Bindestrichnamen* gehört letztlich auch noch zum alten Ortsnamengut. Überwiegend handelt sich dabei um die Namen von zwei vereinigten, früher selbständigen Gemeinden. *Sulzbach-Laufen* im Landkreis Schwäbisch Hall, das aus Laufen am Kocher und Sulzbach am Kocher besteht, kann als auch vom Landesvermessungsamt und Statistischen Landesamt begrüßenswertes Beispiel gelten, weil durch die Bildung des Bindestrich-Namens die früheren, die geographische Lage definierenden Zusatzbezeichnungen wegfallen konnten. *Betzweiler-Wälde* im Landkreis Freudenstadt ist ein ganz typisches und weniger begrüßtes Beispiel. Es entstanden aber auch Doppelnamen von Gemeinden, die aus mehr als zwei Teilorten zusammengeschlossen wurden. Die wohl bekanntesten dürften *Villingen-Schwenningen* im Grenzbereich von Schwarzwald und Neckarland sowie *Waldshut-Tiengen* am Hochrhein sein. In beiden Fällen wuchsen jeweils zwei dominierende Städte mit zentralörtlichen Aufgaben für ihr Umland und 9 ländliche Gemeinden zu einer neuen Stadtgemeinde zusammen. Die Namen der Städte dienten der Bildung der neuen Doppelnamen (vgl. LB II, S. 389, 451). 47 solcher Doppelnamen bestanden 1975 beim Abschluss der Gemeindereform. Auch sie hatten nicht alle Bestand. Brettach-Langenbeutingen im Landkreis Heilbronn wurde unter Zusammenziehung von Teilen der beiden Ortsnamen in *Langenbrettach*,. Liedolsheim-Rußheim im Landkreis Karlsruhe 1978 in *Dettenheim* umbenannt. Namengebend wirkte dabei die Siedlungsbezeichnung eines alten Dorfes am Rheinhochgestade, das bereits 1766 und 1788 vom Rheinhochwasser gefährdet war und 1813 auf die Rheinniederterrasse verlegt wurde, wo es in Erinnerung an den damaligen badischen Landesherrn als Karlsdorf weiterlebt (Vgl REINHARD 1996, S. 237-238; vgl. auch KRIEGER 1904/1972, Sp. 393-394).

Eine weitere Gruppe neuer Gemeindennamen wurde aus den *Grundwörtern der Ortsnamen von zusammengeschlossenen früheren Gemeinden* gebildet. Die Gemeinde *Ingersheim* im Landkreis Ludwigsburg, die aus den Dörfern Groß- und Kleiningersheim entstand, oder auch *Jettingen* im Landkreis Böblingen, eine Gemeinde, die aus Oberjettingen und Unterjettingen zusammenwuchs, sind treffende Beispiele dafür. Einfach und problemlos war diese Findung eines neuen Gemeindenamens beim Zusammenschluss von nur zwei früheren eigenständigen Gemeinden. Die unterscheidenden Bestimmungsbegriffe wie „klein" und „groß", „ober" oder „unter" fielen einfach weg, und gebildet wurde die neue kürzere Gemeindebezeichnung aus dem Grundwort beider Gemeindeteile – ganz im Sinne des Landesvermessungsamtes und des Statistischen Landesamtes. Zwischen 1968 und 1975 entstanden so zehn Namen von Gemeinden, die aus zwei Ortschaften bestanden. Zwei von ihnen erhielten noch landschaftsbezogene Zusatzbezeichnungen, wodurch sich der neue Gemeindenamen nicht unwesentlich verlängerte. Es handelt sich bei ihnen um den Südschwarzwälder Luftkurort *Münstertal/Schwarzwald*, der aus Ober- und Untermünstertal gebildet wurde, sowie um das aus Nieder- und Oberwinden entstandene *Winden im Elztal*. Als Sonderfall kann in dieser Ortsnamensgruppe das oberschwäbische *Fronreute* im Landkreis Ravensburg gelten, wo bei den zusammengeschlossenen ehemaligen Gemeinden Blitzenreute und Fronhofen das Grundwort „Fron" der einen und das auf Rodung hinweisende Bestimmungswort „Reute" des anderen früheren Gemeindenamens zusammengefügt wurden. Ein weiterer Sonderfall ist *Walddorfhäslach* im Landkreis Reutlingen, wo die Ortsnamen Walddorf und Häslach der beiden Gemeindeteile ohne Bindestrich zusammengefügt worden sind. Neun weitere Beispiele neuer Gemeindenamen, die aus den Grundwörtern von zusammengeschlossenen, früher selbständigen Gemeinden bestehen, gehören zu Kommunalkörperschaften, die aus mehr als zwei Gemeindeteilen gebildet wurden. Sie bestehen heute aus den gleichlautenden Grundwörtern von mehrfach vertretenen Gemeindenamen.

78 *vollkommen neue Gemeindenamen*, die das historisch gewachsene Ortsnamengut im deutschen Südwesten ergänzen, sind im Verlauf der baden-württembergischen Gemeindegebietsreform entstanden, jeweils etwa gleichviel in den nördlichen und südlichen Regierungsbezirken: Nämlich 25 und 24 in den Regierungsbezirken Stuttgart und Karlsruhe sowie 14 und 15 in den Regierungsbezirken Freiburg und Tübingen. Sie können nach verschiedenen Kriterien gegliedert werden (vgl. KANNENBERG 1987, S. 36ff.) und sollen zum Abschluss an ausgewählten Beispielen erläutert werden.

Eine erste Gruppe bezieht sich auf *Gewässer*. In ihr wurden mehrfach *Gewässernamen mit der Endung -tal* verbunden. Die am 1. August 1978 in *Aichtal* umbenannte Stadt Grötzingen im Landkreis Esslingen ist ein treffendes Beispiel dafür, ist die Aich doch ein dem Neckar tributärer Wasserlauf. *Angelbachtal* und *Kraichtal* in den Kraichgauhügeln oder *Elztal* im Grenzgebiet von Hinterem Odenwald und Bauland sind andere Beispiele, in denen Flussnamen in Verbindung mit dem Suffix -tal – insgesamt achtmal – den neuen Gemeindenamen abgeben. *Gewässernamen in Verbindung mit Hinweisen auf Landschaft und Siedlung* wurden auch gebildet. Der Gemeindenamen *Remshalden* im Rems-Murr-Kreis schafft so eine Verbindung von Flussnamen und den Hängen des Remstals, im Namen der Gemeinde *Rheinmünster* in der mittelbadischen Rheinebene wurde eine Verbindung zwischen dem nicht fernen Strom und der Klostersiedlung Schwarzach mit seiner kulturlandschaftsprägenden romanischen Klosterkirche geknüpft. Aus dem Namen der Stadt *Lauterstein* (Landkreis Göppingen) läßt sich ebenfalls die Verknüpfung des Flussnamens Lauter mit dem Siedlungsnamen Weißenstein herauslesen. Auffallend sind auch neue *Gemeindenamen, die nur aus Gewässernamen bestehen*. Beispielhaft kann dafür *Wutach* im Landkreis Waldshut genannt werden, oder auch *Starzach* im Landkreis Tübingen, dessen Gemeindenamen aus Teilen der Gewässernamen Starzel und Eyach zusammengezogen wurde. Beide Flüsschen begrenzen das Gemeindegebiet im Osten und Westen. Von den großen Flussläufen des Landes findet man in den neuen Gemeindenamen seltsamerweise nur einen: den Rhein. Donau und Neckar haben dagegen die Neuschöpfungen von Gemeindenamen nicht mitgeprägt. Verständlich ist dies vielleicht bei der

Donau, die auf baden-württembergischem Territorium nie eine verkehrsprägende Wirkung gehabt hat.

Eine weitere Gruppe neuer Gemeindenamen ist *rein geländebezogen*. Sie halten in ihren Namensbildungen prägende Naturlandschaftselemente fest wie Berge und Höhenzüge oder Seen und Flussauen. Die Gemeinde *Ahorn* im Main-Tauber-Kreis, deren fünf Gemeindeteile am Rand des Ahornwaldes liegen, *Waldbronn* auf der nordwestlichen Randplatte des Nördlichen Schwarzwalds mit einem wald- und wasserreichen Gemeindegebiet, ferner *Dachsberg* auf der Hochfläche des Hotzenwaldes, das sich nach einer Erhebung in der Gemarkung des Teilortes Wolpadingen nannte, sind eindrucksvolle Beispiele dafür. In dieser Gruppe neuer Gemeindenamen gibt es aber auch zweifelhafte Neubenennungen, so z. B. *Kernen im Remstal*, das nach der mit 513 m ü.NN höchsten Erhebung des Schurwaldes benannt wurde, die außerhalb des Gemeindegebietes liegt (vgl. KANNENBERG 1987, S. 42-43).

Landschaftsnamenbezogene Gemeindenamen entstanden ebenfalls. *Gäufelden* im Landkreis Böblingen nimmt so Bezug auf seine Lage im Oberen Gäu. *Filderstadt* und *Ostfildern* im Landkreis Esslingen weisen auf ihre Lagen auf den Fildern oder im Osten davon hin. *Riesbürg* im Ostalbkreis will mit dem neuen Namen seine geographische Lage am Rande des Nördlinger Rieses in Verbindung mit dem Hofnamen Altenbürg auf der Gemarkung Utzmemmingen dokumentieren. Das gilt auch für die Gemeinde *Klettgau* im Landkreis Waldshut, die sich zur Lagebestimmung den historischen Grafschafts- und Landschaftsnamen im Altsiedelland östlich des Hotzenwaldes und nördlich des Hochrheins zugelegt hat.

Siedlungsbezogene neue Gemeindenamen sind ebenfalls recht häufig und lassen sich von ganz unterschiedlichen Wohnplätzen wie Weilern, Hofgruppen, Einzelhöfen, Schlössern, Wüstungen und Flurnamen ableiten. *Hirschberg an der Bergstraße* im Rhein-Neckar-Kreis, das nach einer Burgruine auf der Gemarkung Leutershausen benannt ist, oder *Stutensee* nördlich von Karlsruhe, das an ein ehemaliges markgräfliches Jagdschloss erinnert (LB V, 1976, S. 367), und auch das wegen seiner Verwechslungsmöglichkeit mit dem berühmten böhmischen Badeort umstrittene *Karlsbad* auf der nordwestlichen Schwarzwaldrandplatte, dessen Namen auf ein im 18. Jahrhundert von den Markgrafen von Baden-Durlach gefördertes Heilbad im Ortsteil Langensteinbach zurückgeht (LB V, 1976, S. 92), sind solche Gemeindenamen mit historischen Siedlungsbezügen. *Schwanau* in der Rheinebene des Ortenaukreises erinnert an eine ehemalige linksrheinische Burg, die auf der heutigen Gemarkung Gerstheim im Unterelsaß lag (LB VI, 1982, S. 413). Der Gemeindenamen *Lichtenstein* im Landkreis Reutlingen richtet sich nach dem auch in der Literatur berühmten Schloss Lichtenstein hoch auf dem Trauf der Schwäbischen Alb in der Gemarkung Honau (LB VII, 1978, S. 35), und an abgegangene Siedlungen erinnern *Neulingen* im Enzkreis (LB V, 1976, S. 569) oder auch *Neustetten* im Landkreis Tübingen (LB VII, 1978, S. 148).

Personenbezogene neue Gemeindenamen erinnern an einstige Herrschaftsträger oder lassen einstige Herrschaftsverhältnisse wieder aufleben. Der Gemeindenamen *Grafenau* im Landkreis Böblingen soll so an die einstigen Ortsherren, die Grafen von Calw, die Pfalzgrafen zu Tübingen und die Grafen von Württemberg erinnern (LB III, 1978, S. 81; vgl. KANNENBERG 1987, S. 47). Im Gemeindenamen *Freiberg am Neckar* im Landkreis Ludwigsburg leben die Herren von Freyberg, einst Ortsherren im Gemeindeteil Beihingen fort (LB III, 1978, S. 405). *Bad Schönborn* im nördlichen Landkreis Karlsruhe ruft den Namen des Speyerer Fürstbischofs Kardinal Damian Hugo von Schönborn wach, der im Gemeindeteil Bad Mingolsheim das Schloss Kislau in barocker Architektur neu gestalten ließ (LB V, 1976, S. 65).

Abschließend darf noch betont werden, dass das *alte Ortsnamengut in Baden-Württemberg* in den Ortsteilnamen weiterlebt. Nicht zuletzt sind es die Ortsschilder am Beginn und Ende von geschlossenen Siedlungen sowie durch die Ortschaftsverwaltungen und Ortschaftsräte, die die alten Namen von früher selbständigen Gemeinden wachhalten.

Literatur

BULLING, Manfred (1975): Die Verwaltungsreform in Baden-Württemberg. - In: Das Land Baden-Württemberg. Amtliche Beschreibung nach Kreisen und Gemeinden. Bd. II: Die Gemeinden vor und nach der Gebietsreform. Landeskundlich-statistische Grunddaten. Hrsg. v. der Landesarchivdirektion Baden-Württemberg. Stuttgart, S. 1-35

KANNENBERG, Ernst-Günter (1986): Neue Gemeindenamen im Rahmen der Gemeindereform in Baden-Württemberg. - Die Gemeinde. Zeitschrift für die Städte und Gemeinden. Organ des Gemeindetags Baden-Württemberg 109, Nr. 18, S. 518-519

KANNENBERG, Ernst-Günter (1987): Die neuen Gemeindenamen im Rahmen der Gemeindereform in Baden-Württemberg. - In: Beiträge zur Volkskunde in Baden-Württemberg Bd. 2. Hrsg.: Landesstelle f. Volkskunde Freiburg (u.a.). Stuttgart, S.17-52

KRIEGER, Albert (1904): Topographisches Wörterbuch des Großherzogtums Baden I. - Heidelberg (Nachdruck 1972)

LB = Das Land Baden-Württemberg. Amtliche Beschreibung nach Kreisen und Gemeinden. Hrsg. v. der Landesarchivdirektion Baden-Württemberg. – 8 Bde, Stuttgart 1974-1983

REINHARD, Eugen (1994): Oberamtsbeschreibungen und Kreisbeschreibungen. 175 Jahre amtliche Landesforschung im deutschen Südwesten. - Berichte zur deutschen Landeskunde 68, H. 1, S. 135-160

REINHARD, Eugen (1995): Oberamtsbeschreibungen und Kreisbeschreibungen. 175 Jahre amtliche Landesforschung im deutschen Südwesten. – In: ders. (Hrsg.): Regionalforschung in der Landesverwaltung. Die Landesbeschreibung in Baden-Württemberg. Ansatz, Leistung und Perspektiven. (Werkhefte der staatlichen Archivverwaltung Baden-Württemberg: Serie A; 6), Stuttgart, S. 89-111

REINHARD, Eugen (1996): Der Lauf des Oberrheins. Gestalter eines historisch-ökologischen Problemraums. - Alemannisches Jahrbuch 1995/96, S. 227-256

Staatsministerium Baden-Württemberg (Hrsg.) (1976): Dokumentation über die Verwaltungsreform in Baden-Württemberg, Bd. II. - Stuttgart 1976

Zusammenstellung der neuen Gemeindenamen in Baden-Württemberg

1. REGIERUNGSBEZIRK STUTTGART

A. Doppelnamen aus bereits vorhandenen Gemeindenamen

Bietigheim-Bissingen, Große Kreisstadt seit 1. 1. 75, Lkr. Ludwigsburg
1. Bietigheim, Große Kreisstadt seit 1. 1. 67
2. Bissingen an der Enz

Brettach-Langenbeutingen, Lkr. Heilbronn
1. Brettach
2. Langenbeutingen

Korntal-Münchingen, Stadt, Lkr. Ludwigsburg
1. Korntal, Stadt
2. Münchingen

Lauda-Königshofen, Stadt, Main-Tauber-Kreis
1. Beckstein
2. Gerlachsheim
3. Heckfeld
4. Königshofen, Stadt
5. Lauda, Stadt
6. Marbach
7. Messelhausen
8. Oberbalbach
9. Oberlauda
10. Sachsenflur
11. Unterbalbach

Leinfelden-Echterdingen, Stadt, Lkr. Esslingen
1. Echterdingen
2. Leinfelden, Stadt seit 26. 4. 65
3. Musberg
4. Stetten auf den Fildern

Sulzbach-Laufen, seit 23. 5. 73, vorher: *Sulzbach am Kocher*, Lkr. Schwäbisch Hall
1. Laufen am Kocher
2. Sulzbach am Kocher

Stetten-Rommelshausen, Rems-Murr-Kreis
1. Rommelshausen
2. Stetten im Remstal

B. Neue Gemeindenamen aus Grundwörtern der Ortsnamen von zusammengeschlossenen früheren Gemeinden

Aspach, Rems-Murr-Kreis
1. Allmersbach am Weinberg
2. Großaspach
3. Kleinaspach
4. Rietenau

Ingersheim, Lkr. Ludwigsburg
1. Großingersheim
2. Kleiningersheim

Jettingen, Lkr. Böblingen
1. Oberjettingen
2. Unterjettingen

Lenningen, Lkr. Esslingen
1. Gutenberg
2. Oberlenningen
3. Schlattstall
4. Schopfloch
5. Unterlenningen

Sachsenheim, so seit 1. 12. 71, **Stadt,** Lkr. Ludwigsburg
1. Großsachsenheim, Stadt
2. Häfnerhaslach
3. Hohenhaslach
4. Kleinsachsenheim
5. Ochsenbach
6. Spielberg

Urbach, Rems-Murr-Kreis
1. Oberurbach
2. Unterurbach

Weissach im Tal, Rems-Murr-Kreis
1. Bruch
2. Cottenweiler
3. Oberweissach

4. Unterweissach

Wittighausen, Main-Tauber-Kreis
1. Oberwittighausen
2. Poppenhausen
3. Unterwittighausen
4. Vilchband

C. Neue Gemeindenamen

Ahorn, Main-Tauber-Kreis
1. Berolzheim
2. Buch am Ahorn
3. Eubigheim
4. Hohenstadt
5. Schillingstadt

Aichwald, Lkr. Esslingen
1. Aichelberg
2. Aichschieß
3. Schanbach

Auenwald, Rems-Murr-Kreis
1. Ebersberg
2. Lippoldsweiler
3. Oberbrüden
4. Unterbrüden

Berglen, Rems-Murr-Kreis
1. Bretzenacker
2. Hößlinswart
3. Ödernhardt
4. Öschelbronn
5. Oppelsbohm
6. Reichenbach bei Winnenden
7. Rettersburg
8. Steinach
9. Vorderweißbuch

Burgstetten, Rems-Murr-Kreis
1. Burgstall an der Murr, seit 7. 12. 64, vorher: Burgstall
2. Erbstetten

Fichtenau, Lkr. Schwäbisch Hall
1. Lautenbach
2. Matzenbach
3. Unterdeutstetten
4. Wildenstein

Filderstadt, Stadt, Lkr. Esslingen
1. Bernhausen
2. Bonlanden auf den Fildern
3. Harthausen

4. Plattenhardt
5. Sielmingen

Frankenhardt, Lkr. Schwäbisch-Hall
1. Gründelhardt
2. Honhardt
3. Oberspeltach

Freiberg am Neckar, Lkr. Ludwigsburg
1. Beihingen am Neckar
2. Geisingen am Neckar
3. Heutingsheim

Grafenau, Lkr. Böblingen
1. Dätzingen
2. Döffingen

Gäufelden, Lkr. Böblingen
1. Nehringen
2. Öschelbronn
3. Tailfingen

Hardthausen am Kocher, Lkr. Heilbronn
1. Gochsen
2. Kochersteinsfeld
3. Lampoldshausen

Kreßberg, Lkr. Schwäbisch Hall
1. Leukershausen
2. Mariäkappel
3. Marktlustenau
4. Waldtann

Lauterstein, Stadt, Lkr. Göppingen
1. Nenningen
2. Weißenstein, Stadt

Leingarten, Lkr. Heilbronn
1. Großgartach
2. Schluchtern

Lichtenwald, Lkr. Esslingen
1. Hegenlohe
2. Thomashardt

Obersulm, Lkr. Heilbronn
1. Affaltrach
2. Eichelberg
3. Eschenau
4. Sülzbach
5. Weiler bei Weinsberg
6. Willsbach

Ostfildern, Lkr. Esslingen
1. Kemnat
2. Nellingen auf den Fildern
3. Ruit auf den Fildern
4. Scharnhausen

Rainau, Ostalbkreis
1. Dalkingen
2. Schwabsberg

Remshalden, Rems-Murr-Kreis
1. Buoch
2. Geradstetten
3. Grunbach
4. Hebsack
5. Rohrbronn

Riesbürg, Ostalbkreis
1. Goldburghausen
2. Plaumloch
3. Utzmemmingen

Rosengarten, Lkr. Schwäbisch Hall
1. Rieden
2. Uttenhofen
3. Westheim

Weinstadt, Rems-Murr-Kreis
1. Beutelsbach
2. Endersbach
3. Großheppach
4. Schnait
5. Strümpfelbach

2. REGIERUNGSBEZIRK KARLSRUHE

B. Doppelnamen aus bereits vorhandenen Gemeindenamen

Bad Rippoldsau-Schapbach, Lkr. Freudenstadt
1. Bad Rippoldsau, Heilbad
2. Schapbach, Luftkurort

Bad Teinach-Zavelstein, Stadt, Lkr. Calw
1. Bad Teinach, Heilbad
2. Emberg
3. Rötenbach
4. Schmieh
5. Sommenhardt
6. Zavelstein, Stadt

Betzweiler-Wälde, Erholungsort, Lkr. Freudenstadt
1. Betzweiler
2. Wälde

Calw-Hirsau, Große Kreisstadt seit 1. 1. 76
1. Altburg
2. Calw, Stadt
3. Hirsau, Luftkurort

4. Holzbronn
5. Stammheim

Edingen-Neckarhausen, Rhein-Neckar-Kreis
1. Edingen
2. Neckarhausen

Eggenstein-Leopoldshafen, Lkr. Karlsruhe
1. Eggenstein
2. Leopoldshafen

Elchesheim-Illingen, Lkr. Rastatt
1. Elchesheim
2. Illingen

Graben-Neudorf, Lkr. Karlsruhe
1. Graben
2. Neudorf

Helmstadt-Bargen, so seit 1. 1. 75;
vorher: *Helmstadt,* Rhein-Neckar-Kreis
1. Bargen
2. Flinsbach
3. Helmstadt

Karlsdorf-Neuthard, Lkr. Karlsruhe
1. Karlsdorf
2. Neuthard

Königsbach-Stein, Enzkreis
1. Königsbach
2. Stein

Liedolsheim-Rußheim, Lkr. Karlsruhe
1. Liedolsheim
2. Rußheim

Linkenheim-Hochstetten, Lkr. Karlsruhe
1. Hochstetten
2. Linkenheim

Niefern-Öschelbronn, Enzkreis
1. Niefern
2. Öschelbronn

Oberhausen-Rheinhausen, Lkr. Karlsruhe
1. Oberhausen
2. Rheinhausen

Ölbronn-Dürrn, Enzkreis
1. Dürrn
2. Ölbronn

St. Leon-Rot, Rhein-Neckar-Kreis
1. Rot
2. St. Leon

Ubstadt-Weiher, Lkr. Karlsruhe
1. Stettfeld
2. Ubstadt
3. Weiher
4. Zeutern

B. Neue Gemeindenamen aus Grundwörtern der Ortsnamen von zusammengeschlossenen früheren Gemeinden

Schefflenz, Neckar-Odenwald-Kreis
1. Kleineicholzheim
2. Mittelschefflenz
3. Oberschefflenz
4. Unterschefflenz

Schwarzach, Neckar-Odenwald-Kreis
1. Oberschwarzach
2. Unterschwarzach

C. Neue Gemeindenamen

Angelbachtal, Rhein-Neckar-Kreis
1. Eichtersheim
2. Michelfeld

Bad Schönborn, Lkr. Karlsruhe
1. Bad Langenbrücken
2. Bad Mingolsheim

Elztal, Neckar-Odenwald-Kreis
1. Auerbach
2. Dallau
3. Muckental
4. Neckarburken
5. Rittersbach

Hirschberg an der Bergstraße,
Rhein-Neckar Kreis
1. Großsachsen
2. Leutershausen an der Bergstraße

Kämpfelbach, Enzkreis
1. Bilfingen
2. Ersingen

Karlsbad, Lkr. Karlsruhe
1. Auerbach
2. Ittersbach
3. Langensteinbach
4. Mutschelbach
5. Spielberg

Keltern, Enzkreis
1. Dietenhausen
2. Dietlingen
3. Ellmendingen
4. Niebelsbach
5. Weiler

Kraichtal, Stadt, Lkr. Karlsruhe
1. Bahnbrücken
2. Gochsheim, Stadt
3. Landshausen
4. Menzingen
5. Münzesheim
6. Neuenbürg
7. Oberacker
8. Oberöwisheim
9. Unteröwisheim

Lobbach, Rhein-Neckar-Kreis
1. Lobenfeld
2. Waldwimmersbach

Marxzell, Erholungsort, Lkr. Karlsruhe
1. Burbach
2. Pfaffenrot
3. Schielberg

Neulingen, Enzkreis
1. Bauschlott
2. Neulingen, so seit 1. 1. 74; vorher: *Göbrichen*
3. Nußbaum

Pfinztal, Lkr. Karlsruhe
1. Berghausen
2. Kleinsteinbach
3. Söllingen
4. Wöschbach

Ravenstein, Stadt seit 1. 4. 74, Neckar-Odenwald-Kreis
1. Ballenberg, Stadt
2. Erlenbach
3. Hüngheim
4. Merchingen
5. Oberwittstadt
6. Unterwittstadt

Remchingen, Enzkreis
1. Nöttingen
2. Singen
3. Wilferdingen

Rheinmünster, Lkr. Rastatt
1. Greffern
2. Schwarzach
3. Söllingen
4. Stollhofen

Rheinstetten, Lkr. Karlsruhe
1. Forchheim
2. Mörsch
3. Neuburgweier

Seewald, Lkr. Freudenstadt
1. Besenfeld, Luftkurort
2. Erzgrube
3. Göttelfingen, Erholungsort
4. Hochdorf

Straubenhardt, Enzkreis
1. Conweiler, Erholungsort
2. Feldrennach, Erholungsort
3. Langenalb, Erholungsort
4. Ottenhausen
5. Schwann, Erholungsort

Stutensee, Stadt seit 97, Lkr. Karlsruhe
1. Blankenloch
2. Friedrichstal
3. Spöck
4. Staffort

Waldbronn, seit 19. 11. 74, vorher: *Reichenbach,* Lkr. Karlsruhe
1. Busenbach
2. Etzenrot
3. Reichenbach, Luftkurort

Waldbrunn, Erholungsort, Neckar-Odenwald-Kreis
1. Mülben
2. Oberdielbach
3. Schollbrunn
4. Strümpfelbrunn
5. Waldkatzenbach
6. Weisbach

Waldachtal, Lkr. Freudenstadt
1. Cresbach
2. Hörschweiler
3. Lützenhardt, Luftkurort
4. Salzstetten
5. Tumlingen

Walzbachtal, Lkr. Karlsruhe
1. Jöhlingen
2. Wössingen

3. REGIERUNGSBEZIRK FREIBURG

A. Doppelnamen aus bereits vorhandenen Gemeindenamen

Bad Peterszell-Griesbach, so seit 1. 1. 73;
vorher: *Bad Peterszell (Renchtal),* Heilbad,
Ortenaukreis
1. Bad Griesbach
2. Bad Peterstal (Renchtal), Kneippkurort

Ballrechten-Dottingen,
Lkr. Breisgau-Hochschwarzwald
1. Ballrechten
2. Dottingen

Bodmann-Ludwigshafen, Lkr. Konstanz
1. Bodmann
2. Ludwigshafen am Bodensee

Fluorn-Winzeln, Lkr. Rottweil
1. Fluorn
2. Winzeln

Grenzach-Wyhlen, Lkr. Lörrach
1. Grenzach
2. Wyhlen

Häg-Ehrsberg, Lkr. Lörrach
1. Ehrsberg
2. Häg

Kappel-Grafenhausen, Ortenaukreis
1. Grafenhausen
2. Kappel am Rhein

Malsburg-Marzell, Lkr. Lörrach
1. Malsburg
2. Marzell

Mühlhausen-Ehingen, Lkr. Konstanz
1. Ehingen im Hegau, seit 15. 10. 63;
vorher: *Ehingen*
2. Mühlhausen

Orsingen-Nenzingen, Lkr. Konstanz
1. Nenzingen
2. Orsingen

Rielasingen-Worblingen, Lkr. Konstanz
1. Rielasingen
2. Worblingen

Rietheim-Weilheim, Lkr. Tuttlingen
1. Rietheim

2. Weilheim

Schallstadt-Wolfenweiler,
Lkr. Breisgau-Hochschwarzwald
1. Ebringen
2. Mengen
3. Schallstadt
4. Wolfenweiler

Seitingen-Oberflacht, Lkr. Tuttlingen
1. Oberflacht
2. Seitingen

Titisee-Neustadt, so seit 1. 1. 71; vorher:
Neustadt im Schwarzwald, **Stadt,**
Lkr. Breisgau-Hochschwarzwald
1. Langenordnach
2. Neustadt im Schwarzwald, so seit
19. 2. 63; vorher: *Neustadt,* Stadt,
Kneippkurort
3. Rudenberg
4. Schwärzenbach
5. Titisee, Luftkurort
6. Waldau, Erholungsort

Ühlingen-Birkendorf, so seit 1. 1. 75;
vorher: *Ühlingen,* Lkr. Waldshut
1. Berau, Erholungsort
2. Birkendorf, Luftkurort
3. Brenden, Erholungsort
4. Hürrlingen
5. Obermettingen
6. Riedern am Wald
7. Ühlingen, Erholungsort
8. Untermettingen

Villingen-Schwenningen, Große Kreisstadt,
Schwarzwald-Baar-Kreis
1. Herzogenweiler
2. Marbach
3. Mühlhausen
4. Obereschach
5. Pfaffenweiler
6. Rietheim
7. Schwenningen am Neckar, Große
Kreisstadt seit 1. 4. 56
8. Tannheim
9. Villingen im Schwarzwald, Große
Kreisstadt seit 1. 4. 56, Kneippkurort
10. Weigheim

11. Weilersbach

Waldshut-Tiengen, Stadt, Lkr. Waldshut
1. Aichen
2. Breitenfeld
3. Detzeln
4. Eschbach
5. Gurtweil
6. Indlekofen
7. Krenkingen
8. Oberalpfen
9. Tiengen/Hochrhein, so seit 2. 9. 64; vorher: *Tiengen (Oberrhein),* Stadt
10. Waldkirch
11. Waldshut, Stadt

B. Neue Gemeindenamen aus Grundwörtern der Ortsnamen von zusammengeschlossenen früheren Gemeinden

Eggingen, Lkr. Waldshut
1. Obereggingen
2. Untereggingen
3.

Glottertal, Erholungsort, Lkr. Breisgau-Schwarzwald
1. Föhrental
2. Oberglottertal
3. Ohrensbach
4. Unterglottertal

Lauchringen, Lkr. Waldshut
1. Oberlauchringen
2. Unterlauchringen

Münstertal/Schwarzwald, Luftkurort, Lkr. Breisgau-Hochschwarzwald
1. Obermünstertal
2. Untermünstertal

Simonswald, Lkr. Emmendingen
1. Altsimonswald
2. Haslachsimonswald
3. Obersimonswald
4. Untersimonswald
5. Wildgutach

Winden im Elztal, Lkr. Emmendingen
1. Niederwinden
2. Oberwinden

C. Neue Gemeindenamen

Brigachtal, Schwarzwald-Baar-Kreis
1. Kirchdorf
2. Klengen
3. Überauchen

Dachsberg (Südschwarzwald), Erholungsort, Lkr. Waldshut
1. Urberg
2. Wilfingen
3. Wittenschwand
4. Wolpadingen

Ehrenkirchen, Lkr. Breisgau-Hochschwarzwald
1. Ehrenstetten
2. Kirchhofen
3. Norsingen
4. Offnadingen
5. Scherzingen

Eschbronn, Lkr. Rottweil
1. Locherhof
2. Mariazell

Hohenfels, Lkr. Konstanz
1. Deutwang
2. Kalkofen
3. Liggersdorf
4. Mindersdorf
5. Selgetsweiler

Klettgau, Lkr. Waldshut
1. Bühl
2. Erzingen
3. Geißlingen
4. Grießen
5. Rechberg
6. Riedern am Sand
7. Weisweil

Küssaberg, Lkr. Waldshut
1. Bechtersbohl
2. Dangstetten
3. Kadelburg
4. Küßnach
5. Reckingen
6. Rheinheim

March, Lkr. Breisgau-Hochschwarzwald
1. Buchheim
2. Holzhausen
3. Hugstetten
4. Neuershausen

Neuried, Ortenaukreis
1. Altenheim
2. Dundenheim
3. Ichenheim
4. Müllen
5. Schutterzell

Rheinau, Stadt, Ortenaukreis
1. Diersheim
2. Freistett, Stadt

3. Hausgereut
4. Helmlingen
5. Holzhausen
6. Honau
7. Linx
8. Memprechtshofen
9. Rheinbischofsheim

Rheinhausen, Lkr. Emmendingen
1. Niederhausen
2. Oberhausen

Schwanau, Ortenaukreis
1. Allmannsweier
2. Nonnenweier
3. Ottenheim
4. Wittenweier

Wutach, Lkr. Waldshut
1. Ewattingen
2. Lembach
3. Münchingen

4. REGIERUNGSBEZIRK TÜBINGEN

A. Doppelnamen aus bereits vorhandenen Gemeindenamen

Ebersbach-Musbach, Lkr. Ravensburg
1. Ebersbach
2. Geigelbach
3. Musbach

Gutenzell-Hürbel, Lkr. Biberach
1. Gutenzell
2. Hürbel

Herdwangen-Schönach, Lkr. Sigmaringen
1. Groß<u>schönach</u>

2. Herdwangen
3. Oberndorf

Uhldingen-Mühlhofen, Erholungsort, Bodenseekreis
1. Mühlhofen
2. Oberuhldingen
3. Unteruhldingen

B. Neue Gemeindenamen aus Grundwörtern der Ortsnamen von zusammengeschlossenen früheren Gemeinden

Balzheim, Alb-Donau-Kreis
1. Ober<u>balzheim</u>
2. Unter<u>balzheim</u>

Engstingen, Lkr. Reutlingen
1. Groß<u>engstingen</u>
2. Klein<u>engstingen</u>

3. Kohlstetten

Fronreute, Lkr. Ravensburg
1. Blitzen<u>reute</u>
2. <u>Fron</u>hofen
3.

Illerkirchberg, Alb-Donau-Kreis
 1. Ober**kirchberg**
 2. Unter**kirchberg**

C. Neue Gemeindenamen durch Zusammensetzen der bisherigen Gemeindenamen

Walddorfhäslach, Lkr. Reutlingen
 1. Häslach
 2. Walddorf

D. Neue Gemeindenamen

Argenbühl, Lkr. Ravensburg
 1. Christazhofen
 2. Eglofs
 3. Eisenharz
 4. Göttlishofen
 5. Ratzenried
 6. Siggen

Albstadt, Große Kreisstadt seit 1. 1. 75,
Zollernalbkreis
 1. Burgfelden
 2. Ebingen, Große Kreisstadt seit 1. 8. 56
 3. Laufen an der Eyach
 4. Lautlingen
 5. Margrethausen
 6. Onstmettingen
 7. Pfeffingen
 8. Tailfingen, Stadt

Ammerbuch, Lkr. Tübingen
 1. Altingen
 2. Breitenholz
 3. Entringen
 4. Pfäffingen
 5. Poltringen
 6. Reusten

Blaustein, so seit 1. 1. 75; gebildet unter dem Namen *Blaustein-Herrlingen,*
Alb-Donau-Kreis
 1. Arnegg
 2. Bermaringen
 3. Ehrenstein
 4. Herrlingen
 5. Klingenstein
 6. Markbronn
 7. Wippingen

Deggenhausertal, Bodenseekreis
 1. Deggenhausen
 2. Homberg
 3. Roggenbeuren

 4. Untersiggingen
 5. Urnau
 6. Wittenhofen

Heroldstatt, Alb-Donau-Kreis
 1. Ennabeuren
 2. Sontheim

Hohenstein, Lkr. Reutlingen
 1. Bernloch
 2. Eglingen
 3. Meidelstetten
 4. Oberstetten
 5. Ödenwaldstetten

Horgenzell, Lkr. Ravensburg
 1. Hasenweiler
 2. Kappel
 3. Wolketsweiler
 4. Zogenweiler

Lichtenstein, so seit 1. 1. 75;
vorher: *Unterhausen,* Lkr. Reutlingen
 1. Holzelfingen
 2. Honau
 3. Unterhausen, Erholungsort

Neustetten, Lkr. Tübingen
 1. Nellingsheim
 2. Remmingsheim
 3. Wolfenhausen

Römerstein, Lkr. Reutlingen
 1. Böhringen
 2. Donnstetten
 3. Zainingen

Schemmerhofen, Lkr. Biberach
 1. Alberweiler
 2. Altheim
 3. Aßmannshardt
 4. Aufhofen
 5. Ingerkingen

6. Langenschemmern
7. Schemmerberg

Sonnenbühl, so seit 1. 1. 75, Lkr. Reutlingen
1. Erpfingen, Erholungsort
2. Genkingen
3. Undingen
4. Willmandingen

Staig, so seit 9. 10. 72;
vorher: *Weinstetten,* Alb-Donau-Kreis
1. Steinberg
2. Weinstetten

Starzach, Lkr. Tübingen
1. Bierlingen
2. Börstingen
3. Felldorf
4. Sulzau
5. Wachendorf

DL – BERICHTE UND DOKUMENTATIONEN, Heft 2 (1999)
Geographische Namen in ihrer Bedeutung für die
landeskundliche Forschung und Darstellung, S. 201-226

Christa Jochum-Godglück

Zum Gebrauch von Gemeinde- und Ortsteilnamen nach der Gebietsverwaltungsreform

Ergebnisse einer Befragung in zwei ehemals selbständigen saarländischen Gemeinden

Die in den westlichen Flächenländern der Bundesrepublik Deutschland in den 60er und 70er Jahren durchgeführte kommunale Gebietsreform veränderte den Bestand von Gemeinden, kreisfreien Städten, Landkreisen und Regierungsbezirken und damit auch die Struktur der Namenlandschaft in markanter Weise. So verringerte sich die Anzahl der selbständigen Gemeinden insgesamt um rund 65%[1]; im Saarland, das hier als Paradigma dienen soll, blieben von 347 ehemals selbständigen Städten und Gemeinden lediglich 52 Gebietskörperschaften erhalten[2]. Bei der Eingliederung einer Gemeinde in eine andere geht die eingegliederte Gemeinde als juristische Person unter, bei Zusammenlegungen verlieren alle beteiligten Gemeinden diesen Status, während deren Namen im Regelfall innerhalb der neuen Gemeinde als Ortsteilnamen weiterleben.[3] Es erfolgt also kein Namenwechsel, sondern eine 'Umschichtung'

---

[1] Vgl. FRANK (1977/1996, Nachtrag S. 30f.). Eine umfassende Darstellung der Gebietsreform findet sich bei THIEME / PRILLWITZ (1981). Einen guten Überblick über die Reform und ihre Folgeprobleme bis zum Beginn der 80er Jahre bietet SCHIMANKE (1982, S. 307ff.).

[2] Zunächst wurde die Anzahl der Gemeinden auf 50 reduziert (vgl. THIEME / PRILLWITZ 1981, S. 455) und später wieder auf 52 erhöht, da zwei eingemeindete Orte erfolgreich ihre Rückgliederung erstritten haben (vgl. Anm. 9). Zur Übersicht über die Gemeindeeinteilung des Saarlandes vor und nach der Gebietsreform vgl. die Karte im Anhang.

[3] Namen können dann verloren gehen, wenn der alte Gemeindename nicht in einem neuen Gemeindeteilnamen aufgenommen wird, was sich z. B. häufiger bei Namengruppen mit differenzierenden Zusätzen beobachten lässt. Im Falle der ehemaligen Gemeinde Dingharting und ihrer Gemeindeteile Groß- und Kleindingharting wurden nach der Eingliederung in die Gemeinde Straßlach, Landkreis München, nur die beiden letzteren als Ortsteilnamen übernommen, während der ältere Siedlungsname Dingharting, da er keinen eige-

im Namenbestand, bei der der ehemalige Gemeindename innerhalb der Namenhierarchie, deren übergeordnetere Ebene die politische Gemeinde bildet, auf einen Ortsteilnamen zurückgestuft wird.[4] Die Namen der neuetablierten Gemeinden sind mehrheitlich identisch mit dem Namen eines der nunmehrigen Ortsteile dieser Gemeinden, in einer Reihe von Fällen kam es auch zur Neubildung von Gemeindenamen. Die Auswirkungen der Gebietsreform auf den Namenbestand mussten, neben der Relevanz etwa für Verwaltungsorgane, beratende Gremien und Behörden[5] oder die geographische Landeskunde[6], notwendigerweise auf ein spezifisch namenkundlich-sprachwissenschaftliches Interesse stoßen: Es entstanden einige Arbeiten, die sich vor allem den Prozessen und Motivationen der Namenfindung von Gemeinde-, Kreisnamen und den Namen sonstiger Verwaltungseinheiten sowie der Morphologie neuer Namentypen widmeten.[7] Wenig Kenntnis scheint indessen über den konkreten Gebrauch der neuen Gemeindenamen und der 'ins zweite Glied' gerückten Ortsteilnamen zu bestehen. So stellt sich die Frage, ob sich die amtlichen Namen der politischen Gemeinden rasch durchsetzen konnten und damit - zumindest längerfristig - zur Gefährdung der Ortsteilnamen beitragen würden.[8] Oder wehren sich, wie es einige spektakuläre Fälle von Gemeinderückgliederungen mit Rück- bzw. Umbenennung[9] nahezulegen scheinen, viele Bewohner nunmehriger Ortsteile gegen den Verlust ihrer Gemeindeautonomie und gegen den 'Statusverlust' des Namens, dem sie, ungeachtet der amtlichen Geltung, mit der Beharrung auf dem ausschließlichen Gebrauch des Ortsteilnamens begegnen?

Zur Gewinnung aufschlussreicherer Daten und damit der Möglichkeit, gesichertere Aussagen zur konkreten Verwendung von Gemeinde- und Ortsteilnamen formulieren zu können, bot

---

[4] nen Ortsteil repräsentiert, verschwand (vgl. DALLMEIER 1979, S. 7 mit Anm. 29). Mittlerweile wurde der Gemeindename in Straßlach-Dingharting geändert.

[5] Zur Terminologie vgl. FRANK (1977/1996, S. 16); NEUSS (1986, S. 331f.).

[6] Vgl. etwa LIESS (1972, S. 46ff.) aus der Perspektive des Bayerischen Hauptstaatsarchives als beratender Behörde.

[7] Vgl. den Beitrag von Eugen REINHARD in diesem Band.

[8] Vgl. etwa FRANK (1977/1996); FRANK (1988); FRANK (1996); DALLMEIER (1979); v. REITZENSTEIN (1972/74).

[9] Solche Bedenken formuliert etwa LIESS (1972, S. 48) gerade für Gemeindenamen, die das Ergebnis einer Neubildung sind und keine Entsprechung in einem Ortsteilnamen haben. Er rechnet damit, dass der alte Name desjenigen Ortsteiles, in dem der Verwaltungssitz liegt, aus Gründen der Verwaltungsvereinfachung zugunsten des neuen Gemeindenamens aufgegeben werden könnte.

Vgl. etwa HOLTMANN / KILLISCH (1991) mit einer Dokumentation der Hintergründe des Widerstandes der ehemals selbständigen Gemeinde Ermershausen in Unterfranken gegen ihre Eingemeindung in den Markt Maroldsweisach. Erfolgreiche Proteste führten 1983 zur Wiederherstellung der 1978 aufgelösten schwäbischen Gemeinde Horgau (vgl. MICHAELE 1986, S. 77ff.); zu dem Protestverhalten der beiden bayerischen Gemeinden vgl. auch RIESCHER (1988, v.a. S. 9ff.). Vgl. auch SCHOLLER (1980, S. 163) mit einer Liste der bayerischen Gemeinden, die beim Bundesverfassungsgericht in Sachen Gemeindegebietsreform Verfassungsbeschwerde eingelegt haben. Im Saarland erstritten die Gemeinden Bous und Ensdorf, die im Zuge der Gebietsverwaltungsreform zur Gemeinde Schwalbach gekommen waren, ihre erneute Selbständigkeit. Im Falle von Siersburg, das Teil der neugeschaffenen Einheitsgemeinde Rehlingen wurde, musste der Gemeindename in den Doppelnamen Rehlingen-Siersburg umgewandelt werden. Vgl. Sachverständigenkommission (1981, S. 103ff., S. 134ff.) sowie FRANK (1996, S. 12) mit weiteren Beispielen für Rückgliederungen bzw. Rückbenennungen.

sich eine schriftliche Umfrage[10] an, die im Sommer 1998 in zwei ehemals selbständigen Gemeinden des Saarlandes durchgeführt wurde. Der Zeitraum lag damit rund 25 Jahre nach Einführung der Gebietsreform im Saarland, die zum 1.1.1974 rechtskräftig wurde.[11] Der eigentlichen Befragung vorweg ging ein Pretest mit mehreren Personen, nach dessen Auswertung die endgültige Formulierung der Fragen festgelegt wurde. Die Auswahl der Befragten erfolgte zufällig, die Befragten blieben anonym. Die Fragebögen wurden direkt an die Befragten gegeben oder über Mittelspersonen weitergeleitet. Die ausgefüllten Fragebögen wurden entweder persönlich zurückgenommen oder auch postalisch zurückgesandt. Pro Ortsteil wurden Antwortbögen von 45 Befragten ausgewertet, die in je drei Altersgruppen unterteilt sind: Ein Drittel der Befragten gehört der Altersgruppe der 15-25jährigen an, derjenigen also, die gewissermaßen mit den Ergebnissen der Gebietsreform groß geworden sind, eine mittlere Altersgruppe reicht von 40-50 Jahre, ein Drittel ist über 65 Jahre alt.[12] Nach Anzahl und Auswahl der befragten Personen kann eine Repräsentativität der Befragung nicht beansprucht werden; gleichwohl scheinen die Ergebnisse geeignet zur Beobachtung wichtiger Tendenzen im Umgang mit Gemeinde- und Ortsteilnamen. Als Untersuchungsorte ausgewählt wurden zum einen Göttelborn, das im Zuge der Gebietsreform Ortsteil der Gemeinde Quierschied wurde, deren Name zugleich derjenige des ältesten und auch größten Ortsteiles ist, zum anderen Ommersheim, heute Ortsteil der Gemeinde Mandelbachtal, das einzige Beispiel für die sprachliche Neuschöpfung eines Gemeindenamens im Saarland. Im folgenden werden die Befragungsergebnisse in den beiden Ortsteilen zunächst separat vorgestellt, ehe eine zusammenfassende Deutung versucht werden soll.

Erstes Beispiel: Göttelborn

Zuerst zu Göttelborn: Die Siedlung gehört zu den neuzeitlichen Gründungen im Saarland, die ihre Entwicklung maßgeblich dem im Zuge der Industrialisierung deutlichen Aufschwung des Steinkohlebergbaus ab dem zweiten Drittel des 19. Jahrhunderts verdanken. Nach zögernden Siedlungsanfängen um die Mitte des 18. Jahrhunderts ist mit einer vermehrten Ansiedlung erst

---

[10] Anregung zu der vorliegenden Untersuchung gab die lebhafte Diskussion während der interdisziplinären Tagung über geographische Namen im Mai 1998 in Trier, deren Ergebnisse dieser Sammelband zusammenfasst. Deutlich wurde, dass zu dem oben skizzierten Problem eine Reihe auch kontroverser Einschätzungen bestehen, sich derzeit aber nur wenig Sicheres aussagen lässt. Ansätze für die Fragestellung bieten einige von Soziologen, Verwaltungswissenschaftlern und Geographen durchgeführte Untersuchungen zum Verhältnis von lokaler Identität und den Auswirkungen der Gebietsgemeindereform. Vgl. etwa JAUCH (1975); ZAHN (1982); HAUS (1989); HOLTMANN / KILLISCH (1991).
[11] Zur Gebietsverwaltungsreform im Saarland vgl. WALKER (1982, S. 1ff.); THIEME / PRILLWITZ (1981, S. 439ff.); WOHLFAHRT (1999, S. 482ff.).
[12] In Umlauf gesetzt wurden insgesamt 148 Fragebögen, von denen 123 zurückgegeben wurden, die sich aber sehr ungleichmäßig auf die einzelnen Altersgruppen verteilten; damit konnte eine hohe Rücklaufquote von 83,1% erreicht werden.

mit dem Anhauen des Steinkohlebergwerks Göttelborn am 9. Mai 1887 zu rechnen.[13] Der Ortsteil Göttelborn zählte im September 1998 rund 2.400 Einwohner, die neue Gemeinde Quierschied insgesamt rund 16.000 Einwohner (vgl. MÜLLER / STAERK 1998, S. 1154). Die selbständige Gemeinde Göttelborn mit Angliederung an das Bürgermeisteramt Quierschied wurde erst zum 1.1.1925 durch Zusammenschluss der zuvor zu den benachbarten Gemeinden Wahlschied, Merchweiler, Quierschied und Illingen gehörenden Gemeindeteile gebildet.[14] Im Zuge der Bemühungen um eine kommunale Neugliederung des Saarlandes plädierte der 'Schlussbericht der Arbeitsgruppe für die kommunale Gebiets- und die Verwaltungsreform im Saarland' vom März 1972, der in diesem Punkt auch zur Ausführung kam, "trotz des städtebaulichen Zusammenhangs zwischen Göttelborn und Merchweiler" für den Zusammenschluss von Göttelborn mit der neuen Einheitsgemeinde Quierschied, die außer diesen beiden ehemals selbständigen Gemeinden auch noch die Gemeinde Fischbach umfassen sollte. Ein wichtiges Argument war, dass nur durch die Einbeziehung von Göttelborn die für Gemeinden in Verdichtungsräumen angezielte Mindesteinwohnerzahl von 15.000 zu erreichen sei. Als weiterer Grund wurde genannt, dass Göttelborn eindeutig zum Einzugsbereich der Landeshauptstadt Saarbrücken gehöre und nicht aus diesem herausgelöst werden solle. Als Sitz der neuen Einheitsgemeinde wurde das drei Kilometer von Göttelborn entfernt gelegene Quierschied empfohlen, das sich aufgrund der verkehrsgünstigen Voraussetzungen und der bereits etablierten Verwaltungsbeziehungen innerhalb des Amtes Quierschied am ehesten für diese Funktion eigne.[15] Der Gemeinderat von Göttelborn hatte sich von Beginn der Überlegungen zur kommunalen Neustrukturierung - unter deutlicher Betonung seiner grundsätzlichen Skepsis gegenüber dem Verlust der Gemeindeautonomie - für die Integration von Göttelborn in die zu bildende Großgemeinde Quierschied ausgesprochen. Vorliegende Verhandlungsangebote der Gemeinden Merchweiler und Wahlschied zur Bildung einer neuen Einheitsgemeinde unter Mitwirkung dieser Gemeinden und unter Einschluss auch von Göttelborn (was im übrigen auch einen Wechsel der Kreiszugehörigkeit bewirkt hätte) wurden, vor allem unter Verweis auf die bereits bestehende kommunale Zusammenarbeit mit Quierschied, nicht aufgenommen. Eine Diskussion um den Namen der neuen Gemeinde wurde offenbar nicht geführt: Mit der Annahme des Zusammenschlusses zur Einheitsgemeinde Quierschied mit Verwaltungssitz in Quierschied wurde auch dessen Name als neuer Gemeindename akzeptiert.[16] Die Gemeinde Merchweiler stimmte zwar der Zusammenfassung von Merchweiler und dem östlich benachbarten Wemmetsweiler zu einer Einheitsgemeinde mit Sitz in Merchweiler zu, hielt jedoch fest, dass sie eine umfassendere Gemeindeneugliederung unter Hinzunahme von Göttelborn

---

[13] Vgl. BOST (1967, S. 35f.); SIMMET (1998, S. 8ff.). Zur Entwicklung der Grube Göttelborn vgl. Bergwerk Göttelborn (1980); MÜLLER (1987, S. 22ff.); MÜLLER (1998, S. 327ff.).
[14] Vgl. MARTIN (1956, S. 88); BOST (1967, S. 43ff.); 80 Jahre Gemeindeverwaltung (1983, S. 16f.).
[15] Vgl. Die kommunale Neugliederung (1972, S. 66ff., Zitat S. 67); vgl. auch WALKER (1982, S. 83f.).
[16] Rathaus Quierschied, Protokolle der Gemeinderatssitzungen von Göttelborn der Jahre 1971, 1972, 1973; Protokolle der Gemeinderatssitzungen von Quierschied der Jahre 1972, 1973.

und der Gemeinde Heiligenwald östlich von Wemmetsweiler bevorzugt hätte.[17] Die Gemeinde Quierschied gehört zu dem im Zuge der Gebietsreform ebenfalls neu etablierten Stadtverband Saarbrücken, dessen Gebiet die Kernregion des Saarlandes umfasst, während Merchweiler zum Landkreis Neunkirchen zählt, der aus dem bisherigen Landkreis Ottweiler hervorging (vgl. Saarland / Der Minister des Innern 1980, S. 12ff., S. 24ff.).

Die im Rahmen der Befragung[18] für Göttelborn erhobenen Ergebnisse stellen sich wie folgt dar:
Dem eigentlichen Fragenkatalog vorweg gestellt wurde ein allgemeiner Teil, der individualbiographische Angaben zum Alter, Geschlecht, der Schulbildung, dem erlernten und ausgeübten Beruf, dem Arbeitsort sowie der Wohndauer der Befragten am Ort ermittelte. Der jüngste Teilnehmer war zum Zeitpunkt der Befragung 15, der älteste 85 Jahre alt; zwei Drittel sind weiblichen, ein Drittel männlichen Geschlechts. Göttelborn weist einen hohen Anteil angestammter Bevölkerung auf. 64,4% der Befragten leben seit ihrer Geburt am Ort, die durchschnittliche Wohndauer der nicht hier geborenen Einwohner liegt bei der Gruppe der 40-50jährigen bei 22,8 Jahren, bei der Gruppe der über 65jährigen bei 58,3 Jahren; nur wenige der Befragten zogen erst nach Inkrafttreten der Gebietsreform zu. Für rund ein Drittel der Befragten ist der (bei nicht mehr im Erwerbsleben stehenden auch ehemalige) Arbeitsort identisch mit dem Wohnort. Der recht hohe Anteil derjenigen, die in Göttelborn zugleich ihren Arbeitsplatz haben oder hatten, erklärt sich zu einem erheblichen Teil mit dem Standort des Bergwerks Göttelborn als Arbeitgeber vorwiegend für männliche Erwerbstätige in bergmännischen Berufen. Die nächstwichtigsten Arbeitsorte für die Befragten sind Quierschied (15,5%), Saarbrücken und Sulzbach (je 8,9%). 11,1% der Befragten sind Schüler und Studenten, die ihre Ausbildung an weiterführenden Schulen in einer benachbarten Gemeinde oder an der Universität des Saarlandes in Saarbrücken erhalten.
Ein erster Fragenblock versammelt Fragen, die den Grad der Ortsbindung der Befragten feststellen sollten. Die Beantwortung von Frage 1 'Welchen Anteil Ihrer Freizeit verbringen Sie in Göttelborn?' gliedert sich wie folgt auf: Mit 37,8% und 46,6% verbringt der überwiegende Teil der Befragten seine Freizeit 'immer' bzw. 'oft' in Göttelborn; nur 8,9% und 6,7% machten die Angabe, ihre Freizeit 'gelegentlich' oder 'selten' im Ort zu verbringen. Die Frage nach der Mitgliedschaft in einem oder mehreren örtlichen Vereinen wurde von 80% der Befragten positiv beantwortet. Das Interesse der folgenden vier Fragen richtet sich auf die verwandtschaftlichen und freundschaftlichen Bindungen der Befragten am Ort. 91,1% gaben an, Verwandte in Göttelborn zu haben. In 60% der Fälle stammt ein Elternteil, in 15,6% der Fälle beide Eltern aus dem Ort. Mit einer Ausnahme vermerkten alle Befragten, Freunde in Göttelborn zu haben. Mit den Fragen 7-9 sollte die Wahl der Einkaufsorte ermittelt werden. Die zunächst formulierte Frage 'Wie oft kaufen Sie die Dinge des täglichen Bedarfs in Göttelborn

---

[17] Vgl. Die kommunale Neugliederung (1972, S. 133); RIES (1988, S. 38ff.).
[18] Siehe den Fragebogen am Beispiel von Göttelborn im Anhang.

ein?' wurde von 28,9% und 24,4% mit 'regelmäßig' bzw. 'oft' beantwortet, wobei hier der Anteil vor allem der Befragungsgruppe der über 65jährigen dominant überwiegt. 24,4% gaben an, 'gelegentlich', 15,6% 'selten' und 6,7% 'nie' in Göttelborn einzukaufen. Bei der Beantwortung der nachfolgenden Frage 'In welchem der Nachbarorte kaufen Sie des öfteren ein?' spielt mit 71,1% ganz eindeutig das benachbarte, verkehrsgünstige und mit guten Einkaufsmöglichkeiten ausgestattete Merchweiler die wichtigste Rolle. Lediglich 20% nannten Quierschied als Einkaufsort, wobei für zwei Personen Quierschied gleichzeitig auch Arbeitsstätte ist. Mit 48,9% und 51,1% liegen die etwa 15 Kilometer entfernte Landeshauptstadt Saarbrücken und das rund zehn Kilometer entfernte Neunkirchen, der Sitz des benachbarten Landkreises und traditionelle Einkaufsstadt, bei der Frage nach der wichtigsten Einkaufsstadt nahezu gleich auf. Die jeweils erzielten hohen Werte bei Fragen nach verwandtschaftlichen und freundschaftlichen Beziehungen in Göttelborn, dem Anteil der im Ort verbrachten Freizeit, der Teilnahme am örtlichen Vereinsleben sowie die bereits im allgemeinen Teil notierten Angaben zum Geburtsort und zur Wohndauer deuten auf eine hohe Ortsbezogenheit[19] der Befragten hin. Die von rund der Hälfte der Befragten regelmäßig bis häufig genutzte Möglichkeit von Göttelborn als Einkaufsort für den täglichen Bedarf kann diese Einschätzung stützen. Die Frage nach der Bewertung von Göttelborn als Wohnort, die den Komplex zur individuellen Ortszugehörigkeit abschließt: 'Wohnen Sie gerne in Göttelborn?' wurde entsprechend auch überaus positiv beantwortet. 93,3% bejahten die Frage, nur 4,4% entschieden mit 'nein', eine Person machte keine Angabe.

Der zweite Fragenblock stellt den ganz konkreten Gebrauch von Ortsteil- und Gemeindename in verschiedenen mündlichen wie schriftlichen kommunikativen Situationen mit unterschiedlicher kommunikativer Reichweite in den Mittelpunkt.[20] Alle Fragen wurden offen und ohne Auswahlantworten formuliert. Die ersten vier Fragen variieren das Grundmuster der Frage nach dem Wohnort des Befragten mit dem wechselnden Standort eines fiktiven Gesprächspartners. Bei Frage 11 'Was würden Sie antworten, wenn Sie bei einem Aufenthalt in Illingen (einem Nachbarort) nach Ihren Wohnort gefragt werden?' nannten 95,6% den Ortsteilnamen Göttelborn. Zwei Personen ergänzten die Angabe durch die für den Ort gebräuchliche Umgangsform *Die Heh* (< Höhe, nach der Lage des Ortes an einem Höhenzug); 2 Befragte beantworteten die Frage nicht. Die gleiche Frage, gestellt aus der Perspektive der im nordwestli-

---

[19] Die klassische, richtungsweisende Studie von Heiner Treinen zur 'symbolischen Ortsbezogenheit' unterscheidet zwischen klassifikatorischer und emotionaler Ortsbindung, wobei erstere durch Kriterien wie Selbstbezeichnung, Geburtsort, Wohndauer und Wohnstatus, letzere durch die positive Bewertung des Wohnortes sowie die Zugehörigkeit zu einem Verkehrskreis (Verwandte, Freunde, Vereine) messbar wird. Vgl. TREINEN (1965, S. 73ff.). Zur Begrifflichkeit von 'Ortsbezogenheit', 'lokaler Identität', 'lokaler Identifizierung' und ähnlichen Termini vgl. auch GÖSCHEL (1987, S. 92ff.); ESSER (1987, S. 109ff.); HAUS (1989, S. 13ff.); HOLTMANN / KILLISCH (1991, S. 46ff.).

[20] Bewusst verzichtet wurde hier auf die im Rahmen von Untersuchungen zur lokalen Identität häufiger gestellte Frage nach der territorialen Selbstbenennung ('Als was würden Sie sich bezeichnen?'), da deren Beantwortung, wie auch TREINEN (1965, S. 86ff.) einräumt, situations- und kontextabhängig ist. Umgekehrt scheint es möglich, aus dem Antwortverhalten einer befragten Person in verschiedenen kommunikativen Situationen auf deren territoriales Selbstverständnis zu schließen.

chen Saarland gelegenen Kreisstadt Merzig, wurde wie folgt beantwortet: 75,5% der Befragten würden als Wohnort 'Göttelborn' nennen, davon 11,8% erläuterten die Ortsteilnennung durch Zusätze wie 'in der Nähe von Saarbrücken', 'bei Quierschied' oder 'Göttelborn, das liegt zwischen Merchweiler und Holz'. 17,8%, die mit einer Ausnahme der jüngeren und mittleren Altersgruppe angehören, würden 'Quierschied' als ihren Wohnort angeben, davon zweimal mit dem Hinweis 'Quierschied, dort im Ortsteil Göttelborn'. 6,7% der Befragten beantworteten die Frage nicht. Auf die gleiche Frage, diesmal mit Standort in Bayern, würden 24,4% der Befragten mit 'Göttelborn' reagieren, davon knapp zwei Drittel den Siedlungsnamen durch Angaben wie 'bei Saarbrücken', 'bei Saarbrücken im Saarland' und 'im Saarland' ergänzen. 'Quierschied' würden 15,6% als ihren Wohnort nennen, davon in mehreren Fällen erläutert durch Zusätze wie 'in der Nähe von Saarbrücken' und 'Quierschied-Göttelborn im Saarland'. Mehr als die Hälfte (53,3%) würde in dieser Fragesituation weder den Ortsteilnoch den Gemeindenamen angeben, sondern die Landeshauptstadt oder das Bundesland als bekanntere Orientierungskategorien wählen: 24,4% würden 'Saarbrücken' oder 'bei Saarbrücken', 28,9% 'Saarland', teilweise ergänzt durch 'in der Nähe von Saarbrücken' sagen. Von 6,7% wurde die Frage nicht beantwortet. In Italien nach ihrem Wohnort befragt, würden die Befragten mehrheitlich auf die Nennung von Ortsteil oder Gemeinde verzichten und sich für die Angabe von Landeshauptstadt, Bundesland oder Staat, teilweise auch für eine Mehrfachnennung entscheiden. 44,4% gaben hier 'Deutschland', 'Westdeutschland' oder 'Deutschland, dort im Saarland' oder nur 'Saarland' an. 22,2% würden 'Saarbrücken', 'bei Saarbrücken' oder 'Saarbrücken, die Hauptstadt des Saarlandes' nennen. Ebenfalls 22,2% würden 'Göttelborn' sagen, dies teilweise ergänzt durch Zusätze wie 'bei Quierschied', 'bei Saarbrücken', 'im Saarland'; lediglich 4,4% würden in dieser Fragesituation 'Quierschied' oder 'Quierschied-Göttelborn' als ihren Herkunftsort nennen. 6,7% der Befragten beantworteten die Frage nicht.

Die beiden nächsten Fragen sollten das mögliche Antwortverhalten im Rahmen einer Gesprächssituation in Rundfunk und Fernsehen ermitteln. Frage 15 'Nehmen Sie an, Sie rufen in einer Musiksendung des Saarländischen Rundfunks an und äußern einen Musikwunsch. Was würden Sie als Ihren Wohnort nennen?' wurde von 88,9% der Befragten mit 'Göttelborn' beantwortet, lediglich 11,1% gaben 'Quierschied' oder 'Quierschied-Göttelborn' an. Während das Sendegebiet des Saarländischen Rundfunks mit drei Hörfunkprogrammen im wesentlichen das Saarland und seine benachbarten Regionen sind, ist für eine Fernsehsendung mindestens bundesweites Publikum zu unterstellen. Die Frage nach dem Herkunftsort, würde sie in einer Quiz-Sendung im Fernsehen gestellt, wurde wie folgt beantwortet: Auch hier mit 77,8% mehrheitlich würden die Befragten mit 'Göttelborn' reagieren, in einigen Fällen erläutert durch Hinzufügungen wie 'bei Saarbrücken', 'Ortsteil von Quierschied', 'im Saarland'. 13,3% würden den Gemeindenamen 'Quierschied', teilweise ergänzt durch den Ortsteilnamen 'Göttelborn' oder 'bei Saarbrücken' nennen, während 8,9% 'Saarbrücken' wählten.

Das Interesse der drei folgenden Fragen richtete sich auf den schriftlichen Gebrauch von Gemeinde- und Ortsteilname. Gefragt 'Welche Anschrift würden Sie angeben, wenn Sie eine Bestellung über einen Versandkatalog aufgeben?', vermerkte ein Drittel der Befragten die amtliche Form[21] 'Quierschied' zusammen mit der Postleitzahl. Für die übrigen ist es offenbar von Bedeutung, auch in diesem Zusammenhang den Ortsteilnamen zum Ausdruck zu bringen. 17,8% wählten die Doppelform 'Quierschied-Göttelborn', 2,2% 'Quierschied 4', 44,4% gaben nur den Ortsteilnamen an. Eine Person machte keine Angaben. Nahezu gleiches Antwortverhalten war für die Frage 'Wie würden Sie Ihren Nachbarn anschreiben, wenn Sie ihm aus dem Urlaub eine Karte schreiben?' festzustellen: Kaum Unterschiede werden zwischen dem eher offiziellen und dem privaten postalischen Briefverkehr gemacht. Ein anderes Bild ergab sich bei der Frage, welche Anschrift bei der Aufgabe einer Familienanzeige in der 'Saarbrücker Zeitung', der einzigen Tageszeitung im Saarland mit einer hohen Verbreitungsdichte, angegeben werden würde. Hier antworteten 73,3% mit 'Göttelborn', 17,8% mit 'Quierschied-Göttelborn' oder 'Quierschied 4', hingegen nur 4,4% mit 'Quierschied'; zwei Personen beantworteten die Frage nicht.

Die nächsten beiden Fragen suchten in Erfahrung zu bringen, ob die Befragten um die Bedeutung von Ortsteil- und Gemeindenamen wissen. Mehr als die Hälfte (55,6%) kannte die Bedeutung von 'Göttelborn' nicht, während die übrigen zumeist die erstmals in einer alten Ortschronik vom Ende des letzten Jahrhunderts vertretene[22] und offenbar im Schulunterricht weitergegebene volksetymologische Deutung des Namens als 'Götterbrunnen' anführten. Göttelborn gehört zu den sog. sekundären Siedlungsnamen, die aus einem ehemaligen Flurnamen abgeleitet wurden, als an der betreffenden Stelle eine Siedlung entstand. Solche Namen lassen sich grundsätzlich nicht aus sich heraus datieren, da zu jeder Zeit aus Flurnamen Siedlungsnamen entwickelt werden können. Die erste historische Erwähnung des Flurnamens 'Göttelborn' findet sich in einem Jahrgeding von 1723: die Einwohner des benachbarten Ortes Wahlschied werden unter Strafandrohung verwarnt, ihr Vieh künftig nicht mehr *im Güttelborn* (vgl. SITTEL 1843, S. 803) zu tränken. Weitere Erwähnungen datieren von 1733 (*oberhalb dem Gödelborn*[23]), 1735 (*Gödelborn*[24]) 1736 (*oberhalb dem Gödelborn*[25]) und 1756 (*Akkerland auf Gödelborn*[26]). Rezente Flurnamen sind *auf Göttelborn, bei Göttelborn, Göt-*

---

[21] Vgl. STOBER (1996, S. 280): "Die Bezeichnung von Ortsteilen (Bezirken) gehört nicht zum amtlichen Namen der Gemeinde. Sie genießen deshalb keinen Namensschutz. So muss die Deutsche Post AG nur den amtlichen Namen der politischen Gemeinden berücksichtigen. Im übrigen kann sie entweder nach Ortsteilen oder nach arabischen Ziffern gliedern."
[22] Grundschule Göttelborn, Becker, Ortschronik von Göttelborn (handschriftlich).
[23] Landesarchiv Saarbrücken, Bestand Historischer Verein A Nr. 503.
[24] Landesarchiv Saarbrücken, Bestand Nassau-Saarbrücken II Nr. 2324 S. 56 (Abdruck in BOST 1967, S. 27); PETTO (1993, S. 191 Abb. 1). In der anlässlich von Grenzstreitigkeiten im Auftrag des Saarbrücker Grafenhauses von Gabriel Sundahl gezeichneten Grenzkarte fehlen Siedlungshinweise, *Gödelborn* ist hier wohl noch reine Flurbezeichnung.
[25] Landesarchiv Saarbrücken, Bestand Historischer Verein A Nr. 503.
[26] Landesarchiv Saarbrücken, Bestand Nassau-Saarbrücken II Nr. 3257 S. 325 u. ö.

telbrunner Röder und Göttelbrunner Hütte[27] in den Gemarkungen von Göttelborn und Wahlschied. Als Siedlungsbezeichnung wird Gedelborn erstmals 1784 genannt (vgl. PETTO 1993, S. 186). Aus sprachlicher Sicht zumindest möglich ist die Annahme des althochdeutschen Personennamens Godilo als Bestimmungswort[28], der Name bedeutete dann 'Brunnen bzw. Quelle eines Godilo'[29]. Die Bedeutung von 'Quierschied' war den meisten Befragten (86,7%) unbekannt; die übrigen nannten teilweise umstrittene Deutungen, nur eine Person konnte die richtige Etymologie anführen. Bestandteile des Siedlungsnamens, ebenfalls ein sekundärer Siedlungsname (999 Kop. Ende 11. Jh. Quirneiscet[30], 1227 Kop. Quirineschit[31], 1377 Or. Quierscheit[32], 1490 Or. Quirschit[33]), sind althochdeutsch quirna 'Mühle' und althochdeutsch sceit (var. scît) (vgl. SCHÜTZEICHEL 1989, S. 165 u. 228), hier wohl in der Bedeutung 'abgegrenzter Bezirk, Waldbezirk', der Name bedeutet also 'Mühlwald'[34]. Die letzte Frage in diesem Fragenblock sollte klären, welchen Namen und damit auch welches Siedlungsobjekt die Befragten mit der Formulierung 'bei uns im Ort' verbinden. Die einhellige Antwort 'Göttelborn' macht deutlich, dass die Konnotationen des Begriffs 'Ort' sich auf den nunmehrigen Ortsteil beziehen.

Im dritten und letzten Fragenkomplex galt das Hauptinteresse der Einstellung der Befragten zur kommunalen Gebiets- und Verwaltungsreform. Zunächst wurden die Altersgruppen der 40-50jährigen und der über 65jährigen gebeten, ihre Haltung zum Zeitpunkt des Inkrafttretens der Gebietsreform zu charakterisieren. Als 'ablehnend' stuften zwei Drittel ihre damalige Einstellung ein. Als wichtigste Argumente wurden genannt der Wegfall der kommunalen Selbständigkeit, verbunden mit dem Verlust der Finanzhoheit, die Befürchtung, innerhalb des größeren Gemeindeverbundes benachteiligt zu werden, Erschwernisse bei der Erledigung behördlicher Angelegenheiten, schließlich auch mangelnde Bindungen an Quierschied. Nur 13,3% sahen der Eingliederung von Göttelborn in die Gemeinde Quierschied mit Zustimmung entgegen. Neben der Erwartung einer effizienteren Verwaltungsarbeit wurde hier auch auf die bereits vorhandenen und bewährten Verwaltungsstrukturen mit Quierschied verwiesen. 13,3% der Befragten gaben an, keine eindeutige Meinung gehabt zu haben, 6,7% beantworteten die

---

[27] Vgl. Archiv der Siedlungs- und Flurnamen des Saarlandes und des germanophonen Lothringen, Saarbrücken.
[28] Vgl. ADAM (1989b, S. 20f.); im Anschluss auch PETTO (1993, S. 186). Zum Personennamen Godilo vgl. FÖRSTEMANN (1900/1966, Sp. 660: zum Stamm *guð-a 'Gott'). Die Form Gödel- entstand durch den Umlaut von [o] zu [ö] vor nachfolgendem [i] in althochdeutscher Zeit. Sprachlich nicht möglich hingegen ist die von BOST (1967, 27f.) in Anlehnung an CHRISTMANN (1965, S. 58ff.) vorgetragene Herleitung des Namens aus *Wuodanesborn mit dem Namen der germanischen Gottheit Wuodan als Bestimmungswort.
[29] Grundwort ist althochdeutsch brun(n)o, mittelhochdeutsch brunne (vgl. SCHÜTZEICHEL 1989, S. 82); LEXER (1872/1992, Bd 1, Sp. 366) mit r-Metathese. Zur r-Metathese vgl. KÜPPERSBUSCH (1931/32, S. 55ff.); PITZ (1997, Bd 2, S. 906ff., mit weiterer Literatur).
[30] SICKEL 1893 DO III Nr. 316 S. 742.
[31] JUNGK (1914/19, Bd 1 Nr. 283 S. 86).
[32] Landesarchiv Saarbrücken, Bestand Nassau-Saarbrücken II Nr. 5572.
[33] Archives départementales de la Moselle, Série 10 F 82.
[34] Vgl. ADAM (1989a, S. 3ff.) (mit weiteren Belegen); PENTH (1998, S. 177ff.); HAUBRICHS / STEIN (1999, S. 131). Angeführt wurde auch die etwa von MARTIN (1956, S. 20) vertretene Auffassung, als Bestimmungswort den Brunnenheiligen Quirinus anzusetzen, die aus sprachlichen Gründen jedoch nicht zu halten ist.

Frage nicht. Die Frage, ob sie damals den Zusammenschluss mit einer anderen Gemeinde bevorzugt hätten, wurde von 73,3% verneint, während sich 16,7% für die Nachbargemeinde Merchweiler entschieden hätten. Von 10% der Befragten wurde die Frage nicht beantwortet. Mit Frage 25 sollte erhoben werden, welche Auswirkungen die Gebietsreform nach Meinung der Befragten für Göttelborn hatte. Von 43,3% wurden die Folgen 'negativ' beurteilt; neben dem Verlust von Eigenständigkeit und Finanzhoheit wurde hier vor allem die Randstellung beklagt, in die der Ortsteil innerhalb der Gemeinde geraten sei. Von 16,7% hingegen wurden die Konsequenzen für Göttelborn positiv eingeschätzt. Beobachtet wurden Verbesserungen der örtlichen Infrastruktur; erwartet wurde zudem, dass die anstehenden Finanzprobleme im Rahmen eines größeren Gemeindeverbundes mit deutlicherem Gewicht dem Land gegenüber besser zu lösen seien. 30% der Befragten konnten keine Auswirkungen der Gebietsreform auf ihren Ortsteil ausmachen, für 3,3% hielten sich positive und negative Folgen die Waage; 6,7% machten keine Angaben. Bei der nachfolgenden Aufforderung, die sich wieder an die Befragten aller Altersgruppen richtete, die übrigen Ortsteile der Gemeinde Quierschied zu nennen, ging es weniger darum, zu überprüfen, ob die Befragten den räumlichen Umfang des Gemeindegebietes kennen, als darum, etwas zum Bewusstsein der Zugehörigkeit der verschiedenen Ortsteile zur Einheitsgemeinde zu erfahren. 46,7% nannten den Ortsteil Fischbach und auch explizit die Siedlung Camphausen, die mit der Gebietsreform dem Gemeindebezirk Fischbach angeschlossen wurde, der dann die Bezeichnung 'Fischbach-Camphausen' erhielt; nur Fischbach gaben 48,8% an. Eine Person führte neben Fischbach noch weitere Ortsteile auf, die nicht der Gemeinde Quierschied zugehören, eine Person machte keine Angaben. In Frage 27 wurden die Befragten aufgefordert, ihre Einschätzung der Stellung des Ortsteiles Göttelborn gegenüber den übrigen Ortsteilen der Gemeinde Quierschied darzulegen. Knapp mehr als die Hälfte (51,1%) äußerte die Ansicht, mit den übrigen Ortsteilen 'gleichberechtigt' zu sein. Als 'benachteiligt' stuften hingegen 42,2% die Position von Göttelborn zumindest gegenüber Quierschied ein, während einige Befragte Göttelborn und Fischbach für gleichrangig hielten. Als Kriterien wurden wiederum vor allem der Verlust der Finanzhoheit, die entsprechend der Bevölkerungsstärke verhältnismäßig schwache personelle Vertretung im Gemeinderat sowie der Verlust an Einrichtungen im eigenen Ortsteil genannt. Von 6,7% wurde die Frage nicht beantwortet. Die letzte Frage schließlich sollte klären, wie sich die Befragten bei einer erneuten Entscheidung über die Gemeindezugehörigkeit ihres Ortsteils, die durch Bürgerentscheid zustande käme, verhalten würden. Etwas mehr als die Hälfte (51,1%) würde für den Verbleib bei Quierschied plädieren, wobei wiederum mehr als die Hälfte der jüngsten Altersgruppe angehören. 46,7% und damit 80% derjenigen, die bereits bei Inkrafttreten der Gebietsreform gegen den Zusammenschluss mit Quierschied waren, votierten für die erneute Selbständigkeit von Göttelborn. Eine Person, die schon früher ein Zusammengehen mit Merchweiler bevorzugt hätte, bekräftigte dies erneut.

Zweites Beispiel: Ommersheim

Im Gegensatz zu Göttelborn gehört Ommersheim, dessen Befragungsergebnisse im folgenden vorgestellt werden, einer frühen Siedlungsschicht an. Die Siedlungsbezeichnung Ommersheim ist ab dem 12. Jahrhundert urkundlich bezeugt: 1180 Or. *Oimerseim*[35], 1223 Or. *Omersheim*, 1321 *Omersheim*[36], 1483 Or. *Omersshem*[37]. Gebildet ist der Siedlungsname mit dem althochdeutschen Personennamen *Ôtmar*[38] in Verbindung mit dem für die frühmittelalterliche Ortsbenennung typischen Grundwort *-heim*[39], bedeutet also 'Hof des Ôtmar'[40]. Aufgrund sicher zuweisbarer Reihengräberfunde läßt sich die Entstehung der Siedlung noch in die Merowingerzeit datieren.[41]

Der Ortsteil Ommersheim zählte im November 1997 rund 2.500 Einwohner, die neue Gemeinde Mandelbachtal insgesamt rund 11.700 Einwohner (vgl. Mandelbachtal 1997, S. 5). In seinem ursprünglichen Konzept sah der 'Schlussbericht der Arbeitsgruppe für die kommunale Gebiets- und die Verwaltungsreform im Saarland' von 1972 die Schaffung einer Gemeinde Mandelbachtal vor, in der insgesamt sieben ehemaligen Gemeinden zusammengeschlossen werden sollten, zu denen Ommersheim jedoch nicht gehörte; Gründe für die Zusammenfassung gerade dieser Gemeinden wurden nicht expliziert, ein Sitz für die Einheitsgemeinde war noch nicht festgelegt. Ommersheim sollte ebenso wie seine Nachbargemeinden Ormesheim, Ensheim, Eschringen und Heckendalheim nach Saarbrücken einbezogen werden, da alle diese Orte zum Bereich des Flughafens bei Ensheim gehörten.[42] Die Gemeinde Ommersheim lehnte die vorgeschlagene Lösung ebenso wie den bisherigen Zuschnitt einer Gemeinde Mandelbachtal ab. Insbesondere von Ensheim wurde alternativ für die betroffenen Gemeinden das Modell einer eigenen Flughafengemeinde diskutiert. Von Seiten der benachbarten Stadt St. Ingbert lag ein Angebot zur Bildung einer neuen Gemeinde unter Einschluss von Ommersheim vor. Die Gemeinde Ommersheim hatte von Beginn ihrer Beratungen zur Gebietsreform an - bei grundsätzlicher Bejahung einer kommunalen Neuordnung - den freiwilligen Zusam-

---

[35] Hauptstaatsarchiv München, Bestand Rheinpfälzische Urkunden Nr. 1919 (Regest bei NEUBAUER 1921, Nr. 6 S. 88).
[36] Landeshauptarchiv Koblenz, Bestand 218 Nr. 20; Bestand 218 Nr. 162.
[37] Landesarchiv Saarbrücken, Bestand Nassau-Saarbrücken II Nr. 2266 fol. 100.
[38] Vgl. CHRISTMANN (1952, S. 450f.) (mit weiteren Belegen); KASTEL (1959, S. 19). Der Erstbeleg von 1180 zeigt bereits den Ausfall des Dentals sowie nachgesetztes Dehnungs-<i> für [ô] < [au]. Der Personenname *Ôtmar* ist komponiert mit den westgermanischen Namenbildungselementen *auð-a-* und *mêr-a-*. Vgl. FÖRSTEMANN (1900/1966, Sp. 198); KAUFMANN (1968, S. 43f.); HAUBRICHS/STEIN (1999, S. 138); PITZ (1997, Bd 2, S. 742 und S. 758: zu den Stämmen *auð-a-* und *mêr-a*).
[39] Das weitverbreitete Grundwort *-heim* weist teilweise in den urkundliche Belegen sowie in der Mundartform die infolge der Anfangsbetonung auftretende Abschwächung zu *-em* auf. Zur Verbreitung und Lautentwicklung des Grundwortes *-heim* im frühdeutschen Sprachraum vgl. JOCHUM-GODGLÜCK (1995, S. 387ff.).
[40] Siedlungsnamen gleicher Bildung sind zum Beispiel †Omersheim, eine Wüstung südlich von Frankenthal in Rheinland-Pfalz (vgl. DOLCH 1989, S. 1ff.; DOLCH / GREULE 1991, S. 360), jeweils mit zahlreichen Belegen), und Ottmarsheim, Stadtteil von Besigheim im Kreis Ludwigsburg in Baden-Württemberg (vgl. REICHARDT 1982, S. 114f. mit zahlreichen Belegen).
[41] Vgl. HAUBRICHS/STEIN (1999, S. 134ff.) mit Abb. 49: Germanische Siedlungsnamen mit Kennzeichnung der durch Reihengräber belegten Orte.
[42] Vgl. Die kommunale Neugliederung (1972, S. 78f., S. 30ff.); vgl. auch WALKER (1982, S. 69ff., S. 87).

menschluss der benachbarten Amtsbezirke Ommersheim, Aßweiler (mit Biesingen und Erfweiler-Ehlingen) und Bebelsheim (mit Wittersheim) mit der Möglichkeit der Erweiterung um weitere Gemeinden favorisiert. In seiner Stellungnahme zum 'Schlussbericht' plädierte Ommersheim für die Bildung einer Großgemeinde, die mit 12 Ortsteilen maximal die Gemeinden des Mandelbachtals und die sogenannten Flughafengemeinden umfassen sollte.[43] Schließlich wurde mit Wirkung zum 1.1.1974 eine Einheitsgemeinde geschaffen, die neben Ommersheim, Ormesheim und Heckendalheim auch einen Teil der im ersten Entwurf für Mandelbachtal vorgesehenen Gemeinden, nämlich Bebelsheim, Bliesmengen-Bolchen, Erfweiler-Ehlingen, Habkirchen und Wittersheim zusammenschloss; als Verwaltungssitz wurde Ormesheim bestimmt. Als Name für die neu zu bildende Gemeinde wurde auch für eine Namenneubildung entschieden[44], bei der der Name des Mandelbachs, eines Bachlaufs, der einen Teil der Ortsteile der Gemeinde, nicht aber Ommersheim durchfließt, als Bestimmungswort zu dem bei solchen Neuschöpfungen häufig verwandten Grundwort -*tal* tritt[45]. Erstglied des Bestimmungswortes ist das in rheinischen Dialekten stark verbreitete *Mande-*, *Mandel-*, das unter anderem die Korbweide bezeichnet; 'Mandelbach' bedeutet also soviel wie 'Bach, an dem Weiden standen'.[46] Aus der Bachbezeichnung 'Mandelbach' entwickelte sich der sekundäre Siedlungsname Mandelbach, heute ein Ortsteil von Habkirchen. Als Siedlungsbezeichnung ist Mandelbach ab dem 13. Jahrhundert gut belegt: 1239 Kop. *Mandelbach*[47], 1373 Kop. 17. Jh. *Mandelbach*[48], 1444 Or. *Mandelbach*[49], 1604 *Mannelbach*[50]. Die Gemeinde Mandelbachtal gehört zu dem im Zuge der Gebietsreform ebenfalls neu etablierten Saarpfalzkreis, der der Rechtsnachfolger der ehemaligen Landkreise St. Ingbert und Homburg ist (vgl. Saarland / Der Minister des Innern 1980, S. 30ff.).

Der jüngste Teilnehmer an der schriftlichen Befragung in Ommersheim war zu diesem Zeitpunkt 15 Jahre, der älteste 83 Jahre alt; nahezu zwei Drittel sind männlichen, die übrigen weiblichen Geschlechts. 64,4% der Befragten leben seit ihrer Geburt am Ort, wobei deren Anteil bei der Altersgruppe der über 65jährigen mit 86,7% besonders hoch liegt. Die durchschnittliche Wohndauer der nicht hier geborenen Einwohner liegt bei der jüngsten Altersgrup-

---

[43] In einer Bürgerbefragung vom 7.5.1972 hatte sich die Bürgerschaft von Ommersheim bei einer Wahlbeteiligung von 71,55% der wahlberechtigten Bürger mit 96,63% für die Bildung einer Einheitsgemeinde unter Beteiligung der Amtsbezirke Ommersheim, Aßweiler und Bebelsheim mit der Möglichkeit der Hinzunahme weiterer Gemeinden ausgesprochen. Vgl. Rathaus Mandelbachtal, Protokolle der Gemeinderatssitzungen von Ommersheim der Jahre 1971, 1972, 1973; vgl. dazu teilweise auch WALKER (1982, S. 111ff.).
[44] Zur Frage der Urheberschaft des neuen Gemeindenamens vgl. FRANK (1996, S. 31).
[45] Zur frequenten Verwendung des Grundwortes -*tal* bei neu geprägten Gemeindenamen vgl. FRANK (1977/1996, S. 23); DALLMEIER (1979, S. 10ff.); FRANK (1996, S. 31f.).
[46] Vgl. J. MÜLLER (1941, Sp. 806ff.) Aus Gründen der Bodenbeschaffenheit und der vegetativen Bedingungen ist diese Deutung (nach freundlichem Hinweis meines Kollegen Andreas Schorr, Saarbrücken) derjenigen aus althochdeutsch *mantala*, mittelhochdeutsch *mantel* 'Föhre' (vgl. LEXER 1872/1992, Bd 1, Sp. 2038f.) vorzuziehen. Vgl. CHRISTMANN (1952, S. 368f., mit weiteren Belegen); HAUBRICHS (1976/77, Teil II, S. 28, Anm. 257). Die Bachbezeichnung 'Mandelbach' findet sich im Saarland noch zwei weitere Male. Vgl. SPANG (1982, S. 209, 206, 228).
[47] NEUBAUER (1921, Nr. 102 S. 118).
[48] Archives départementales de la Moselle, Série 1 E 31.
[49] Landesarchiv Saarbrücken, Bestand Nassau-Saarbrücken II Nr. 1076.
[50] Landesarchiv Saarbrücken, Bestand von der Leyen Nr. 1988.

pe bei 11,4 Jahren, bei der mittleren bei 22,1 Jahren und bei der Gruppe der über 65jährigen bei 39 Jahren. Der größte Anteil der erst nach der Gebietsreform Zugezogenen entfällt auf die Gruppe der 15-25jährigen. Für 22,2% der Befragten ist bzw. war Ommersheim zugleich auch Arbeitsort. Der gleiche Prozentanteil arbeitet in der Landeshauptstadt Saarbrücken; 4,4% haben ihren Arbeitsplatz in einem Ortsteil der Gemeinde Mandelbachtal. Wiederum 22,2% sind Schüler und Studenten, die an weiterführenden Schulen entweder in Ommersheim selbst oder in einer benachbarten Gemeinde bzw. an der Universität des Saarlandes ausgebildet werden. Mit 26,7% und 62,2% verbringt der deutlich überwiegende Teil der Befragten seine Freizeit 'immer' bzw. 'oft' in Ommersheim, während nur 8,9% und 2,2% 'gelegentlich' bzw. 'selten' angaben (Frage 1). 88,9% sind Mitglied in einem oder mehreren örtlichen Vereinen (Frage 2). Die Ergebnisse der Fragen 3-6, die die verwandtschaftlichen und freundschaftlichen Beziehungen der Befragten ermitteln sollten, lassen sich wie folgt aufschlüsseln: 88,9% haben Verwandte in Ommersheim. In 71,1% der Fälle stammt ein Elternteil, in 42,2% der Fälle beide Eltern aus dem Ort; hier fällt in der Altersgruppe der über 65jährigen der mit 80% sehr hohe Anteil derjenigen auf, bei denen bereits beide Eltern aus Ommersheim stammen. Alle Befragten haben Freunde im Ort. Auf die Fragen nach dem Einkaufsverhalten, zunächst die nach der Häufigkeit der Besorgungen des täglichen Bedarfs in Ommersheim, gaben 44,4% und 28,9% an, 'regelmäßig' bzw. 'oft' hier einzukaufen, während 17,8% und 8,9% der Befragten mit 'gelegentlich' und 'selten' antworteten. Bei der Frage nach häufiger genutzten Einkaufsmöglichkeiten in Nachbarorten bildete sich, anders als im Falle von Göttelborn, kein eindeutiges Zentrum aus. An erster Stelle liegt hier das östlich benachbarte Aßweiler (31,1%), gefolgt von den nahe gelegenen Städten St. Ingbert (24,4%) und Blieskastel (8,9%); Ortsteile der Gemeinde Mandelbachtal wurden in diesem Zusammenhang nicht genannt. Als Einkaufsstadt rangiert das 20 Kilometer entfernte Saarbrücken mit 55,6% an vorderster Position, 37,8% und 6,7% entfielen auf St. Ingbert und Blieskastel. Auch im Falle von Ommersheim weisen die erhobenen Daten zu Geburtsort und Wohndauer und die jeweils festgestellten hohen Werte bei den Fragen nach den örtlichen verwandtschaftlichen und freundschaftlichen Beziehungen, dem Anteil der im Ort verbrachten Freizeit sowie der Teilhabe am Vereinsleben auf eine hohe Ortsbindung der Befragten. Dieser Eindruck, der etwa noch gestützt werden kann durch die regelmäßige bis häufige Nutzung der örtlichen Einkaufsmöglichkeiten für den täglichen Bedarf von nahezu drei Vierteln der Befragten, findet in deren Selbsteinschätzung seine Bestätigung. 91,1% beantworteten die Frage, ob sie gerne in Ommersheim leben, positiv, wobei 15,6% ihre Antwort noch mit Formulierungen wie 'sehr gerne' bekräftigten. 4,4% entschieden mit 'nein', weitere 4,4% äußerten sich unentschieden.

Frage 11, die den zweiten Fragenblock mit Schwerpunkt auf der konkreten Verwendung von Ortsteil- und Gemeindename eröffnet und nach der Angabe des Wohnortes fragt, würde diese Frage im Nachbarort Ensheim gestellt, wurde von allen Befragten mit der Nennung des Ortsteilnamens Ommersheim beantwortet. In der Stadt Merzig nach ihrem Wohnort gefragt, würden vier Fünftel mit 'Ommersheim' reagieren, wobei davon 13,9% die Ortsteilnennung durch Zusätze wie 'bei St. Ingbert', 'in der Nähe des Flughafens Ensheim', 'im Mandelbachtal' oder 'Ortsteil von Mandelbachtal' erläuterten. 8,9% und 11,1%, die mit einer Ausnahme der jüngeren und mittleren Altersgruppe angehören, antworteten mit 'Mandelbachtal' bzw. 'Mandelbachtal-Ommersheim'. Der Aufforderung, in Bayern ihren Wohnort zu nennen, würden 60% mit der Nennung des Ortsteilnamens begegnen, den über die Hälfte mit Hinweisen wie 'im Saarland', 'bei Saarbrücken', 'im Mandelbachtal', 'bei St. Ingbert' präziser zu lokalisieren versuchten. 'Mandelbachtal' würden in dieser Situation 11,1% der Befragten sagen, teilweise erläutert durch die Zusätze 'bei Saarbrücken' oder 'im Saarland'. Knapp ein Drittel wählte den Namen der Landeshauptstadt (4,4%) oder des Bundeslandes (24,4%) als Antwort, wobei letzteres zum Teil durch Hinzufügungen wie 'bei Saarbrücken' oder 'in Ommersheim' näher bestimmt wurde. In Italien nach ihrem Wohnort gefragt, würden 37,8% der Befragten für die Angabe des Ortsteilnamens entscheiden, teilweise ergänzt durch Zusätze wie 'bei Saarbrücken' oder 'im Saarland', 'in Deutschland'; 8,9% wählten den Gemeindenamen 'Mandelbachtal', auch näher bestimmt durch Hinweise wie 'bei Saarbrücken' und 'im Saarland'. Knapp die Hälfte der Befragten würden in dieser Fragesituation auf die Angabe von Landeshauptstadt, Bundesland oder Staat, teilweise auch auf Mehrfachnennungen ausweichen: 8,9% würden hier 'Saarbrücken' oder 'bei Saarbrücken', 40% 'Deutschland', 'Deutschland, an der Grenze zu Frankreich', 'Deutschland, dort im Saarland' oder nur 'Saarland' sagen. 4,4% beantworteten die Frage nicht.

Die nachfolgende Frage 15 zum Antwortverhalten im Rahmen einer Musikwunschsendung des Saarländischen Rundfunks wurde von mehr als vier Fünfteln der Befragten mit 'Ommersheim', von 15,6% mit 'Mandelbachtal' bzw. 'Mandelbachtal-Ommersheim' beantwortet. Auch wenn die Frage nach dem Herkunftsort in einer überregionalen Fernsehquizsendung gestellt würde, reagierten fast zwei Drittel (64,4%) mit 'Ommersheim', teilweise erläutert durch die Zusätze 'bei Saarbrücken', 'im Saarland'. 22,2% würden den Gemeindenamen 'Mandelbachtal', teilweise ergänzt durch den Ortsteilnamen 'Ommersheim' oder 'im Saarland' nennen, während je 6,7% 'Saarbrücken' oder 'Saarland' wählten.

Die nachfolgenden Fragen 17-19 sollten den schriftlichen Gebrauch von Gemeinde- und Ortsteilname ermitteln. Lediglich knapp ein Drittel der Befragten (31,1%) würde bei einer Bestellung über einen Versandkatalog die amtliche Form 'Mandelbachtal' angeben, während sich 22,2% für die Doppelform 'Mandelbachtal-Ommersheim' und 46,7% für den Ortsteilnamen entschieden. Identisches Antwortverhalten, das sich im übrigen nahezu gleichmäßig über alle Altersgruppen verteilte, war auf die Frage nach der Adressenwahl bei der Urlaubsgrußkarte an den Nachbarn zu beobachten. Differenziert entschieden die Befragten bei Frage 18 nach der Anschriftenwahl in einer Familienanzeige in der 'Saarbrücker Zeitung': Hier antworteten drei Viertel mit 'Ommersheim', während 13,3% für 'Mandelbachtal-Ommersheim' und nur 11,1% für den Gemeindenamen entscheiden würden.

Die beiden nächsten Fragen 20 und 21 erfragten das Wissen um die Etymologie von Ortsteil- und Gemeindenamen. Mehr als zwei Drittel (68,9%) kannten die Bedeutung von 'Ommersheim' nicht; die übrigen konnten auf den fränkischen Ortsgründer *Ôtmar* als Bestimmungswort verweisen.[51] Zur Bedeutung von 'Mandelbachtal' konnten knapp zwei Drittel der Befragten (64,4%) Angaben machen: 8,9% wussten, dass es sich um eine sprachliche Neuschöpfung im Zuge der Gebietsreform handelt. Die übrigen nannten die Ableitung vom Mandelbach, eine Person wusste zudem um die zutreffende Etymologie des Bachnamens[52], eine Person führte die volksetymologische Deutung des Mandelbachs als 'Bach, an dem Mandeln standen' an. Der im Vergleich zur Befragung in Göttelborn sehr viel höhere Anteil derjenigen, die die Etymologie des neuen Gemeindenamens kennen, dürfte im wesentlichen mit der 'Durchsichtigkeit' der Neubildung zusammenhängen. Die letzte Frage in diesem Fragenblock versuchte zu ermitteln, welchen Namen die Befragten mit der Wendung 'bei uns im Ort' verknüpfen. Abgesehen von 6,7%, die die Frage offenbar missverstanden und keine verwertbaren Angaben machten, antworteten die restlichen mit 'Ommersheim'.

Mit Frage 23, die die Meinung der mittleren und ältesten Altersgruppe zum Zeitpunkt des Inkrafttretens der Gebietsreform ermitteln sollte, wurde der dritte Fragenkomplex zur Einstellung der Befragten gegenüber der kommunalen Gebietsreform und ihren Auswirkungen eröffnet. Mehr als zwei Drittel (70%) charakterisierten ihre damalige Haltung zum Zusammenschluss von Ommersheim mit der Gemeinde Mandelbachtal als 'ablehnend'. Als häufigste Argumente wurden genannt der Wegfall der kommunalen Selbständigkeit, verbunden mit der Einbuße der Finanzhoheit, Umstände bei der Erledigung von Verwaltungsangelegenheiten, der falsche Zuschnitt der neugebildeten Gemeinde und Rivalitäten der einzelnen Ortsteile untereinander, schließlich auch die Befürchtung örtlichen Identitätsverlustes. Ein Zehntel befürwortete die Eingliederung von Ommersheim in die Gemeinde Mandelbachtal, ein Fünftel, von dem ein Teil zur Zeit des Inkrafttretens der Gebietsreform noch nicht am Ort wohnte, gab an, keine eindeutige Meinung gehabt zu haben bzw. beantwortete die Frage nicht. Die Frage, ob sie damals den Zusammenschluss mit einer anderen Gemeinde bevorzugt hätten, wurde von 30% verneint. Mehr als die Hälfte (53,3%) hätte sich für eine andere Lösung entschieden. Am häufigsten wurden der Zusammenschluss mit dem benachbarten Ensheim, der ehemaligen Kreisstadt St. Ingbert oder aber ein alternativer Gemeindeverbund genannt, der nur einen Teil der Ortsteile von Mandelbachtal oder auch weitere Orte, die nicht der Gemeinde zugehören, umfassen, in jedem Falle aber kleiner ausfallen sollte als die jetzige Gemeinde mit ihren acht Ortsteilen. 16,7% der Befragten machten keine Angaben.

In Frage 25 sollten die Befragten ihre Meinung zu den Folgen der Gebietsreform für ihren Ortsteil charakterisieren. Knapp zwei Drittel (63,3%) beurteilten deren Auswirkungen als 'negativ'. Neben dem Verlust von Selbständigkeit und Verwaltungssitz wurden vor allem die damit einhergehende zunehmende Bürgerferne sowie die Bevorzugung des Gemeindesitzes Ormesheim beklagt. Nur 6,7% sehen positive Konsequenzen, die jedoch nicht näher spezifiziert wurden. Für ein Fünftel sind keine Auswirkungen der Gebietsreform für Ommersheim

---

[51] Vgl. Anm. 38.
[52] Vgl. Anm. 46.

erkennbar; für 6,7% stehen positive und negative Folgen in einem ausgewogenen Verhältnis zueinander; 3,3% machten keine Angaben. Die nachfolgende Aufforderung in Frage 26, die übrigen Ortsteile der Gemeinde Mandelbachtal aufzuführen, richtete sich wieder an alle Teilnehmer der Befragung. Drei Viertel (75,6%) wussten alle Ortsteile von Mandelbachtal zu nennen; bei 20% fehlte je ein Ortsteil, 4,4% zählten neben einigen Ortsteilen der Gemeinde weitere Ortsteile auf, die nicht zu Mandelbachtal, sondern zu anderen Nachbargemeinden gehören. Nach ihrer Einschätzung der Stellung des Ortsteiles Ommersheim gegenüber den übrigen Ortsteilen der Gemeinde Mandelbachtal befragt, äußerte etwas mehr als die Hälfte (53,3%) die Überzeugung, mit diesen 'gleichberechtigt' zu sein. Als zumindest gegenüber dem Amtssitz Ormesheim 'benachteiligt' beurteilten 42,2% die Position ihres Ortsteiles. Als wichtige Argumente wurden wiederum genannt vor allem der Verlust der Eigenständigkeit und die offenbar latente Befürchtung, von Ormesheim als dem neuen Sitz der Gemeinde übervorteilt zu werden. 4,4% schätzten die Stellung von Ommersheim als gegenüber den anderen Ortsteilen von Mandelbachtal als 'bevorzugt' ein, wobei auch auf die im Vergleich zu den meisten übrigen relativ hohe Einwohnerzahl verwiesen wurde. Die Beantwortung der abschließenden Frage 28 'Nehmen wir an, die Gemeindezugehörigkeit von Ommersheim stünde erneut zur Diskussion und würde per Befragung der Bürger entschieden. Wie würden Sie entscheiden?' gliedert sich wie folgt auf: 42,2%, von denen mehr als die Hälfte der jüngsten Altersgruppe angehört, votierten für den Verbleib in der Gemeinde Mandelbachtal. 46,7% und damit knapp drei Viertel derjenigen, die bereits zum Zeitpunkt des Inkrafttretens der Gebietsreform gegen den Zusammenschluss mit Mandelbachtal waren, würden für die erneute Selbständigkeit von Ommersheim entscheiden. 8,9%, die damals eine andere Gemeindekonstellation bevorzugt hätten, bekräftigten dies erneut. Von 2,2% wurde die Frage nicht beantwortet.

Vergleichende Ergebnisse der Befragung

Bei der Bewertung der Befragungsergebnisse an den beiden Untersuchungsorten zeichnen sich folgende Tendenzen ab:
1.) Auch rund 25 Jahre nach Inkrafttreten der kommunalen Gebietsreform sind die Teilnehmer an den Befragungen in Göttelborn und Ommersheim sozial und emotional stark an ihre Altgemeinde gebunden. Dies belegen die an beiden Untersuchungsorten jeweils erzielten hohen Werte bei den Fragen 1-6 nach dem Umfang der am Ort verbrachten Freizeit, der Teilnahme am örtlichen Vereinsleben sowie den verwandtschaftlichen und freundschaftlichen Beziehungen. Hinzu kommen die bereits im allgemeinen Teil erhobenen Daten zum Geburtsort und zur Wohndauer. Die regelmäßige bis häufige Nutzung der örtlichen Einkaufsmöglichkeiten für den täglichen Bedarf durch rund die Hälfte der Befragten in Göttelborn bzw. nahezu drei Viertel in Ommersheim (Frage 7) kann als zusätzlicher Faktor herangezogen werden. Der Befund einer hohen Ortsbindung der an den beiden Orten befragten Personengruppen findet durch deren Selbsteinschätzung seine volle Bestätigung: die in 10 gestellte Frage, ob sie gerne

in Göttelborn bzw. Ommersheim leben, wurde von jeweils über 90% positiv beantwortet.[53] Die nahezu einhellige Beantwortung von Frage 22, die danach fragte, welchen Namen und damit auch welches Siedlungsobjekt die Befragten mit der Wendung 'bei uns im Ort' verbinden, zeigt, dass sich die Konnotationen des Begriffs 'Ort' im Sinne einer örtlichen Gemeinschaft nach wie vor auf Göttelborn und Ommersheim, also auf die nunmehrigen Ortsteile beziehen - die alte Identität von Ort und Gemeinde mithin aufgelöst ist.[54] Demgegenüber scheinen die Vorstellungen von der neuen Gemeinde vor allem die einer diese Ortsteile überwölbenden Verwaltungseinheit zu sein, deren Nutzen von vielen anerkannt oder zumindest nicht in Frage gestellt wird. Ein neues Zugehörigkeits- und Gemeinschaftsbewusstsein gegenüber der neuen Gemeinde ist hingegen offenbar noch wenig ausgeprägt: Ein Teil der Befragten hat keine präzisen Vorstellungen von dem Umfang der Gemeinde mit ihren einzelnen Gemeindeteilen (Frage 26); je 42,2% stufen die Position ihres Ortsteiles wenigstens gegenüber dem jeweiligen Verwaltungssitz als 'benachteiligt' ein (Frage 27). Im übrigen spielen die Kernorte sowie die übrigen Ortsteile der jeweiligen Gemeinde als Arbeits- und Einkaufsstätte (Frage 7) nur eine geringe oder gar keine Rolle. Immerhin noch knapp die Hälfte der Befragten (exakt je 46,7%) würde heute, wie die Beantwortung der 'Sonntagsfrage' 28 zeigt, für die erneute Selbständigkeit ihres Ortsteiles stimmen.

2.) Der Gebrauch von Gemeinde- und Ortsteilname, dem Symbol der Ortsbindung (vgl. TREINEN 1965, v.a. S. 80ff.), differenziert sich wie folgt:

- Innerhalb eines bestimmten kommunikativen Rahmens, hier dem mit 2.570 qkm flächenmäßig viertkleinsten Bundesland Saarland, ist der Gebrauch des Ortsteilnamens - dies trifft sowohl für mündliche wie schriftliche kommunikative Situationen zu - eindeutig vorherrschend. Bis auf 2 Personen, die die Frage überhaupt nicht beantworteten, reagierten alle übrigen auf Frage 11 nach dem Herkunftsort, würde diese in einem Nachbarort gestellt, mit 'Göttelborn' oder 'Ommersheim'.[55] Die gleiche Frage, diesmal aus der Perspektive der im Nordwestsaarland gelegenen Kreisstadt Merzig (rund 40 bzw. 50 km von den Untersuchungsorten entfernt), würden drei Viertel bzw. vier Fünftel der Befragten ebenfalls mit der Nennung des Ortsteilnamens beantworten. In

---

[53] Vgl. die Untersuchungsergebnisse zur Ortsbindung und lokalen Identität bei JAUCH (1975, v.a. S. 116f.); ZAHN (1982, v.a. S. 192ff.); HAUS (1989); HOLTMANN / KILLISCH (1991, v.a. S. 46ff.).
[54] Vgl. RIESCHER (1988, S. 132f): "Empirische Untersuchungen in Baden-Württemberg, Nordrhein-Westfalen, Hessen und Niedersachsen sowie die Erfahrungen in anderen Bundesländern zeigen, dass der Begriff der örtlichen Gemeinschaft, wie ihn Art. 28 des Grundgesetzes verwendet, auf die durch die Reformen geschaffenen neuen vergrößerten Verwaltungseinheiten kaum mehr anzuwenden ist, dass vielmehr gemeinsames Handeln und gemeinschaftliche Beziehungen auf die Ortschaft, den Raum der aufgelösten Gemeinde, beschränkt bleiben." Vgl. auch HOLZAPFEL (1995, v.a. S. 445).
[55] Vergleichszahlen bietet hier die Untersuchung von Ulrike Haus zur Entwicklung lokaler Identität nach der Gebietsgemeindereform am Beispiel dreier oberfränkischer Gemeinden. Der Aufforderung, in der näheren Umgebung des Wohnortes den eigenen Herkunftsort zu nennen, begegnete in einem Falle bereits über die Hälfte der Befragten mit der Angabe des Gemeindenamens, während bei den beiden anderen Gemeinden die erhobenen Werte mit 93% und 95% für den jeweiligen Ortsteilnamen denen von Göttelborn und Ommersheim ähnlich sind. Vgl. HAUS (1989, S. 41f., 63, 90, 104).

Göttelborn waren es 17,8%, in Ommersheim 8,9% bzw. 11,1% der Befragten, die mehrheitlich der jüngsten Altersgruppe angehören, die in dieser Situation 'Quierschied' oder 'Mandelbachtal' bzw. 'Mandelbachtal-Ommersheim' sagten. Auch im Rahmen einer Gesprächssituation im Saarländischen Rundfunk, gewählt war als Beispiel eine Musikwunschsendung, würden sich jeweils mehr als vier Fünftel für den Ortsteilnamen entscheiden. Im schriftlichen Gebrauch, sofern dieser auf den Kommunikationsraum Saarland beschränkt bleibt - hier war die Anschriftenwahl in einer Familienanzeige in der 'Saarbrücker Zeitung' gefragt (Frage 18) - verwendeten je rund drei Viertel der Befragten 'Göttelborn' oder 'Ommersheim'. Nur 4,4% bzw. 11,1% würden den Gemeindenamen angeben, die übrigen eine Doppelform verwenden.

- Mit zunehmender Entfernung vom Wohnort würden die Befragten, was im übrigen auch für die Bewohner der Kernorte von Gemeinden zu unterstellen ist, mit steigender Tendenz auf die Nennung von Orts- und Gemeindenamen verzichten und - der kommunikativen Situation und der anzunehmenden Kenntnis des Ortsnamens beim Gesprächspartner entsprechend - auf bekanntere und großräumigere Bezugskategorien wie die Landeshauptstadt, das Bundesland, den Staat oder auf Mehrfachnennungen ausweichen. Wichtig ist in diesem Zusammenhang, dass von denjenigen, die auch in Bayern oder Italien bei der Herkunftsangabe (Fragen 13 und 14) auf lokale Bezugskategorien referieren würden, mehrheitlich der Ortsteilname, teilweise durch erläuternde Zusätze näher bestimmt, genannt würde, während hier nur ein schmaler Prozentsatz den Gemeindenamen gebrauchen würde. Festzustellen ist, dass die Befragten des Ortsteiles Ommersheim auch in diesen Gesprächskontexten eher auf die lokale Bezugsebene zurückgreifen würden als diejenigen von Göttelborn. Mit mehr als drei Vierteln in Göttelborn und knapp zwei Dritteln in Ommersheim fiel der Prozentsatz derer, die auch im Rahmen einer überregionalen Fernsehquizsendung (Frage 16) den Ortsteilnamen als Herkunftsort nennen würden, überraschend hoch aus.

- Im schriftlichen postalischen Verkehr, sei er eher geschäftlich-formell, wie es das Beispiel der Bestellung über einen Versandhauskatalog impliziert (Frage 17) oder, wie bei einer Urlaubsgrußkarte, privat (Frage 19), verwendeten jeweils nur rund ein Drittel die amtliche Form des Gemeindenamens zusammen mit der Postleitzahl. Für die übrigen ist es offenbar wichtig, auch hier den Ortsteilnamen ausgedrückt zu sehen. Je etwa ein Fünftel wählte eine Doppelform, 44,4% bzw. 46,7% entschieden nur für den Ortsteilnamen.

- Über ein Viertel (26,7%) der Befragten in Ommersheim, die sich hier gleichmäßig über alle Altersgruppen verteilen, und 11,1% in Göttelborn benutzten - unabhängig von der jeweiligen kommunikativen Situation - ausschließlich den Ortsteilnamen. Davon korrelieren 75% in Ommersheim, in Göttelborn sind es 80%, mit der Gruppe derjenigen, die sich im Rahmen einer Abstimmung heute für die erneue Selbständigkeit ihres Ortsteiles entscheiden würden. Die übrigen gebrauchten ausnahmslos den Ortsteilnamen, obwohl sie die Zugehörigkeit zur neuen Einheitsgemeinde positiv beurteilen und auch beibehalten möchten. Ausschlaggebend für den Namengebrauch dürfte auch hier ein besonders stark ausgeprägtes "Ortsteilbewusstsein" (RIESCHER 1988, S. 164), verbunden mit der Sorge um den Erhalt des Namens sein, was ein Teilnehmer der Befragung auch explizierte: "der Name Göttelborn muss jedenfalls erhalten werden". Je 6,7% der Befragten, die ebenfalls zu den Befürwortern einer erneuten Selbständigkeit ihrer Ortsteile zählen, wählten lediglich im postalischen Briefverkehr die amtliche Namensform des Gemeindenamens oder eine Doppelform, wobei ein Teil deutlich machte, dies widerstrebend und nur "aus postalischen Gründen" zu tun. Abhängigkeiten im Namengebrauch der Befragten von Ausbildungsstand und Beruf ließen sich im übrigen nicht feststellen.

Mit Göttelborn und Ommersheim wurden zwei Untersuchungsorte gewählt, die heute zwar über eine nahezu gleiche Einwohnerzahl verfügen, nach Alter und Entwicklungsstruktur jedoch erhebliche Unterschiede aufweisen. Unterschiede bestehen auch hinsichtlich des neuen Gemeindenamens, der in dem einen Falle identisch ist mit des ältesten und zugleich des Kernortes der neuen Gemeinde; im anderen Falle handelt es sich um einen im Zuge der Gebietsreform neugeprägten Namen. Wie jedoch das mit zum Teil nur geringfügigen graduellen Unterschieden ähnliche Antwortverhalten an beiden Orten zeigt, lassen die jeweils hohe Ortsbindung der Befragten sowie deren selbstbewusster Umgang mit den Ortsteilnamen erwarten, dass – auch bei zunehmender Akzeptanz der neuen Verwaltungseinheiten – der Ortsteilname seinen selbstverständlichen Platz im Namengebrauch auch längerfristig behalten wird.

Literatur

80 [Achtzig] Jahre Gemeindeverwaltung Quierschied. – Quierschied 1983 (Quierschieder Hefte; 4, H. 6)

ADAM, Gabriele (1989a): Quierschied - der Mühlenwald. - Quierschieder Hefte 10, H. 12, S. 3-15

ADAM, Gabriele (1989b): Göttelborn - Quelle des Godilo? - Quierschieder Hefte 10, H. 12, S. 19-21

Bergwerk Göttelborn [1980]. Vergangenheit und Gegenwart. 1887 bis 1977. - [Göttelborn]

BOST, Alois P. [1967]: Aus der Geschichte von Göttelborn und Quierschied. - In: Festschrift zur Einweihung des neuerbauten Gotteshauses in Göttelborn/Saar am 9. Juli 1967, [Wahlschied], S. 21-61

CHRISTMANN, Ernst (1952): Die Siedlungsnamen der Pfalz, [Bd 1]. - (Veröffentlichungen der Pfälzischen Gesellschaft zur Förderung der Wissenschaften; 29), Speyer

CHRISTMANN, Ernst (1965): Der Wandel von Wodensberg zu Gudensberg. - In: Ders.: Flurnamen zwischen Rhein und Saar. Speyer, S. 58-62

DALLMEIER, Martin (1979): Gemeindenamen und Gebietsreform in Bayern. - Blätter für oberdeutsche Namenforschung 16, S. 2-22

DOLCH, Martin (1989): Ormsheim und Omersheim bei Frankenthal. - Pfälzer Heimat 40, S. 1-4

DOLCH, Martin / GREULE, Albrecht (1991): Historisches Siedlungsnamenbuch der Pfalz. - (Veröffentlichungen der Pfälzischen Gesellschaft zur Förderung der Wissenschaften in Speyer; 81 [vielm. 83]), Speyer

ESSER, Hartmut (1987): Lokale Identifikation im Ruhrgebiet. Zur allgemeinen Erklärung einer speziellen Angelegenheit. - Informationen zur Raumentwicklung, H. 3, S. 109-118

FÖRSTEMANN, Ernst (1900): Altdeutsches Namenbuch. Erster Band: Personennamen. – 2., völlig umgearb. Aufl., Bonn (Nachdr. München, Hildesheim 1966)

FRANK, Irmgard (1977/1996a): Namengebung und Namenschwund im Zuge der Gebietsreform. - Onoma 21, S. 323-337 [Wiederabdruck (mit einem Nachtrag) in: Debus, Friedhelm / Seibikke, Wilfreid (Hrsg.): Reader zur Namenkunde, Bd III,1: Toponymie. Hildesheim u.a. 1996, S. 15-31 (Germanistische Linguistik, 129-130)]

FRANK, Irmgard (1988): Die Namen der Gemeinden und sonstigen Verwaltungseinheiten nach Abschluß der Gebietsreform. Bericht über ein Forschungsprojekt. - Beiträge zur Namenforschung N. F. 23, S. 460-462

FRANK, Irmgard (1996b): Aspekte, Argumente und Entscheidungen im Namenfindungsprozeß (Dargestellt am Material der Gebietsreform aus den 60er und 70er Jahren). - Namenkundliche Informationen 69, S. 7-41

GÖSCHEL, Albrecht (1987): Lokale Identität: Hypothesen und Befunde über Stadtteilbindungen in Großstädten. - Informationen zur Raumentwicklung, H. 3, S. 91-107

HAUBRICHS, Wolfgang (1976/77): Die bliesgauischen Ortsnamen des Fulrad-Testamentes und die frühe Pfarrorganisation der Archipresbyterate Sankt Arnual und Neumünster im Bistum Metz. - Jahrbuch für westdeutsche Landesgeschichte 2, S. 23-76; 3, S. 5-59

HAUBRICHS, Wolfgang / STEIN, Frauke (1999): Frühmittelalterliche Siedlung im Saarbrücker Raum. - In: Wittenbrock, Rolf (Hrsg.): Geschichte der Stadt Saarbrücken, Bd 1. Saarbrücken, S. 111-158

HAUS, Ulrike (1989): Zur Entwicklung lokaler Identität nach der Gemeindegebietsreform in Bayern. Fallstudien aus Oberfranken. - (Passauer Schriften zur Geographie; 6), Passau

HOLTMANN, Everhard / KILLISCH, Winfried (1991): Lokale Identität und Gemeindegebietsreform. Der Streitfall Ermershausen. Empirische Untersuchungen über Erscheinungsformen und Hintergründe örtlichen Protestverhaltens in einer unterfränkischen Landgemeinde. - (Erlanger Forschungen: Reihe A, Geisteswissenschaften; 58), Erlangen

HOLZAPFEL, Renate (1995): Rückzug und Vernetzung. Erneuter Eigensinn 25 Jahre nach der Gebietsreform? - In: Schilling, Heinz / Ploch, Beatrice (Hrsg.): Region. Heimaten der individualisierten Gesellschaft. (Kulturanthropologie-Notizen; 50), Frankfurt a.M., S. 441-468

JAUCH, Dieter (1975): Auswirkungen der Verwaltungsreform in ländlichen Gemeinden. Darstellt an 14 Gemeinden in Baden-Württemberg. - (Hohenheimer Arbeiten: Reihe Agrarökonomie; 82), Stuttgart

JOCHUM-GODGLÜCK, Christa (1995): Die orientierten Siedlungsnamen auf *-heim*, *-hausen*, *-hofen* und *-dorf* im frühdeutschen Sprachraum und ihr Verhältnis zur fränkischen Fiskalorganisation. - Frankfurt a.M. (u.a.)

JUNGK, August Hermann (1914/1919): Regesten zur Geschichte der ehemaligen Nassau-Saarbrückischen Lande (bis zum Jahre 1381), 2 Bde. - (Mitteilungen des Historischen Vereins für die Saargegend; 13, 14), Saarbrücken

KASTEL, R. [1959]: Aus der Ortsgeschichte von Ommersheim. - In: Gemeinde Ommersheim. Festschrift zum Heimatfest vom 30. Mai bis 2. Juni 1959. [Dudweiler], S. 16-28

KAUFMANN, Henning (1968): Ergänzungsband zu Ernst Förstemann: Altdeutsche Personennamen. - München, Hildesheim

Die kommunale Neugliederung im Saarland. Schlußbericht der Arbeitsgruppe für die kommunale Gebiets- und die Verwaltungsreform im Saarland bei dem Minister des Innern. - Saarbrücken März 1972

KÜPPERSBUSCH, Emil (1931/32): Born und Brunnen. Studien zur *r*-Metathese. - Teuthonista 8, S. 55-94

LEXER, Matthias (1992): Mittelhochdeutsches Handwörterbuch. Mit einer Einleitung von Kurt Gärtner, 3 Bde. – Nachdr. der Ausg. Leipzig 1872-1878, Stuttgart

LIESS, Albrecht (1972): Gebietsreform und Gemeindenamen. - Mitteilungen für die Archivpflege in Bayern 18, S. 46-49

Mandelbachtal aktuell. Amtliches Mitteilungsblatt der Gemeinde Mandelbachtal 51/52, 1997

MARTIN, Wilhelm [1956]: Quierschied. Seine Geschichte und seine Eigenart. - [Quierschied]

MICHAELE, Walter (1986): Motive und Schritte zur Rückgewinnung dörflicher Autonomie. Erfahrungen der Gemeinde Horgau. - In: Henkel, Gerhard (Hrsg.): Kommunale Gebietsreform und Autonomie im ländlichen Raum. (Essener Geographische Arbeiten; 15), Paderborn, S. 77-95

MÜLLER, Josef (Bearb. u. Hrsg.) (1941): Rheinisches Wörterbuch, im Auftrag der Preussischen Akademie der Wissenschaften, der Gesellschaft für Rheinische Geschichtskunde und des Provinzialverbandes der Rheinprovinz auf Grund der von J. Franck begonnenen, von allen Kreisen des rheinischen Volkes unterstützten Sammlung, Bd V. - Berlin

MÜLLER, Rainer (1987): 100 Jahre Grube Göttelborn. - Quierschieder Hefte 8, H. 10, S. 22-71

MÜLLER, Rainer W. (1998): Die Grube Göttelborn. - In: Müller, Rainer W. / Staerk, Dieter (Hrsg.): Quierschied, die Gemeinde im Saarkohlenwald. Ein Gemeindebuch mit Fischbach, Göttelborn und Camphausen. Quierschied, S. 327-345.

MÜLLER, Rainer W. / STAERK, Dieter (Hrsg.) (1998): Quierschied, die Gemeinde im Saarkohlenwald. Ein Gemeindebuch mit Fischbach, Göttelborn und Camphausen. - Quierschied

NEUBAUER, Andreas (1921): Regesten des Klosters Werschweiler. - (Veröffentlichungen des Historischen Vereins der Pfalz e. V.), Speier a. Rh.

NEUSS, Elmar (1986): Totaler Namenwechsel - partieller Namenwechsel - scheinbarer Namenwechsel und die Ausbildung von Gemeindenamen. Mit einer Karte. - In: Schützeichel, Rudolf (Hrsg.): Ortsnamenwechsel. Bamberger Symposion. 1. bis 4. Oktober 1986. (Beiträge zur Namenforschung N. F.: Beiheft; 24), Heidelberg, S. 326-343

PENTH, Sabine (1998): Von der ersten Erwähnung bis zum Dreißigjährigen Krieg. - In: Müller, Rainer W. / Staerk, Dieter (Hrsg.): Quierschied, die Gemeinde im Saarkohlenwald. Ein Gemeindebuch mit Fischbach, Göttelborn und Camphausen. Quierschied, S. 174-201

PETTO, Walter (1993): Die Anfänge von Göttelborn. - Zeitschrift für die Geschichte der Saargegend 41, S. 185-193 [Wiederabdruck in: Müller, Rainer W. / Staerk, Dieter (Hrsg.) (1998): Quierschied, die Gemeinde im Saarkohlenwald. Ein Gemeindebuch mit Fischbach, Göttelborn und Camphausen. Quierschied, S. 247-251]

PITZ, Martina (1997): Siedlungsnamen auf -*villare* (-*weiler*, -*villers*) zwischen Mosel, Hunsrück und Vogesen. Untersuchungen zu einem germanisch-romanischen Mischtypus der jüngeren Merowinger- und der Karolingerzeit, 2 Bde. - (Beiträge zur Sprache im Saar-Mosel-Raum; 12), Saarbrücken

REICHARDT, Lutz (1982): Ortsnamenbuch des Stadtkreises Stuttgart und des Landkreises Ludwigsburg. - (Veröffentlichungen der Kommission für geschichtliche Landeskunde in Baden-Württemberg, Reihe B: Forschungen; 101), Stuttgart

REITZENSTEIN, Wolf-Armin Frhr. von (1972/74): Die Namen der bayerischen Landkreise nach der Gebietsreform. - Blätter für oberdeutsche Namenforschung 13, S. 2-26

RIES, Willi (1988): Daten und Anmerkungen zur Geschichte von Merchweiler. Teil VIII. - Merchweiler Heimatblätter 8, S. 5-42

RIESCHER, Gisela (1988): Gemeinde als Heimat: die politisch-anthropologische Dimension lokaler Politik. - (tuduv-Studien: Reihe Politikwissenschaften; 21), München

Saarland / Der Minister des Innern (Hrsg.): Gemeinden für Bürger. - 3. überarb. Aufl. [Saarbrücken] 1980

Sachverständigenkommission bei dem Minister des Innern (1981): Überprüfung der kommunalen Gebiets- und Verwaltungsreform im Saarland. Bericht. - Saarbrücken

SCHIMANKE, Dieter (1982): Folgen und Folgeprobleme der kommunalen Gebietsreform. Literaturbericht. - Archiv für Kommunalwissenschaften 21, S. 307-320

SCHOLLER, Heinrich (1980): Die bayerische Gemeindegebietsreform als Konflikt zwischen grundrechtlich verstandener Selbstverwaltung und staatlicher Reformpolitik. - (Politik - Recht - Gesellschaft; 1), München

SCHÜTZEICHEL, Rudolf (1989): Althochdeutsches Wörterbuch. - 4., überarb. u. erg. Aufl., Tübingen

SICKEL, Theodor (Hrsg.) (1893): Die Urkunden Ottos des III. - (Monumenta Germaniae Historica. Diplomata regum et imperatorum Germaniae; 2,2) (MGH DO III), Hannover [Nachdr. Hannover 1980]

SIMMET, Helmut (1998): Göttelborn. Vom Werden und Wachsen eines vom Bergbau geprägten Ortes. - [Göttelborn]

SITTEL, Johann Matthias (Hrsg.) (1843): Sammlung der Provinzial- und Particular-Gesetze und Verordnungen, welche für einzelne, ganz oder nur theilweise an die Krone Preußens gefallene Territorien des linken Rheinufers über Gegenstände der Landeshoheit, Verfassung, Verwaltung, Rechtspflege und des Rechtszustandes erlassen worden sind, im Auftrage des Königlichen Hohen Staats-Ministeriums veranstaltet und herausgegeben. - Trier

SPANG, Rolf (1982): Die Gewässernamen des Saarlandes aus geographischer Sicht. - (Beiträge zur Sprache im Saarland; 3), Saarbrücken

Statistisches Amt des Saarlandes (Hrsg.) (1975): Amtliches Gemeindeverzeichnis. 12. Aufl. nach dem Stand am 1.1.1974 (Neugliederungsgesetz und am 31.12.1974 mit einer Verwaltungskarte. – (Einzelschriften zur Statistik des Saarlandes; 50), Saarbrücken

STOBER, Rolf (1996): Kommunalrecht in der Bundesrepublik Deutschland. - (Kohlhammer Studienbücher: Rechtswissenschaft), 3., völlig neu bearb. u. erw. Aufl., Stuttgart (u.a.)

THIEME, Werner / PRILLWITZ, Günther (1981): Durchführung und Ergebnisse der kommunalen Gebietsreform. - (Die kommunale Gebietsreform; I,2), Baden-Baden

TREINEN, Heiner (1965): Symbolische Ortsbezogenheit. Eine soziologische Untersuchung zum Heimatproblem. - Kölner Zeitschrift für Soziologie und Sozialpsychologie 17, S. 73-97, S. 254-297

WALKER, Klaus (1982): Das Jahrhundertwerk. Eine kritische Untersuchung der kommunalen Gebietsreform im Saarland, dargestellt am Beispiel des Stadtverbandes Saarbrücken. - Saarbrücken

WOHLFAHRT, Jürgen (1999): Kommunale Selbstverwaltung mit Hinweisen auf die politische Kultur. - In: Wittenbrock, Rolf (Hrsg.): Geschichte der Stadt Saarbrücken, Bd 2. Saarbrücken, S. 482-504

ZAHN, Hans-Hermann (1982): Die Einstellung der Bürger zu ihrer Gemeinde: dargestellt am Beispiel Brackwede - (Die kommunale Gebietsreform; II,2), Bielefeld, Baden-Baden

Zum Gebrauch von Gemeinde- und Ortsteilnamen nach der Gebietsverwaltungsreform

Karte: **Verwaltungskarte des Saarlandes (östlicher Teil)**
(Quelle: Statistisches Amt des Saarlandes 1975, Anlage)

Anlage

FRAGEBOGEN

Verwendung von Gemeinde- und Ortsteilnamen

Bitte beantworten Sie die folgenden Fragen. Sofern der Platz nicht ausreicht, können Sie die Fragen auch auf der Rückseite der Blätter beantworten.

Wie alt sind Sie? _____

Ihr Geschlecht? _____

Ihre Schulbildung? _____

Ihr erlernter Beruf? _____

Ihr ausgeübter Beruf? _____

Ihr Arbeitsort? (bitte auch von Personen im Ruhestand ausfüllen) _____

Wie lange leben Sie schon in Göttelborn? _____

1) Welchen Anteil Ihrer Freizeit verbringen Sie in Göttelborn? Bitte ankreuzen!
   - immer ☐
   - oft ☐
   - gelegentlich ☐
   - selten ☐
   - nie ☐

2) Sind Sie Mitglied eines oder mehrerer örtlicher Vereine?
   ☐ Ja   ☐ Nein

3) Haben Sie Verwandte in Göttelborn?
   ☐ Ja   ☐ Nein

4) Stammt ein Elternteil aus Göttelborn?
   ☐ Ja   ☐ Nein

5) Stammen beide Eltern aus Göttelborn?
   ☐ Ja   ☐ Nein

6) Haben Sie Freunde in Göttelborn?
   ☐ Ja   ☐ Nein

7) Wie oft kaufen Sie die Dinge des täglichen Bedarfs in Göttelborn ein?
   regelmäßig ☐
   oft ☐
   gelegentlich ☐
   selten ☐
   nie ☐

8) In welchem der Nachbarorte kaufen Sie des öfteren ein?
   _____

9) Was ist für Sie die wichtigste Einkaufsstadt?
   _____

10) Wohnen Sie gerne in Göttelborn?
    _____

11) Was würden Sie antworten, wenn Sie bei einem Aufenthalt in Illingen nach Ihrem Wohnort gefragt werden?
    _____

12) Was würden Sie antworten, wenn Sie bei einem Aufenthalt in Merzig nach Ihrem Wohnort gefragt werden?
    _____

13) Was würden Sie antworten, wenn Sie in bei einem Aufenthalt in Bayern nach Ihrem Wohnort gefragt werden?
    _____

14) Nehmen Sie an, Sie verbringen Ihren Urlaub in Italien. Was würden Sie antworten, wenn Sie dort nach Ihrem Wohnort gefragt werden?
    _____

15) Nehmen Sie an, Sie rufen in einer Musiksendung des Saarländischen Rundfunks an und äußern einen Musikwunsch. Was würden Sie als Ihren Wohnort nennen?
    _____

16) Nehmen Sie an, Sie wirken in einer Quiz-Sendung im Fernsehen mit. Was würden Sie antworten, wenn Sie nach Ihrem Wohnort gefragt werden?
    _____

17) Welche Anschrift würden Sie angeben, wenn Sie eine Bestellung über einen Versandkatalog aufgeben?
    _____

18) Welche Anschrift würden Sie angeben, wenn Sie eine Familienanzeige in der 'Saarbrücker Zeitung' aufgeben?
    _____

19) Wie würden Sie Ihren Nachbarn anschreiben, wenn Sie ihm aus dem Urlaub eine Karte schreiben?
   _____

20) Kennen Sie die Bedeutung des Ortsnamens Göttelborn? Wenn ja, bitte kurz angeben!
   _____

21) Kennen Sie die Bedeutung des Ortsnamens Quierschied? Wenn ja, bitte kurz angeben!
   _____

22) Wenn Sie sagen 'bei uns im Ort', was meinen Sie dann?
   _____

23) Mit Abschluss der kommunalen Gebietsreform wurde mit Wirkung vom 1.1.1974 das zuvor selbständige Göttelborn Ortsteil von Quierschied.
   Welche Meinung hatten Sie damals dazu? Bitte Gründe angeben!
   (nur von Personen ab 40 Jahre zu beantworten)?
   ablehnend   ☐ _____
   zustimmend   ☐ _____
   keine Meinung ☐ _____

24) Hätten Sie damals den Zusammenschluss mit einer anderen Nachbargemeinde bevorzugt?
   (nur von Personen ab 40 Jahre zu beantworten)
   Nein ☐
   Ja   ☐   mit welcher? _____

25) Welche Folgen hatte die Gebietsreform Ihrer Meinung nach für Göttelborn? Bitte Gründe angeben! (nur von Personen ab 40 Jahre zu beantworten)
   positive   ☐ _____
   negative   ☐ _____
   keine Auswirkungen ☐ _____

26) Bitte nennen Sie die übrigen Ortsteile der Gemeinde Quierschied.
   _____

27) Wie schätzen Sie die Stellung Ihres Ortsteiles Göttelborn gegenüber den übrigen Ortsteilen der Gemeinde Quierschied ein? Bitte Gründe angeben!
   gleichberechtigt ☐ _____
   benachteiligt   ☐ _____
   bevorzugt   ☐ _____

28) Nehmen wir an, die Gemeindezugehörigkeit von Göttelborn stünde erneut zur Diskussion und würde per Befragung der Bürger entschieden. Wie würden Sie entscheiden?
   Für den Beibehalt der Zugehörigkeit von Göttelborn zur Gemeinde Quierschied? ☐

   Für den Zusammenschluss mit einer anderen benachbarten Gemeinde? ☐
   Wenn ja, mit welcher? _____

   Für die erneute Selbständigkeit von Göttelborn? ☐

DL – BERICHTE UND DOKUMENTATIONEN, Heft 2 (1999)
Geographische Namen in ihrer Bedeutung für die
landeskundliche Forschung und Darstellung, S. 227-245

Dirk Hänsgen

Aspekte der Modellierung[1] geographischer Namendatenbanken im Rahmen kleinerer bis mittlerer Forschungsprojekte

Vorüberlegungen zur Gestaltung einer geographischen Namendatenbank

Der Sinn der Nutzung elektronischer Datenverarbeitung liegt nicht darin, Datenfriedhöfe mit einem modischen Antlitz zu kaschieren und gegebenenfalls „weiterzuführen", sondern die alten Daten der klassischen Zettelkästen bzw. neue Informationen flexibel aufzubereiten und mit der hohen Funktionalität der modernen Informationsverarbeitung in den wissenschaftlichen Erkenntnisprozess einzubringen. Auch in der geographischen Namenforschung ist die Datenbank zu einem wichtigen Instrument der wissenschaftlichen Arbeit geworden. Der vorliegende Beitrag ist als Werkstattbericht aus der Praxis anzusehen; es handelt sich um Anregungen und Erfahrungen, die aus der Lösung konkreter Probleme der elektronischen Datenverarbeitung erwachsen sind. Der Titelzusatz „im Rahmen kleinerer bis mittlerer Forschungsprojekte" lässt eine Einschränkung auf einzelne Sonderfälle vermuten, doch für die geographische Namenforschung kann angenommen werden, dass der Großteil aller Projekte der kleineren bis mittleren Dimension zuzuordnen ist, deren Fortgang meist nur durch die Arbeitskraft einer einzelnen Person bzw. einer kleinen Gruppe geleistet wird. Diese spezifischen Rahmenbedingungen bilden den Hintergrund einer wissenschaftsorganisatorischen Betrachtung. Grob

---

[1] Der Begriff „Modellierung" wird im Rahmen diese Beitrages nicht im Sinne der Informationstheorie genutzt, die von einer mathematisch exakten Abbildung der Datenstrukturen, der relationalen Verknüpfung und hierarchischen Ordnung der Daten ausgeht, sondern in einem eher pragmatischen Sinne als wissenschaftsorganisatorische bzw. -methodische Überlegungen zur Gestaltung und Nutzung von Datenbanksystemen für spezifische wissenschaftliche Fragestellungen; in diesem Falle besonders im Hinblick auf geistes- und sozialwissenschaftliche Datenbankprojekte.

gefasst sind die folgenden sechs, komplex miteinander verflochtene Bereiche, bei der Planung einer geographischen Namendatenbank zu berücksichtigen:

- Budget
- Personelle Ausstattung
- Wissenschaftliche Anforderungen
- Datenbasis
- Hardware
- Software

Im Zentrum steht die Budgetierung eines solchen Projekts, die zur Verfügung stehenden Finanzmittel definieren die Reichweite aller anderen Aspekte und zwingen zu Kompromissen, was besonders bei der Festlegung der wissenschaftlichen Anforderungen äußerst ernüchternd sein kann. Die personelle Ausstattung hat eine quantitative und qualitative Komponente, die beide bedacht werden müssen. Quantitativ werden wohl freie bzw. besser freiwillige Kapazitäten zum Einsatz gebracht, besonders wenn es sich um „Einmann-Unternehmen" handelt. In qualitativer Hinsicht ist zu beachten, dass neben dem wichtigen Aspekt der wissenschaftlichen Fragestellung auch das Know-how für den EDV-technischen Bereich nicht zu kurz kommt; arbeitsteilige Organisation kann – eine Arbeitsgruppe vorausgesetzt – hier nur von Vorteil sein. In den weiteren Ausführungen erfolgt eine Konzentration auf das Verhältnis von wissenschaftlichen Anforderungen, Daten und Softwarenutzung, wobei immer von einer infrastrukturellen Ausstattung auf unterem Niveau auszugehen ist.

Projektgeschichte und Erfahrungen

Der Werkstattbericht bezieht sich auf ein Projekt von W. SPERLING, das in seinen Ursprüngen auf das Jahr 1989 zurückgeht. Eine Polen-Exkursion der Universität Trier und das dort geweckte Interesse der Teilnehmer an dem mehrsprachigen Gebrauch von Namen für geographische Objekte gaben den Anstoß für eine systematische Erfassung schlesischer Landschaftsnamen (vgl. BROGIATO / SPERLING 1991). Einen genaueren Überblick über das Forschungsvorhaben gibt SPERLING (1997). Schon in der anfänglichen Arbeitsphase wurde klar, dass es zweckmäßig sein wird, für dieses Projekt die Möglichkeiten der elektronischen Datenverarbeitung zu nutzen. Erste Versuche wurden mit dem damals weitverbreiteten Programm dBASE 3+ unternommen. Doch es zeigte sich recht schnell, dass ein solches Programm zwar mühelos die Datenlast der Personalverwaltung eines multinationalen Konzerns tragen kann, aber den Anforderungen sozial- und geisteswissenschaftlicher Methoden und Ansätze nur in begrenztem Maße gerecht wird. So gibt es bei dBASE – wie bei allen xBASE-kompatiblen relationalen Datenbanksystemen – eine Begrenzung auf 256 Zeichen pro Datenfeld bzw. als Alternative sogenannte Memofelder, welche zwar eine höhere Zeichenkapazität besitzen, aber dafür nur eine eingeschränkte Datenbankfunktionalität haben und keine Operationen der In-

Aspekte der Modellierung geographischer Namendatenbanken

formationsselektion bzw. -verschneidung erlauben. Bei vielen bisher durchgeführten Geonamen-Datenbankprojekten bildeten die xBASE-kompatiblen Systeme die softwaretechnische Basis der Datenverarbeitung (vgl. BRAUMANN / PHILIPP-POMMER 1995; MECKEL 1997; ZILL 1995). Die technischen Einschränkungen fielen dabei jedoch nicht ins Gewicht, da das geographische Namengut meist nur zu einem digitalen Namenverzeichnis verarbeitet wurde, um die redaktionellen Arbeiten der topographischen Landesaufnahme zu unterstützen bzw. um als Objektattribute in einem Geographischen Informationssystem (GIS) genutzt zu werden. Die dabei anfallenden Datenmengen erreichen selbst bei einer zusätzlichen Geocodierung kaum mehr als 150 Zeichen für den gesamten Datensatz. Das hier vorgestellte Projekt unterscheidet sich von diesen Datenbanken aber gerade durch z.T. sehr umfangreiche regionalgeographische und sprachwissenschaftliche Erläuterungen sowie den profunden Nachweis von Quellentexten bzw. Kartenmaterialien. So sind Einträge von 2.500 Zeichen in einzelnen Datenfeldern (!) keine Besonderheit. Die von ASCH und FASCHING vorgestellte Modellierung für die Salzburger Ortsnamendatenbank (SOND) entspricht in ihrer Dimensionierung schon eher dem hier entwickelten Modell, auch wenn die Umsetzung mit dem Programmsystem F&A ebenfalls die technischen Restriktionen einer xBASE-kompatiblen Datenbank aufweist (ASCH / FASCHING 1995, vgl. besonders den Computerausdruck S. 171f.). Eine wichtige Forderung ist daher, dass die Strukturen zur Datenerfassung nach Anlage der Datenbank sehr flexibel sein müssen, d.h. zusätzliche Datenfelder sollten ohne Schwierigkeiten hinzugefügt werden können bzw. die Datenfelder dürfen keine Kapazitätsbegrenzung bei der Aufnahme von Daten haben. Eine weitere wissenschaftliche Anforderung ergab sich aus der gemischtsprachigen Dateneingabe; es sollte eine korrekte Darstellung der diakritischen Zeichen bzw. der Sonderzeichen erfolgen. Da sich die Möglichkeiten, mit dBASE zu arbeiten, als limitierend und inflexibel darstellten und besonders die Druckausgabe der diakritischen Zeichen nicht zu realisieren war, wurden die bisher erfassten Datenbestände in das Format des Textverarbeitungsprogrammes Word-Perfect übertragen, das zur damaligen Zeit besonders prädestiniert für die parallele Nutzung verschiedensprachiger Zeichensätze war. Bis heute liegt der größte Teil des Datenbestandes als Fließtext vor. Er verliert dadurch leider an Funktionalität, denn er kann in dieser Form nur als Vorlage für eine Druckausgabe genutzt werden. Die Möglichkeiten, die Informationen neu miteinander zu verschneiden, Teilaspekte darzustellen oder auf alternative Ausgabeformen umzusteigen wie z.B. eine interaktive Internet-Ausgabe sind so nur schwerlich bzw. gar nicht zu realisieren. So entstand die Idee, zumindest mit einem kleinen Teilbestand der Daten, die Möglichkeiten anderer Datenbanksysteme, welche die Funktionalitäten von Textverarbeitung und relationalem Datenbanksystem vereinigen, zu testen. Die Anforderung an eine Software für die Realisierung eines namengeographischen Projektes im Rahmen kleinerer bis mittlerer Forschungsprojekte kann folgendermaßen zusammengefasst werden:

1. kostengünstiger Erwerb der Basissoftware sowie geringe Anforderungen derselben an die rechentechnische Infrastruktur,

2. hohe Flexibilität bei der Gestaltung und nachträglichen Veränderung der Datenbankstruktur (also z.b. keine Begrenzung der Feldgrößen)
3. Verarbeitung mehrsprachiger Zeichensätze und
4. Flexible Ausgabeschnittstellen, also von der einfachen Druckausgabe bis hin zur anspruchsvollen Layoutgestaltung oder auch CD-ROM- oder Internetpräsentation.

Besonders der letzte Punkt erscheint wichtig, denn erst durch die Erfüllung dieser Anforderungen wird es möglich, die Daten mit anderen namengeographischen Projekten sinnvoll zu verknüpfen und durch Zusammenarbeit Synergieeffekte zu erreichen.

Bevor die Modellierung bzw. Strukturierung einer einfachen geographischen Namendatenbank konkret dargestellt werden kann, ist zum besseren Verständnis der Problematik noch ein Exkurs zur Nutzung von mehrsprachigen Zeichensätzen notwendig. Werden Programme unter dem Betriebssystem DOS genutzt, so ist die Möglichkeit der Zeichendarstellung als eingeschränkt zu bewerten. Im Bereich der grafischen Benutzeroberflächen bzw. Betriebssysteme wie Windows 3.1 oder Windows 95 ergeben sich schon wesentlich bessere Möglichkeiten im Umgang mit den Zeichensätzen. Doch auch unter dem einfach ausgestatteten DOS lässt sich die hier gestellte Aufgabe realisieren. DOS verfügt in seinen neueren Versionen über wechselbare, jedoch nicht gleichzeitig nutzbare mehrsprachige ASCII-Zeichensätze (ASCII = American Standard Code for Information Interchange), die sogenannten Codeseitentabellen. Bei der Nutzung dieser Codeseitentabellen ist darauf zu achten, dass auch der Drucker hardwareseitig die gewählten Zeichensätze unterstützt, sonst ist eine korrekte Ausgabe der erfassten Daten nicht möglich. Für die Realisierung der Datenbank unter DOS ist der Zeichensatz 852 Slawisch nutzbar (vgl. Anhang A), er erlaubt die gleichzeitige Eingabe deutscher und polnischer bzw. tschechischer Textteile; die diakritischen Zeichen (z.B. das polnische Ł = ASCII 157) werden korrekt dargestellt. Aber auch hier ist Vorsicht geboten, der Vergleich mit dem Zeichensatz 850 Mehrsprachig zeigt, dass z.B. das Zeichen è (= ASCII 138) durch das ungarische Ö ersetzt wird (vgl. Anhang A). Bei gleichzeitiger Nutzung französischer Begriffe könnte es also schon zu Problemen kommen. Eine weitere Schwierigkeit kann an diesem Zeichensatz ebenfalls verdeutlicht werden. Die Alphabetisierung von Listen bzw. einzelnen Datenbankfeldern erfolgt bei fast allen Programmen auf der Basis einer einfachen numerischen Sortierung der ASCII-Codes, d.h. A = 65, B = 66 usw., dies wird jedoch im Bereich der zweiten Hälfte der Codeseitentabellen zu inkorrekt sortierten Listen führen. So hat z.B. ž den ASCII-Code 167 und ń den Wert 228 (vgl. Anhang A). Hier müsste von den entsprechenden Programmen eine Möglichkeit des Eingriffs in die Sortierreihenfolge zugelassen werden. Einen großen Vorteil bietet Windows ab der Version 3.1 durch die Einführung der TrueType-Technologie, in der die Zeichen der einzelnen nutzbaren Zeichensätze als Grafiken definiert werden und es inzwischen eine Vielzahl an speziellen Zeichensätzen, z.B. auch für phonetische Umschrift, gibt. Hier muss besonders die Zeichensatzserie Multinational des bereits erwähnten Programmes WordPerfect genannt werden (vgl. Anhang B). Die gesamten 256 Zeichenplätze sind mit Sonderzeichen belegt. Diese Zeichensatzserie ist dazu gedacht, in Verbindung mit einem andern – typographisch ähnlichen Zeichensatz – verwandt zu werden, so dass insgesamt 512 Zeichen zur Verfügung stehen. Dies funktioniert einwandfrei im Fließtext eines Textverarbeitungsprogramms, jedoch nur in wenigen Windows-Datenbanksystemen, da hier meist nur eine einzige Schriftart für die Inhalte der Datenfelder zugelassen wird. Ab Windows 95 wird mit WGL4 (Windows Glyph List 4) ein paneuropäischer Zeichensatz mit 652 Zeichen unterstützt, dessen Möglichkeiten aber nicht in allen Anwendungsprogrammen vollständig ausgeschöpft werden. Zukünftige Entwicklungen werden wohl auf dem internationalen Unicode-Standard basieren, welcher die Codierung von bis zu 65.000 Zeichen erlaubt.

Die hier vorzustellende Modellierung einer geographischen Namendatenbank wird mit dem Programm BISMAS auf der Ebene des Betriebssystems DOS realisiert. BISMAS steht für „Bibliographisches Informationssystem zur maschinellen Ausgabe und Suche". Es ist ein universelles Datenbanksystem, das an der Universität Oldenburg in Zusammenarbeit von Bibliothekaren und Informatikern entwickelt wurde. Eigentlich ist es, wie aus dem Namen ersichtlich, zur Erstellung von Bibliographien und Dokumentationen gedacht, es ist jedoch so flexibel, dass es sich zur Verwaltung ganz unterschiedlicher Datenbestände eignet (vgl. HAVEKOST / LEMKE / GLÄSER 1995). Es ist kostengünstig, d.h. für öffentliche Institutionen ist eine Schutzgebühr von DM 250,- zu entrichten, es dürfen beliebig viele Programmkopien innerhalb des Institutes bestehen. Mit der Software dürfen allerdings keine kommerziellen Datenbankprojekte entwickelt werden. Bis zur Version 2.0 sind die Anforderungen an die Hardware gering, das Programm lässt sich auch auf einem Rechner mit 286er bzw. 386er Prozessor einrichten, einer Hardware also, die heute schon fast musealen Charakter hat. Die Weiterentwicklung zu einem Windowsprogramm ist in Arbeit. Zur Zeit wird ein Modul angeboten, das es ermöglicht, mit BISMAS erstellte Datenbanken ins Internet zu stellen. Die grundlegenden Arbeitsweisen des Programmes sind binnen Stunden erlernbar. Der Aufbau einer geographischen Namendatenbank mit BISMAS und ausgewählten Beispieldaten aus dem Projekt „Schlesische Landschaftsnamen" wird nun anhand einiger Bildschirmausdrucke vorgestellt.

Aufbau der Erfassungssystematik

Die Systematik der Datenerfassung wird in BISMAS durch das sogenannte Kategorienschema festgelegt. Das Kategorienschema wird als unformatierte Textdatei geschrieben und erhält die Dateiendung ".CAT". Neben einigen programmtechnischen Angaben wird hier hauptsächlich die Benennung der einzelnen Datenfelder sowie deren numerische Codierung festgelegt. Dieser Vorgang kann auch von EDV-technisch weniger versierten Personen in der Form durchgeführt werden, dass man ein dem Programm bereits beigegebenes Kategorienschema durch

Überschreiben bzw. Erweitern mit den gewünschten Feldnamen modifiziert und dann unter einem neuen Dateinamen speichert. Dies ist mit jedem Textverarbeitungs- bzw. Editorprogramm möglich, das in der Lage ist unformatierte Textdateien abzuspeichern.

Abbildung 1 zeigt einen Bildschirmausdruck der Definition des Kategorienschemas für die Datenbank der schlesischen Landschaftsnamen. In der ersten Zeile steht der Langname der Datenbank, in der folgenden Zeile wird die Kurzform angegeben. Die beiden Informationen werden an unterschiedlichsten Stellen von BISMAS genutzt, um über das gerade in Gebrauch befindliche Kategorienschema zu informieren.

Abb.1: Kategorienschema „Schlesische Landschaftsnamen"

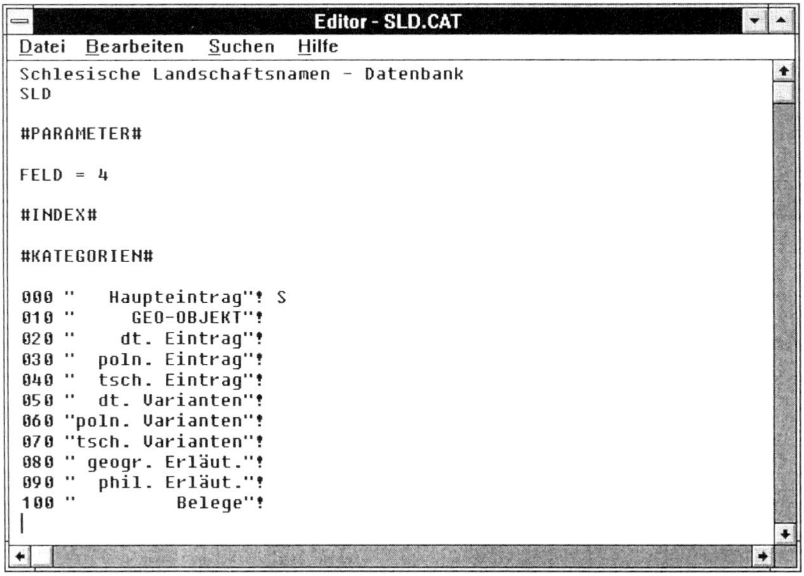

```
Editor - SLD.CAT
Datei  Bearbeiten  Suchen  Hilfe
Schlesische Landschaftsnamen - Datenbank
SLD

#PARAMETER#

FELD = 4

#INDEX#

#KATEGORIEN#

000 "     Haupteintrag"! S
010 "       GEO-OBJEKT"!
020 "        dt. Eintrag"!
030 "      poln. Eintrag"!
040 "      tsch. Eintrag"!
050 "     dt. Varianten"!
060 "poln. Varianten"!
070 "tsch. Varianten"!
080 "     geogr. Erläut."!
090 "       phil. Erläut."!
100 "            Belege"!
|
```

Quelle: eigener Bildschirmausdruck

Die beiden nächsten Abschnitte sind programmtechnischer Natur und können vom Einsteiger ungefragt übernommen werden. Im Abschnitt #PARAMETER# wird z.B. durch den Eintrag "FELD = 4" die Anzahl der Ziffern für die numerische Codierung der Datenfelder bestimmt. Im Programmabschnitt #KATEGORIEN# werden nun die Codenummern sowie in Anführungszeichen der Klartext für die einzelnen Datenbankfelder eingegeben. Bei der Zuordnung der Codenummern empfiehlt es sich, keine fortlaufende Ziffernreihen zu benutzen, sondern Sprünge einzubauen, um bei Bedarf auch noch nachträglich Kategorien einzufügen. Auch die Bildung thematisch definierter Ziffergruppen ist durchaus empfehlenswert. Beispielsweise könnten Datenbankfelder, die Informationen der gleichen Sprachfamilie beinhalten alle der

300er Zifferngruppe zugehörig sein (310 = Polnisch, 320 = Tschechisch, etc.). Die Erfassungsstruktur der Datenbank wird durch die folgenden 11 Datenfelder bestimmen. Der Haupteintrag (000) ist die Kategorie, unter der der Geographische Name angesetzt wird (z.B. Góry Izerskie). GEO-OBJEKT (010) klassifiziert den jeweiligen Datensatz nach der geographischen Erscheinungsform des Namensträgers (z.B. Berg, Fluss, etc.) und gegebenenfalls die Zuordnung zu einem physisch-geographischen Ordnungssystem sowie die territoriale bzw. verwaltungsräumliche Zugehörigkeit des Objektes. Die Kategorien 020, 030 und 040 beinhalten die jeweils anderssprachigen Formen zum Haupteintrag. Die Kategorien 050, 060 und 070 nehmen sprachliche Varianten oder Sonderformen auf. Unter der Kategorie geograph. Erläut. (080) werden regionalgeographische Informationen zum Haupteintrag abgelegt. Für die Erfassung sprachwissenschaftlicher Erläuterungen wird das Feld phil. Erläut. (090) genutzt. Die Kategorie (100) enthält die in Kurzzitierweise wiedergegebenen Belege für die aus Literatur bzw. Kartenmaterial gewonnen Informationen des jeweiligen Datensatzes.

Nach der Erstellung des Kategorienschemas "SLD.CAT" kann mit dieser Erfassungsstruktur eine neue Datenbank erzeugt werden, in die dann die einzelnen Datensätze eingegeben werden.

Verarbeitung der Daten

Das Programm stellt aus dem Eingangsmenü heraus sofort eine leere Datenmaske zur Erfassung bereit. Da sich die grundlegenden Tastaturfunktionen an dem üblichen Standard von Textverarbeitungsprogrammen orientieren, lässt sich die Aufgabe der reinen Datenerfassung auch von Personen mit geringen Erfahrungen im Umgang mit Datenbanken bewerkstelligen. Außerdem bietet das Zielfeld am Fuß des Bildschirms die nutzbaren Befehle mit den ihnen zugeordneten Funktionstasten als Hilfestellung an. Nach der Dateneingabe können die einzelnen Datensätze zur Weiterverarbeitung aufgerufen werden. Abbildung 2 zeigt die Datensatzanzeige im Recherchemodus.

Man sieht, dass nur jene Datenfelder zur Anzeige gelangen, in die auch Daten eingegeben wurden. Diese Darstellungsfunktion trägt erheblich zu einer übersichtlichen und ergonomischen Bildschirmausgabe bei. Ebenfalls zeigt sich, dass über die Nutzung der Codeseitetabelle 852 von MS-DOS eine gemischtsprachige Datenbank realisiert werden kann. Sowohl die deutschen Umlaute als auch die slawischen Diakritika werden korrekt dargestellt. Der Eintrag in der Kategorie 080 verdeutlicht, dass mit BISMAS Feldgrößen genutzt werden können, die weit über der beschränkten Aufnahmekapazität von 256 Zeichen bei den XBASE-kompatiblen relationalen Datenbanken liegen.

Abb. 2: Datensatzanzeige

```
Choronym-Datenbank Schlesien [SLD] / Bearbeiten
                                                                    Ins
===== (1. Treffer von 1) =====
Haupteintrag:     000 Góry Izerskie
GEO-OBJEKT:       010 PGR-5, Bergland; Woj. Dolnośląskie/CZ
dt. Eintrag:      020 Isergebirge
tsch. Eintrag:    040 Jizerské hory
geogr. Erläut.:   080 Teil der Westsudeten (Sudety Zachodnie), erstreckt sich
                      beiderseits der Grenze zwischen Schlesien und Böhmen. Es
                      handelt sich um das nordwestlichste Teilgebirge der
                      westlichen Sudeten, das orogenetisch eng mit dem
                      Riesengebirge (Karkonosze) zusammenhängt. Die größte Höhe
                      erreicht es auf der tschechischen Seite mit der 1124 m
                      hohen Tafelfichte (Smrk). Auf der schlesischen Seite sind
                      verschiedene Kämme ausgebildet (Grzbiet Kamienicki, Wysoki
                      Grzbiet). Im Quellgebiet der Iser (Jizera) ist es zu
                      Moorbildungen gekommen. Das mit dichten Fichtenwäldern
                      bedeckte Gebirge zeigt heute beträchtliche Waldschäden.
phil. Erläut.:    090 Name des Gebirges nach der Kategorie (Jizera), die hier
                      entspringt. Name zuerst bei M. Klimaszewski (1947).
Belege:           100 AŚDO, 1997, Nr. 25/26; Dylinkowa, 1973, S. 112; Fritsche,

Kategorie: F3 Neu          : ShF3 Duplizieren: ShF4 Löschen
Dokument:  F2 Speichern    : F9 Blättern
F1 Hilfe : F7 Suchen       : F10 Phrase : ESC Zurück
```

Quelle: eigener Bildschirmausdruck

Eine besonders effiziente Funktion der elektronischen Datenverarbeitung liegt darin, die Sortierung des Datenbestandes nach allen Kategorien bzw. Datenfeldern zu ermöglichen, eine Aufgabe, die bei der klassischen Datenhaltung in Zettelkästen nur unter hohem Arbeitsaufwand zu realisieren wäre. Abbildung 3 zeigt den Arbeitsschritt der Erstellung einer sortierten Liste der Datensätze nach der Kategorie 000. Unter BISMAS wird dies als Index-Definition bezeichnet.

Abb. 3: Index-Definition für den Haupteintrag

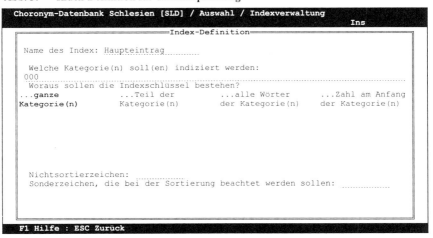

Quelle: eigener Bildschirmausdruck

Zuerst muss für die Indexliste ein Name festgelegt werden, hier bietet sich meist die Benennung nach der zu nutzenden Kategorie an. Als nächstes wird die numerische Codierung der Kategorie angegeben. Es gibt auch die Möglichkeit, hier mehrere Kategorien in der Art eines Kreuzkataloges zu verbinden. Danach wird ausgewählt, ob der Indexschlüssel aus der gesamten Kategorie, einem Teil, allen Wörtern oder einer Zahl am Anfang der Kategorie erzeugt werden soll. Hierdurch ergibt sich eine Vielzahl von alternativen Sortierschemata, so dass BISMAS sehr flexibel auf die unterschiedlichsten Anforderungen reagieren kann. Bemerkenswert ist auch die Möglichkeit Nichtsortierzeichen (z.B. zum Ausschluss von bestimmten und unbestimmten Artikeln) bzw. Sonderzeichen, die bei der Sortierung beachtet werden sollen zu definieren. Abbildung 4 zeigt die fertiggestellte alphabetische Liste der Haupteinträge; jeder Eintrag kann nun direkt auf Tastendruck im Vollbildmodus aufgerufen werden. In gleicher Weise können nun weitere Kategorien zur Erzeugung einer sortierten Listenansicht genutzt werden; so wäre z.B. eine Liste der deutschsprachigen Einträge und Varianten denkbar.

Abb. 4: **Sortierte Liste der Haupteinträge**

```
Choronym-Datenbank Schlesien [SLD] / Auswahl
                                                                    Ins
Haupteintrag        Polnischer Eintrag   Freitextsuche


 Begriff:    (Löschen mit Rücktaste)
Bóbr
Böhmischer Winkel
Frankenstein-Nimptscher Bergland
Frýdlantská pahorkatina
Fürstentum Frankenstein
Gesenck
Gesenke
GOP
Góry Izerskie
Hultschiner Ländchen
Karkonoski Park Narodowy, KPN
Karkonosze
Kotlina Jeleniogórska
Masyw ślęży
Rówina Wrocławska

F2 Suchprofil aufbauen : F8 Optionen  : F10 Index
F1 Hilfe : F5 Ablage    : F6 Druck : AF6 Import : F7 Dokumente : ESC Zurück
```

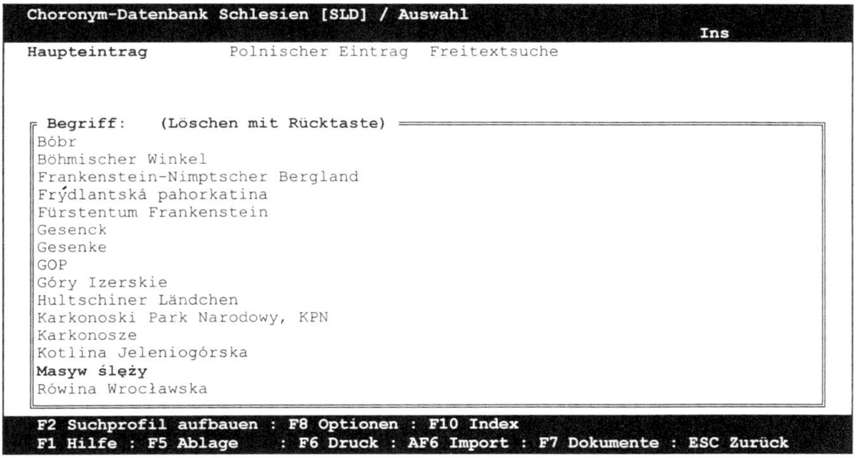

Quelle: eigener Bildschirmausdruck

Eine weitere Forderung an die Software war, dass sie in der Lage sein muss, unterschiedlichste Ausgabeformen der Daten zu erzeugen. Hier bietet BISMAS zwei Wege an: einen menügeführten für den weniger versierten Nutzer und eine eigene Programmiersprache für den professionellen Nutzer. Abbildung 5 zeigt die menügesteuerte Definition eines Druckauftrages. Nach der Festlegung eines Namens für das zu erstellende Druckformat werden die grundlegenden Werte wie Papiergröße, Seiten- und Zeilenlänge, Ränder und eventuell Karteikartenformat eingegeben. Dann steht eine Auswahlfunktion zur Verfügung, die es erlaubt, gezielt einzelne Datenfelder in beliebiger Reihenfolge mit beliebigen Zwischentexten auszugeben. Auf diese Weise lassen sich die verschiedensten Zitierrichtlinien bzw. Ansetzungsformen umsetzen. Das Ausgabemuster lässt sich abspeichern und mit allen Datenbanken nutzen, die auf dem gleichen Kategorienschema basieren.

Abb. 5: Definition eines Ausgabemusters

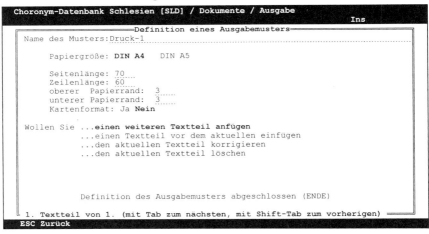

Quelle: eigener Bildschirmausdruck

Abb. 6: Auswahl eines Datenfeldes für den Ausdruck

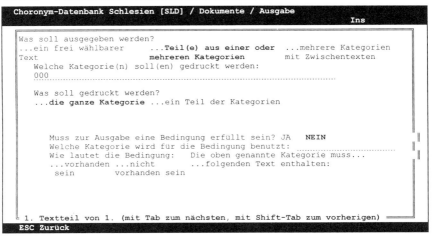

Quelle: eigener Bildschirmausdruck

Abbildung 6 zeigt die Aufbereitung eines Datenfeldes für den Ausdruck. Dazu wird die Kategoriennummer des zu druckenden Datenfeldes eingegeben; es wird festgelegt, ob die Kategorie oder nur Teile derselben gedruckt werden sollen; weiterhin können noch Bedingungen formuliert werden, bei denen der Ausdruck des Datenfeldes unterbleiben soll. Nach Abschluss der vollständigen Definition der Druckausgabe wandelt BISMAS die Angaben in die systemeigene Programmiersprache LM um. Abbildung 7 zeigt den Programmcode einer einfachen Liste aller Haupteinträge der Datenbank. Mit der menügeführten Ausgabe kann der weniger versierte Nutzer aber nicht nur Druckausgaben erstellen, sondern auch Ausgangsdateien, die mit einem Textverarbeitungsprogramm bzw. einem Desktop-Publishing-Programm für die professionelle Druckausgabe oder die CD-ROM- bzw. Internetpräsentation weiterbearbeitet werden können.

Der professionelle Nutzer hat nun die Möglichkeit, über ein einfaches Editorprogramm bzw. eine Textverarbeitung den erzeugten Code zu verändern und kann dadurch sehr komplexe Ausgabemuster nach eigenen Vorgaben gestalten. Das bedeutet jedoch, dass man bereit sein muss, sich mit den EDV-technischen Grundlagen von BISMAS intensiv auseinanderzusetzen. Dies ist leider der Preis, der für den Genuss des vollen Funktionsumfanges von BISMAS zu zahlen ist.

Abb. 7:   BISMAS Druckausgabe in der Programmiersprache LM

```
Druck-1
set lineindent 0;
set lineindent 0,1;
for "000" do {
    write;
}
writeline "";
init:
set pagelength 70;
set linelength 60;
set topmargin 3;
set bottommargin 3;
```

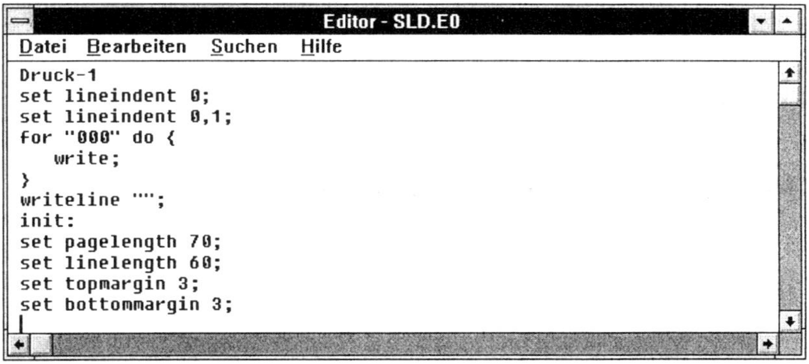

Quelle: eigener Bildschirmausdruck

Hervorzuheben ist, dass BISMAS die Möglichkeit bietet, eine eigene Sortierreihenfolge der benutzten Zeichen in einer Sortiertabelle festzulegen, dadurch wird es möglich, die oben genannten Sortierprobleme unter DOS zu umgehen. Weiterhin bietet das Programm die Möglichkeit, Bilddateien einzubinden, dadurch könnten z.B. auch geographische Namen auf Kartenausschnitten direkt dokumentiert werden.

Ein Probelauf mit dem hier vorgestellten Kategorienschema mit 30 Datensätzen zeigte, dass sich BISMAS als Alternative zur Bearbeitung des Projektes „Schlesische Landschaftsnamen" sehr gut eignen würde. Eine Umsetzung des bestehenden Fließtextdatenbestandes in ein solches Datenbanksystem würde die Möglichkeiten der Informationsverarbeitung für das Projekt wesentlich erhöhen. Da diese Umsetzung jedoch die für dieses Vorhaben zur Verfügung stehenden Kapazitäten bei weitem überschreitet, musste leider auf die Fortführung verzichtet werden.

Alternativen zu BISMAS

Um auch die Vorteile der grafischen Benutzeroberfläche Windows sowie der bereits erwähnten TrueType-Technologie zu nutzen, wurden weitere Datenbanksysteme als Alternativen zu BISMAS einer Überprüfung unterzogen. Auch hier mussten die Programme sowohl Datenbank- als auch Textverarbeitungsqualitäten aufweisen. Letztlich scheinen unter Windows zwei Programmsysteme für die Erstellung geographischer Namendatenbanken geeignet: LIDOS 4.1 und askSam 3.0. Das Programm LIDOS ist ein Literaturdokumenationssystem, welches schon längere Zeit im Dokumentationszentrum für deutsche Landeskunde für bibliographische Arbeiten und landeskundliche Dokumentationen eingesetzt wird. Es ist ähnlich wie BISMAS bezüglich der Definition von Datenstrukturen sehr flexibel. Auch hier ist die Kapazitätsgrenze der Datenfelder mit 64.000 Zeichen eher theoretischer Natur. Allerdings ist der Preis für das Programm nicht so günstig wie bei BISMAS (vgl. Internetseiten der Doris-Land-Software-Entwicklung).

Abb. 8: Datenerfassung mit LIDOS 4.1

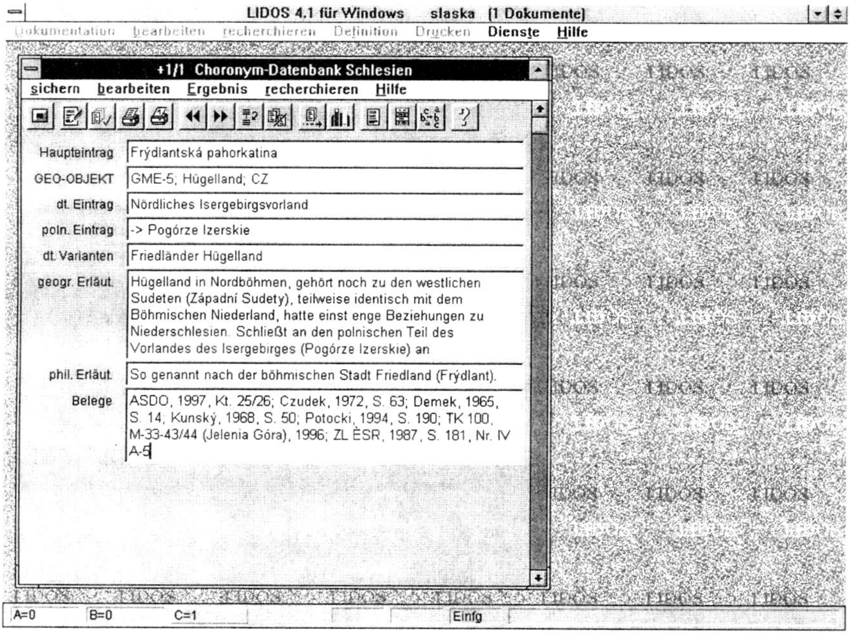

Quelle: eigener Bildschirmausdruck

Abbildung 8 stellt eine Probeaufnahme eines Datensatzes dar. Problematisch ist, dass das Programm nur die Auswahl eines TrueType Zeichensatzes für die Darstellung des Datenfeldinhaltes zulässt. Dadurch ist eine korrekte Darstellung diakritischer Zeichen nur bedingt möglich. Die Ausgabemöglichkeiten besonders auch für die Internetpräsentation der Daten sind jedoch sehr benutzerfreundlich realisiert. Wenn ein höheres Budget zur Verfügung steht und die Mehrsprachigkeit der Namendatenbank nicht im Vordergrund steht, ist LIDOS eine Alternative, bei der man sich auf der „sicheren Seite" befindet.

Das Programm askSam verfolgt ein besonderes Konzept der Datenverarbeitung. Es ist als Volltextdatenbanksystem für die Verarbeitung unstrukturierter Datenbestände geradezu prädestiniert. So können alle Datensätze als reine, unstrukturierte Textdokumente erfasst werden. Abbildung 9 zeigt einen Datensatz, der als Fließtext aufgenommen wurde. Die Gesamtkapazität eines Datensatzes liegt bei über 4 Mio. Zeichen. Daher spielt die Größe der einzelnen Texteinträge keine Rolle, dennoch bietet das Programm Suchfunktionen, die auch bei solchen Aufnahmen fast vollständige Datenbankfunktionalität anbieten. Alle TrueType-Zeichensätze sind parallel nutzbar, so dass es bei der Darstellung gemischtsprachiger Dokumente keinerlei Schwierigkeiten gibt.

Abb. 9: **Unstrukturierte Datenerfassung mit askSam 3.0 im Textmodus**

Quelle: eigener Bildschirmausdruck

Gleichzeitig bietet askSam aber auch die Möglichkeit, strukturierte Daten zu verarbeiten, d.h. es lassen sich Feldbezeichnungen anlegen, mit denen z.B. das Kategorienschema aus Abbildung 1 nachempfunden werden kann. In Abbildung 10 wird die Anlage einer strukturierten Datei dokumentiert. Hier herrscht nun volle Datenbankfunktionalität, alle Operationen der Informationsselektion bzw. –verschneidung lassen sich nutzen. Die Reportfunktion des Programmes ermöglicht die Gestaltung komplexer Ausgabemuster sowie die Übertragung in Ausgangsdateien für die Weiterverarbeitung in anderen Programmen. Auch die Einarbeitung multimedialer Elemente ist möglich, nicht nur die Verknüpfung mit bildhaften Daten, sondern auch die Einbindung von Tondokumenten ist leistbar. Dies wäre z.B. mit Ausspracheproben zu geographischen Namen eine sehr sinnvolle Ergänzung.

Abb. 10: Strukturierte Datenerfassung mit askSam 3.0 im Feldmodus

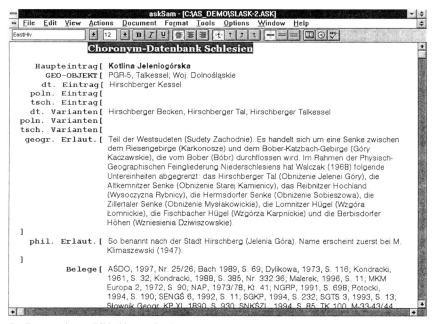

Quelle: eigener Bildschirmausdruck

In der kommerziellen Version ist askSam preislich etwas günstiger als LIDOS. Ähnlich wie bei LIDOS gibt es jedoch auch Hochschulrabatte und Schulversionen zu günstigeren Konditionen (vgl. Internetseiten von AskSam Systems). Die Version 1.03 von askSam kann schon für knapp DM 20,- erworben werden, sie deckt bereits die wichtigsten geschilderten Funktionen ab. Aufgrund des uneingeschränkten Umgangs mit Textinformationen und der, nur durch die Verfügbarkeit entsprechender TrueType-Zeichensätze theoretisch begrenzten, Bearbeitungsfähigkeit mehrsprachiger Dokumente ist askSam bei entsprechenden wissenschaftlichen Anforderungen der Vorzug vor LIDOS zu geben.

Fazit und Ausblick

Abbildung 11 visualisiert die Schlussfolgerungen dieses Werkstattberichtes auf der Basis, der in den Vorüberlegungen genannten Aspekte einer Modellierung geographischer Namendatenbanken. Besonders hervorzuheben sind bei allen drei Programmsystemen die Möglichkeiten der Verarbeitung unstrukturierter Textdaten, wie sie besonders bei der Verfolgung sozial- und geisteswissenschaftlicher Arbeitsansätze als Datenmaterial anfallen. Wenn es, wie im Fall des Projektes der schlesischen Landschaftsnamen, um ein Vorhaben mit geringem Budget geht und sich die Anforderungen an die mehrsprachige Textverarbeitung in Grenzen halten, dann bietet BISMAS eine günstige und praxisnahe Lösung für den EDV-Einsatz an, die auch die Forderung nach flexiblen Ausgabeschnittstellen erfüllt, um so den Weg für eine spätere Verknüpfung mit den Ergebnissen anderer Projekte offenzuhalten.

Abb. 11: Bewertung verschiedener Datenbanksysteme für den Aufbau einer geographischen Namendatenbank

Programm Betriebssystem	BISMAS 2.0 DOS 6.x	LIDOS 4.1 Win 3.x/9x	askSam 3.0 Win 3.x/9x
Kosten	+	−	−
geringe Hardware-Anforderungen	+	O	O
Handhabung mit geringen EDV-Kenntnissen	+/−[1]	O	+
Verarbeitung strukturierter Daten	+	+	O
Verarbeitung unstrukturierter Daten	+	+	+
Verarbeitung mehrsprachiger Daten	O	−	+
flexible Ausgabe-schnittstellen	+	+	+
Bewertungstendenzen: + = positiv O = hinreichend − = negativ			
[1] bezogen auf die Nutzung der fortgeschrittenen Programmfunktionen			

Quelle: eigener Entwurf

Obwohl die grundlegenden Programmfunktionen von BISMAS schnell und einfach zu erlernen sind und nur ein EDV-Basiswissen voraussetzen, birgt der Wunsch nach Nutzung der anspruchsvolleren, fortgeschrittenen Optionen des Programms das Problem, sich stärker als üblich mit EDV-technischen Fragestellungen auseinandersetzen zu müssen. Dies könnte durch die angekündigte Windowsversion vereinfacht werden. Sind die Anforderungen an die Mehrsprachigkeit komplexer, dann müssen Windows-Programme zum Einsatz kommen, die die Möglichkeit der parallelen Nutzung mehrerer Zeichensätze unterstützen. Bei den hier vorgestellten Programmen wird dies in idealer Weise nur durch das System askSam geleistet. Es bleibt abzuwarten, wie die Zeichensatzverarbeitung in der Windowsversion von BISMAS organisiert sein wird. Wird dies ähnlich wie in askSam gelöst, dann könnte BISMAS zum optimalen Werkzeug für den Aufbau geographischer Namendatenbanken werden.

Zum Abschluss soll noch ein Ausblick auf die Möglichkeiten der Arbeit mit flexiblen Ausgabeschnittstellen ausgestatteter geographischer Namendatenbanken gegeben werden. Eine sehr öffentlichkeitswirksame Form der Darstellung ist die Internetpräsentation.

Abb. 12: **Getty Thesaurus of Geographical Names**

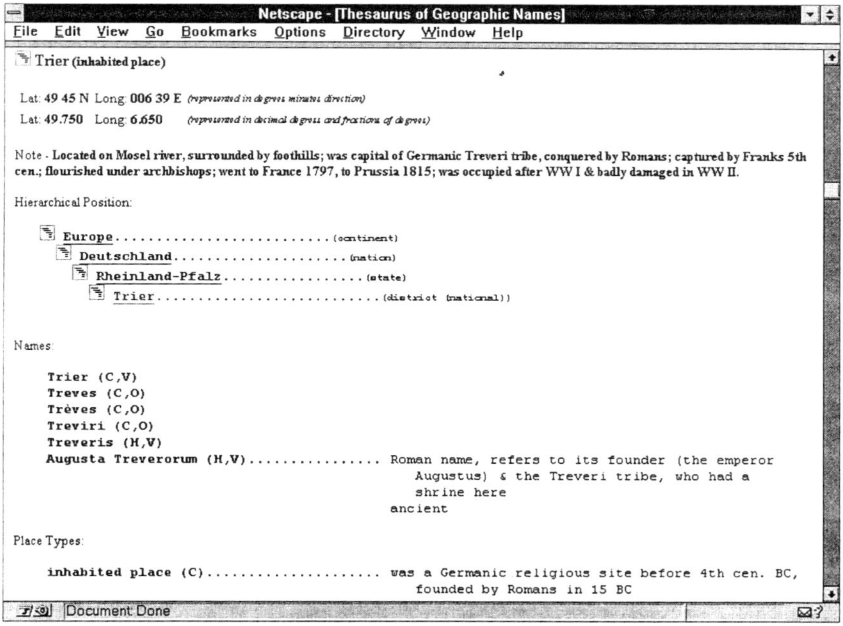

Quelle: The J. Paul Getty Trust (1999)

Um die Bedeutung geographischer Namen und damit verbundene Datenbankprojekte für die Erhaltung und Sicherung des Kulturgutes „geographischer Name" einem größeren Personenkreis bekannt zu machen, empfiehlt es sich, bei geplanten Projekten auch eine Internetausgabe anzustreben. Als Beispiel für eine solche Darstellung wird hier der „Getty Thesaurus of Geographic Names" genannt. Der Thesaurus ist aus der Verknüpfung mehrerer kunsthistorischen Datenbankprojekte des J. Paul Getty Trustes zur Dokumentation von Orten, an denen Künstler wirkten bzw. Örtlichkeiten, die Eingang in ihr Werk gefunden haben, entstanden. Zur Zeit ist knapp eine Million Namen abrufbar. Zur Illustration wird in Abbildung 12 der Eintrag für den Tagungsort Trier abgedruckt. Auch hier wird ein komplexeres Modell der Datenerfassung realisiert, das über die herkömmlichen GIS-unterstützenden Formen hinausgeht. Das Beispiel Trier erstreckt sich über mehr als zwei Bildschirmseiten. Neben die Geocodierung treten Angaben über anderssprachige bzw. historische Benennungen, Angaben zum Natur- und Kulturraum und eine Art zentralörtlicher Klassifikation, die z.B. Hinweise auf besondere infrastrukturelle Einrichtungen bietet sowie die Angabe von Quellennachweisen, die eine weiterführende Informationsrecherche ermöglichen. Dieses Beispiel zeigt sehr anschaulich, welches Potential in der EDV-gestützten Arbeit mit geographischen Namen steckt, und sollte dazu anregen, geographisches Namengut nicht nur als Subsystem von Objektattributen in einem Geographischen Informationssystem zu verstehen.

Literatur

ASCH, Angela / FASCHING, Gerhard (1995): Die Ortsnamenbearbeitung bei der Salzburger Ortsnamenkommission. – In: Fasching, Gerhard L. (Hrsg.): Festschrift Ortsnamenforschung. 20 Jahre Salzburger Ortsnamenkommission. (SIR-Schriftenreihe; 14), Salzburg, S. 165-176

BRAUMANN, Christoph / PHILIPP-POMMER, Karin (1995): Ortsnamen im Salzburger Geographischen Informationssystem SAGIS. – In: Fasching, Gerhard L. (Hrsg.): Festschrift Ortsnamenforschung. 20 Jahre Salzburger Ortsnamenkommission. (SIR-Schriftenreihe; 14), Salzburg, S. 59-63

BROGIATO, Heinz Peter / SPERLING, Walter (Hrsg. 1991): Von der Ostsee zum Riesengebirge. Geographische Exkursion der Universität Trier nach Polen, 29.8-12.9.1989. – (Materialien zur Didaktik der Geographie; 14), Trier

HAVEKOST, Hermann / LEMKE, Andreas / GLÄSER, Christine (1995): BISMAS Version 2.0. Bibliographisches Informationssystem zur maschinellen Ausgabe und Suche [Handbuch]. – Oldenburg

MECKEL, Helmut (1997): Toponymische Datenbanken in Österreich. – In: Kretschmer, Ingrid / Desoye, Helmut / Kriz, Karel (Hrsg.): Kartographie und Namenstandardisierung. Symposium über geographische Namen. (Wiener Schriften zur Geographie und Kartographie; 10), Wien, S. 86-97

SPERLING, Walter (1997): Schlesische Landschaftsnamen. Bemerkungen zu einem Forschungsvorhaben. – Jahrbuch der Schlesischen Friedrich-Wilhelms-Universität zu Breslau 36/1995 u. 37/1996, S. 385-421

ZILL, Viktor (1995): Das Projekt GEONAM im BEV / Gruppe Landesaufnahme. – In: Fasching, Gerhard L. (Hrsg.): Festschrift Ortsnamenforschung. 20 Jahre Salzburger Ortsnamenkommission. (SIR-Schriftenreihe; 14), Salzburg, S. 49-58

Internetquellen

askSam Information System GmbH (o.J.): askSam Homepage. – Online unter: http://www.asksam.de [Stand: 10.11.1999]

Bibliotheks- und Informationssystem der Universität Oldenburg (1999): BIS der Universität Oldenburg: BISMAS [Homepage]. – Online unter: http://www.bis.uni-oldenburg.de/bismas.html [Stand: 10.11.1998]

Bibliotheks- und Informationssystem der Universität Oldenburg (1999): BIS der Universität Oldenburg: BISMAS [Demoversion]. – Online unter: http://www.bis.uni-oldenburg.de/bismas/bismas2.html#demo [Stand: 10.11.1999]

Doris Land Software-Entwicklung (o.J): Doris Land Software. – Online unter: http://www.land-software.de [Stand: 10.11.1999]

Doris Land Software-Entwicklung (o.J.): Demo-Versionen downloaden. – Online unter: http://www.land-software.de/dwn-demo.htm [Stand: 10.11.1999]

The J. Paul Getty Trust (1999): Getty Thesaurus of Geographic Names Introductory Page (Getty Vocabulary Program). - Online unter: http://shiva.pub.getty.edu/tgn_browser/ [Stand: 10.11.1999]

Anhang A

ASCII-Zeichensatz 850
Mehrsprachig (Lateinisch I)

	0	1	2	3	4	5	6	7	8	9
30			!	"	#	$	%	&	'	
40	(	)	*	+	,	-	.	/	0	1
50	2	3	4	5	6	7	8	9	:	;
60	<	=	>	?	@	A	B	C	D	E
70	F	G	H	I	J	K	L	M	N	O
80	P	Q	R	S	T	U	V	W	X	Y
90	Z	[	\	]	^	_	`	a	b	c
100	d	e	f	g	h	i	j	k	l	m
110	n	o	p	q	r	s	t	u	v	w
120	x	y	z	{	|	}	~	⌂	Ç	ü
130	é	â	ä	à	å	ç	ê	ë	è	ï
140	î	ì	Ä	Å	É	æ	Æ	ô	ö	ò
150	û	ù	ÿ	Ö	Ü	ø	£	Ø	×	ƒ
160	á	í	ó	ú	ñ	Ñ	ª	º	¿	®
170	¬	½	¼	¡	«	»	░	▒	▓	│
180	┤	Á	Â	À	©	╣	║	╗	╝	¢
190	¥	┐	└	┴	┬	├	─	┼	ã	Ã
200	╚	╔	╩	╦	╠	═	╬	¤	ð	Ð
210	Ê	Ë	È	ı	Í	Î	Ï	┘	┌	█
220	▄	¦	Ì	▀	Ó	ß	Ô	Ò	õ	Õ
230	µ	þ	Þ	Ú	Û	Ù	ý	Ý	¯	´
240	-	±	=	¾	¶	§	÷	,	°	¨
250	·	¹	³	²	■					

ASCII-Zeichensatz 852
Slawisch (Lateinisch II)

	0	1	2	3	4	5	6	7	8	9
30			!	"	#	$	%	&	'	
40	(	)	*	+	,	-	.	/	0	1
50	2	3	4	5	6	7	8	9	:	;
60	<	=	>	?	@	A	B	C	D	E
70	F	G	H	I	J	K	L	M	N	O
80	P	Q	R	S	T	U	V	W	X	Y
90	Z	[	\	]	^	_	`	a	b	c
100	d	e	f	g	h	i	j	k	l	m
110	n	o	p	q	r	s	t	u	v	w
120	x	y	z	{	|	}	~	⌂	Ç	ü
130	é	â	ä	ů	ć	ç	ł	ë	Ő	ő
140	î	Ź	Ä	Ć	É	Ĺ	ĺ	ô	ö	Ľ
150	ľ	Ś	ś	Ö	Ü	Ť	ť	Ł	×	č
160	á	í	ó	ú	Ą	ą	Ž	ž	Ę	ę
170	ź	Č	ş	«	»	░	▒	▓	│	
180	┤	Á	Â	Ě	Ş	╣	║	╗	╝	Ż
190	ż	┐	└	┴	┬	├	─	┼	Ă	ă
200	╚	╔	╩	╦	╠	═	╬	¤	đ	Đ
210	Ď	Ë	ď	Ň	Í	Î	ě	┘	┌	█
220	▄	Ţ	Ů	▀	Ó	ß	Ô	Ń	ń	ň
230	Š	š	Ŕ	Ú	ŕ	Ű	ý	Ý	ţ	´
240	-	˝	˛	ˇ	˘	§	÷	¸	°	¨
250	·	ű	Ř	ř	■					

Anhang B

Windows-Zeichensatz
WP MultinationalA Roman

	0	1	2	3	4	5	6	7	8	9
30				`	.	~	^	-	/	´
40	¨	-	'	'	'	˛	'	°	·	ʺ
50	'	'	ˇ	´	-	˘	ß	K	J	Á
60	á	Â	â	Ä	ä	À	à	Å	å	Æ
70	æ	Ç	ç	É	é	Ê	ê	Ë	ë	È
80	è	Í	í	Î	î	Ï	ï	Ì	ì	Ñ
90	ñ	Ó	ó	Ô	ô	Ö	ö	Ò	ò	Ú
100	ú	Û	û	Ü	ü	Ù	ù	Ÿ	ÿ	Ã
110	ã	Ð	đ	Ø	ø	Õ	õ	Ý	ý	Đ
120	ð	Þ	þ	Ă	ă	Ā	ā	☐	Ą	ą
130	Ć	ć	Č	č	Ĉ	ĉ	Ċ	ċ	Ď	ď
140	Ě	ě	Ė	ė	Ē	ē	Ę	ę	Ġ	ġ
150	Ğ	ğ	Ģ	ģ	Ĝ	ĝ	Ĝ	ĝ	Ġ	ġ
160	Ĥ	ĥ	Ħ	ħ	İ	ı	Ī	ī	Į	į
170	Ĩ	ĩ	IJ	ij	Ĵ	ĵ	Ķ	ķ	Ĺ	ĺ
180	Ľ	ľ	Ļ	ļ	Ŀ	ŀ	Ł	ł	Ń	ń
190	Ņ	ņ	Ň	ň	Ņ	ņ	Ő	ő	Ō	ō
200	Œ	œ	Ŕ	ŕ	Ř	ř	Ŗ	ŗ	Ś	ś
210	Š	š	Ş	ş	Ŝ	ŝ	Ť	ť	Ţ	ţ
220	Ŧ	ŧ	Ŭ	ŭ	Ű	ű	Ū	ū	Ų	ų
230	Ů	ů	Ũ	ũ	Ŵ	ŵ	Ŷ	ŷ	Ź	ź
240	Ž	ž	Ż	ż	Ŋ	ŋ	Ď	ď	Ŀ	ŀ
250	Ņ	ņ	Ṙ	ṙ	Ṡ	ṡ				

DL – BERICHTE UND DOKUMENTATIONEN, Heft 2 (1999)
Geographische Namen in ihrer Bedeutung für die
landeskundliche Forschung und Darstellung, S. 247-261

Jörn Sievers

Der Ständige Ausschuss für geographische Namen (StAGN) und die Bestrebungen der Vereinten Nationen zur Standardisierung geographischer Namen

Lassen Sie mich meinen Vortrag[1] mit einem aktuellen Fall beginnen, mit dem ich kurz vor meiner Teilnahme an der 7. Konferenz der Vereinten Nationen zur Standardisierung geographischer Namen im Januar 1998 in New York befasst war.

Ende November 1997 hagelte es beim ADAC von seiten türkischer Verbände Proteste. Man drohte mit Demonstrationen und Massenaustritten von Clubmitgliedern. Das türkische Außenministerium in Ankara bestellte den deutschen Botschafter ein, um gegen einen Weltatlas (keinen Straßenatlas!) zu protestieren, den der ADAC kurz zuvor herausgegeben hatte. Dort waren, so wie es in der chorographischen Atlaskartographie international gängige Praxis ist, an geographisch korrekter Stelle in der Türkei die Namen "Kurdistan" und "Armenien" plaziert worden. Dies geschah nicht, um politisch-administrative Landesteile zu bezeichnen, sondern um großräumige, grenzübergreifende Landschaften (in einem dafür üblichen Schrifttyp) kenntlich zu machen. Beteuerungen des ADAC-Präsidenten beim türkischen Botschafter in Bonn, mit der Verwendung dieser Namen keinerlei politischen Zweck oder gar Verunglimpfungen des türkischen Staates beabsichtigt zu haben, nutzten nichts. Der ADAC sah sich schließlich aus opportunistischen wirtschaftlichen Gründen veranlasst, den inkriminierten Atlas aus seinen Geschäftsstellen zurückzuziehen, um befürchteten Massenkündigungen türkischer Clubmitglieder zuvorzukommen.

---

[1] Der vorliegende Text beruht auf meiner Veröffentlichung in der Zeitschrift „Vereinte Nationen" (SIEVERS 1998).

Es wurde dies kein Fall, mit dem sich die Weltorganisation zu beschäftigen gehabt hätte. Entscheidungen zu Einzelfällen oder bei nationalen Auseinandersetzungen über geographische Namen stehen nicht auf der Tagesordnung der Vereinten Nationen. Dies Beispiel ist lediglich eines von vielen, das zeigt, wie geographische Namen nicht nur als sachliche, nüchterne Ortsbeschreibungen verstanden werden, sondern wie mit ihnen auch Emotionen wachgerufen werden können. Der Fall deutet zugleich an, mit welchen Problemen man beim Gebrauch geographischer Namen im internationalen Rahmen rechnen muss. Außerhalb der Fachöffentlichkeit ist wenig bekannt, dass die Vereinten Nationen bestrebt sind, auch auf diesem Gebiet die internationale Zusammenarbeit zu fördern und dass geographische Namen und ihre Standardisierung ein Thema sind, dessen sich die VN zurecht angenommen haben.

Geographische Namen - ein Thema für die Vereinten Nationen?

Geographische Namen sind Eigennamen für bestimmte Örtlichkeiten oder Gebiete der Erdoberfläche sowohl zu Lande als auch auf dem Wasser. Es handelt sich um Namen, denen wir in der Natur- und Kulturlandschaft begegnen. Sie sind zu unterscheiden von den geographischen Gattungsbezeichnungen wie Berg, Fluss, Tal oder Stadt. Die Wahrnehmung eines Erdraumes und seiner Ausstattung erfolgt über Namen, die jenem seine unverwechselbare Identität geben. Namen dienen nicht nur der Benennung des Einzelwesens oder einer Gattung, sondern auch der Wahrnehmung, der Erkennung, der Unterscheidung und der Kommunikation (vgl. SPERLING 1997). Namen erwecken Erwartungen und vermitteln Ansehen, sie sind entscheidend für das Herausbilden einer Identität. Namen weisen nicht nur auf das Bewusstsein eines sprachlichen und kulturellen Erbes hin, man braucht sie auch, um sich in der modernen technischen Welt zu orientieren und um die Zukunft zu planen und zu gestalten.

Die Notwendigkeit, geographische Namen im nationalen Bereich zu sammeln, zu katalogisieren und zu standardisieren, ist von Staaten mit hoch entwickelten Verwaltungsstrukturen schon frühzeitig erkannt worden. Vorschläge zur Standardisierung geographischer Namen reichen bis in das 19. Jahrhundert zurück. So wird bereits auf dem 1. Internationalen Geographenkongress 1871 in Antwerpen gefordert, dass für jedes Land der Erde ein Ortsverzeichnis in der Sprache des betreffenden Landes mit Aussprachehilfen erstellt werden solle. W. Köppen macht 1893 auf dem 10. Deutschen Geographentag einen Vorschlag zur Bildung einer Kommission für die einheitliche Schreibweise geographischer Namen. Die älteste nationale Namenbehörde ist das amerikanische U.S. Board on Geographic Names, das bereits 1890 gegründet wird.

Bis zum II. Weltkrieg gab es allerdings nur in wenigen Ländern solche Behörden, die sich speziell mit der Erfassung oder gar Standardisierung von geographischen Namen befassten. Ein gewaltiger Impuls für derartige Aktivitäten erfolgte erst, als sich die USA im II. Weltkrieg sehr plötzlich vor die Aufgabe gestellt sahen, Millionen von geographischen Namen aus asiatischen und europäischen Schriften in die Lateinschrift umzuschriften, um in diesen Ländern großmaßstäbige Karten für ihre Kriegsführung nutzen zu können (vgl. BURRILL 1992). Nach dem II.Weltkrieg haben die Vereinten Nationen die Erfahrungen der USA auf diesem Gebiet übernommen und erkannt, wie wichtig und von welchem wirtschaftlichen Vorteil es ist, standardisierte geographische Namenverzeichnisse und Nomenklaturen für ihre Arbeit zur Verfügung zu haben. Diese Feststellung besitzt gerade heute, im Zeitalter der Globalisierung in nahezu allen Lebensbereichen, seine unveränderte Gültigkeit

Der sozio-ökonomische Nutzen standardisierter geographischer Namen

Standardisierung von geographischen Namen bedeutet, dass bei mehreren gesprochenen Namen für ein und dasselbe geographische Objekt einer davon als der amtlich gültige kenntlich gemacht und dass seine Orthographie nach geltenden Regeln festgelegt wird. Im Deutschen Glossar zur toponymischen Terminologie (StAGN 1995, S. 32) wird "Standardisierung" wie folgt definiert:

Standardisierung geographischer Namen
Die durch eine Namenbehörde erlassene Vorschrift bzgl. eines oder mehrerer Namen mit Angabe ihrer genauen Schreibweise zur Anwendung auf ein bestimmtes topographisches Objekt sowie die Bedingungen für ihre Verwendung. Im weiteren Sinne: Standardisierung von Toponymen.
Nationale Standardisierung geographischer Namen
Standardisierung geographischer Namen innerhalb des Bereichs eines nationalen Gebildes wie z. B. eines Staates.
Internationale Standardisierung geographischer Namen
Tätigkeit, die darauf abzielt, in der Praxis eine maximale Einheitlichkeit bei der mündlichen oder schriftlichen Wiedergabe aller geographischen Namen auf der Erde zu erreichen, und zwar durch (a) nationale Standardisierung und/oder (b) internationale Vereinbarungen, einschl. der Entsprechung zwischen verschiedenen Sprachen und Schriftsystemen

Im Alltag machen wir uns normalerweise nur wenig Gedanken über Bedeutung und Schreibweise von geographischen Namen. Als Bestandteile unserer Sprache, nehmen wir mit einer gewissen Selbstverständlichkeit an, dass die richtige Schreibweise von Namen durch die Rechtschreibregeln schon eindeutig festliegen wird. Erst bei den Nachrichten in der Tagespresse kommen uns dann Zweifel, ob z.B. der sibirische Strom nun Jenissej, Ienissei, Yenisey oder Enisej geschrieben wird, und an welcher Stelle wir ihn im Namenregister suchen sollen. Die Standardisierung dient nicht nur den Zwecken der Verwaltung, sondern auch der amtlichen topographischen Kartographie, der Wissenschaft, der Volksbildung, den Medien und jedem Bürger, der sich geographisch orientieren möchte. Geographische Namen sind in allen Bereichen des täglichen Lebens als Orientierungs- und Kommunikationshilfe von großer Bedeutung. Im Handels- und Transportwesen sind eindeutige Zieladressen für die Luftfahrt, Bahn, Post und Fuhrunternehmen unabdingbare Voraussetzung, um die Waren dem richtigen Empfänger termingerecht und auf kürzestem Wege zuleiten zu können. Analoges gilt im Rettungs- und Sicherheitswesen. Staaten, für die der Tourismus eine wichtige Einnahmequelle ist, sind gut beraten, Übereinstimmung zwischen den Namen auf Straßen-, Orts- und Hinweisschildern mit denen auf ihren Land- und Straßenkarten herzustellen sowie Richtlinien international zu verbreiten, in denen die Schreibweise ihrer geographischen Namen für ausländische Kartenhersteller deutlich wird. Schließlich ist die erfolgreiche wirtschaftliche Entwicklung eines Landes in hohem Maße mit der Qualität seiner topographisch-kartographischen und toponymischen Erfassung korreliert. Hierzu zählt auch die Bedeutung, die geographische Namen im Bibliotheks- und Dokumentationswesen, in der nationalen amtlichen Statistik, in der Stadt-, Regional- und Umweltplanung sowie für Eigentumsnachweise im Kataster oder auf anderen amtlichen Dokumenten und im Rechtswesen besitzen (vgl. auch BREU 1986).

Auf Landkarten und längst auch in Geographischen Informationssystemen (GIS), die beide unverzichtbare Voraussetzungen für die erfolgreiche wirtschaftliche Entwicklung eines Landes sind, nehmen geographische Namen, die man ja ebenfalls in Registern oder Namenverzeichnissen richtig eingeordnet wiederfinden will, eine herausgehobene Stellung für eine einfache, rasche und eindeutige Orientierung ein.

Maßnahmen der Vereinten Nationen zur Standardisierung geographischer Namen

Bereits während der 6. Tagung des Wirtschafts- und Sozialrats der Vereinten Nationen (ECOSOC) im Jahre 1948 wird das Problem der Standardisierung geographischer Namen angesprochen und in der ECOSOC-Resolution 131(VI) berücksichtigt (UNGEGN SECRETARIAT, 1992). Im selben Jahr wird vom Statistischen Büro der VN ein einschlägiges Dokument (Nomenclature of Geographical Areas for Statistical Purposes) veröffentlicht, in dem die Notwendigkeit einheitlicher geographischer Nomenklaturen postuliert wird. Nach der Abhaltung mehrerer Expertentreffen nimmt der ECOSOC im Mai 1956 seine Resolution 600(XXI) an, in der dem Generalsekretär empfohlen wird, Maßnahmen für eine weltweite Vereinheitlichung der Schreibweisen geographischer Namen vorzusehen. In dem nachfolgenden Bericht des Generalsekretärs werden zwei zentrale Fragestellungen herausgearbeitet:
- die Notwendigkeit der Vereinheitlichung geographischer Namen auf nationaler Ebene und
- die Einführung von Standardmethoden auf internationaler Ebene zur Umschriftung geographischer Namen in andere Schriftsysteme.

Daraufhin wird im April 1959 die Resolution 715A(XXVII) des ECOSOC verabschiedet, die als Grundstein für alle weiteren Entwicklungen und Aktivitäten der Vereinten Nationen auf diesem Gebiet angesehen werden kann. Dies sind vor allem die Gründung der *Sachverständi-*

gengruppe der Vereinten Nationen für geographische Namen (United Nations Group of Experts on Geographical Names, UNGEGN), die als ständiges Nebenorgan des ECOSOC bisher 19 Tagungen in etwa zweijährigem Turnus abgehalten hat, sowie die bisher sieben *Konferenzen der Vereinten Nationen zur Standardisierung geographischer Namen* (United Nations Conferences on the Standardization of Geographical Names; Genf 1967, London 1972, Athen 1977, Genf 1982, Montréal 1987, New York 1992, New York 1998).

Damit wurde 1959 in den Vereinten Nationen ein mehr als zehnjähriger Bildungsprozess abgeschlossen, für dessen Beginn recht profane Gründe ausschlaggebend waren, wie LEWIS (1996) in einer Nachbetrachtung schildert:

"Die Expertengruppe verdankt ihr Bestehen der Tatsache, daß bei der Gründung der Vereinten Nationen der Generalsekretär und seine Mitarbeiter darüber irritiert waren, in wieviel verschiedenen Varianten Namen für dasselbe geographische Objekt im lateinischen Alphabet geschrieben wurden."

UNGEGN - Sachverständigengruppe der Vereinten Nationen für geographische Namen

Die Ziele der UNGEGN werden in ihrer Geschäftsordnung als "Aims and Functions" wie folgt definiert:

- Internationale Standardisierung auf der Grundlage nationaler Standardisierung durchzuführen,
- Standardisierung geographischer Namen nach wissenschaftlich begründeten Prinzipien vorzunehmen,
- Grundsätze, Strategien und Verfahren zu untersuchen und vorzuschlagen, die der Problemlösung von nationalen und internationalen Standardisierungsfragen dienen,
- Bedeutung und Vorteile der Standardisierung geographischer Namen im nationalen und internationalen Bereich deutlich zu machen,
- Zusammenarbeit zwischen Mitgliedsländern und internationalen Organisationen bei der Namenstandardisierung zu fördern,
- Arbeitsergebnisse entsprechender nationaler und internationaler Einrichtungen zur Namenstandardisierung zu sammeln und an die UNGEGN-Mitglieder zu verteilen,
- aktive Beteiligung am Transfer von Wissen und technischer Hilfe in die Entwicklungsländer zum Aufbau von Organisationen und Programmen für die Namenstandardisierung,
- für die Umsetzung der Resolutionen der VN-Konferenzen zu sorgen.

In den "Aims and Functions" und den "Rules of Procedure" der UNGEGN wird auch festgelegt, womit sich die Expertengruppe <u>nicht</u> zu befassen hat:

- nicht mit Einzelfallentscheidungen zur Schreibweise geographischer Namen,
- nicht mit Fragen, die in die nationale Zuständigkeit von Staaten fallen,
- nicht mit Namen, die außerhalb des Hoheitsgebietes irgendeines Staates liegen,
- nicht mit Namen von Meeren, Meeresteilen oder des Meeresbodens,
- nicht mit der Festlegung von Staatennamen,
- nicht mit rein kulturellen Aspekten von Namen,

- nicht mit der Umschriftung in nicht-lateinische Schriften.

Die Tagungen der UNGEGN sind ausschließlich der fachlichen und wissenschaftlichen Arbeit auf dem Gebiet der geographischen Namenkunde gewidmet und dienen vor allem zur Vorbereitung der alle fünf Jahre stattfindenden VN-Konferenzen zur Standardisierung geographischer Namen sowie der Berichterstattung über die Umsetzung dort gefasster Beschlüsse im eigenen Land. Die Mitglieder der UNGEGN werden zwar von den Regierungen der einzelnen Länder entsandt, gelten also als Regierungsexperten, tragen auf den jeweiligen Tagungen dieses Gremiums ihre Meinungen aber in ihrer Eigenschaft als Sachverständige und nicht als Staatenvertreter vor. Zur besseren Vorbereitung fachlicher Entscheidungen, die generell durch Konsens und nicht durch Abstimmung erreicht werden sollen, sind die Mitglieder in der UNGEGN deshalb durch Abteilungen (Divisions) vertreten, die nach geographischen und/oder linguistischen Gesichtspunkten gebildet sind und zu denen jedes Land seine Zugehörigkeit, auch zu mehreren, frei erklären kann. Gegenwärtig unterstützen 22 Abteilungen die Arbeit der UNGEGN.

Deutschland ist Mitglied der Niederländisch-deutschsprachigen Abteilung (Dutch- and German-speaking Division, DGSD). Dieser rein linguistisch definierten Gruppierung gehören zur Zeit ebenfalls an: Belgien (für den flämischen und den deutschen Sprachraum), Niederlande, Österreich, Schweiz, Südafrika (wo Afrikaans eine der heute elf Amtssprachen ist) und die ehemalige niederländische Kolonie Suriname. Italien hat sich bisher leider noch nicht zur Mitarbeit in der DGSD bereit erklärt, um dort das deutschsprachige Südtirol zu vertreten.

Wichtigstes Instrument für die fachliche Arbeit in der UNGEGN sind die Arbeitsgruppen, von denen gegenwärtig die folgenden aktiv sind:

für die nationale Standardisierung

- Richtlinien zur Schreibweise geographischer Namen für Herausgeber von Landkarten und anderen Veröffentlichungen (Toponymic guidelines for map and other editors),
- geographische Namendateien und -verzeichnisse (Toponymic data files and gazetteers),
- Ausbildungskurse in geographischer Namenkunde (Training courses in toponymy),

und für die internationale Standardisierung

- Umschriftsysteme in die Lateinschrift (Romanization systems),
- geographische Namendateien und -verzeichnisse/Datenaustauschformate (Toponymic data files and gazetteers),
- Fachsprache der geographischen Namenkunde (Toponymic terminology),
- Verzeichnis der Staatennamen (Country names),
- Öffentlichkeitsarbeit und ihre Finanzierung (Publicity and Funding).

Schließlich wird die Arbeit der UNGEGN unterstützt durch den fachlichen Kontakt zu einer Reihe von internationalen oder zwischenstaatlichen Einrichtungen. Es sind dies die International Organization for Standardization (ISO), die Internationale Kartographische Vereinigung (IKV), das Pan-American Institute of Geography and History (PAIGH), das International

Council of Onomastic Sciences (ICOS), die International Hydrographic Organization (IHO) und das Scientific Committee on Antarctic Research (SCAR).

Konferenzen der Vereinten Nationen zur Standardisierung geographischer Namen

Das zweite Instrument der Vereinten Nationen zur Standardisierung geographischer Namen sind Fachkonferenzen, die seit 1967 alle fünf Jahre abgehalten werden. Auf ihnen wurden die Ergebnisse, die von der UNGEGN erarbeitet worden sind, ausführlich erörtert und in Resolutionen umgesetzt. Die Tagesordnung dieser VN-Konferenzen ist im Laufe der vergangenen drei Jahrzehnte im Kern unverändert geblieben, trotz einiger aktueller Anpassungen an technische Entwicklungen. Auf der 7. Konferenz im Januar 1998 in New York sind die nachfolgenden Themen eingehend behandelt worden.

Jede wirtschaftliche Entwicklung eines Landes ist in hohem Maße von der Qualität seiner kartographischen Erfassung abhängig. Der Transfer von Wissen und Standards auf den Gebieten der Kartographie und geographischen Namenkunde in die Entwicklungsländer stellt sich jedoch noch immer als Problem dar. Dem Missstand könnte unter anderem mit Ausbildungskursen in geographischer Namenkunde (*toponymic training courses*) abgeholfen werden, um in diesen Ländern Institutionen zu unterstützen, die sich mit der Namenstandardisierung befassen. Auf der einen Seite ist hier durch die zunehmende Anzahl abgehaltener Kurse und Seminare (seit 1982 bisher 20) eine durchaus positive Entwicklung zu verzeichnen. Andererseits war auf der Konferenz jedoch auch festzustellen, dass trotz der gegenüber früheren Veranstaltungen etwas stärkeren Beteiligung aus den afrikanischen und mittel- und südamerikanischen Ländern, immer noch zu wenig Fachleute aus den Entwicklungsländern nach New York entsandt wurden. Dieser Sachverhalt wurde von den Konferenzteilnehmern mit Besorgnis zur Kenntnis genommen. Es wurde angeregt, bei künftigen UNGEGN-Sitzungen und VN-Konferenzen auch am jeweiligen Veranstaltungsort derartige Trainingskurse zu organisieren und durchzuführen.

Auch auf dieser Konferenz bildet das Thema „Richtlinien für die Schreibweise geographischer Namen" (*toponymic guidelines*) einen Diskussionsschwerpunkt. Es ist in diesem Zusammenhang immer wieder auf die Notwendigkeit hingewiesen worden, dass die einzelnen Länder für ihren Zuständigkeitsbereich derartige Richtlinien herausgeben sollen. Diese stellen eine wichtige Anleitung für die Anwendung standardisierter Namen in einem Land dar und sollen deshalb in einer der offiziellen VN-Sprachen, vorzugsweise in Englisch, veröffentlicht werden, um dadurch insbesondere ausländischen Karten- und Atlasherausgebern zugänglich gemacht werden zu können. Dass derartige Richtlinien von etwa 40 Ländern bereits erarbeitet worden sind und dem Sekretariat der UNGEGN vorliegen, ist als Erfolg zu verzeichnen. Nachdenklich muss allerdings stimmen, dass - mit einer einzigen Ausnahme -, Entwicklungs- und Schwellenländer hierunter bisher nicht vertreten sind. Anlässlich der 7. VN-Konferenz wurden von zwölf Ländern toponymische Richtlinien eingereicht, in der Mehrzahl überarbeitete Versionen von früheren Ausgaben dieser Länder. Systematisches Sammeln und Katalogisieren der geographischen Namen in einem Land und die Herausgabe von geographischen Namenbüchern (*gazetteers*) oder Wörterbüchern (*geographical dictionaries*) sind die Grundlage der nationalen Standardisierungsarbeit, die normalerweise mit der topographisch-kartographischen Erfassung eines Landes einhergeht. Das Informationsverbreitungsmedium, das noch vor zehn Jahren fast ausschließlich die gedruckte Buchform war, erfolgt heute natürlich meistens in digitaler Form, etweder auf Diskette (*floppy disc*), CD-ROM oder auch "datenträgerlos" im Internet. Über die Konzepte ihrer nationalen *Datenbanken* berichten Deutschland, Italien, Japan, Kanada, Litauen, Polen, Russland, Slowakei und die Vereinigten Staaten. Erfreulich, dass mit Mozambique auch ein Entwicklungsland den Stand seiner Arbeiten vorträgt. Den aktuellsten Weg der Informationsverbreitung haben die nordischen Staaten beschritten und begonnen, eine gemeinsame Datenbank aller beteiligten Länder über das Internet bereitzustellen. Entsprechend einer Empfehlung der Vereinten Nationen haben Deutschland und Kanada aus dem Gesamtbestand ihrer Datenbanken außerdem Kurzfassungen von geographischen Namenbüchern (*concise gazetteers*) herausgegeben, um die standarisierten Namenformen der wichtigsten geographischen Objekte ihrer Länder ausländischen Kartenherstellern und interessierten Laien einfacher zugänglich zu machen.

Ein in der deutschen Sprache verwendeter geographischer Name, der anders lautet als der Name, der in dem Gebiet gesprochen wird, in dem das betreffende Objekt liegt, nennt man *Exonym*. "Venedig" ist das deutsche Exonym, "Venice" das englische Exonym für die einheimische (endonymische) italienische Form "Venezia". Das Thema "Exonyme" hat die früheren VN-Konferenzen und UNGEGN-Sitzungen sehr ausgiebig beschäftigt, häufig auch mit emotional begründeten Argumenten. Es gab dazu sehr konträre Ansichten, ob Exonyme als notwendige Kommunikationsbestandteile einer Sprache beibehalten werden sollten, oder ob man ihren Gebrauch allgemein einschränken sollte. Obwohl die Diskussion zu dem Thema immer noch anhält, kann allgemein ein Trend festgestellt werden, der auf einer Reduzierung der Exonyme hinausläuft, so, wie es mehrere Resolutionen der Vereinten Nationen zu diesem Thema fordern. In internationalen Atlanten werden in zunehmendem Maße die endonymischen Formen wie z. B. Moskva (für Moskau), Praha (für Prag) oder Napoli (für Neapel) verzeichnet. Unbeeindruckt von dieser allgemeinen Entwicklung hat Polen auf dieser Konferenz über eine sehr detaillierte Auflistung von polnischen Exonymen in vier Bänden berichtet. Deutschland, Österreich und die Schweiz haben hierzu den gegenteiligen Weg eingeschlagen und sich auf die gemeinsame Veröffentlichung einer Minimalliste deutscher Exonymen geeinigt. Von Israel wird der ungewöhnliche und zugleich interessante Vorschlag gemacht, dass ein Land Empfehlungen machen können soll, wie bestimmte geographische Objekte im eigenen Land (z.B. bekannte Orte von touristischer oder kultureller Bedeutung) in anderen Sprachen als Exonyme zu schreiben sind. Es bleibt abzuwarten, wie dieser "Eingriff" eines Landes in eine fremde Sprache aufgenommen wird.

Als Folge des gesellschafts- und machtpolitischen Wandels in Ost- und Südosteuropa sind in vielen der betroffenen Länder zahlreiche geographische Namen geändert worden. Zum Teil sind auch neue Schriftsysteme (Turkmenistan) eingeführt oder alte, in der Zeit der Sowjetunion unterdrückte Schriften (z.B. Armenisch und Georgisch) wiederbelebt worden. Der Sachverhalt ist unter dem Tagesordnungspunkt Lateinumschriftsysteme (*Romanization systems*) diskutiert worden. Die wichtigste Tatsache in diesem Zusammenhang ist aber, dass Russland das als GOST 83 bezeichnete Transliterierungssystem beibehalten wird, welches zur Umschriftung des russischen Kyrillisch in die Lateinschrift dient und auf der 5. VN-Konferenz in Montréal 1987 per Resolution angenommen worden war. Dieses wissenschaftlich begründete System, das die englischsprachigen Länder damals vehement bekämpft haben (und heute noch nicht anwenden, obwohl es längst auch von der ISO akzeptiert ist), hat in der Nach-Perestroika-Zeit in Russland eine zeitlang in der Diskussion gestanden, ob man es nicht zugunsten des Umschriftsystems der englischsprachigen Länder (und der NATO!) wieder aufgeben solle. Dazu ist es glücklicherweise nicht gekommen. Einen anderen Weg wird voraussichtlich Ukraine gehen und ein Umschriftsystem einführen, das wahrscheinlich auf einer phonetischen Umsetzung der englischen Sprache beruhen wird. Ob die Gründe dafür politisch-opportunistischer Art (Hinwendung zum westlichen Wirtschaftsraum) oder emotional begründeter Natur (Abwendung vom russischen System) sind, soll hier nicht beurteilt werden. Wissenschaftliche Gesichtspunkte lassen sich hierfür jedoch nicht anführen.

Die bisher nur in sehr unbefriedigender Weise gehandhabte Darstellung und digitale Übertragung von geographischen Namen, die Buchstaben mit diakritischen Zeichen enthalten, scheint dagegen einer Lösung näher zu kommen. Auf der Konferenz ist in einer umfangreichen Dokumentation über den International Standard ISO/IEC 10646 (*Unicode*) berichtet worden, der auf einer 16-Bit-Kodierung von Buchstaben und Schriftzeichen fast aller Schriften basiert. Eine Einigung über die Kodierung der einzelnen Schriftzeichen scheint erreicht worden zu sein. Es bleibt abzuwarten, wie zügig die Umstellung der verschiedenen Computerbetriebssysteme erfolgen kann und welche notwendigen Investionen dazu auf der Nutzerseite bevorstehen.

Über merkliche Fortschritte konnte bei der Fertigstellung des „*Glossary of Toponymic Terminology*" berichtet werden, das in den sechs offiziellen VN-Sprachen erscheinen soll. Das zunächst in englischer Sprache erarbeitete Manuskript liegt nunmehr auch in arabischer, chinesischer, französischer und spanischer Übersetzung vor. Lediglich die Übertragung ins Russische ist bisher noch nicht in Angriff genommen worden. Der Ständige Ausschuss für geographische Namen (StAGN) hat die englische Fassung bereits 1995 ins Deutsche übersetzt und auf der letzten UNGEGN-Sitzung 1996 in Genf in gedruckter Form vorgestellt. Dadurch sind andere Länder animiert worden, diesem Beispiel zu folgen, um die eigene nationale Standardisierung weiter voranzubringen.

Die Diskussion über die Bedeutung des neuen Informationsmediums *Internet* für alle Aufgabenbereiche der UNGEGN hat auf dieser Konferenz erneut breiten Raum eingenommen. Zahlreiche Beiträge zu verschiedenen Themen haben deutlich gemacht, dass dieses Medium bereits in zunehmendem Maße von mehreren Ländern intensiv eingesetzt wird, wobei auch hier wiederum die Entwicklungsländer leider nicht vertreten sind. Man hat angeregt, dass das Internet künftig noch stärker genutzt werden solle, um Informationen, Metadaten und Dokumente über die Arbeit der UNGEGN und ihrer Mitglieder besser zu verbreiten. Das Sekretariat der UNGEGN ist aufgefordert worden, eine 'Homepage' im Internet einzurichten und laufend zu halten. Die Geschäftsstelle des StAGN in Frankfurt am Main hat bereits seit einiger Zeit damit begonnen, auf diesem Wege über die eigene Arbeit zu informieren und verschiedene Sachdaten zur Verfügung zu stellen (http://www.ifag.de).

Die Ergebnisse der UNGEGN-Arbeit und der VN-Konferenzen zur Standardisierung geographischer Namen

Auf den sieben VN-Konferenzen wurden bisher insgesamt 166 Resolutionen verabschiedet, davon 2/3 mit technischem und 1/3 mit administrativem Charakter. Die in dieser Hinsicht "produktivste" Konferenz war die zweite 1972 in London, auf der 39 Resolutionen beschlossen wurden. Die Umsetzung der Beschlüsse hat zu Ergebnissen geführt, die sich in zwei Kategorien fassen lassen: Ergebnisse, die aus nationalen Anstrengungen resultieren und solche, die aus internationaler Kooperation hervorgegangen sind. Zu den Resultaten der ersten Kategorie zählen:

- Schaffung der Infrastruktur für nationale *Namenstandardisierungsprogramme* durch mehrere Länder (z.B. Einrichtung von Namenbehörden),
- Veröffentlichung von geographischen *Namenverzeichnissen* oder -wörterbüchern in Buchform, in digitaler Form oder im Internet durch zahlreiche Länder,
- Veröffentlichung von *Richtlinien* zur Schreibweise geographischer Namen durch 40 Länder,
- Veröffentlichung von *Exonymenlisten*.

Zu den Ergebnissen gemeinsamer internationaler Bemühungen können gerechnet werden:
- Verabschiedung von 13 Systemen zur *Umschrifung* nicht-lateinschriftiger Sprachen in die Lateinschrift (amharisch, arabisch, bulgarisch, chinesisch, griechisch, hebräisch, indisch, khmer, mazedonisch, persisch, russisch, serbo-kroatisch, thai),
- Bearbeitung und Herausgabe eines *Glossars* für die Fachsprache der geographischen Namenkunde,
- Abhalten oder Förderung von bisher 20 *Ausbildungskursen* (seit 1982) in geographischer Namenkunde für Entwicklungsländer,
- Zusammenstellung einer Liste der *Staatennamen* in den drei Arbeitssprachen der Vereinten Nationen (engl., franz., span.) und in der Landessprache,
- Beschluss zur einheitlichen Anwendung des International Standard ISO/IEC 10646 (*Unicode*) zur Darstellung und digitalen Übertragung diakritischer Zeichen.

Der Ständige Ausschuss für geographische Namen (StAGN)

Außer auf diese quantifizierbaren, praktisch erzielten Ergebnisse muss auf die fast wichtigste Rolle der zwei VN-Gremien hingewiesen werden. Es ist ihr Auftrag, ein Forum zu bilden, durch das die Zusammenarbeit zwischen den einzelnen Ländern gefördert und der Austausch von Daten und Informationen unterstützt wird, um die Sensibilität und das gegenseitige Verständnis bei unterschiedlicher nationaler Betrachtungsweise namenkundlicher Probleme zu verbessern. Damit besitzen VN-Konferenzen und UNGEGN auch eine Funktion, die zur Krisenvermeidung und Friedenserhaltung zwischen den Völkern der Erde beiträgt.

Der Ständige Ausschuss für geographische Namen (StAGN)

Der Ständige Ausschuss für geographische Namen (StAGN) befasst sich im weitesten Sinne mit der Schreibweise geographischer Namen und ihrer Anwendung im öffentlichen Leben. Der StAGN ist ein selbständiges wissenschaftliches Gremium ohne hoheitliche Funktionen, dem vor allem Wissenschaftler und Praktiker aus Deutschland, Österreich, der Schweiz und aus anderen deutschsprachigen Gebieten angehören. Sie vertreten die Fachgebiete Topographie, Kartographie, Geographie und Linguistik sowie mit geographischen Namen befasste Einrichtungen und Verwaltungen. Wichtig ist die internationale Zusammenarbeit, namentlich mit der Sachverständigengruppe der Vereinten Nationen für geographische Namen (UNGEGN), wo eine niederländisch-deutschsprachige Abteilung (DGSD) besteht. Seit 1967 haben Mitglieder des StAGN an den sieben Konferenzen der Vereinten Nationen zur Standardisierung geographischer Namen teilgenommen.

In vielen Staaten gibt es Behörden oder Institutionen, deren Aufgabe es ist, über den Geltungsbereich, die Schreibweise und die Aussprache geographischer Namen zu befinden. In den englischsprachigen Staaten werden sie häufig "Board on Geographical Names" genannt. In anderen Staaten werden solche Aufgaben von Ministerien, Staatsinstituten, Akademieeinrichtungen, von der Landestopographie, der Armee oder auch von nationalen geographischen Gesellschaften wahrgenommen.

In Deutschland und Österreich unterliegt die Festlegung der richtigen Schreibweise geographischer Namen im Allgemeinen der Kulturhoheit der 16 bzw. 9 Länder; in der Schweiz sind dafür die 26 Kantone zuständig. Die Auswärtigen Ämter legen den amtlichen deutschen Sprachgebrauch der ausländischen Staatennamen und ihrer Ableitungen, der Namen der Hauptstädte und der Dienstorte der Auslandsvertretungen fest.

Nach dem 2. Weltkrieg begann die intensive Namenarbeit in Deutschland im Jahre 1952 mit der Gründung des Arbeitskreises "Namengebung und Namenschreibung" der Deutschen Gesellschaft für Kartographie beim Amt für Landeskunde in Bad Godesberg. Als 1959 die "Sachverständigengruppe der Vereinten Nationen für geographische Namen" (UNGEGN - United Nations Group of Experts on Geographical Names) gebildet wurde, stimmte das Bundesinnenministerium der Gründung des Ständigen Ausschusses für die Rechtschreibung geographischer Namen zu, mit dem Sitz der Geschäftsstelle im Institut für Landeskunde in Bad

Godesberg. 1965 wurde dieser Ausschuss in *Ständiger Ausschuß für geographische Namen (StAGN)* umbenannt. Die Geschäftsstelle des StAGN ging 1973 an das Institut für Angewandte Geodäsie (IfAG), jetzt: *Bundesamt für Kartographie und Geodäsie (BKG)*, in Frankfurt am Main über. Arbeitssitzungen werden in der Regel zweimal jährlich abgehalten. Die 100. Arbeitssitzung des StAGN wurde 1996 in Verbindung mit einem wissenschaftlichen Symposium über geographische Namen in Wien abgehalten.

Die Aufgaben des StAGN

Seit Anbeginn der Gründung sind die Aufgaben des StAGN nicht allein auf die Vereinheitlichung geographischer Namen in Deutschland ausgerichtet gewesen, sondern schließen im Interesse einer länderübergreifenden Standardisierung den gesamten deutschsprachigen Raum mit ein. Die Aufgaben und Zielsetzungen des StAGN sind 1975 in einer neugefassten Geschäftsordnung mit folgendem Inhalt festgelegt worden.

- Vereinheitlichung des amtlichen und privaten Gebrauchs von geographischen Namen im deutschen Sprachgebiet durch Herausgabe entsprechender Empfehlungen oder Richtlinien;
- Vertretung der erarbeiteten Richtlinien im In- und Ausland und in internationalen Gremien;
- Umsetzung der Empfehlungen und Resolutionen der Vereinten Nationen zur Standardisierung geographischer Namen im nationalen Bereich;
- Herausgabe von geographischen Namenbüchern;
- Herausgabe und Laufendhaltung einer synoptischen Liste der im deutschen Sprachgebiet verwendeten Staatennamen;
- Erarbeitung einer Liste deutscher Exonyme, d.h. von Namen, die in der deutschen Sprache anders lauten als in der Amtssprache des betreffenden Staates.

Veröffentlichungen des StAGN

Die Arbeiten des StAGN wurden zuerst im Dudenverlag beim Bibliographischen Institut in Mannheim veröffentlicht, später überwiegend im Verlag des Instituts für Angewandte Geodäsie, Frankfurt am Main.

1960	Duden. Die Rechtschreibung der geographischen Namen
1962	Liste der deutschen Namen der Staaten der Erde, 1. Ausg.
1966	Duden. Wörterbuch geographischer Namen Europas (ohne Sowjetunion)
1981	Geographisches Namenbuch Bundesrepublik Deutschland
1984	H. Liedtke: Bundesrepublik Deutschland 1:1.000.000 Landschaften - Namen und Abgrenzungen, 1.Ausg.
1994	H. Liedtke: Bundesrepublik Deutschland 1:1.000.000 Landschaften - Namen und Abgrenzungen, 2.Ausg. (erweitert um die neuen Länder)
1990	Wörterbuch geographischer Namen Amerika
1993	J. Sievers: Verzeichnis deutschsprachiger geographischer Namen in der Antarktis, 2. Ausg.
1994	E. Spiess: Ausgewählte Exonyme der deutschen Sprache
1995	Deutsches Glossar zur toponymischen Terminologie
1997	Liste der Staatennamen 5. Ausg., mit Anhang 'Liste der Namen nichtselbständiger Gebiete'

1998 Empfehlungen und Richtlinien zur Schreibweise geographischer Namen - Bundesrepublik Deutschland, 3. Ausg.
1998 Änderungen geographischer Namen und Grenzen, 13.Ausg.
1998 Geographisches Namenbuch Deutschland - Kurzausgabe

In Vorbereitung:
- Geographisches Namenbuch Deutschland, 2. Ausg.
- Wörterbuch geographischer Namen Europa, 2. Ausg.
- Wörterbuch geographischer Namen der GUS-Staaten

Institutionen und Verbände, die im StAGN vertreten sind:

Als selbständigem wissenschaftlichem Beratungs- und Koordinationsgremium gehören dem StAGN Fachleute aus der Topographie, Geographie, Kartographie und Linguistik aus Wissenschaft, Verwaltung und Praxis an. Die ständigen und nichtständigen Mitglieder des StAGN, die durch Wahl bestimmt werden, arbeiten ehrenamtlich. Die Anzahl der ständigen Mitglieder ist auf 15 begrenzt. Im StAGN sind neben Vertretern aus Deutschland, Österreich, der Schweiz, Südtirol und dem deutschsprachigen Gebiet Belgiens außerdem folgende Institutionen durch Sachverständige vertreten:

Behörden und Ministerien

- Auswärtiges Amt / Geographisch-Kartographischer Dienst,
- Bundesministerium des Innern / Bundesamt für Kartographie und Geodäsie (BKG) und Statistisches Bundesamt,
- Bundesministerium für Verkehr / Bundesamt für Seeschifffahrt und Hydrographie (BSH),
- Bundesministerium für Verteidigung / Amt für Militärisches Geowesen (AMilGeo);

Körperschaften, Verbände u. a. Fachinstitutionen

- Arbeitsgemeinschaft für Kartographische Ortsnamenkunde (AKO) der Österreichischen Kartographischen Kommission in der Österreichischen Geographischen Gesellschaft,
- Arbeitsgemeinschaft der Vermesungsverwaltungen der Länder der Bundesrepublik Deutschland (AdV),
- Bibliographisches Institut, Dudenredaktion,
- Deutsche Bibliothek und Staatsbibliothek zu Berlin,
- DIN-Normenausschuss,
- Ständige Konferenz der Kultusminister der Länder in der Bundesrepublik Deutschland,
- Verband Kartographischer Verlage und Institute;

Wissenschaftliche Gesellschaften

- Deutsche Akademie für Landeskunde,
- Deutsche Geographische Gesellschaft,
- Deutsche Gesellschaft für Kartographie.
- Gesellschaft für deutsche Sprache,

Ausblick

Lassen Sie mich abschließend versuchen, an zwei Ereignissen, die sich während der 7. VN-Konferenz im Januar 1998 in New York zugetragen haben, deutlich zu machen, wie wichtig geographische Namen von Staaten genommen werden, und wie man mit zum Teil emotional geführten Begründungen versucht, für den jeweiligen Standpunkt internationale Anerkennung zu finden.

In dem einen Fall handelt es sich um die Länderbezeichnung von Mazedonien und die Auseinandersetzung zwischen Griechenland und Mazedonien darüber. In der Terminologie der Vereinten Nationen wird dieses Land unter der schon kurios anmutenden Bezeichnung „The former Yugoslav Republic of Macedonia" geführt und wird von den VN demzufolge alphabetisch auch unter „T" eingeordnet (die vom Auswärtigen Amt verfügte offizielle deutsche Bezeichnung lautet „Ehemalige jugoslawische Republik Mazedonien"). Die Verwirrung wird vollends, wenn in den VN anstelle der international akzeptierten Zwei- und Dreibuchstaben-ISO-Ländercodes (MK bzw. MKD) das Akronym „FYROM" benutzt wird. Natürlich nimmt der mazedonische Vertreter jede sich bietende Gelegenheit wahr, um gegen diese diskriminierende Bezeichnung seines Staates zu protestieren und bezeichnet in einem kurzen Redebeitrag von etwa zwei Minuten sein Land gut zehnmal als „Republic of Macedonia". Diese, auch für den neutralen Zuhörer schon als provozierend empfundene Häufigkeit, wird von der griechischen Seite selbstverständlich unter Protest zurückgewiesen. Die Forderung Griechenlands dann aber, auch die Sprachbezeichnung „mazedonisch" umzuändern in „Sprache der ehemaligen jugoslawischen Republik Mazedonien", muss schon grotesk genannt werden.

Das zweite Beispiel, in dem sowohl nationale Empfindlichkeiten als auch kulturelles und politisches Anspruchsdenken zum Ausdruck kommen, ist der Streit zwischen Japan, Südkorea und Nordkorea um den Namen des zwischen ihren Ländern liegenden Meeres. Gegen den jetzt international eingebürgerten Namen „Sea of Japan" (im Deutschen „Japanisches Meer"; auch Russland verwendet den Namen in diesem Sinne: "Japonskoe more") versucht Südkorea in einer schon seit mehreren Jahren in Fachkreisen öffentlich geführten Kampagne den Namen „East Sea" durchzusetzen und in einer Resolution der VN festzuschreiben. Nordkorea besteht auf der Benennung „East Sea of Korea". Die auf Ausgleich bemühte Konferenzleitung hatte versucht, das Thema aus der Konferenz herauszuhalten und in der eingebrachten Resolution auf die Zuständigkeit der Internationalen Hydrographischen Organisation zu verweisen, da es sich hierbei um einen Namen der Hohen See außerhalb der Grenzen der streitenden Parteien handelte. Auch Verhandlungen auf trilateraler Ebene, für die die Konferenz für einige Zeit unterbrochen werden musste, haben zu keinem Ergebnis geführt. Die Wichtigkeit des Problems mag man an dem Umstand ermessen, dass das eine Land zu diesen Unterredungen allein acht Botschaftsvertreter entsandt hatte.

Obwohl derartige Einzelfälle nichts auf den VN-Konferenzen zur Standardisierung geographischer Namen zu suchen haben und die eigentliche Sacharbeit der UNGEGN nur behindern, lassen sich Diskussionen darüber nicht gänzlich vermeiden. Es ist deshalb nicht auszuschließen, dass derartige Themen die UNGEGN auch weiterhin beschäftigen werden.

Literatur

BREU, Joseph (1986): Social and economic benefits of the standardization of geographical names. - World Cartography XVIII, S. 23-24 (UN-Publikation UN-ST/ESA/SER.L/18, New York)

BURRILL, M. F.[1992]: The 1967 United Nations Conference on the Standardization of Geographic Names: Its origin and some of its legacy. 6th UN Conference on the Standardization of Geographical Names, New York, 25 August - 3 September 1992 (unveröff. Vortrag)

LEWIS, H.A.G. (1996): Proposed guidance for UNGEGN. 18th Session of United Nations Group of Experts on Geographical Names, Geneva, 12-23 August 1996. - (Information Paper; 45), Genève

Secretariat of the United Nations Group of Experts on Geographical Names (prep. by Max C. de Henseler) (1992): United Nations activities in the field of standardization of geographical names. 6th UN Conference on the Standardization of Geographical Names, New York, 25 August - 3 September 1992. - New York (E/CONF.85/CRP.3)

SIEVERS, Jörn (1998) Endonyme, Exonyme und Unicode für Toponymiker. - Vereinte Nationen 46, S. 136-141

SPERLING, Walter (1997): Namen und Begriffe - Ein Beitrag über geographische Namen im Leben und in der Schule. - In: Frank, Friedhelm u.a. (Hrsg.): Festschrift zur Emeritierung von Josef Birkenhauer. (Münchner Studien zur Didaktik der Geographie; 8), München, S. 111-140

Ständiger Ausschuß für geographische Namen (1995): Deutsches Glossar zur toponymischen Terminologie. - (Nachrichten aus dem Karten- und Vermessungswesen, Sonderheft), Frankfurt a.M.

United Nations Conference on the Standardization of Geographical Names (1968): Vol. I. Report of the Conference, Geneva, 4-22 September 1967. - (United Nations Publication; E.68.I.9), Geneva

United Nations Conference on the Standardization of Geographical Names (1974): Second United Nations Conference on the Standardization of Geographical Names: Vol. I. Report of the Conference, London, 10-31 May 1972. - (United Nations Publication; E.74.I.2), London

United Nations Conference on the Standardization of Geographical Names (1979): Third United Nations Conference on the Standardization of Geographical Names: Vol. I. Report of the Conference, Athens, 17 August - 7 September 1977. - (United Nations Publication; E.79.I.4), Athens

United Nations Conference on the Standardization of Geographical Names (1983): Fourth United Nations Conference on the Standardization of Geographical Names: Vol. I. Report of the Conference, Geneva, 24 August - 14 September 1982. - (United Nations Publication E.83.I.7), Geneva

United Nations Conference on the Standardization of Geographical Names (1988): Fifth United Nations Conference on the Standardization of Geographical Names: Vol. I. Report of the Conference, Montreal, 18-31 August 1987. - (United Nations Publication; E.88.I.7), Montreal

United Nations Conference on the Standardization of Geographical Names (1993): Sixth United Nations Conference on the Standardization of Geographical Names: Vol. I. Report of the Conference, New York, 25 August - 3 September 1992. - (United Nations Publication; E.93.I.23), New York

United Nations Conference on the Standardization of Geographical Names Seventh (in prep.): United Nations Conference on the Standardization of Geographical Names: Vol. I. Report of the Conference, New York, 13-22 January 1998. - (United Nations Publication), New York

DL - BERICHTE UND DOKUMENTATIONEN, Heft 2 (1999)
Geographische Namen in ihrer Bedeutung für die
landeskundliche Forschung und Darstellung, S. 263-270

Karl August Seel

Auswirkungen der Rechtschreibreform auf geographisch-topographisches Namengut

Aufgabe

Zu untersuchen sind geographische Namen (GN) – tradierte Bezeichnungen geographischer Objekte der Erdoberfläche -, die in topographischen Karten zur Darstellung kommen sowie Änderungen ihrer Schreibweisen, die sich aus der Rechtschreibreform ergeben. Untersucht wird das Namengut am Beispiel der amtlichen Karte 1: 25.000 (TK 25).

Als Quellen wurden gewählt

Gazetteer to AMS 1: 25.000 Maps of West Germany. Vol. I. 778 S, 133.816 GN; Vol. II. 780 S, 134.160 GN; Vol. III. 808 S, 138.976 GN

Gazetteer to AMS 1: 25.000 Maps of East Germany. 870 S, 149.640 GN. Hrsg.: Corps of Engineers, U.S.Army. Army Map Service (AMS). Washington 25, D.C., 1954 und 1955

Pro Seite enthalten die Gazetteers 2 x 86 = 172 Wortstellen. Sie umfassen insgesamt einen Bestand von ca. 557.000 GN.

Die Wörterbücher enthalten alle Bezeichnungen geographisch-topographischer Objekte, die in den AMS-Serien M841 (East) und M842 (West) beider Staaten in Deutschland aufgezeichnet sind. Sie decken das Staatsgebiet der heutigen Bundesrepublik Deutschland ab. Beide Serien basieren auf Messtischblättern 1: 25.000 des Deutschen Reiches und sind unberichtigte Nachdrucke. Alle Toponyme sind in den Gazetteers aufgeführt in der Schreibweise, wie sie in den Kartenblättern ausgeschrieben oder abgekürzt stehen und sind in Versalien wiedergegeben, so z.B.

PAAR	PACKS-B. (Berg)
PAARBERGER SAND	PAD-B. (Berg)
PAARWIESEN	PANN-KPF. (Kopf)
PAAS B. (Bach)	PANNOLS-GR. (Graben)
PAAS M. (Mühle)	PARK-S. (See) etc.

Alle GN sind durch Abkürzungen gekennzeichnet, die ihren landschaftsprägenden Charakter widerspiegeln, so für die aufgeführten Beispiele

POPL	Siedlung	HILL	Hügel
FRST	Forst, Wald	MT	Berg
MDW	Wiese	HILL	Hügel
STRM	Fluss, Bach, Graben	STRM	Fluss, Bach, Graben
MILL	Mühle	LAKE	See

Außerdem werden die UTM-Referenz, die Kartenblattnummer sowie die geographische Breite des jeweiligen Objekts angegeben.

Auswirkungen

Änderungen der Schreibweise ergeben sich beim geographischen Namengut bei Anwendung der Rechtschreibreform vor allem und fast ausschließlich in der "ß"- und "ss"-Schreibung. Ausgenommen von der Reform und dieser Änderung sind jedoch alle Ortsnamen (Städte, Dörfer) und politische Gebietseinheiten (Regierungsbezirke, Kreise). Diese sind juristisch normiertes Namengut und haben somit Gebietsschutz. Eine Änderung in eine "ss"-Schreibweise, analog den Regeln der Rechtschreibreform, ist hier nur durch einen Rechtsakt der zuständigen politisch-parlamentarischen Institutionen (Landtage) möglich.
Ausgenommen von diesem Schutz sind jedoch Exonyme, überlieferte und allgemein gebräuchliche deutsche Orts- oder Landschaftsnamen in Gebieten mit nichtdeutscher Amtssprache, so z.B.

Aßling	Assling, Slowenien
Preßburg	Pressburg, Slowakei
Elsaß	Elsass, Frankreich
Parnaß	Parnass, Griechenland
Weißrußland	Weißrussland

Zu prüfen ist, ob Siedlungsnamen von Einzelhöfen, Mühlen, Sägewerken, Hütten etc., die zumeist überlieferte, historische Namen führen, gleichfalls wie die Ortsnamen (ON) von den

Änderungen der Rechtschreibreform ausgenommen sind oder ihr unterliegen. Gleiches gilt für die zahlreichen Wüstungsnamen, die – heute weit über den Bestand der Gazetteers von 1954/55 hinaus – in der TK 25 enthalten sind.

Auch künftige stehen nach dem Regelwerk "ss"- und "ß"-Schreibung nebeneinander, wenn diesen GN, je nachdem ob ein kurzer oder langer Vokal dem heutigen "ß" vorangehen, unterschiedliche Bedeutung haben. So bei "Floß" oder "Floss".

Floß in der Ableitung von Floß, wassertransportiertem Holz, Flösserei wie bei Floßbahn, Flößgraben, Floßholzweg, Floßkanal.

Floß/Floss in der Bedeutung von Wassergraben bei zahlreichen Flossbächen, -brücken, -gräben, -teichen, etc.

Ähnlich verhält es sich bei Ruß-/Russ in der Ableitung von Russisch, Rußland z.B. Russberg, Russlandsberg oder Ruß- in der Ableitung von Ruß = Kohlenstaub, am Standort ehemaliger und namengebender Köhlerei für einen Waldbezirk.

Eine Schwierigkeit, ob "ss"- oder weiterhin "ß"-Schreibung, ergab sich bei der Untersuchung aus der Tatsache, dass in den Gazetteers alle GN in Großbuchstaben (Versalien) wiedergegeben sind. Hier muss die Frage, ob ein langer oder kurzer Vokal dem "ss" vorhergeht, durch den Vergleich mit der Karte beantwortet werden. Dort stehen die meisten Toponyme in Kleinschreibung (Minuskeln). Nur so kann letztlich entschieden werden, ob die alte "ß"-Schreibung bei langem Vokal beibehalten wird oder ob die neue "ss"-Schreibung bei kurzem Vokal erfolgen muss.

Die Rechtschreibreform findet außerdem Anwendung in einigen wenigen Sonderfällen, so bei wegfallendem End-"h" bei Namenzusammensetzungen mit "rauh-rau". Sie kann darüber hinaus bei Schreibvereinheitlichung von GN mit fremdsprachigem Stamm wie Telegraphenberg - Telegrafenberg angewandt werden.

Wechsel von "ß" zu "ss" (Beispiele)

Ablaßbrunn	Ablassbrunn	Floßgraben	Flossgraben
Ablaßwiese	Ablasswiese	Flußgraben	Flussgraben
Aßberg	Assberg	Flußkopf	Flusskopf
Baßackerteich	Bassackerteich	Gaßmannshecke	Gassmannshecke
Baßdümpel	Bassdümpel	Geßnitz	Gessnitz
Blaßwiese	Blasswiese	Graßhofdamm	Grasshofdamm
Bleßberg	Blessberg	Gußbach	Gussbach
Daßtal	Dasstal	Haßbach	Hassbach
Dreßlerberg	Dresslerberg	Haßberge	Hassberge
Eßbach	Essbach	Heßberg	Hessberg
Faßholzberg	Fassholzberg	Heßelgraben	Hesselgraben
Fißnitzgraben	Fissnitzgraben	Heßwinkel	Hesswinkel

Kaßberg	Kassberg	-rücken, -weide	
Laßgraben	Lassgraben	-wiesen, u.v.m	
Lißbruch	Lissbruch	Rothschoß	Rothschoss
Lißbusch	Lissbusch	Saßberg	Sassberg
Lißwarthe	Lisswarthe	Schloßbach	Schlossbach
Lößtal	Lösstal	Schloßberg	Schlossberg
Meßbach	Messbach	-feld, -gewann	
Meßwiesen	Messwiesen	-halde, -heger	
Mußbruch	Mussbruch	-holz, -hübel	
Mußlauch	Musslauch	-see, u.v.m.	
Naßland	Nassland	Schoßbach	Schossbach
Naßwiesen	Nasswiesen	Schoßgrat	Schossgrat
Nußberg	Nussberg	Schußbach	Schussbach
Nußbruch	Nussbruch	Schußbaum	Schussbaum
Paßbach	Passbach	Schußberg	Schussberg
Paßberg	Passberg	Toßberg	Tossberg
Paßbrücke	Passbrücke	Traßbrüche	Trassbrüche
Paß Ehrwald	Pass Ehrwald	Treßsee	Tresssee
Pleßbach	Plessbach	Troßholz	Trossholz
Pleßberg	Pleßberg	Troßloch	Trossloch
Pißley	Pissley	Troßrand	Trossrand
Pißtal	Pisstal	Ußbach	Ussbach
Poßberg	Possberg	Üßbach	Üssbach
Raßberg	Rassberg	Voßbach	Vossbach
Raßrück	Rassrück	Voßberg	Vossberg
Reßberg	Ressberg	Voßberge	Vossberge
Reßbach	Ressbach	-buchen, -damm	
Rißberg	Rissberg	-dickicht, -graben	
-brunnen, -brücke		-heide, -kuhle	
-bühl, -holz		-moor, -werder	
-kanal, -kopf		-winkel, u.v.a.	
-pfuhl, -teich		Waldschloß	Waldschloss
Roßbach	Rossbach	Weßlberg	Wesslberg
Roßberg	Rossberg	Wißbach	Wissbach
-bühl, -felsen		Wißberg	Wissberg
-garten, -halde		Wißlath	Wisslath
-holz, -kar		Zißberg	Zissberg
-kopf, -kothen		Zißerberg	Zisserberg
-krippe, -moos		Zißerscheid	Zisserscheid

Die aufgezeigten Beispiele mit einem möglichen Wechsel von der "ß"- zur "ss"-Schreibung sind mit Hilfe von Kartenblättern der Seien 1: 25.000 und 1: 50.000 sowie anderen Quellen zu ca. 30% überprüft worden. Vor allem bei Wortbildungen mit "Roß"- (ca. 920 GN), "Schloß"- (ca. 1275 GN) und "Voß"- (ca. 380 GN) ist das Namengut zahlreich. Gleiches gilt für "Floß-", „Floss-" mit den beiden Bedeutungen wie bereits angedeutet. Hier muß der Kartenvergleich entscheiden.

Das betroffene geographische Namengut – ohne die ausgenommenen Ortsnamen – erhöht sich sprunghaft, wenn der Namenbestand der Karten 1: 10.000 und 1: 5.000 einbezogen wird. Hier sind es vor allem Flur- und Straßen-/Wegenamen, die als historisches und schützenswertes Namengut hinzutreten.

Bewusst werden bei den aufgeführten Beispielen keine Toponyme aufgenommen, bei denen Ortsnamen zusammen mit einem beschreibenden Zusatz den geographischen Namen bilden, wie z.B.

- Caßlau	Caßlauer Wiesenteiche
- Haßleben	Haßlebensche Heide
	Haßlebensche Lanke
	Haßleberschlag
- Loßwig	Loßwiger Heeger
	Loßwiger Wald
	Lößwiger Wiesen
- Roßdorf	Roßdorfer Grenzschneise
	- Höhe, - Straße, - Tor, - Weg, - Weide

Ähnlich wie bei Einzelhöfen, Mühlen, Sägewerken und Hütten, ist auch hier zu prüfen und zu entscheiden, ob diese geographischen Namen durch ihren integrierten ON-Teil Bestandschutz haben und unverändert bleiben oder ob das "ß" im ON-Bestandteil der Rechtschreibreform unterliegt. Sollte dies der Fall sein, käme es für den Normalbürger zu unverständlichen Schreibweisen. Dann lägen nämlich der "Hasswald" wie auch die "Hassberge" im Kreis Haßberge mit der Kreisstadt Haßfurt.

Wegfallendes End-h

Gemäß den Regeln der Rechtschreibreform entfällt künftig ein End-h bei "rauh-rau". Hiervon sind ca. 380 Wortstellen in den Karten der TK 25 betroffen.

Rauhe Alb	Raue Alb	Rauhes Ried	Raues Ried
Rauher Berg	Rauer Berg	Rauhheck	Rauheck

Bei den Exonymen ist künftig die australische Känguruhinsel als Känguruinsel zu schreiben.

Geänderte Umlautschreibung

Gemäß den Regeln der Reform ist "e" durch "ä" zu ersetzen, wenn die Grundform ein "a" hat, so dass bei Gams - Gämse, Stange - Stängel, somit künftig Gemsenberg – Gämsenberg, Stengelberg – Stängelberg.

Zusammenfassung

Bei Inkrafttreten der Rechtschreibreform und Anwendung ihres Regelwerkes auf das geographisch-topographische Namengut ergeben sich Änderungen. Vor allem wirken sich diese auf die "ß"-Schreibung aus.

- geändert wird "ß" in "ss" nach einem kurzen Vokal
    Baßbrüche – Bassbrüche, Lößtal – Lösstal
- unverändert bleibt dagegen "ß" nach langem Vokal oder Diphtong
    Straßenholz, Spießberg, Straußbach
- nicht geändert werden Ortsnamen
    Haßfurt, Roßdorf, Voßwinkel
- zu prüfen ist, ob sich "ß" in "ss" nach den Regeln wandelt bei
    Einzelhöfen, Mühlen, Hütten, Sägewerken etc.
    Baßstreicherei oder Bassstreicherei
    Roßmühle oder Rossmühle
    Paßauf oder Passauf
    geographischen Namen, die aus einem Ortsnamen und Zusatzwort gebildet sind
    Lößnitzleite oder Lössnitzleite
    Roßbachquelle oder Rossbachquelle

Änderungen ergeben sich weiterhin in einigen Sonderfällen, so z.B.
- wegfallendem End-h
    Rauhberg – Rauberg, Rauhe Wiese – Raue Wiese, Rauher Busch – Rauer Busch
- Umlautung
    Gemsenberg – Gämsenberg, Stengelberg – Stängelberg.

Empfehlung

Geographische Namen mit "ß"- / "ss"-Schreibung stehen nach dem Regelwerk nebeneinander. Sie stellen den Großteil des betroffenen Namengutes dar. Dieses Nebeneinander ist unbefriedigend und für den Normalbürger unverständlich.
Geographische Namen werden mit ihrer Fülle vor allem in den amtlichen Kartenserien der Maßstäbe 1: 5.000 bis 1: 50.000 dargestellt und dokumentiert. Sie haben den Charakter von

Auswirkungen der Rechtschreibreform auf geographisch-topographisches Namengut

Eigennamen. Für sie sollte der Passus 0 (3.2) der Vorbemerkungen zum amtlichen Regeltext in "Die neue Rechtschreibung" (1997, S. 18) angewandt werden:

Für Eigennamen (Vornamen, Familiennamen, geographische Eigennamen und dergleichen) gelten im Allgemeinen amtliche Schreibungen. Diese entsprechen nicht immer den folgenden Regeln.

Alle geographische Namen sind historisch überlieferte und schützenswerte Toponyme. Sie sollten daher wie amtliche Namen und Eigennamen von der Rechtschreibreform ausgenommen und nicht abgeändert werden.

Eine andere und konsequente Lösung böte das Schweizer Beispiel. Alle "ß"-Schreibungen entfallen, sie werden durch "ss" ersetzt.

Deutsche Weinlagen mit "ß" nach kurzem Vokal künftig mit "ss"?

Beispiele

Ahr	Mayschoßer Mönchberg
	Mayschoßer Schieferlay
Mosel-Saar-Ruwer	Schloßberg (16x)
	Flußbacher Reichelberg
	Nußwingert
	Enggaß
	Bergschlößchen
	Schloß
	Schloßsaarfelser Schloß
Mittelrhein	Schloßberg (4x)
	Schloßgarten (2x)
	Schloß Johannisberg
	Nußbrunnen
Nahe	Königsschloß
	Schloßberg (12x)
	Schloßgarten
	Schloß Gutenberg
	Heßweg
	Schloß Randeck
	Schloß Stolzenberg
Rheinhessen	Schloßberg (8x)
	Schloßhölle (2x)
	Wißberg
	Schloß Westerhaus

Schloß Hohenrechen
Schloß Schwabsburg
Schloß (3x)
Schloß Hammerstein

Rheinpfalz   Schloßgarten (4x)
Schloßberg (9x)
Schloß (4x)

Literatur

AMBROSI, Hans u.a. (1976): Deutscher Weinatlas mit Weinlagenverzeichnis. - Mainz
GALLMANN, Peter / SITTA, Horst (1997): DUDEN-Taschenbücher, Bd. 26 u. 27. - Mannheim, Leipzig, Zürich
MÜLLER, Fritz (Bearb. 1958): Müllers grosses Deutsches Ortsbuch. Vollständiges Gemeindelexikon. - 12. vollständ. überarb. u. erw. Aufl., Wuppertal, Bremen

Kartenverzeichnis

Corps of Engineers / Army Map Service (AMS) (Hrsg.) (1954): Gazetteer to AMS 1: 25.000. Maps of West Germany, volumes I, II, III – Washington, D.C.
Corps of Engineers / Army Map Service (AMS) (Hrsg.) (1955): Gazetteer to AMS 1: 25.000. Maps of East Germany. – Washington, D.C.
Topographische Karten 1: 25.000 (TK 25)
Topographische Karten 1: 50.000 (TK 50)
Topographische Karten 1: 100.000 (TK 100)

Anschriften der Verfasser

Dr. habil. Wolfgang Aschauer
Institut für Geographie und ihre Didaktik
Bildungswissenschaftliche Hochschule
Flensburg - Universität
Mürwiker Straße 77
24943 Flensburg

Dr. Rainer Aurig
Sächsische Landesstelle für Museumswesen
Oberfrohnaer Straße 33
09117 Chemnitz

Dr. Thomas Bauer
Universität Trier
Fachbereich III – Mittelalterliche Geschichte
54286 Trier

Dr. Inge Bily
Sächsische Akademie der Wissenschaften
zu Leipzig
Arbeitsstelle „Deutsch-Slawische
Namenforschung"
Karl-Tauchnitz-Straße 1
04107 Leipzig

Dr. Heinz Peter Brogiato
Dokumentationszentrum für
deutsche Landeskunde
Universität Trier - Gebäude H
54286 Trier

Dr. Uwe Förster
Gesellschaft für deutsche Sprache
Spiegelgasse 13
65183 Wiesbaden

Dr. Christa Jochum-Godglück
Universität des Saarlandes
Fachbereich 8 – Germanistik
Postfach 151150
66041 Saarbrücken

Dirk Hänsgen, M.A.
Dokumentationszentrum für
deutsche Landeskunde
Universität Trier - Gebäude H
54286 Trier

Prof. Dr. Johannes Kramer
Universität Trier
Fachbereich II – Romanistik
54286 Trier

Dr. Martina Pitz
Universität des Saarlandes
Fachbereich 8 – Germanistik
Postfach 151150
66041 Saarbrücken

Prof. Dr. Eugen Reinhard
Landesarchivdirektion Baden-Württemberg
Abteilung Landesforschung und
Landesbeschreibung
Eugenstraße 7
70182 Stuttgart

Dr. Karl August Seel
Schillerstraße 64
Bad Bodendorf
53489 Sinzig

Dr.-Ing. Jörn Sievers
Bundesamt für Kartographie und Geodäsie
Richard-Strauß-Allee 11
60598 Frankfurt

Prof. Dr. Walter Sperling
Dokumentationszentrum für
deutsche Landeskunde
Universität Trier - Gebäude H
54286 Trier

Dr. Bernd Vielsmeier
Haus der Bayerischen Geschichte
Halderstraße 21/V
86150 Augsburg